职业教育机械类专业"互联网+"新形态教材

机械工业出版社精品教材

机械加工基础

第 3 版

主编 吴 兵 王增强
参编 胡 媛 张景钰 祁 伟 王姣姣

机械工业出版社

本书是职业教育机械类专业"互联网+"新形态教材，是根据教育部2025年颁布的装备制造类相关专业教学标准以及职业教育人才培养目标编写的，主要内容包括机械加工基本知识与常用量具、金属切削的基本知识、工件装夹、车削加工、铣削加工、刨削加工、磨削加工、其他加工方法和零件机械加工工艺。

本书根据教学实习的需要，详细介绍了主要工种的加工方法，介绍了机械加工人员应具备的金属切削基本知识、极限与配合、常用量具的基本知识，以及轴、套、支架类零件的机械加工工艺过程，并且配套活页习题册。

本书可作为职业院校机械类以及相关专业的教材，也可供有关工程技术人员参考。

为便于教学，本书配套有电子课件、习题答案以及微课视频等教学资源，凡选用本书作为授课教材的教师可登录www.cmpedu.com，注册后免费下载。

图书在版编目（CIP）数据

机械加工基础 / 吴兵，王增强主编. -- 3 版.
北京：机械工业出版社，2025.5. -- （职业教育机械类专业"互联网+"新形态教材）. -- ISBN 978-7-111-78240-7

Ⅰ. TG506

中国国家版本馆 CIP 数据核字第 2025M0P519 号

机械工业出版社（北京市百万庄大街 22 号 邮政编码 100037）
策划编辑：黎 艳　　　　　责任编辑：黎 艳
责任校对：樊钟英　张 薇　　封面设计：王 旭
责任印制：刘 媛
三河市宏达印刷有限公司印刷
2025 年 6 月第 3 版第 1 次印刷
210mm×285mm・19 印张・558 千字
标准书号：ISBN 978-7-111-78240-7
定价：55.00 元（含习题册）

电话服务	网络服务
客服电话：010-88361066	机 工 官 网：www.cmpbook.com
010-88379833	机 工 官 博：weibo.com/cmp1952
010-68326294	金 书 网：www.golden-book.com
封底无防伪标均为盗版	机工教育服务网：www.cmpedu.com

第3版前言

《机械加工基础》第1版由原机械部机械制造专业教学指导委员会在全国范围内严格遴选出的具有较高学术水平和丰富工程实践经验的专业教师进行编写，老一辈机械工业职业教育工作者为本书的编写和出版付出了大量的心血和智慧。本书自1995年首次出版以来，得到了广大师生、社会读者的广泛好评，本书第2版从2016年出版至2024年12月，已印刷14次，累积销量达到27000册，并于2017年4月被评为全国机械行业职业教育优秀教材。

为了适应我国职业教育装备制造类相关专业课程的教学现状和教育教学改革发展趋势，本书在保持《机械加工基础　第2版》的特色和基本架构的基础上，根据教育部2025年颁布的装备制造类相关专业教学标准和第2版教材使用过程中的反馈意见进行了修订。主要修订内容包括：

1. 保持第2版教材的适用范围和定位；保持第2版教材的框架结构；保持第2版教材的探究学习特色、科普特色和文化特色，根据机械工程及相关领域的新技术、新标准，更新了书中的相关内容，以适应科学技术的发展和教学工作的需要。

2. 为落实党的二十大报告中关于"推进教育数字化"的要求，本书运用"互联网+"技术，添加了二维码数字化资源，并植入相关知识点处，学生通过扫描，便可观看相关的多媒体内容，方便读者理解相关知识，进行更深入的学习。

3. 借助二维码技术，配套素养教育典型案例，合理融入专业精神、职业精神、工匠精神、劳模精神、创新精神等内容。

4. 重新编写了每一章的学习目标、重点与难点和素养目标，便于教师备课和学生自主学习。

5. 适当更新了部分参考文献，以准确反映科技领域新技术的状况。

6. 增加了配套活页习题册，附夹于书后，方便读者复习、考核和提高。

本书由陕西工业职业技术学院吴兵、王增强任主编，参与编写的还有陕西工业职业技术学院胡媛、张景钰、祁伟和王姣姣。

由于编者水平有限，书中难免有不当之处，敬请读者批评指正。

编　者

第2版前言

本书是在马幼祥主编的《机械加工基础》一书的基础上修订而成的。《机械加工基础》一书以其实用性，易教、易学，受到广大教师的欢迎，在出版的十余年时间里畅销全国。近年来，随着教学改革的深入，教学环境的变化，职业教育高速发展，这就要求我们对原书进行修订。为了使广大学习机械类专业的同学能够系统地学习机械制造基础方面的知识和相关技能，编者对本书的部分内容进行了修订，原书中旧的国家标准全部更新为现行国家标准，以便与"机械制图""互换性与测量技术"等课程保持一致。本书保留了第1版的基本内容和"必需""够用"的特点。

本书力求在文字上准确无误、简明扼要。在每一章都提出了教学目的与要求、重点和难点，便于教师备课。本书中配有插图、例题和复习思考题，便于教师作为例题和布置作业，同时也便于读者复习思考、自学和提高专业能力与水平。

本书由西京学院王增强和陕西工业职业技术学院马幼祥任主编。参与编写的有：陕西工业职业技术学院陈开君（第二、五、八章）、高宇飞（第三、六、七章），西京学院邱海飞（第一、四、九章）。由于编者水平有限，书中错误之处在所难免，敬请读者批评指正。

编　者

第1版前言

本书是根据机械部机械制造专业中专教学指导委员会制订的教学计划,增设"机械加工基础"课程的基本要求以及中专校教学实习的实践需要而编写的。本书共分九章,内容包括机械加工基本知识与常用量具,金属切削的基本知识,工件装夹,车削、铣削、刨削、磨削加工,其他加工方法简介以及零件机械加工工艺。

本书由咸阳机器制造学校马幼祥主编,参加编写的有马幼祥(第一、四、九章),西安仪表工业学校吴诗德(第二、三章),山东机械工业学校赵志超(第五、六章),福建机电学校范光松(第七、八章)。

本书由北京市工业学校副教授林从滋主审,赵志修、王庚新、董宏骏、郭奕棣、张征祥、倪森寿、井延平、贺致锁等同志参加了审稿,对本书提出了许多宝贵意见和建议,在此表示衷心的感谢。

由于编者水平有限,书中错误与不妥之处在所难免,望读者予以批评指正。

编　者

二维码清单

名称	二维码	名称	二维码	名称	二维码
游标卡尺的使用		车床卡盘的装卸方法		镗床与镗削加工、镗孔	
千分尺的读数方法		车床与车削加工常用型号		螺纹加工和攻螺纹	
百分表的使用		铣床与铣削加工		齿轮加工、交换齿轮板的加工	
认识金属材料		铣床与铣削加工安全操作规程		常用机械零件毛坯成形方法的选择	
金属切削刀具材料的种类		磨床与磨削加工、磨削外圆		机械加工工艺规程设计	
切削运动与切削要素		磨床与磨削加工安全操作规程		机械加工质量及其控制	
车削运动和三个表面		刨床与刨削加工			
刀具的几何角度		钻床与钻削加工			

目录

第3版前言
第2版前言
第1版前言
二维码清单
绪论 ··· 1
第一章　机械加工基本知识与常用量具 ············· 4
　第一节　零件图样及技术要求 ························· 4
　第二节　常用量具 ·· 14
　第三节　常用金属材料 ···································· 19
第二章　金属切削的基本知识 ······························ 29
　第一节　金属切削过程的基本概念 ················ 29
　第二节　车刀切削部分的几何参数 ················ 31
　第三节　刀具材料 ·· 38
　第四节　金属切削过程中的物理现象 ············ 41
　第五节　刀具磨损与刀具寿命 ························ 49
　第六节　刀具几何角度与切削用量选择 ········ 51
　复习思考题 ·· 61
第三章　工件装夹 ·· 64
　第一节　设计基准与定位基准 ························ 64
　第二节　定位与夹紧 ·· 66
　复习思考题 ·· 73
第四章　车削加工 ·· 75
　第一节　车床概述 ·· 75
　第二节　C6132型卧式车床传动系统 ············ 80
　第三节　车削加工方法 ···································· 85
　复习思考题 ·· 124

第五章　铣削加工 ·· 126
　第一节　铣床概述 ·· 126
　第二节　铣削方法 ·· 131
　复习思考题 ·· 154
第六章　刨削加工 ·· 155
　第一节　刨床概述 ·· 155
　第二节　刨削加工特点 ·································· 161
　复习思考题 ·· 167
第七章　磨削加工 ·· 168
　第一节　磨床概述 ·· 169
　第二节　砂轮 ·· 171
　第三节　磨削方法 ·· 175
　复习思考题 ·· 182
第八章　其他加工方法 ·· 184
　第一节　钻削加工 ·· 184
　第二节　镗削加工 ·· 191
　第三节　齿轮加工 ·· 196
　复习思考题 ·· 202
第九章　零件机械加工工艺 ································ 204
　第一节　制订机械加工工艺的基本知识 ······ 204
　第二节　零件机械加工工艺的制订 ·············· 205
　第三节　零件机械加工工艺实例 ·················· 212
　复习思考题 ·· 221
参考文献 ·· 222
习题册

绪论

一、零件成形方式

零件是机器的基本组成要素，也是制造的基本单元。机器或设备中的零件要实现一定的功能，必须首先具备一定的形状，这些形状可以通过不同的成形方式来获得。在传统制造工艺中，人为地将零件的加工过程分为热加工和冷加工两个阶段，而且以冷去除加工和热变形加工为主，主要是利用力、热原理；从加工成形机理来分类，将加工工艺分为去除加工、变形加工和结合加工；另外，按照加工过程中原材料质量 m 的变化情况（$\Delta m<0$、$\Delta m = 0$ 和 $\Delta m>0$），将零件成形方式分为三类：减材制造、等材制造和增材制造。

1. 减材制造

减材制造也称去除成形，是人类从开始制作工具到现代化生产一直沿用的主要成形方法。所谓减材制造，是指按照要求把工件上多余的（或预留的）材料有序地分离去除，从而使工件获得符合要求的形状、尺寸和表面质量的加工方法。传统的切削加工以及电火花加工、电解加工、激光加工和超声波加工等特种加工方法都属于减材制造。

2. 等材制造

等材制造是指利用模具或模型控制工件成形，将液态或固态材料加工成具有一定形状、尺寸和使用性能的零件或产品。以铸造、锻压、冲压、塑料成型和粉末冶金等材料成形加工为代表，这类加工多为受迫变形。

3. 增材制造

增材制造是基于三维CAD模型数据，通常采用与减材制造相反的逐层叠加方式来连接材料以制作物品的过程。从更广义的角度来看，可将通过材料（包括液态材料、固态粉末材料、线材或块状材料等）叠加连接起来形成现实物体的制造方法，都视为增材制造，如电弧喷涂成型、气相沉积成型和电铸成型等都可划为增材制造范畴。

二、机械零件的种类及表面的形成

1. 机械零件的种类

机器或机械装置都是由多个零件组合装配而成的。组成机械设备的零件大小不一，形状各异，其中最常见的零件有轴套类零件，如机床主轴、传动轴、齿轮轴、空心轴、轴承套、套筒等；盘盖类零件，如齿轮、带轮、端盖、挡环、法兰盘等；叉架类零件，如支承架、拨叉、连杆、摇臂、杠杆等；箱体类零件，如机床的底座、床身、进给箱、变速箱体、泵体、阀体等。常用零件有齿轮、花键、弹簧等，标准零件有螺钉、螺柱、螺栓、螺母、垫圈、滚动轴承等。

2. 机械零件的表面

机械零件的形状是由各种各样的表面组成的，机械零件上常见的表面有以下几种，如图0-1所示。

（1）圆柱面 以直线为母线，以与它相垂直的平面上的圆为轨迹做旋转运动所形成的表面，如图0-1a所示。

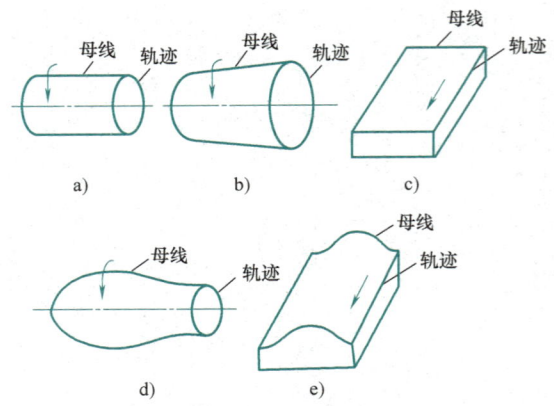

图 0-1 表面的形成

a) 圆柱面 b) 圆锥面 c) 平面 d)、e) 成形面

(2) 圆锥面　以与某一轴线相交成一定角度的直线为母线，以圆为轨迹做旋转运动所形成的表面，如图 0-1b 所示。

(3) 平面　以直线为母线，以另一直线为轨迹做平移运动所形成的表面，如图 0-1c 所示。

(4) 成形面　以曲线为母线，以圆为轨迹做旋转运动，或以直线为轨迹做平移运动所形成的表面，如图 0-1d、e 所示。

(5) 沟槽　根据零件用途或制造上的要求，零件上还有各种沟槽。沟槽实际上是由平面或曲面组成的，常用沟槽的断面形状如图 0-2 所示。

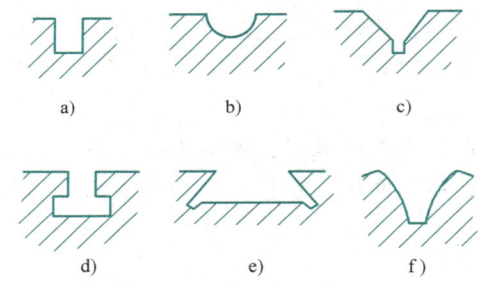

图 0-2 常用沟槽的断面形状

a) 直槽 b) 圆弧槽 c) V 形槽 d) T 形槽 e) 燕尾槽 f) 特形槽

三、切削加工及其分类

任何机械或部件都由许多零件按照一定的设计要求制造和装配而成。典型的机械制造过程一般是：

金属材料（原材料）—（经铸造、锻压或焊接）→毛坯—（经机械加工和热处理）→零件—（经装配）→机器或机械装置。

广义的机械加工是指用加工机械对工件的外形尺寸或性能进行改变的过程。在装备制造行业中所讲的机械加工专指采用金属切削机床对工件进行切削加工。

切削加工是用切削工具从毛坯（如锻件、铸件、棒料或板料）上切去多余的材料，使零件的几何形状、尺寸，以及表面粗糙度等方面均符合图样要求的过程。切削加工主要用于金属材料，如各种碳素钢、铸铁和非铁金属等的加工，也可用于某些非金属材料，如工程塑料、合成橡胶等的加工。

切削加工分为钳工和机械加工两大部分。钳工一般由工人手持工具对工件进行去除材料加工；机械加工是由工人操作机床进行去除材料加工。去除材料加工按其所用工具的类型又可分为刀具去除材料加工和磨料去除材料加工。刀具去除材料加工的主要方式有车削、钻削、镗削、铣削、刨削等；磨料去除材料加工的主要方式有磨削、珩磨、研磨等。

四、本课程的性质、任务和基本要求

1. 本课程的性质和任务

本课程是机械类相关专业的一门综合性专业基础课程,主要介绍普通机械加工基本知识和零部件机械加工工艺。

本课程的主要任务是在机械加工实训和实习期间掌握应具备的基本知识,在培养操作技能的同时,了解常用机械加工方法,更好地运用和掌握机械加工方法,为后面学习相关专业课程奠定基础。

2. 本课程的基本要求

1)初步了解零件图的作用,尺寸公差、几何公差及表面粗糙度在图样中的含义并理解这些技术要求的重要性。

2)掌握机械加工中检测零件时常用量具的读数原理与使用方法。

3)了解常见机床的组成及运动,清楚各种机床加工零件的方法,并对加工质量问题能够进行分析。

4)了解金属切削过程及基本规律,掌握刀具几何角度、切削用量的选择方法。

5)了解工件定位、夹紧的基本原理,了解工艺过程的概念及其组成,掌握简单的轴、套、支架零件工艺卡的制订方法。

机械加工基本知识与常用量具

学习目标
1. 理解图样的作用和相关技术要求。
2. 掌握常用量具的使用方法。
3. 熟悉常用金属材料的性能和用途。

重点与难点
零件图样的识读和常用量具的使用方法。

素养目标
养成良好的职业习惯和实事求是的做人做事态度。

第一节 零件图样及技术要求

零件是组成机器或部件的基本元件。要生产合格的机器或部件，必须首先制造出合格的零件。然而，零件又是根据零件图样来制造和检验的，如果不能正确理解零件图样的要求，就会影响零件乃至机器的制造质量。可见，零件图样是直接指导制造和检验零件的重要技术文件。它必须完整、正确、清晰地表达零件的形状结构、尺寸大小和制造要求，以符合生产的需要。

一、零件图样的基本内容

一张完整的零件图样，应包括下列内容：

1) 一组图形，使用必要的视图、剖视图、断面图，按照规定的画法，正确、完整、清晰地表达零件的内外结构形状。如图 1-1 所示的主轴，用了一个局部剖视的主视图，两个移出断面图（一个是 B—B 断面图，另一个是 C—C 断面图）及一个局部放大图。

2) 一套尺寸，能正确、完整、清晰、合理地标注零件在制造和检验时所需要的全部尺寸。

3) 技术要求，通过规定的符号标注或文字说明，表达出制造、检验等过程中应达到的技术要求，如尺寸公差、几何公差、表面粗糙度、热处理和其他要求等。

4) 标题栏，应包括零件名称、图号、数量、材料、比例，以及制图人、校核人等内容。

二、极限与配合

零部件所具有的不经任何挑选或修配便能在同规格范围内互相替换的特性称为互换性。互换性是机器和仪器制造行业中产品设计和制造的重要原则。零件或部件具有互换性，对简化产品设计、缩短生产周期、提高劳动生产率、降低产品成本、方便使用及维修，都有极其重要的意义。为了实现零部

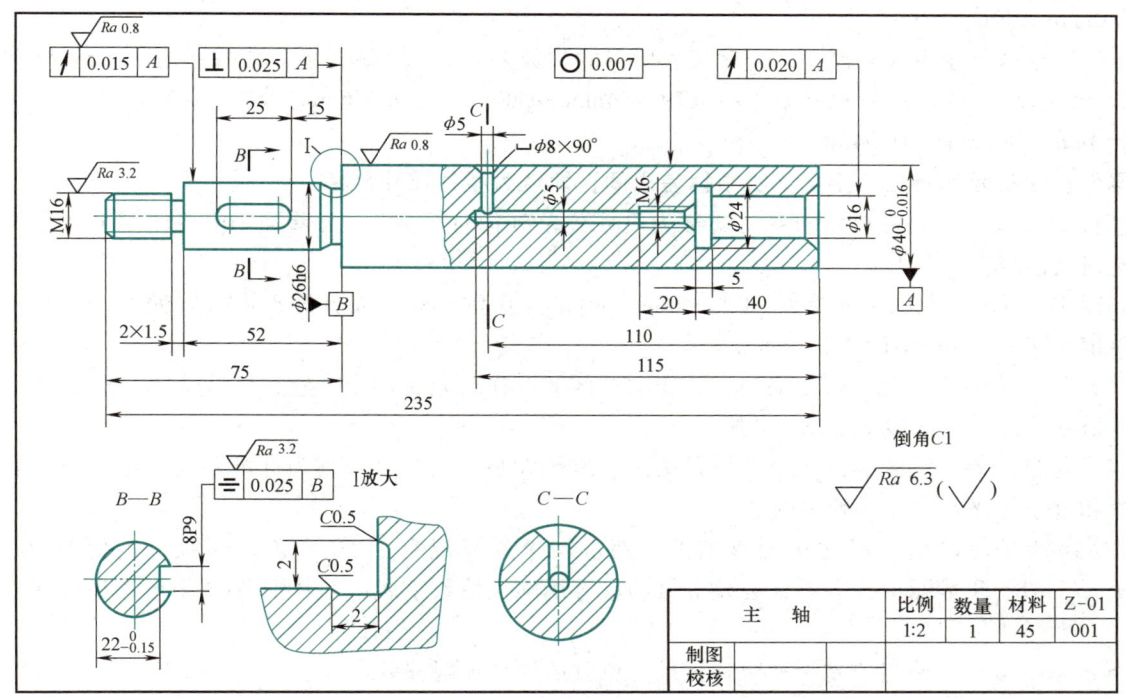

图 1-1　主轴零件图

件的互换性，国家制定了公差与配合等相关方面的标准，产品制造必须遵守这些标准。下面对这些标准中最基本的内容做一些介绍。

有关尺寸公差与配合的一些基本概念，结合图 1-2 说明如下。

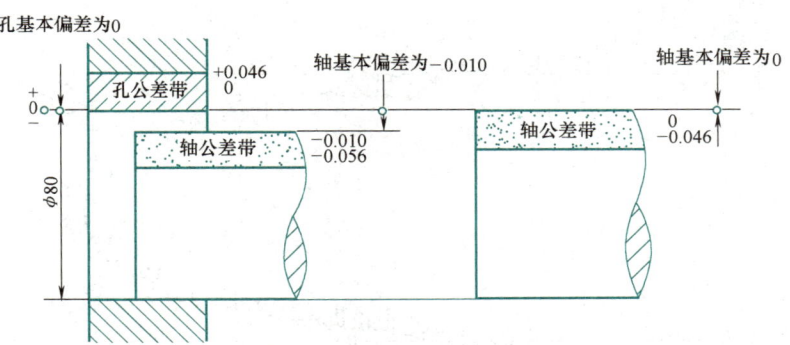

图 1-2　尺寸公差与配合

（1）**公称尺寸**　公称尺寸是由图样规范确定的理想形状要素的尺寸，其实质是设计给定的尺寸。如图 1-2 中所示的 $\phi80$mm，就是公称尺寸，一般图样上标注的尺寸都指的是公称尺寸。

（2）**实际尺寸**　通过测量所得的尺寸称为实际尺寸。由于存在测量误差，故实际尺寸并非尺寸的真实值。

（3）**极限尺寸**　允许尺寸变化的两个界限值称为极限尺寸。两界限值中较大的一个尺寸称为上极限尺寸，较小的一个尺寸称为下极限尺寸，如图 1-2 所示，孔的上极限尺寸为 $\phi80.046$mm，下极限尺寸为 $\phi80$mm；轴（左）的上极限尺寸为 $\phi79.99$mm，下极限尺寸为 $\phi79.944$mm；轴（右）的上极限尺寸为 $\phi80$mm，下极限尺寸为 $\phi79.954$mm。

零件制造得到的实际尺寸在上极限尺寸与下极限尺寸之间为合格尺寸。

（4）**尺寸偏差**　某一尺寸减去公称尺寸所得的代数差称为尺寸偏差。

上极限偏差等于上极限尺寸减公称尺寸所得的代数差。如图 1-2 所示，孔的上极限偏差 $=\phi80.046$mm$-\phi80$mm$=+0.046$mm；轴（左）的上极限偏差 $=\phi79.99$mm$-\phi80$mm$=-0.01$mm；轴（右）的上极限偏

差 = φ80mm - φ80mm = 0。

下极限偏差等于下极限尺寸减公称尺寸所得的代数差。如图1-2所示，孔的下极限偏差 = φ80mm - φ80mm = 0；轴（左）的下极限偏差 = φ79.944mm - φ80mm = -0.056mm；轴（右）的下极限偏差 = φ79.954mm - φ80mm = -0.046mm。

零件尺寸实际偏差处于上、下极限偏差之间，即认为零件尺寸合格。

(5) 尺寸公差 允许尺寸的变动量称为尺寸公差（简称公差）。公差等于上极限尺寸减下极限尺寸的绝对值。

如图1-2所示，孔的尺寸公差 = 80.046mm - 80mm = 0.046mm，或者等于上极限偏差减下极限偏差的绝对值 = |0 - 0.046|mm = 0.046mm。

(6) 尺寸公差带 公差带是限制尺寸变动的区域。在公差带图中，它是由代表上、下极限偏差的两直线所限定的一个区域，如图1-2所示。

(7) 标准公差 国家标准规定的用以确定公差带大小的任一公差称为标准公差。标准公差是由公称尺寸和公差等级两个因素确定的。

公差等级是用以确定尺寸精确程度的等级。国家标准规定了20个公差等级，包括IT01、IT0、IT1、…、IT18。IT表示标准公差，公差等级的代号用阿拉伯数字表示，其中IT01精度最高，IT18精度最低。

(8) 基本偏差 确定公差带相对公称尺寸位置的那个极限偏差。

国家标准对孔、轴各规定了28个基本偏差。基本偏差用拉丁字母表示，大写的为孔，小写的为轴。图1-3所示为孔、轴的基本偏差系列。

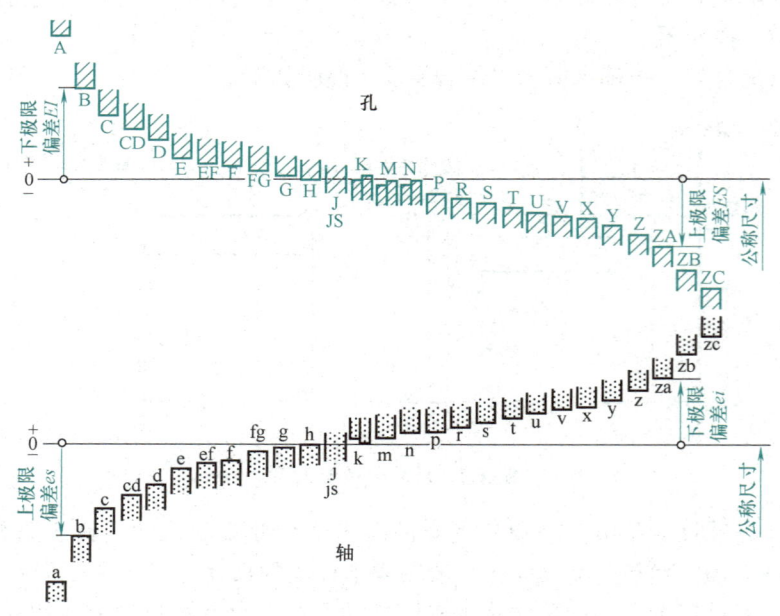

图1-3 基本偏差系列

(9) 尺寸配合 尺寸配合指公称尺寸相同、相互结合的孔与轴公差带之间的关系。一般分为三类：间隙配合、过盈配合和过渡配合。

1) 间隙配合是具有间隙的配合，此时孔的公差带在轴的公差带之上。
2) 过盈配合是具有过盈的配合，此时孔的公差带在轴的公差带之下。
3) 过渡配合是可能具有间隙或过盈的配合，此时孔的公差带与轴的公差带相互交叠（图1-4）。

(10) 基准制 尺寸配合中国家标准规定采用两种不同方法获得孔与轴的三种配合，称为两种配合制度：基孔制和基轴制（图1-4）。

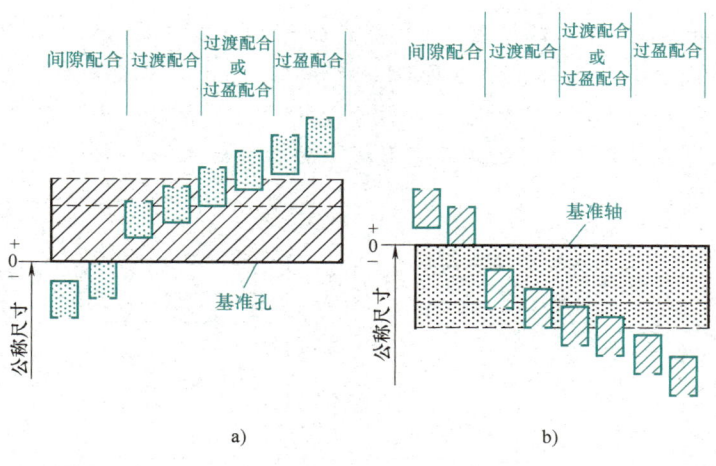

图 1-4 基孔制和基轴制
a) 基孔制 b) 基轴制

1) 基孔制：基本偏差一定的孔的公差带，与不同基本偏差轴的公差带形成各种配合性质的一种制度。国家标准规定基准孔的基本偏差代号为"H"，其下极限偏差等于零。

2) 基轴制：基本偏差一定的轴的公差带，与不同基本偏差孔的公差带形成各种配合性质的一种制度。国家标准规定基准轴的基本偏差代号为"h"，其上极限偏差等于零。

国家标准规定，一般情况下优先采用基孔制配合，这样可以减少定值刀具、定值量具的数量。

(11) 极限与配合的标注 孔、轴公差带代号由基本偏差代号与标准公差等级代号组成，公差带在图样上有三种标注形式：第一种是在公称尺寸后直接标注极限偏差，如 $\phi 12_{-0.034}^{-0.016}$ mm；第二种是在公称尺寸后直接写公差带代号，如 $\phi 12f7$；第三种是在公称尺寸后同时标注公差带代号和极限偏差，如 $\phi 12f7_{-0.034}^{-0.016}$。

在装配图中对有配合要求的尺寸，应在公称尺寸后标注配合代号。配合代号由孔与轴公差带代号组成，分子表示孔的公差带代号，分母表示轴的公差带代号，如 $\phi 70 \dfrac{H8}{f7}$。

图样上标注的极限与配合代号的含义见表 1-1。

表 1-1 极限与配合代号的含义

序号	实例	含　义
1	$\phi 20D7$	公称尺寸 $\phi 20$mm，基本偏差代号 D 的孔，标准公差等级 IT7
2	$\phi 30H5$	公称尺寸 $\phi 30$mm，基准孔，标准公差等级 IT5
3	$\phi 40h6$	公称尺寸 $\phi 40$mm，基准轴，标准公差等级 IT6
4	$\phi 50js6$	公称尺寸 $\phi 50$mm，基本偏差代号 js 的轴，标准公差等级 IT6
5	$\phi 20 \dfrac{H8}{f7}$	公称尺寸 $\phi 20$mm，基准孔，标准公差等级 IT8；轴的基本偏差为 f，标准公差等级 IT7，间隙配合
6	$\phi 50 \dfrac{K8}{h7}$	公称尺寸 $\phi 50$mm，基准轴，标准公差等级 IT7；孔的基本偏差为 K，标准公差等级 IT8，过渡配合
7	$\phi 60 \dfrac{H8}{h7}$	公称尺寸 $\phi 60$mm，基准轴，标准公差等级 IT7；孔的基本偏差为 H，标准公差等级 IT8，间隙配合；或公称尺寸 $\phi 60$mm，基准孔，标准公差等级 IT8；轴的基本偏差为 h，标准公差等级 IT7，间隙配合

三、几何公差的基本概念

1. 几何公差

几何公差是允许零件形状、位置、方向的变动量。几何公差包括形状、位置、方向和跳动公差。

将如图 1-5b 所示的圆柱加工成图 1-5c 所示的形状，按尺寸精度来检验，尺寸处处都是 11.994mm，说明尺寸是合格的，但将它与图 1-5a 所示的孔相配合，便安装不进去。经检验是因圆柱弯曲所致。这说明零件尺寸精度虽然合格，但由于形状精度不合格而影响了零件质量。因此，仅仅对零件提出尺寸公差要求是不够的，还必须有形状上的精度要求，即应对零件提出"几何公差"要求，如图 1-5d 所示。

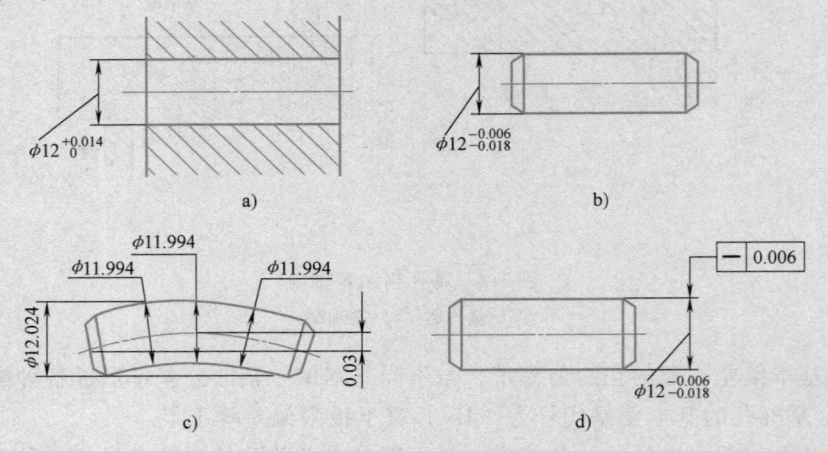

图 1-5 形状精度

a) 孔公差 b) 圆柱公差 c) 形状误差 d) 形状公差标注

例如，加工图 1-6a 所示阶梯孔与图 1-6b 所示阶梯轴，假如阶梯轴加工后成为图 1-6c 所示的形状，按尺寸精度检验是合格的，但这个阶梯轴安装不进图 1-6a 所示的阶梯孔中。经检验发现两段轴的轴线不在一条线上，即"不同轴"，轴线偏移了 0.5mm，所以装不进去。由此可见，此轴仅保证尺寸精度和形状精度是不够的，还应保证其位置精度的要求，即对两段轴还应提出相互的位置精度（同轴度）要求。其位置公差如图 1-6d 所示。

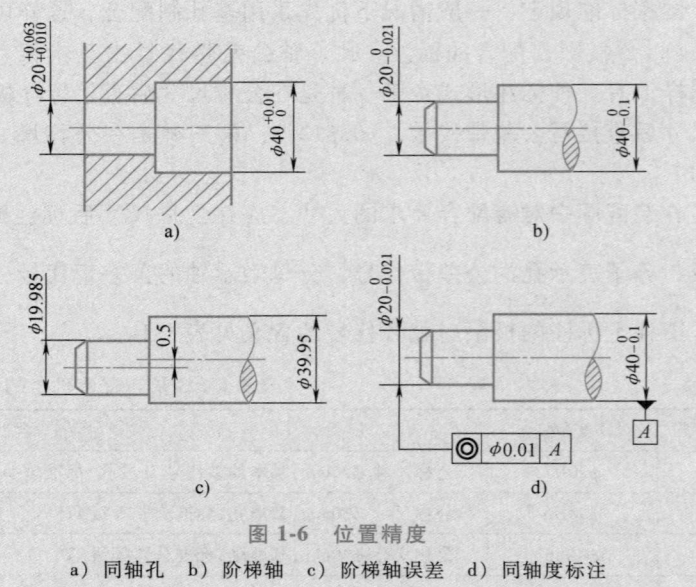

图 1-6 位置精度

a) 同轴孔 b) 阶梯轴 c) 阶梯轴误差 d) 同轴度标注

2. 几何公差及标注方法

公差框格符号的标注（图 1-7）：几何公差填写在框格中，框格由两格或多格组成。内容应从左向右按以下次序填写：几何公差检测项目的符号、公差数值（线性值）、基准（用一个或多个字母表示基准要素或基准体系）。

基准符号由一个涂黑或空白的三角形表示，基准用大写字母表示，字母标注在基准方格内。表示基准的字母也应标注在相应的公差框格内，如图 1-7 所示。

国家标准中规定的几何公差的几何特征符号见表 1-2。

3. 常用几何公差及标注

（1）直线度 直线度指被测直线偏离其理想形状的程度。直线度公差是被测直线对于理想直线的允许变动量，其标注如图 1-8a 所示。在平面上给定方向的直线度公差带是在该方向上距离为公差值

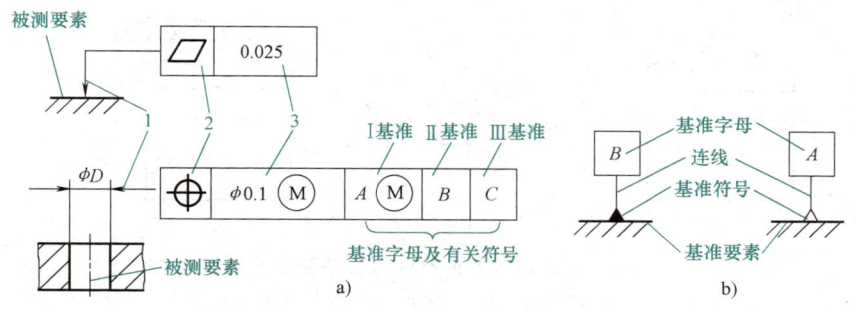

图 1-7 公差框格及基准符号
a）几何公差框格　b）基准符号
1—指引线与箭头指向被测要素　2—检测项目符号　3—几何公差数值及有关符号

0.02mm 的两平行直线之间的区域（图 1-8b）。图 1-8c 所示为直线度误差的一种检测方法，将刀口形直尺沿给定方向与被测平面接触，测得的缝隙即为此平面在该直线方向上的直线度误差。

表 1-2 几何公差的几何特征符号

公差类型	几何特征项目	符号	有无基准	公差类型	几何特征项目	符号	有无基准
形状公差	直线度	—	无	位置公差	位置度	⊕	有或无
	平面度	▱			同心度（用于中心点）	◎	有
	圆度	○					
	圆柱度	⌭			同轴度（用于轴线）	◎	
	线轮廓度	⌒					
	面轮廓度	⌒					
方向公差	平行度	∥	有		对称度	═	
	垂直度	⊥			线轮廓度	⌒	
	倾斜度	∠			面轮廓度	⌒	
	线轮廓度	⌒		跳动公差	圆跳动	↗	有
	面轮廓度	⌒			全跳动	⌮	

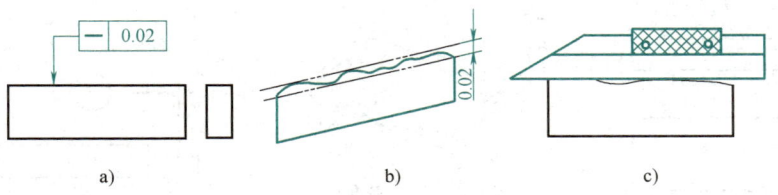

图 1-8 直线度公差的标注、公差带及检测方法
a）标注　b）公差带　c）检测方法

（2）平面度　平面度指被测平面偏离其理想形状的程度。平面度公差是被测平面相对于理想平面的允许变动量，其标注如图 1-9a 所示。平面度公差带是距离为公差值 0.05mm 的两平行平面之间的区域，如图 1-9b 所示。图 1-9c 所示为小型零件平面度误差的一种近似检测方法。将刀口形直尺与被测平面接触，在各个方向检测，其中最大缝隙的数值即近似为平面度误差。

（3）圆度　圆度指被测圆柱面或圆锥面在正截面内的实际轮廓偏离其理想形状的程度。圆度公差是被测圆相对于理想圆的允许变动量，其标注如图 1-10a 所示。圆度公差带是在同一正截面上半径差为公差值 0.02mm 的两同心圆之间的区域，如图 1-10b 所示。图 1-10c 所示为用圆度仪检测圆度误差的方法。将被测零件放置在圆度仪上，调整零件的轴线使其与圆度仪的回转轴线同轴，测量头每转一周，

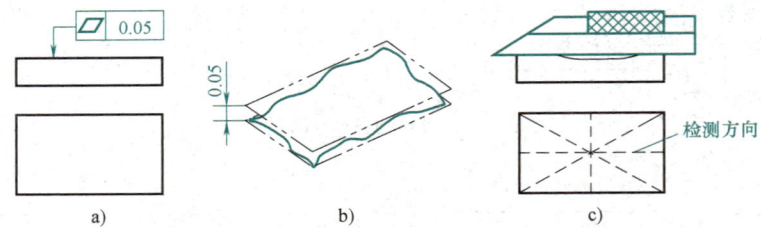

图 1-9 平面度公差的标注、公差带及检测方法
a）标注 b）公差带 c）检测方法

即可确定该测量截面的圆度误差。测量若干个截面，其中最大的误差值即为被测圆柱面的圆度误差。

（4）圆柱度 圆柱度公差是被测圆柱面相对于理想圆柱面的允许变动量，其标注如图 1-11a 所示。圆柱度公差带是半径差为公差值 0.03mm 的两同轴圆柱面之间的区域，如图 1-11b 所示。圆柱度误差的检测方法与圆度误差基本相同，不同的是测量头在无径向偏移的情况下，要检测若干个横截面，以确定圆柱度误差。

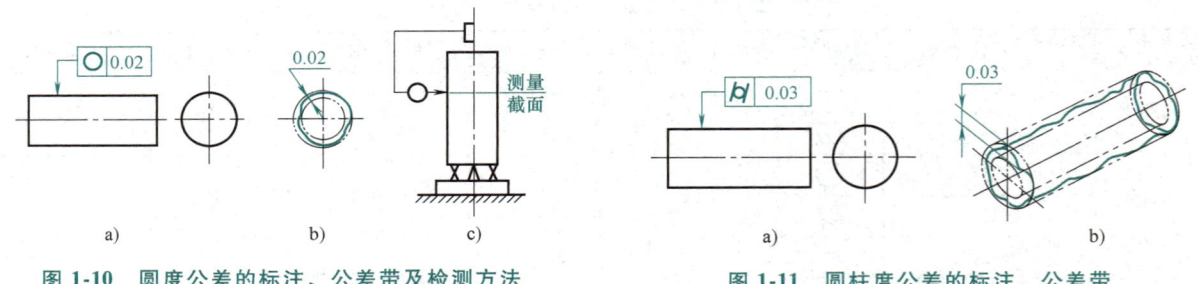

图 1-10 圆度公差的标注、公差带及检测方法
a）标注 b）公差带 c）检测方法

图 1-11 圆柱度公差的标注、公差带
a）标注 b）公差带

（5）平行度 平行度指零件上被测要素（线或面）相对于基准平行方向所偏离的程度。平行度公差的标注如图 1-12a 所示。当给定一个方向时，平行度公差带是距离为公差值 0.04mm，且平行于基准平面（或线）之间的区域，如图 1-12b 所示。图 1-12c 所示为平行度误差的一种检测方法。将被测零件放在检验平板上，移动百分表在被测表面上按规定测量线进行测量，百分表最大与最小读数之差值，即为平行度误差。

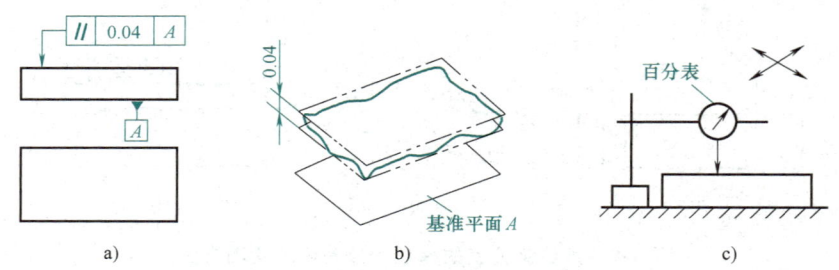

图 1-12 平行度公差的标注、公差带及检测方法
a）标注 b）公差带 c）检测方法

（6）垂直度 垂直度指零件上被测要素（线或面）相对于基准垂直方向所偏离的程度。垂直度公差的标注如图 1-13a 所示。当给定一个方向时，垂直度公差带是距离为公差值 0.03mm，且垂直于基准平面（或线）的两平行平面（或线）之间的区域，如图 1-13b 所示。图 1-13c 所示为垂直度误差的一种检测方法。将 90°角尺宽边贴靠在基准平面 A 上，测量被测平面与 90°角尺窄边之间的缝隙，方法同直线度误差的测量，则最大缝隙即为垂直度误差。

（7）同轴度 同轴度指零件上被测轴线相对于基准轴线的偏离程度。同轴度公差的标注如图 1-14a 所示。同轴度公差带是以误差值 0.05mm 为直径且与基准轴线同轴的圆柱面内的区域，如

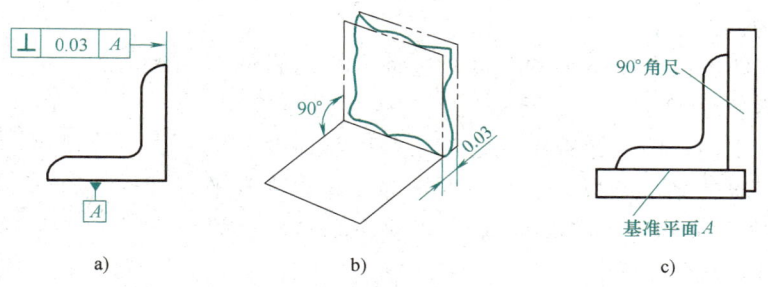

图 1-13 垂直度公差的标注、公差带及检测方法
a) 标注　b) 公差带　c) 检测方法

图 1-14b 所示。图 1-14c 所示为同轴度误差的一种检测方法，将基准线 A、B 轮廓表面的中间截面放置在等高的刃口状 V 形架上，首先在轴向测量，取上、下两个百分表在垂直于基准轴线的正截面上所测得的各对应点的读数值 $|M_a-M_b|$ 作为在该截面上的同轴度误差；再转动零件，按上述方法测若干个截面，取各截面测得的读数差中的最大值（绝对值）作为该零件的同轴度误差。

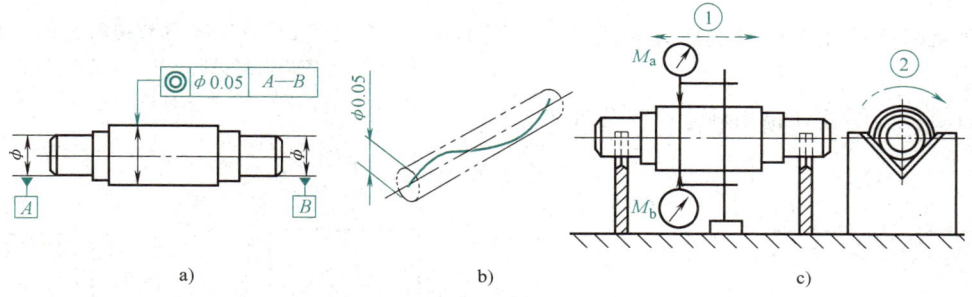

图 1-14 同轴度公差的标注、公差带及检测方法
a) 标注　b) 公差带　c) 检测方法

（8）圆跳动　圆跳动指在被测圆柱面的任一截面上或端面的任一直径处，在无轴向移动的情况下，围绕基准轴线回转一周时，沿径向或轴向的跳动程度。径向圆跳动和轴向圆跳动公差的标注方法如图 1-15a 所示，检测方法如图 1-15b 所示。当零件旋转一周时百分表测量的最大与最小读数之差，即为径向或轴向圆跳动误差。

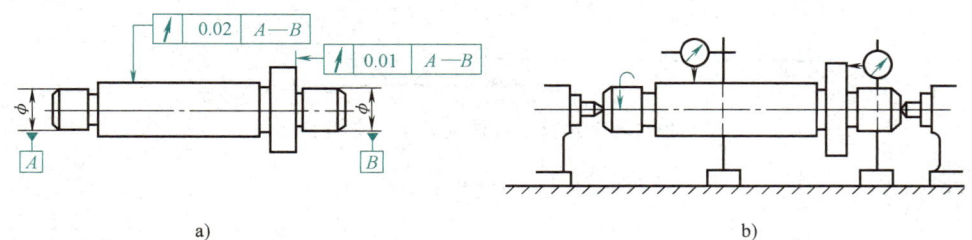

图 1-15 圆跳动公差的标注及检测方法
a) 标注　b) 在振摆仪上检测圆跳动误差的方法

四、表面粗糙度

1. 概念

加工后零件的外观晶亮光滑，但放大后零件表面状况如图 1-16 所示，表面有微小的峰、谷和间距，称为表面粗糙度。

表面粗糙度一般是由刀具切削刃形状、进给量和切屑形成过程等因素造成的。

表面粗糙度对零件的使用性能有多方面的影响，如配合的可靠性、疲劳强度、摩擦力、耐磨性、涂层的附着强度、机械结构的灵敏度和传动精度等。

2. 表面粗糙度的评定参数

表面粗糙度是零件表面微观不平的程度，这种微小的高低不平程度是不能用一般方法检查的，需要采用专门仪器进行检验。根据测量评定的方法不同，国家标准中规定常用表面粗糙度评定参数有轮廓算术平均偏差 Ra 和轮廓最大高度 Rz 等。轮廓算术平均偏差 Ra 为最常用的评定参数，单位是 μm，其参数值越小，说明表面质量越高，加工成本也越高。

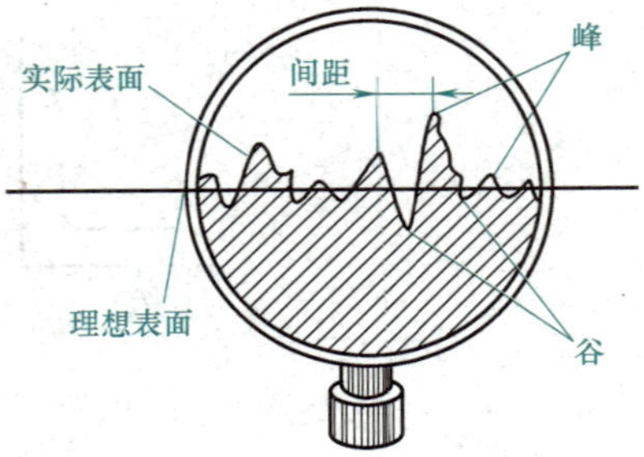

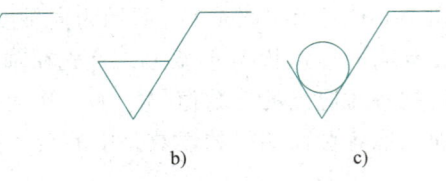

图 1-16　零件表面状况

3. 表面粗糙度的标注

（1）表面结构的图形符号　为了使设计者在图样中明确地标注出对表面结构的具体要求，GB/T 131—2006 产品几何技术规范中规定了表面结构的标注规则，对表面结构标注规定了 1 个基本图形符号、2 个扩展图形符号，每种符号都有特定的含义，如图 1-17 所示。

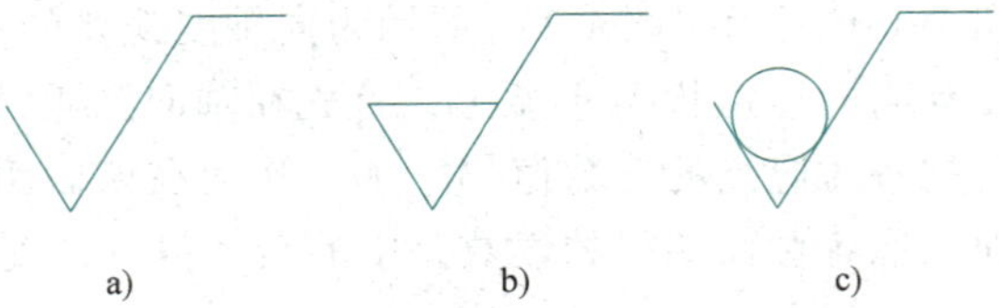

（2）标注

1）表面粗糙度标注在轮廓线或延长线上，如图 1-18 所示。

2）表面粗糙度标注在指引线上，如图 1-19 所示。

图 1-17　表面结构的图形符号

a) 基本图形符号　b) 去除材料扩展图形符号

c) 不去除材料扩展图形符号

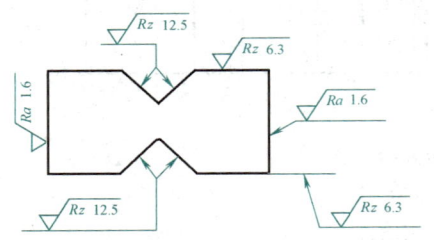

图 1-18　表面粗糙度在轮廓线上的标注

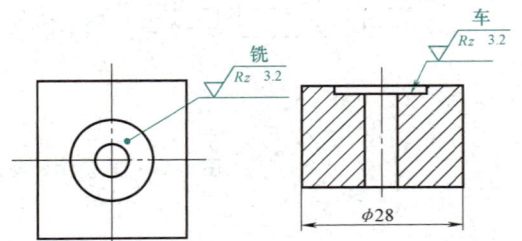

图 1-19　用指引线引出标注表面粗糙度

3）表面粗糙度标注在几何公差框格上方，如图 1-20 所示。

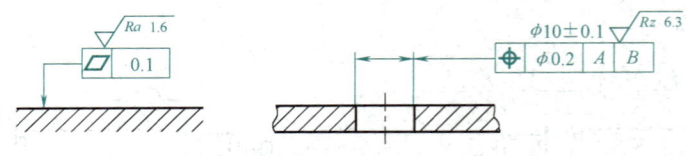

图 1-20　表面粗糙度标注在几何公差框格上方

4）表面粗糙度标注在圆柱特征的延长线上，如图 1-21 所示。

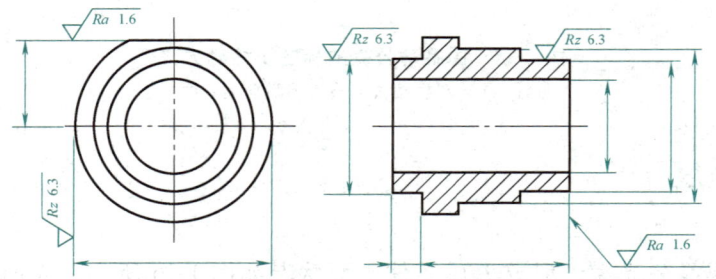

图 1-21　表面粗糙度标注在圆柱特征的延长线上

5）键槽的表面粗糙度标注如图 1-22 所示。

6）圆角和倒角的表面粗糙度标注如图 1-23 所示。

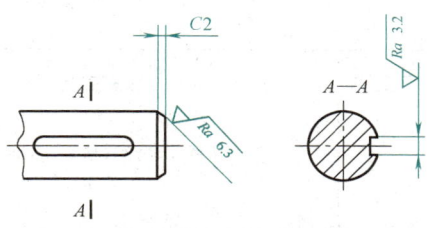

图 1-22 键槽的表面粗糙度标注

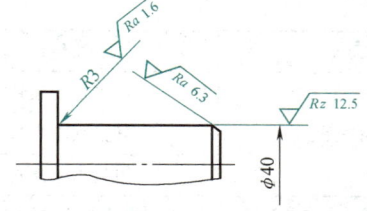

图 1-23 圆角和倒角的表面粗糙度标注

7）其余表面粗糙度的标注如图 1-24 和图 1-25 所示，两图都表示除标注有 Rz 值为 1.6μm、6.3μm 的表面外，其余各表面的 Ra 值均为 3.2μm。

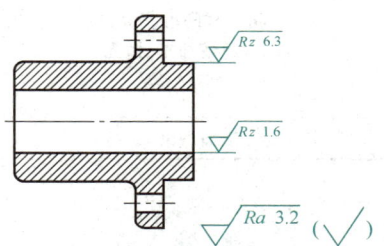

图 1-24 其余表面粗糙度标注（一）

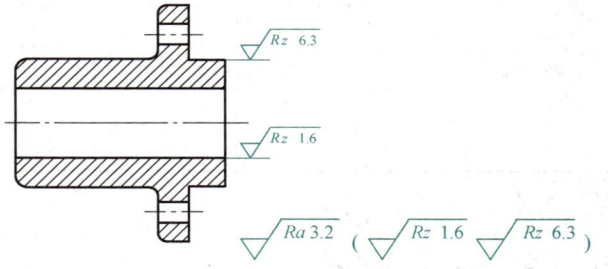

图 1-25 其余表面粗糙度标注（二）

8）当工件的多数表面有相同的表面粗糙度或图样上空间有限时，可用等式的形式标注，如图 1-26 和图 1-27 所示。

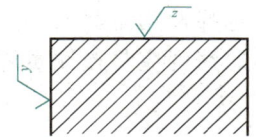

图 1-26 表面粗糙度用等式标注（一）

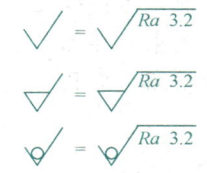

图 1-27 表面粗糙度用等式标注（二）

4. 表面粗糙度代号的识读

例 1-1 请用文字写出图 1-28 所示轴套零件的表面粗糙度。

1）120°圆锥面的表面粗糙度值 $Ra \le 6.3$μm。
2）φ38H7 内圆柱面的表面粗糙度值 $Ra \le 3.2$μm。
3）φ52f6 外圆柱面的表面粗糙度值 $Ra \le 1.6$μm。
4）φ27H6 内圆柱面的表面粗糙度值 $Ra \le 0.8$μm。
5）左端面的表面粗糙度值 $Ra \le 3.2$μm。
6）右端面的表面粗糙度值 $Ra \le 6.3$μm。
7）其余表面的表面粗糙度值 $Ra \le 12.5$μm。

5. 表面粗糙度的选用

不同表面特征的表面粗糙度及相应的加工方法列入表 1-3 中，可供选用时参考。

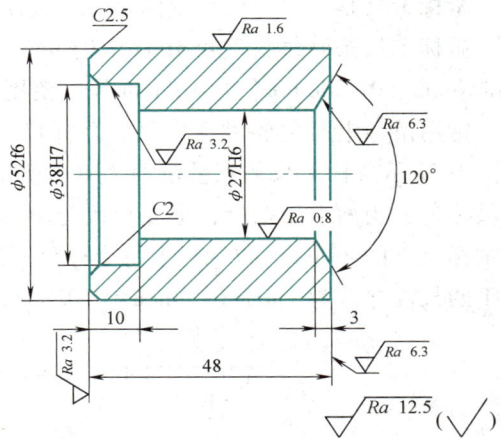

图 1-28 表面粗糙度标注示例

表 1-3 不同表面特征的表面粗糙度及相应加工方法

表面要求	表面特征	表面粗糙度值 Ra/μm	加工方法
不加工	毛坯表面清除毛刺	100	
粗加工	明显可见刀纹	50	粗车、粗铣、粗刨、钻、粗镗
	可见刀纹	25	
	微见刀纹	12.5	

(续)

表面要求	表面特征	表面粗糙度值 $Ra/\mu m$	加工方法
半精加工	可见加工痕迹	6.3	半精车、精车、精铣、粗磨
	微见加工痕迹	3.2	
	不见加工痕迹	1.6	
精加工	可辨加工痕迹的方向	0.8	精铰、刮削、精拉、精磨
	微辨加工痕迹的方向	0.4	
	不微辨加工痕迹的方向	0.2	
精度加工	暗光泽面	0.1	精密磨削珩磨、研磨、超精加工、抛光
	亮光泽面	0.05	
	镜状光泽面	0.025	
	雾状光泽面	0.012	
	镜面	0.006	镜面磨削、研磨

第二节 常用量具

量具是用来测量零件线性尺寸、角度，以及零件几何误差的工具。为了保证被加工零件的各项技术参数符合设计要求，在加工前后和加工过程中，都必须用量具进行检测。选择使用量具时，应当根据被测量零件的材质、形状、大小、数量和精度要求等选择量具。一般量具的精度应与被测量零件的公差值相适应。

一、游标卡尺

游标卡尺是一种比较精密的量具，其结构简单，可以直接测量出工件的内径、外径、长度和深度等。游标卡尺按测量精度可分为 0.01mm、0.02mm、0.05mm 三种分度值；按测量范围有 0~125mm、0~150mm、0~200mm、0~300mm 等。使用时，根据零件精度要求及零件尺寸大小进行选择。

常用游标卡尺主要由主标尺、游标尺、深度尺、刀口内测量爪、刀口外测量爪和制动螺钉组成。图 1-29 所示游标卡尺的测量范围为 0~200mm，分度值为 0.02mm。主标尺上刻有标尺间距为 1mm 的标尺标记，当两卡爪贴合，即主标尺与游标尺的零线重合时，游标尺上的 50 个标尺间距的长度正好等于主标尺上的 49mm。游标尺上每个标尺间距的长度为 49mm÷50=0.98mm。主标尺与游标尺每个标尺间距的长度之差为 1mm−0.98mm=0.02mm。

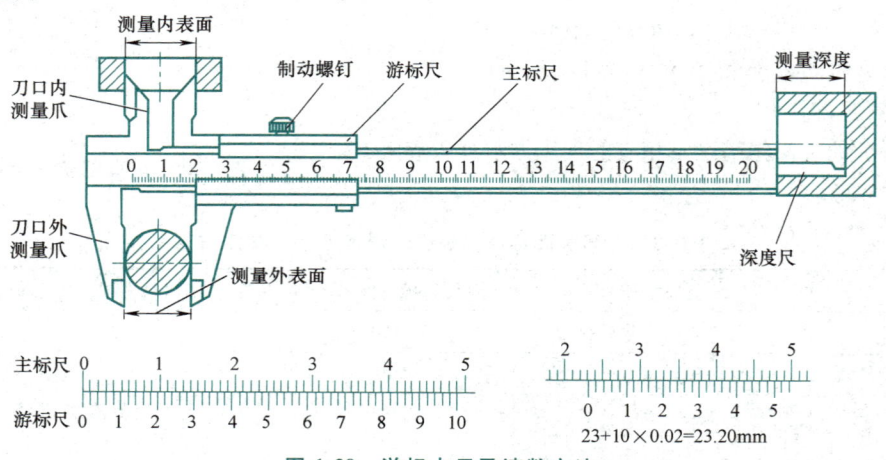

图 1-29 游标卡尺及读数方法

测量读数时，先在主标尺上读出最大的整数（mm），然后在游标尺上找到与主标尺的标尺标记对齐处，得到小数，将主标尺上读出的整数与游标尺上得到的小数相加就得到测量的尺寸。

例 1-2 主标尺读数为 23mm，游标尺的标尺标记与主标尺对齐的格数为 10 格，则该零件的尺寸为 23mm+10×0.02mm=23.20mm。

图 1-30 所示是专门用于测量深度和高度的游标卡尺。游标高度卡尺除用来测量高度外，也可用于精密划线。

游标卡尺使用注意事项如下：

（1）检查零线 使用前应先擦净游标卡尺，合拢测量爪，检查主标尺和游标尺的零线是否对齐。如对不齐，应送计量部门检修。

（2）测量爪放正 测量内、外圆时，游标卡尺应垂直于工件轴线，使两测量爪处于最大直径处。

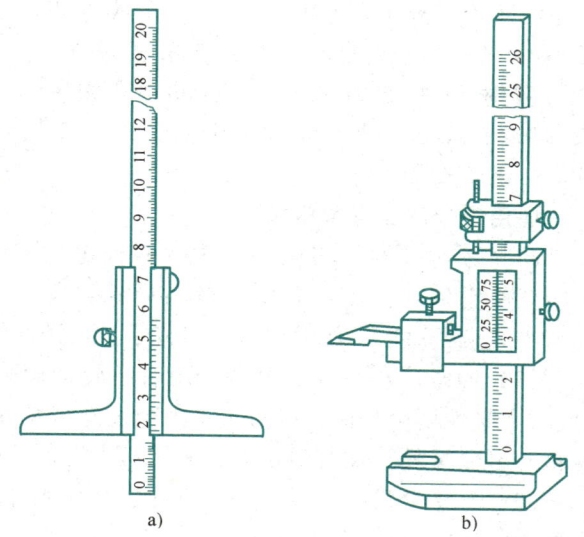

图 1-30 游标深度卡尺和游标高度卡尺
a）游标深度卡尺 b）游标高度卡尺

（3）用力适当 当测量爪与工件被测量面接触时，用力不能过大，否则会使测量爪变形、磨损，使测量精度下降。

（4）准确读数 读数时，视线要对准所读标尺标记并垂直于尺面，否则读数不准。

（5）防止松动 未读出读数之前游标卡尺要离开工件表面，须将制动螺钉拧紧。

（6）严禁违规 不得用游标卡尺测量毛坯表面和正在运动的工件。

二、千分尺

千分尺按照用途可分为外径千分尺、内径千分尺和深度千分尺。外径千分尺按其测量范围有 0~25mm、25~50mm、50~75mm 等。其分度值为 0.01mm。

图 1-31 所示是测量范围为 0~25mm 的外径千分尺。尺架的左端有固定砧座，右端的固定套管在轴线方向刻有一条中线（基准线），上下两排标尺互相错开 0.5mm，形成主标尺。微分筒左端圆周上均布 50 条标尺标记，形成副标尺。微分筒和测微螺杆连在一起，当微分筒转动一周，带动测微螺杆沿轴向移动 1 个螺距即 0.5mm，因此，微分筒转过一格，测微螺杆轴向移动的距离为 0.5mm÷50=0.01mm，此尺的分度值就是 0.01mm。

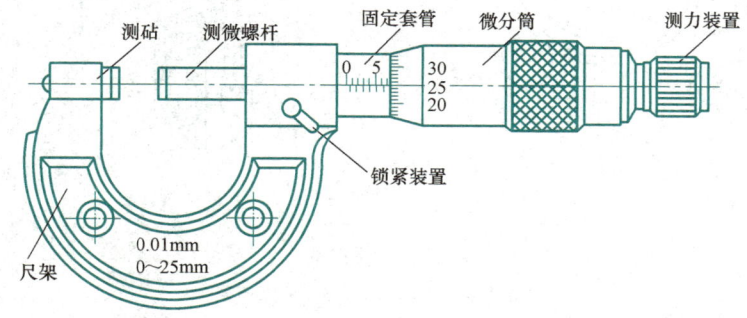

图 1-31 外径千分尺

千分尺的读数方法如下：

1）读出固定套管上露出标尺标记的整数（mm）和半毫米数（应为 0.5mm 的整数倍）。

2）读出微分筒上与轴向标尺标记中线对齐的标尺标记数值（标尺间隔格数×0.01mm）。

3）将两部分读数相加即为测量尺寸，如图 1-32 所示。

例 1-3 图 1-32a 所示固定套管读数为 12mm，微分筒上与中线对齐的格数为 24 格，则该零件的尺寸为 12mm + 24mm × 0.01 = 12.24mm，如图 1-32a 所示。请读出图 1-32b 所示的测量尺寸。

使用千分尺注意事项如下：

（1）校对零线　将砧座与测微螺杆擦拭干净，使它们相接触，看微分筒圆周标尺零线与中线是否对准，如无法对齐，将千分尺送计量部门检修。

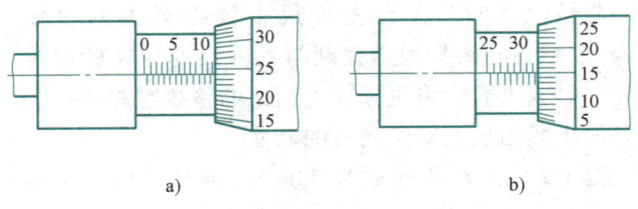

图 1-32　千分尺的读数

a）0～25mm 千分尺　b）25～50mm 千分尺

（2）测量　左手握住尺架，用右手转动微分筒，当测微螺杆快接近工件时，必须使用右端棘轮（此时严禁使用微分筒，以防止用力过度造成测量不准或损坏千分尺）以较慢的速度与工件接触。当棘轮发出"嘎嘎"的打滑声时，表示压力合适，应停止旋转。

（3）从千分尺上读取尺寸　可在工件未取下前进行，读完后松开千分尺，也可先将千分尺锁紧，取下工件后再读数。

（4）其他　被测尺寸的方向必须与螺杆方向一致；不得用千分尺测量毛坯表面和运动中的工件。

三、百分表

百分表是一种精度较高的比较量具。它只能读出相对数值，不能测出绝对数值，主要用来检验零件的几何误差，也常用于校正零件的安装位置以及测量零件的内径等。百分表的分度值为 0.01mm，测量范围有 0～3mm、0～5mm、0～10mm。

百分表表头如图 1-33a 所示，当测头向上或向下移动 1mm 时，通过测杆上的齿条和齿轮带动指针转一周，转数指针转一格。度盘在圆周上有 100 条等分的标尺标记，每格读数值为 0.01mm；转数指针每格读数值为 1mm。测量时指针、转数指针所示读数变化值之和即为尺寸变化量。转数指针处的标尺范围就是百分表的测量范围。度盘可以转动，供测量时调整指针对 0 线用。

百分表的使用方法：百分表使用时应装在专用的百分表架上，如图 1-33b 所示。

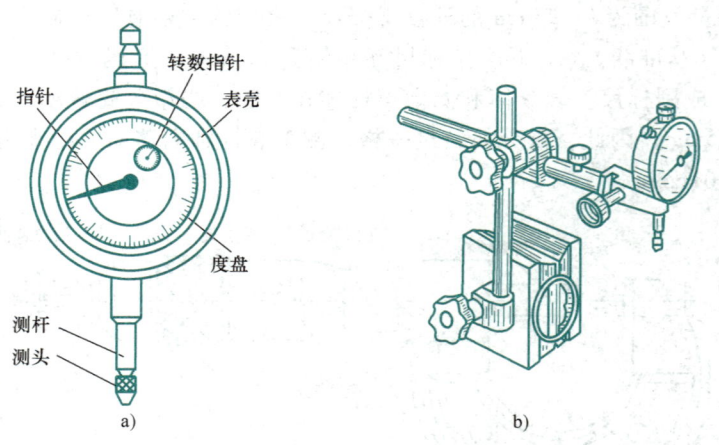

图 1-33　百分表

a）百分表表头　b）磁性座、表架与表头

使用百分表注意事项如下：

1）不能用百分表测量非加工面，不要随意拆卸百分表零件，不能将百分表浸在切削液或其他液体中使用。

2）使用前，应先检查测杆的灵活性。具体做法是轻轻推动测杆，看它是否能在套筒内灵活移动。每次松开后，指针应回到原来的位置。

3)测量时,测杆要与被测表面垂直,否则测杆移动不灵活将造成测量结果不准确;测杆移动幅度不宜过大,更不能超过量程终止端,禁止敲打百分表的任何部位,以防损坏百分表的零件。

4)百分表用完后应擦拭干净,放入盒内,使测杆处于自由状态,防止弹簧过早失效;不能任意涂擦油类,以防沾上灰尘影响其灵活性。

内径百分表主要用来测量孔径、孔的几何误差,其测量范围有6~10mm、10~18mm、18~35mm等多种,如图1-34所示。内径百分表配有成套的可换测头及附件,供测量不同孔径时选用。

测量时百分表接管应与被测孔的中心线重合,以保证可换测头与孔壁垂直,从而保证测量精度。

四、游标万能角度尺

游标万能角度尺主要用来测量零件任意角度。扇形板带动游标尺可以沿主标尺移动;直角尺可用卡块紧固在扇形板上;可移动的直尺又可用卡块固定在直角尺上;基尺与主尺连成一体。

游标万能角度尺的读数原理和游标卡尺相同。其尺身上每格为1°,尺身上的29°与游标尺的30格相对应。游标尺每格为29°÷30=58′。尺身与游标尺每格相差为1°-58′=2′,该尺的分度值为2′,如图1-35所示。

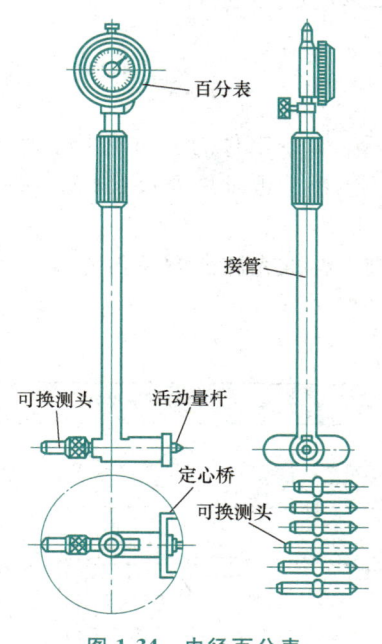

图1-34 内径百分表

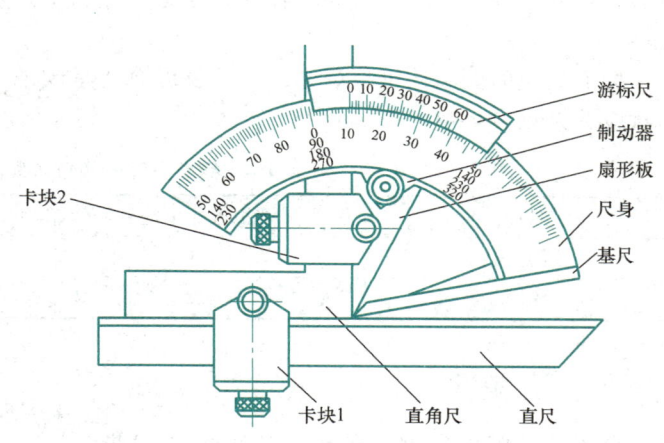

图1-35 游标万能角度尺

测量时,应先校对游标万能角度尺的零位。其零位是当直角尺与直尺均装上,且直角尺的底边及基尺均与直尺无间隙接触时,主标尺与游标尺的零线对齐。校零后的游标万能角度尺可根据工件所测角度的大致范围组合基尺、直角尺、直尺的相互位置,可测量工件的不同角度,如图1-36所示。

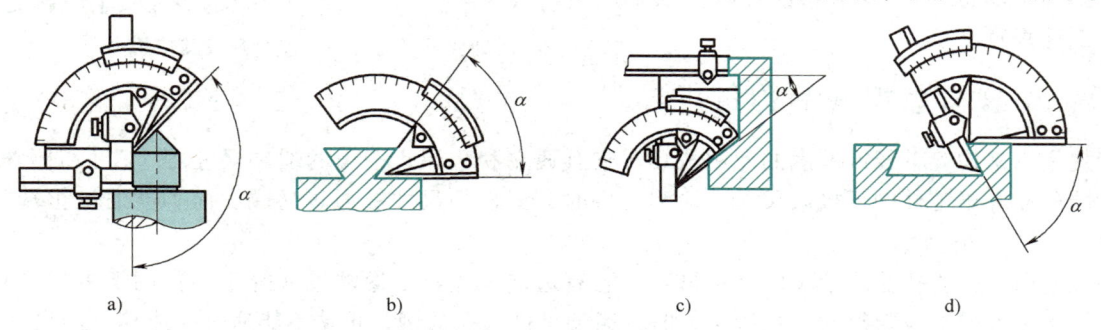

a)   b)   c)   d)

图1-36 游标万能角度尺应用实例

a)测量锥度 b)测量燕尾 c)测量斜度 d)测量燕尾槽

五、塞尺

塞尺是用其厚度来测量间隙大小的薄片量尺，厚度印在钢片上，如图 1-37 所示。使用时根据被测间隙的大小选择厚度接近的尺片（或几片组合）插入被测间隙，塞入尺片的最大厚度即为被测间隙值。使用塞尺时必须先擦净尺面和工件，组合时选用的片数要少。尺片插入时不能用力太大，以免折弯。

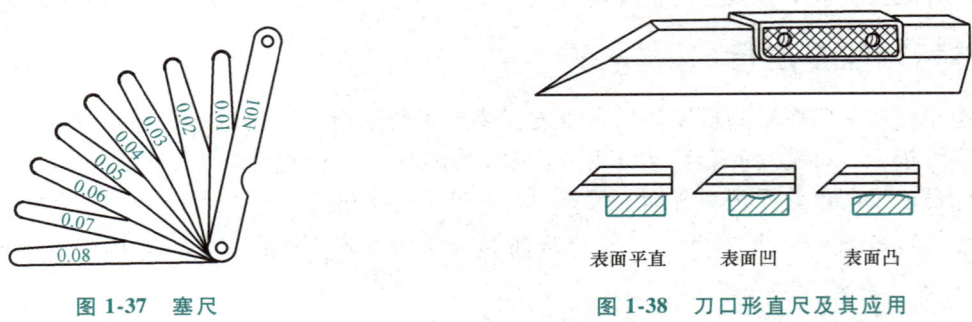

图 1-37 塞尺　　　　　　图 1-38 刀口形直尺及其应用

六、刀口形直尺

刀口形直尺是用光隙法检验直线度或平面度的量尺，如图 1-38 所示。如果工件的表面不平，则刀口形直尺与工件表面之间有间隙存在。根据光隙的颜色可以判断误差的大小，也可用塞尺检验缝隙的大小。

标准光隙的大小，可根据光线通过狭缝时所呈现的不同颜色来鉴别。标准光隙的颜色与光隙大小的对应关系见表 1-4。

表 1-4　标准光隙的颜色与光隙大小的对应关系

光隙颜色	光隙大小/μm	光隙颜色	光隙大小/μm
不透光	<0.5	红色	≈1.5
蓝色	≈0.8	白色	>2.5

七、直角尺

直角尺是用来检测工件垂直度的非刻线量尺。使用时将其一边与工件的基准面贴合，然后使其另一边与工件的另一表面接触。根据光隙可以判断误差状况，也可用塞尺测量其缝隙大小，如图 1-39 所示。直角尺也可以用来划线以保证工件垂直度。

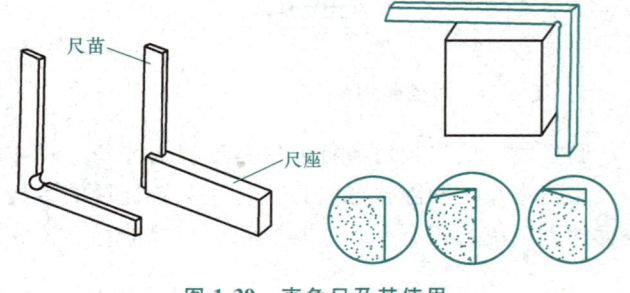

图 1-39　直角尺及其使用

八、卡规与塞规（简称量规）

卡规是用来检验轴径或厚度的专用量具。它有通端和止端，卡规的通端尺寸等于工件的上极限尺寸，止端尺寸等于工件的下极限尺寸。检测工件时，工件的尺寸能通过通端，而不能通过止端，即尺寸合格，如图 1-40 所示。

塞规是用来检验孔径或槽宽的专用量具。它有通端和止端，通端尺寸等于工件的下极限尺寸，止端尺寸等于工件的上极限尺寸。检测工件时，通端可进入孔或槽，止端不能通过孔或槽，即尺寸合格，如图 1-41 所示。

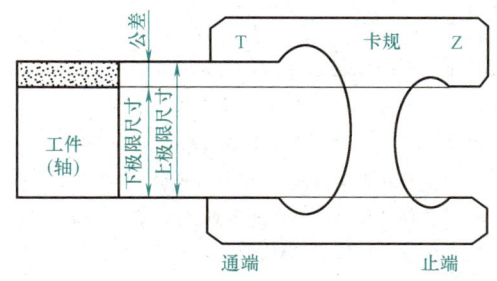

图 1-40　卡规及其使用

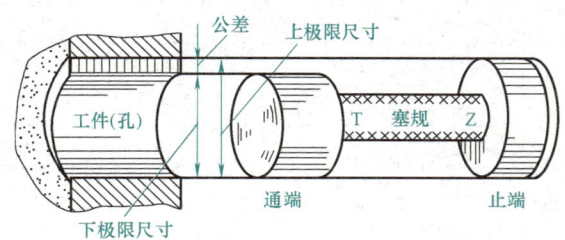

图 1-41　塞规及其使用

用量规检验工件时，只能检验工件尺寸合格与否，但不能测出工件的具体尺寸。量规在使用时省去了读数，操作较为方便，一般在批量生产时专门制造，以提高生产率。

九、量具的保养

量具的精度直接影响到检测的可靠性，因此，必须加强量具的保养，保养的方法如下：
1) 量具在使用前、后必须用干净棉纱擦干净。
2) 不能用量具测量运动着的工件；精密量具不能测量毛坯零件。
3) 测量时，不能用力过大或过猛，不能测量温度过高的工件。
4) 量具不能与工具混放，更不能当作工具使用。
5) 量具使用完后，要擦净、涂油，并放置在专用的量具盒内。

第三节　常用金属材料

一、常用金属材料的力学性能

金属材料的力学性能主要有强度、塑性、硬度及韧性等。

（1）**强度**　金属材料在载荷作用下抵抗塑性变形或断裂的能力，称为强度。强度的大小通过应力表示。强度可分为抗拉强度、抗剪强度、抗压强度、抗扭强度、疲劳强度、屈服强度和持久强度等多种指标。强度指标越高，表示材料抵抗该项变形或断裂的能力越强。

（2）**塑性**　金属材料在断裂前发生塑性变形的能力，称为塑性。它常用金属材料断后伸长率 A 和断面收缩率 Z 来表示。断后伸长率和断面收缩率越大，表示材料的塑性越好。

（3）**硬度**　金属材料表面抵抗局部变形，特别是塑性变形、压痕或划痕的能力，称为硬度。金属材料的硬度值越大，表示材料硬度越高。

（4）**冲击韧性**　它是指材料在冲击载荷作用下吸收塑性变形功和断裂功的能力，常用标准试样的冲击吸收能量 K 表示。过去也常以经过计算后得出的冲击韧度表征材料的冲击韧性。

（5）**疲劳强度**　它是指材料经受无限多次交变应力循环而不会发生破坏的最大应力值，也称疲劳极限。轴、齿轮、轴承、叶片、弹簧等零部件，在工作过程中各点的应力随时间做周期性变化，这种随时间做周期性变化的应力称为交变应力。在交变应力的作用下，虽然零件所承受的应力低于材料的屈服强度，但经过较长时间的工作后产生裂纹或突然发生完全断裂的现象称为材料的疲劳。

常用金属材料的力学性能及其含义见表 1-5。

工程上常用的硬度指标有布氏硬度、洛氏硬度和维氏硬度。

常用金属材料的硬度指标的测量范围和应用举例见表 1-6。

表1-5 常用金属材料的力学性能及其含义

力学性能	性能指标				说明
	名称	符号	单位	计算公式	
强度	下屈服强度	R_{eL}	MPa	$R_{eL}=F_S/S_0$	F_S是试样屈服时所承受的载荷,单位为N
	抗拉强度	R_m	MPa	$R_m=F_b/S_0$	F_b是试样拉断前所承受的最大载荷,单位为N
塑性	断后伸长率	A	%	$A=\dfrac{L_u-L_0}{L_0}\times 100\%$	S_0是试样原始截面面积,单位为mm^2 S_u是试样拉断后缩颈处的截面面积,单位为mm^2
	断面收缩率	Z	%	$Z=\dfrac{S_0-S_u}{S_0}\times 100\%$	L_0是试样原始标距,单位为mm L_u是试样拉断后的标距,单位为mm
冲击韧性	冲击吸收能量	K	J	$K=mg(H_1-H_2)$	m为摆锤质量,单位为kg;g为重力加速度,单位为m/s^2 H_1和H_2分别为摆锤初始高度和冲断试样后因惯性而扬起的高度,单位为m

表1-6 常用金属材料的硬度指标的测量范围和应用举例

硬度名称	压头	测量范围	应用举例
HBW(布氏)	硬质合金压头	≤650HBW	铸铁、非铁合金、各种退火及调质的钢材
HRA(洛氏)	120°金刚石圆锥体	60~80HRA	表面淬火钢、硬质合金
HRB(洛氏)	ϕ1.588mm钢球	25~100HRB	退火钢、软钢及铜合金等
HRC(洛氏)	120°金刚石圆锥体	20~70HRC	一般淬火钢材料
HV(维氏)	136°金刚石正四棱锥体	5~3000HV	表面硬化层、化学热处理表面层等

二、常用金属材料的牌号、性能和用途

1. 碳钢

碳钢又称碳素钢,它指碳的质量分数小于2.11%,并含有少量冶炼过程中残存下来的硅、锰、磷、硫等杂质元素所组成的铁碳合金。其中硅、锰有一定的强化作用,是有益元素;而磷、硫的存在将会造成钢材的塑性下降,应对其含量进行严格限制。

生产中常用的碳钢类别、牌号表示方法见表1-7。

表1-7 常用的碳钢类别、牌号表示方法

类别	牌号表示法	牌号举例说明
碳素结构钢	由Q("屈"的汉语拼音字首)、屈服强度值、质量等级符号(A、B、C、D)及脱氧方法符号(F、Z、TZ)四个部分按顺序组成	如:"Q235AF"表示最低屈服强度为235MPa、质量等级为A级的沸腾钢
优质碳素结构钢	常用两位数字表示;含锰量较高的优质碳素结构钢(0.7%~1.2%),在后面加"Mn"元素符号	如:"45"表示碳的质量分数为0.45%的优质碳素结构钢;"65Mn"表示碳的质量分数为0.65%的优质碳素结构钢
碳素工具钢	用"碳"的汉语拼音字首"T"加"数字"表示,"数字"表示碳的质量分数;对于高级优质钢,在牌号末尾加代号"A"来表示	如:"T8"表示碳的质量分数为0.8%的优质碳素工具钢;"T12A"表示碳的质量分数为1.2%的高级优质碳素工具钢
铸造碳钢	用"铸钢"的汉语拼音字首"ZG"后面加"两组数字"组成,第一组数字代表屈服强度,第二组数字代表抗拉强度	如:"ZG200-400"表示屈服强度不小于200MPa、抗拉强度不小于400MPa的铸钢

2. 碳钢的主要性能及用途

(1)碳素结构钢　碳素结构钢中的磷、硫等杂质含量较多,质量较低,但价格便宜,并具有一定

的力学性能，常用来制造性能要求不高，不须热处理的机械零件和结构件，是碳钢中用量最大的一类。

常用碳素结构钢的化学成分、性能及用途见表1-8。

表1-8 常用碳素结构钢的化学成分、性能及用途

牌号	等级	化学成分 $w(C)(\%)$	R_{eL}/MPa 钢材厚度或直径≤16mm 不小于	$A(\%)$	R_m/MPa	用途举例
Q195	—	0.06~0.12	195	33	315~390	用来制造薄钢板、钢丝、钢管、钢钉、螺钉、地脚螺栓等
Q215	A	0.09~0.15	215	31	335~410	
Q215	B	0.09~0.15	215	31	335~410	
Q235	A	0.14~0.22	235	26	375~460	用来制造拉杆、螺栓、螺母、轴、销、螺纹钢、角钢、槽钢、钢板等
Q235	B	0.12~0.20	235	26	375~460	
Q235	C	≤0.18	235	26	375~460	
Q235	D	≤0.17	235	26	375~460	
Q275	—	0.28~0.38	275	20	490~610	相当于35~40钢

（2）**优质碳素结构钢** 优质碳素结构钢中的磷、硫含量较低，质量较好，含碳量波动小，性能稳定，并可通过热处理进行强化，常用来制造比较重要的零件。

常用优质碳素结构钢的化学成分、性能及用途见表1-9。

表1-9 常用优质碳素结构钢的化学成分、性能及用途

牌号	化学成分 $w(C)(\%)$	力学性能 R_{eL}/MPa	力学性能 R_m/MPa	力学性能 $A(\%)$	用途举例
		正火状态不小于			
08	0.05~0.11	195	325	35	强度低、塑性好，作为薄板、冲压件等
10	0.07~0.13	205	335	33	具有良好的冲压性和焊接性，用作受力不大、要求韧性好的构件或零件，如焊接容器、螺钉、螺母、轴套等，经渗碳等热处理后，用作承受冲击负荷的零件，如齿轮、凸轮等
15	0.12~0.18	225	375	27	
20	0.17~0.23	245	410	25	
25	0.22~0.29	275	450	23	
30	0.27~0.34	295	490	21	经调质处理后，可获得良好的综合力学性能，主要用作齿轮、连杆、轴等机械零件。其中以40钢和45钢应用最广
35	0.32~0.39	315	530	20	
40	0.37~0.44	335	570	19	
45	0.42~0.50	355	600	16	
50	0.47~0.55	375	630	14	
55	0.52~0.60	380	645	13	
60	0.57~0.65	400	675	12	具有高的强度和良好的弹性，经一定热处理后主要用来制造截面尺寸较小的弹性零件和易磨损的零件，如弹簧、弹性垫圈、轧辊等
60Mn	0.57~0.65	420	710	11	
65	0.62~0.70	410	695	10	
65Mn	0.62~0.70	440	750	9	

（3）**碳素工具钢** 碳素工具钢中碳的质量分数较高，一般为0.65%~1.35%，经适当热处理后，具有高强度、高硬度及高耐磨性，常用来制造各种工具，如刃具、量具和模具等。

常用碳素工具钢的化学成分、性能及用途见表1-10。

（4）**铸钢** 铸钢是冶炼后直接铸造成毛坯或零件的碳素钢，适用于形状复杂且韧性、强度要求较高的零件，也常用来制造韧性、强度要求较高的大型零件。

表 1-10 常用碳素工具钢的化学成分、性能及用途

牌号	化学成分 w(C)(%)	硬度 退火后 HBW 不小于	硬度 淬火后 HRC 不小于	用途举例
T7 T7A	0.65~0.75	187	62	用作能承受冲击、硬度适当,并具有较好韧性的工具,如扁铲、钳子、錾子、木工工具、锤子等
T8 T8A	0.75~0.84	187	62	用作能承受冲击、要求具有较高的硬度与耐磨性的工具,如剪刀、木工工具、冲头、压缩空气工具等
T9 T9A	0.85~0.94	192	62	用作硬度较高、韧性中等的工具,如木工工具、冲头、凿岩工具等
T10 T10A	0.95~1.04	197	62	用作不承受剧烈冲击、高硬度、高耐磨性的工具,如冲头、手锯用钢条、丝锥等
T11 T11A	1.14~1.15	207	62	用作不承受剧烈冲击、高硬度、高耐磨性的工具,如冲模、车刀、刨刀、丝锥、钻头、手用钢锯条等
T12 T12A	1.15~1.24	207	62	用作不受冲击、高硬度、高耐磨性的工具,如锉刀、刮刀、丝锥等
T13 T13A	1.25~1.34	217	62	用作不受冲击、要求高硬度和高耐磨性的工具,如锉刀、拉丝模、刮刀、剃刀等

注:淬火后的硬度不是指用途举例中各种工具的硬度,而是指碳素工具钢材料在淬火后的最低硬度。

铸钢中碳的质量分数一般为 0.15%~0.60%,其值过高则塑性差,易产生裂纹,其值过低则强度降低,易磨损,不同牌号的铸钢用来制造不同使用要求的零件。

ZG200-400 有良好的塑性、韧性和焊接性,用来制造受力不大,要求韧性好的各种机械零件,如机座、变速箱壳等。

ZG230-450 有一定强度和较好的塑性、韧性和焊接性,用来制造受力不大、要求韧性好的各种机械零件,如外壳、轴承盖、底板等。

ZG270-500 有较高的强度和较好的塑性,铸造性能良好,焊接性尚好,可加工性好,用来制造轴承座、箱体、曲轴、缸体等。

ZG310-570 强度和可加工性良好,塑性、韧性较差,用来制造载荷较大的零件,如大齿轮、缸体、制动轮等。

(5) **铸铁** 铸铁是碳的质量分数 ≥2.11% 的铁碳合金。常用铸铁的化学成分:碳的质量分数为 2.5%~4.0%,硅的质量分数为 1.0%~3.5%,锰的质量分数为 0.5%~1.5%,硫的质量分数 ≤0.2%,磷的质量分数 ≤0.5%。由于石墨(即游离碳)的存在,使铸铁的抗拉强度和断后伸长率都不如钢,而且性能较脆;但石墨的存在又使铸铁具有耐磨、耐压、减振、低的缺口敏感性及优良的铸造性能等;同时,铸铁的熔炼过程简便,成本较低。所以,铸铁是应用广泛的铸造合金材料。铸件占机器总重量的 45%~90%。

常用铸铁的主要特点、牌号、种类及用途见表 1-11。

表 1-11 常用铸铁的主要特点、牌号、种类及用途

名称	类别				
	灰铸铁	球墨铸铁	可锻铸铁	蠕墨铸铁	合金铸铁
主要特点	石墨呈粗大片状形态出现,其断口呈暗灰色	石墨呈球状形态出现,其抗拉强度、冲击韧性可与中碳钢媲美	石墨呈团絮状形态出现,其断口心部呈黑色与白色	石墨呈蠕虫状,是介于球墨铸铁和灰铸铁之间的铸铁	具有耐热、耐磨或耐蚀等特殊性能的铸铁

(续)

名称	类别					
	灰铸铁	球墨铸铁	可锻铸铁	蠕墨铸铁	合金铸铁
常用牌号	HT150 HT200 HT350	QT400-18 QT600-3 QT800-2	KTH350-10 KTH450-06 KTZ550-04	RuT300 RuT340 RuT380	RTCr16 RTSi5
牌号意义	HT表示灰铸铁,数字表示最小抗拉强度值(MPa)	QT表示球墨铸铁,数字表示最小抗拉强度值(MPa),后面的数字表示断后伸缩率	KTH表示黑心可锻铸铁,KTZ表示珠光体可锻铸铁,数字同球墨铸铁	RuT表示蠕墨铸铁,数字表示最小抗拉强度值(MPa)	RT表示耐热铸铁,化学符号表示合金元素质量分数的百分数
用途举例	底座、床身、泵体、气缸体、阀体、凸轮等	扳手、犁刀、曲轴、连杆、机床主轴等	管接头、低压阀门、纺织机械、缝纫机械、齿轮等	齿轮箱体、气缸盖、活塞环、排气管等	化工机械零件、炉底、换热器等

3. 合金钢

合金钢是在碳钢的基础上,为了提高钢的力学性能、工艺性能或某些特殊性能,在钢的冶炼过程中有目的地加入一些合金元素而形成的钢。常加入的合金元素有硅、锰、铬、镍、铝、硼、钨、钼、钒、钛和稀土元素等。

合金元素与铁和碳相互作用,使合金钢与碳钢相比具有如下特点:较高的力学性能,如强度、硬度、韧性等;良好的热处理工艺性能,如淬透性好、淬火变形小等;某些特殊的性能,如耐腐蚀、抗氧化、耐热等性能。因此,合金钢常用于制造一些重要的工程构件和机械零件。

(1) 合金渗碳钢 合金渗碳钢是经渗碳、淬火及低温回火后,表面具有高强度、高硬度和耐磨性,心部具有良好韧性(即表硬心韧)的钢。它主要用来制造承受冲击负荷及摩擦很大的重要零件。例如,汽车、拖拉机变速齿轮等,常用的合金渗碳钢有20CrMnTi、18CrMnTi等。

生产中,常用合金渗碳钢的牌号、热处理、力学性能及用途见表1-12。

表1-12 常用合金渗碳钢的牌号、热处理、力学性能及用途

牌号	热处理工艺			力学性能(不小于)				用途举例
	第一次淬火/℃	第二次淬火/℃	回火/℃	R_m/MPa	R_{eL}/MPa	A(%)	KU_2/J	
20Cr	880,水冷、油冷	800,水冷、油冷	200,水冷、空冷	835	540	10	47	截面临界直径在30mm以下、载荷不大的零件,如机床及汽车齿轮、活塞销等
20CrMnTi	880,油冷	870,油冷	200,水冷、空冷	1080	835	10	55	截面临界直径在30mm以下、承受高速、中或重载荷以及受冲击、摩擦的重要渗碳件,如汽车、拖拉机轴、齿轮、齿轮轴、爪形离合器、蜗杆等
20MnVB	860,油冷		200,水冷、空冷	1080	885	10	55	模数较大、载荷较重的中小渗碳件,如重型机床齿轮、轴,汽车后桥的主动、被动齿轮等淬透性零件
12Cr2Ni4	860,油冷	780,油冷	200,水冷、空冷	1080	835	10	71	大截面、载荷较重、缺口敏感性低的重要零件,如重型载货车、坦克的齿轮
28Cr2Ni4WA	950,空冷	850,空冷	200,水冷、空冷	1175	835	10	78	截面更大、性能要求更高的零件,如大截面的齿轮、传动轴,精密机床中控制进给的蜗轮等

(2) 合金调质钢 合金调质钢是经调质处理后具有良好的综合力学性能的合金钢。这类钢的含碳

量一般为中碳成分[$w(C)=0.3\%\sim0.5\%$]，常加入的合金元素有锰、硅、铬、镍等，以提高钢的淬透性和力学性能。合金调质钢经调质处理后具有良好的力学性能，常用来制造中等截面、承受冲击和交变负荷作用的重要零件，如机床主轴、汽车后桥半轴、连杆、齿轮等经调质及表面淬火处理后，具有"表硬心韧"的性能，也可用来制造承受冲击、摩擦的重要零件，如机床变速齿轮。合金调质钢常用的有40MnB、40Cr等。

常用合金调质钢的牌号、热处理、力学性能及用途见表1-13。

表1-13 常用合金调质钢的牌号、热处理、力学性能及用途

牌号	热处理		力学性能（不小于）					用途举例
	淬火/℃	回火/℃	R_m/MPa	R_{eL}/MPa	A(%)	Z(%)	KU_2/J	
40Cr	850，油冷	520，水冷、油冷	980	785	9	45	47	汽车后桥半轴、机床齿轮、轴、花键轴、顶尖套等
40CrB	850，油冷	500，水冷、油冷	980	785	10	45	47	代替40Cr钢制造中、小截面重要调质件等
35CrMo	850，油冷	550，水冷、油冷	980	835	12	45	63	受冲击、振动、弯曲、扭转载荷的机件，如主轴、锤杆、大电机轴、曲轴等
38CrMoAl	940，油冷	640，水冷、油冷	980	835	14	50	71	高级渗氮钢，制作磨床主轴、精密丝杠、精密齿轮、高压阀门、压缩机活塞杆等
40CrNiMo	850，油冷	600，水冷、油冷	980	835	12	55	78	韧性好、强度高及大尺寸重要调质件，如重型机械中高载荷轴类、直径大于250mm汽轮机轴、曲轴、叶片

（3）**合金弹簧钢** 合金弹簧钢是用来制造各种弹簧或减振元件的专用合金结构钢。这类钢的含碳量一般为中、高碳成分[$w(C)=0.50\%\sim0.70\%$]，目的是保证钢具有高强度、高弹性及良好的韧性，常加入的合金元素有锰、硅、铬、钒、钼等，以提高钢的淬透性，有效地改善钢的力学性能。

合金弹簧钢经淬火及中温回火后，具有高强度、高弹性及足够的韧性，常用来制造截面尺寸较大、受力较大的重要弹簧或弹性零件，如汽车、拖拉机、机车的减振弹簧和螺旋弹簧。

合金弹簧钢常用的有50CrV、60Si2Mn等。常用合金弹簧钢的牌号、热处理、力学性能及用途见表1-14。

表1-14 常用合金弹簧钢的牌号、热处理、力学性能及用途

牌号	热处理		力学性能（不小于）			用途举例
	淬火/℃	回火/℃	R_m/MPa	R_{eL}/MPa	Z(%)	
55SiMn	870，油冷	480	1274	1176	30	用途广，如汽车、拖拉机、机车上的减振板簧和螺旋弹簧，气缸安全阀弹簧等
60Si2CrA	870，油冷	420	1764	1568	20	用作承受高应力及工作温度在300~350℃以下的弹簧，如汽轮机汽封弹簧、破碎机用弹簧等
50CrV	850，油冷	500	1274	1127	40	用作高载荷重要弹簧及工作温度<300℃的阀门弹簧、活塞弹簧、安全阀弹簧等
30W4Cr2V	1050~1100，油冷	600	1470	1323	40	用作工作温度≤500℃的耐热弹簧，如锅炉主安全阀弹簧、汽轮机汽封弹簧等

（4）**滚动轴承钢** 滚动轴承钢是用来制造滚动轴承的专用合金结构钢。其含碳量高[$w(C)=0.95\%\sim1.15\%$]，目的是保证钢具有高强度、高硬度及高耐磨性，常加入的合金元素有铬、锰、硅等，

以提高钢的淬透性、硬度、耐磨性及耐蚀性。

滚动轴承钢经淬火及低温回火后，具有高强度、高硬度及高耐磨性，常用来制造滚动轴承、喷油嘴、量具等。常用的滚动轴承钢有 GCr15、GCr9SiMn 等。

常用滚动轴承钢的牌号、热处理及用途见表 1-15。

表 1-15 常用滚动轴承钢的牌号、热处理及用途

牌号	热处理温度		回火后硬度 HRC	用途举例
	淬火/℃	回火/℃		
GCr6	800~820，水冷、油冷	150~170	62~64	直径<10mm 的滚珠、滚柱及滚针
GCr9	810~830，水冷、油冷	150~170	62~64	直径<20mm 的滚珠、滚柱及滚针
GCr9SiMn	810~830，水冷、油冷	150~160	62~64	壁厚<12mm、外径<250mm 的套圈；直径为 25~50mm 的钢球；直径<22mm 的滚子
GCr15	820~846，油冷	150~160	62~64	
GCr15SiMn	820~840，油冷	150~170	62~64	壁厚≥12mm、外径>250mm 的套圈；直径>50mm 的钢球；直径>22mm 的滚子

4. 合金工具钢

（1）**合金刃具钢** 合金刃具钢按成分不同又可分为低合金刃具钢和高速工具钢两类。

1）低合金刃具钢。它是在碳素工具钢的基础上加入少量合金元素形成的。由于合金元素的作用，使其比碳素工具钢具有更高的硬度、耐磨性和韧性，特别是具有更好的淬透性和热硬性（指材料在高温下保持高强度、高硬度的能力，用其强度、硬度显著降低时的温度来表示）。这类钢经淬火及低温回火处理后具有高硬度、高耐磨性，可用来制造截面尺寸较大、形状复杂、要求变形小的刃具、量具和模具，如板牙、丝锥、钻头、冲模和量规等。常用的低合金刃具钢有 9SiCr、9Mn2V 等。

常用低合金刃具钢的牌号、热处理及用途见表 1-16。

表 1-16 常用低合金刃具钢的牌号、热处理及用途

牌号	热处理温度及硬度				用途举例
	淬火/℃	淬火后 HRC	回火/℃	回火后硬度 HRC	
Cr06	800~810，水冷	63~65	160~180	62~64	锉刀、刮刀、刻刀、刀片
Cr2	830~860，油冷	≥62	150~170	61~63	锉刀、刮刀、刻刀、刀片
9SiCr	860~880，油冷	≥62	180~200	60~62	丝锥、板牙、钻头、铰刀
CrWMn	800~830，油冷	≥62	140~160	62~65	拉刀、长丝锥、长铰刀
9Mn2V	780~810，油冷	≥62	150~200	60~62	丝锥、板牙、铰刀
CrW5	800~850，水冷	65~66	160~180	64~65	低速切削硬金属刃具，如铣刀、车刀

2）高速工具钢。它是一种高碳、高合金工具钢。高的含碳量 [$w(C) = 0.70\% \sim 1.65\%$] 用于保证钢具有高硬度和高耐磨性，加入大量的钨、钼、铬、钒等合金元素（>10%），使其经适当的热处理后具有高硬度、高耐磨性、高热硬性及足够的强度和韧性。用高速工具钢制造的切削刀具，当切削温度高达 500~600℃时仍能保持高硬度，比碳素工具钢、低合金刃具钢具有更高的切削速度，因而俗称"高速钢"。高速工具钢常用来制造要求变形小、切削速度较高的各种切削刀具，如车刀、铣刀、刨刀、钻头等。常用的高速工具钢有 W18Cr4V、W6Mo5Cr4V2 等。常用高速工具钢的牌号、热处理及用途见表 1-17。

（2）**合金量具钢** 合金量具钢是用于制造各种测量工具的钢。量具在使用过程中会出现磨损，对合金量具钢的性能要求是高的硬度（≥56HRC）、耐磨性及较高的尺寸稳定性。

合金量具钢具有高的含碳量 [$w(C) = 0.9\% \sim 1.5\%$]，以保证钢具有高硬度、高耐磨性，常加入铬、钨、锰等合金元素，以提高淬透性，减小淬火变形，进一步提高硬度和耐磨性。

表 1-17 常用高速工具钢的牌号、热处理及用途

种类	牌号	热处理温度/℃			硬度		用途举例
		退火	淬火	回火	退火后 HBW	回火后 HRC	
钨高速工具钢	W18Cr4V	860~880	1260~1300	550~570	207~255	62~64	车刀、刨刀、钻头、铣刀等,用于高速切削
	W3Mo3Cr4V2		1260~1280	570~580		67.5	
	W2Mo8Cr4V	860~880	1230~1250	550~570	241~269	63	
	W4Mo3Cr4VSi	840~860	1240~1270	550~570	≤262	≤65	只适合制造形状简单的刀具或仅需很少磨削的刀具
钼高速工具钢	W6Mo5Cr4V3	840~885	1200~1240	550~570	≤255	≤65	制造要求耐磨性和热硬性较高,并有一定韧性,形状复杂的刀具,如拉刀、铣刀
	W6Mo5Cr4V2	840~860	1220~1240	550~570	≤241	63~66	制造要求耐磨和韧性很好的高速切削刀具,如丝锥、扭制钻头
高性能高速工具钢	W6Mo5Cr4V2Co8	870~900	1200~1260	540~590	≤269	64~66	用于难加工切削材料,如高温合金、难熔金属、超高温度钢铁合金和奥氏体不锈钢的刀具,以及直径在 15mm 以上的钻头
	W6Mo5Cr4V2	850~870	1220~1250	550~570	255~267	67~69	
	W6Mo6Cr4V2	845~855	1230~1260	540~560	≤260	67~69	

合金量具钢没有专用钢。尺寸小、形状简单、精度较低的量具用高碳钢制造;复杂的、较精密的量具一般用低合金刃具钢制造。CrWMn 的淬透性较高,淬火变形很小,可用于精度要求高且形状复杂的量规及量块;GCr15 的耐磨性、尺寸稳定性较好,多用于制造高精度量块、螺旋塞头、千分尺。

(3) 合金模具钢　合金模具钢按使用条件不同可分为冷作模具钢和热作模具钢。

1) 冷作模具钢。冷冲压模具的作用是使金属在常温下产生塑性变形,从而获得一定形状和尺寸的零件,如落料模、弯曲模、剪切模、冷镦模等。冷作模具钢属于高碳成分的钢,常加入铬、锰、钼、钒等合金元素,经淬火及低温回火处理后具有高硬度、高耐磨性及一定韧性。常用的冷作模具钢如下:

① 碳素工具钢。常用牌号有 T10A。这类钢的主要优点是可加工性好、成本低,突出的缺点是淬透性差、耐磨性欠佳、淬火变形大、使用寿命短,故一般只适合制造尺寸小、形状简单、精度低的轻负荷模具。

② 低合金工具钢。常用牌号有 9SiCr、CrWMn 和滚动轴承钢 GCr15。这类钢具有较高的淬透性、较好的耐磨性和较小的淬火变形,因其回火稳定性较好而在稍高的温度下回火,故综合力学性能较好,常用来制造尺寸较大、形状较复杂、精度较高的低负荷模具。

③ 高铬和中铬冷作模具钢。常用牌号有 Cr12、Cr12MoV。这类钢具有更高的淬透性、耐磨性和承载强度,且淬火变形小,广泛用于尺寸大、形状复杂、精度高的重载冷作模具。

④ 高速工具钢类冷作模具钢。它也可用于制造大尺寸、复杂形状、高精度的重载冷作模具,其耐磨性、承载能力更好,特别适合于工作条件极为恶劣的钢铁材料冷挤压模。

2) 热模具。热模具的作用是将被加热的金属或液态金属放入模具内,经过冷却后获得所需的形状和尺寸,如热锻模、挤压模、压铸模等。热作模具钢属于中碳成分 [$w(C) = 0.5\% \sim 0.6\%$],具有良好的综合力学性能,常加入锡、锰、镍、钼等合金元素以提高淬透性和进一步改善钢的性能。常用的热作模具钢有 5CrNiMo、3Cr2W8V 等。

常用热作模具钢的应用见表 1-18。

表 1-18 常用热作模具钢的应用

名称	类型	应用的热模具钢	硬度 HRC
锻模	高度<250mm、小型热锻模; 高度为 250~400mm、中型热锻模	5CrMnMo,5Cr2MnMo	35~47
	高度>400mm、大型热锻模	5CrNiMo,5Cr2MnMo	35~39

(续)

名称	类型	应用的热模具钢	硬度 HRC
锻模	使用寿命要求长的热锻模	3Cr2W8V,4CrMoSiV,4Cr5W2SiV	40~54
	热镦模	4Cr3W4Mo2VTiNb,4CrMoSiV,4Cr5W2SiV,3Cr3Mo3V,基体钢	39~54
	精密锻造或高速锻模	3Cr2W8V,4Cr5MoSiV,4Cr5W2SiV,4Cr3W4Mo2VTiNb	45~54
压铸模	压铸锌、铝、镁合金	4Cr5MoSiV,4Cr5W2SiV,3Cr2W8V	43~50
	压铸铜和黄铜	4Cr5MoSiV,4Cr5W2SiV,3Cr2W8V,钨基粉末冶金材料,钼、钛、铬难熔金属	
	压铸钢、铁	钨基粉末冶金材料,钼、钛、锆难熔金属	
挤压模	高温挤压和镦锻(300~800℃)	8Cr8Mo2SiV,基体钢	
	热挤压	>1000℃,挤压钢或镍合金用 4Cr5MoSiV,3Cr2W8V	43~47
		<1000℃,挤压铜或铜合金用 3Cr2W8V	36~45
		<500℃,挤压铝、锰合金用 4Cr5MoSiV,4Cr5W2SiV	46~50
		<100℃,挤压铅用 45 钢	16~20
塑料模		3Cr2Mo,45 钢,铸铁	

5. 特殊性能钢

特殊性能钢是指具有某些特殊的物理、化学性能的钢。按性能特点不同一般分为不锈钢、耐热钢、耐磨钢等。

（1）**不锈钢** 不锈钢是指能抵抗腐蚀介质作用的钢，用来制造各种长期与腐蚀介质接触的零件，如水阀、医疗器具、容器、管道等。

不锈钢按成分，可分为铬不锈钢和铬镍不锈钢。

1）铬不锈钢又称 Cr13 型钢，如 12Cr13、20Cr13、30Cr13 等，其在弱腐蚀介质（如大气、蒸汽、食品等）中具有较强的耐腐蚀能力，常用作医疗器具、食品加工机械等。

2）铬镍不锈钢如 06Cr18Ni9、12Cr18Ni9 等，在强腐蚀介质（如强酸、强碱等）中，具有较强的耐腐蚀能力，常用于制造在强腐蚀介质中工作的零件或构件，如盛装强酸、强碱的器具。

常用不锈钢的牌号、热处理、力学性能及用途见表 1-19，供选材时参考。

表 1-19 常用不锈钢的牌号、热处理、力学性能及用途

类别	牌号	热处理		力学性能			硬度 HBW	用途举例
		淬火 /℃	回火 /℃	$R_{0.2}$ /MPa	R_m /MPa	A (%)		
马氏体型	12Cr13	950~1000,油冷	700~750,快冷	≥343	≥539	≥25	≥159	汽轮机叶片、水压机阀、螺栓、螺母等耐弱腐蚀介质并承受冲击的零件
	20Cr13	920~980,油冷	600~750,快冷	≥441	≥637	≥20	≥192	汽轮机叶片、水压机阀、螺栓、螺母等耐弱腐蚀介质并承受冲击的零件
	30Cr13	920~980,油冷	600~750,快冷	≥539	≥735	≥12	≥217	用作耐磨的零件,如热油泵轴、阀门、刃具
	68Cr17	1010~1070,油冷	100~180,快冷	—	—	—	≥54 HRC	用作轴承、刃具、阀门、量具等
铁素体型	06Cr13Al	780~830,空冷或缓冷		≥177	≥412	≥20	≤183	汽轮机材料,复合钢材,淬火用部件
	10Cr17	780~850,空冷或缓冷		≥206	≥451	≥22	≤183	通用钢种,建筑内装饰用、家庭用具等

(续)

类别	牌号	热处理		力学性能			硬度 HBW	用途举例
		淬火/℃	回火/℃	$R_{0.2}$/MPa	R_m/MPa	A(%)		
铁素体型	008Cr30Mo2	900~1050,快冷		≥294	≥451	≥20	≤228	C、N含量极低,耐蚀性很高。制造苛性碱设备及有机酸设备
奥氏体型	Y12Cr18Ni9	固溶处理1010~1150,快冷	—	≥206	≥520	≥40	≤187	提高可加工性,适用于自动车床,作为螺栓、螺母等
	06Cr19Ni10	固溶处理1010~1150,快冷	—	≥206	≥520	≥40	≤187	作为不锈耐热钢使用最广泛。食品、化工设备,原子能工业用
	06Cr19Ni10N	固溶处理1010~1150,快冷	—	≥275	≥549	≥35	≤217	在06Cr19Ni9中加N,强度提高,塑性不降低。作为结构用强度部件
	06Cr18Ni11Ti	固溶处理920~1150,快冷	—	≥206	≥520	≥40	≤187	作为焊芯、抗磁仪表、医疗器械、耐酸容器、输送管道
奥氏体型-铁素体	022Cr25Ni6Mo2N	固溶处理950~1100,快冷	—	≥392	≥588	≥18	≤277	耐海水腐蚀用零件
	022Cr19Ni5Mo3Si2N	固溶处理950~1050,快冷	—	≥392	≥588	≥20	≤30HRC	作为石油、化工等热交换器或冷凝器等

（2）**耐热钢** 耐热钢是指在高温下具有高的抗氧化性和高温强度的钢，用来制造内燃机气阀、加热炉构件等。通过在钢中加入合金元素铬、硅、铝等，使钢件表面形成一层致密的、高熔点的氧化膜，抑制内部金属继续氧化，以提高抗氧化性；加入铝、钨、钒等，可提高金属的高温强度。常用的耐热钢有 42Cr9Si2、14Cr23Ni18 等。

（3）**耐磨钢** 耐磨钢是指在强烈冲击、剧烈摩擦条件下，才能硬化耐磨的钢，用来制造铁路道岔、拖拉机履带、破碎机的牙板、保险柜、防弹钢板等。

ZGMn13是生产中应用广泛的一种耐磨钢，其成分特点是高碳[$w(C)$=0.9%~1.3%]、高锰[$w(Mn)$=11%~14%]，经适当的热处理后具有良好的韧性。工作时，在强烈冲击、剧烈摩擦作用下，其表层金属因微量塑性变形而产生明显的加工硬化，使表层金属的硬度大于500HBW，从而具有良好的耐磨性。

知识与技能拓展

使用习题册完成配套课后习题。

第二章 金属切削的基本知识

> **学习目标**
> 1. 理解金属切削过程的基本原理和基本概念。
> 2. 掌握金属切削刀具和切削用量的选择方法。

> **重点与难点**
> 刀具的选用、切削用量的合理选择。

> **素养目标**
> 培养质量意识，养成严谨的工作作风。

切削加工是用切削工具从毛坯（如铸件、锻件、棒料或板料）上切去多余的材料，使工件的几何形状、尺寸以及表面粗糙度等方面均符合图样要求的加工方法。切削加工是通过刀具与工件之间的相对运动和相互间力的作用而实现的。工件往往通过夹具装夹在机床上，这种利用机床和刀具进行的切削加工通常称作机械加工，其主要方式有车削、钻削、镗削、铣削、刨削、磨削和超精加工等。

机械加工虽有多种不同的方式，但是它们在很多方面（如切削时的运动、切削工具以及切削过程的实质等）都有着共同的现象和规律，这些现象和规律是学习各种切削加工方法共同的基础。

第一节 金属切削过程的基本概念

一、切削运动和切削表面

1. 切削运动

切削运动一般可分为主运动和进给运动两大类。

（1）**主运动** 它是切下切屑形成工件表面形状所需要的最基本运动，也是切削加工中速度最高、消耗功率最多的运动，用 v_c 表示。如图 2-1 所示，车削时工件的旋转，钻削、镗削和铣削时刀具的旋转，磨削时砂轮的旋转，牛头刨床刨削时刀具的直线往复运动等，都是主运动。

（2）**进给运动** 它是使刀具不断切下切屑所需要的运动，用 v_f 表示。如图 2-1 所示，车削和钻削中的刀具移动，镗削、刨削和铣削中的工件移动，磨削中的工件转动和移动等，都是进给运动。

各种切削加工机床都是为了加工某些表面而发展起来的，因此都有特定的切削运动。在切削加工时，主运动一般只有一个，进给运动可以是一个或多个，如图 2-1f 中就有两个进给运动。

2. 切削时工件上的表面

切削时，刀具沿着进给方向运动，工件上的多余金属层不断被切去而成为切屑，从而加工出所需要的表面。此时，工件上有三个不断变化着的表面（图 2-1）：

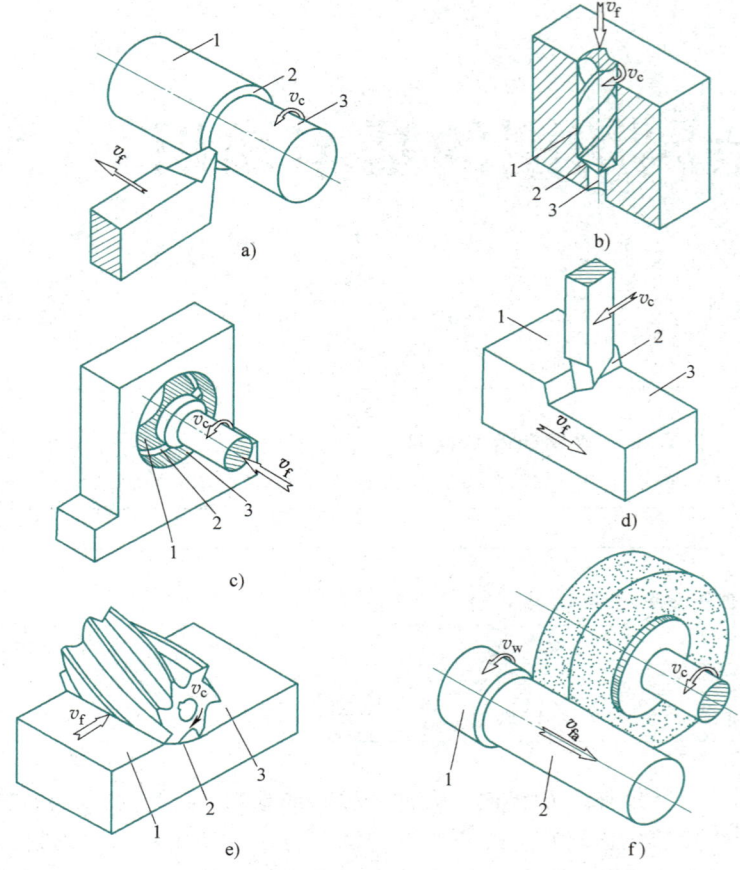

图 2-1 切削运动及加工表面

a) 车削　b) 钻削　c) 镗削　d) 刨削　e) 铣削　f) 磨削

1—待加工表面　2—过渡表面　3—已加工表面

v_c—主运动　v_f、v_{fa}、v_w—进给运动

（1）待加工表面　工件上即将切去切削层的表面。

（2）过渡表面　工件上切削刃正在切削的表面。

（3）已加工表面　工件上已切去切削层的表面。

二、切削用量

切削用量指切削过程中的切削速度、进给量和背吃刀量这三个要素，它们称为切削用量三要素。

1. 切削速度 v_c

主运动的线速度称为切削速度，以 v_c 表示。若主运动为旋转运动，切削速度为其最大的线速度。其计算公式为

$$v_c = \frac{\pi d n}{1000} \tag{2-1}$$

式中　v_c——切削速度（m/min 或 m/s）；

　　　d——工件待加工表面直径（mm）；

　　　n——工件或刀具的转速（r/min 或 r/s）。

若主运动为往复直线运动，如刨削、插削等，则常以其平均速度为切削速度。其公式为

$$v_c = \frac{2 L n_r}{1000} \tag{2-2}$$

式中　L——刀具或工件做往复直线运动的行程长度（mm）；

　　　n_r——刀具或工件每分钟（或每秒钟）往复的次数（次/min 或次/s）。

2. 进给量 f

工件或刀具每转一周或往复一次，刀具与工件之间沿进给运动方向相对移动的距离，称为进给量，用 f 表示。如图 2-2 所示，车削时的进给量 f（mm/r）为工件每转一周时，车刀沿进给运动方向移动的距离 CB；刨削时的进给量 f（mm/行程）为刨刀（或工件）每往复一次后，工件（或刨刀）沿进给方向移动的距离。

3. 背吃刀量 a_p

背吃刀量指在通过切削刃基点并垂直于进给速度方向测量的切削层最大尺寸，用 a_p（mm）表示（图 2-2）。

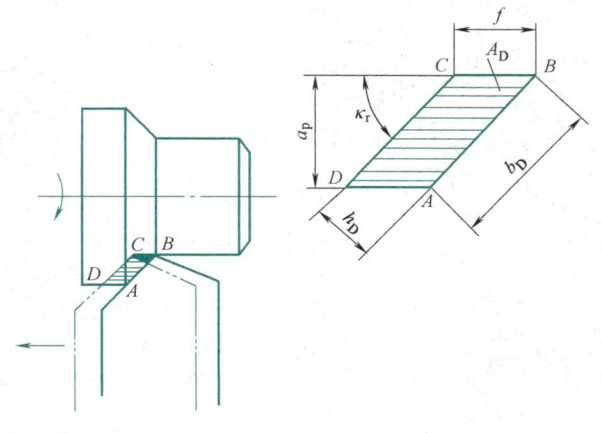

图 2-2　切削层参数

三、切削层参数

车削外圆时，工件转一周主切削刃相邻两位置间被切削的一层金属层称为切削层。它是工件上正被切削刃切削着的一层金属。

1. 切削层公称横截面面积 A_D

A_D（mm²）是垂直于主运动方向上的截面面积（mm²）。其值为背吃刀量与进给量的乘积。图 2-2 所示为车削外圆时的切削层参数

$$A_D = h_D b_D = a_p f \tag{2-3}$$

2. 切削层公称宽度 b_D

b_D（mm）是刀具主切削刃与工件的接触长度。它在垂直于主运动方向上的截面内测量（图 2-2），其计算公式为

$$b_D = \frac{a_p}{\sin\kappa_r} \tag{2-4}$$

式中　κ_r——刀具主偏角。

3. 切削层公称厚度 h_D

h_D（mm）是切削层公称横截面面积与切削层公称宽度之比，其计算公式为

$$h_D = \frac{A_D}{b_D} = f\sin\kappa_r \tag{2-5}$$

第二节　车刀切削部分的几何参数

一、车刀的组成

（一）车刀的组成

外圆车刀是最基本、最典型的刀具。如图 2-3 所示，它是由刀体 8 和刀柄 7 组成。刀体用来切削，又称切削部分；刀柄用来将车刀夹固在车床刀架上。车刀切削部分一般由三个表面、两个切削刃和一个刀尖组成。

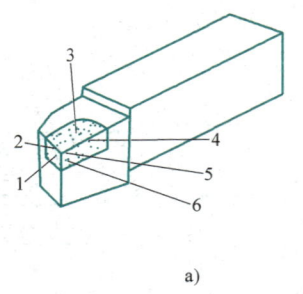 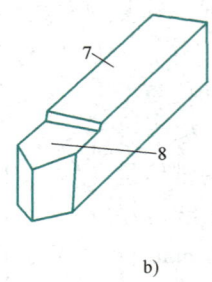 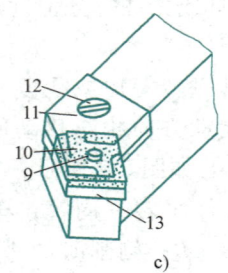

图 2-3 外圆车刀

a) 焊接式 b) 整体式 c) 机夹式

1—副后面 2—副切削刃 3—前面 4—主切削刃 5—刀尖 6—后面 7—刀柄
8—刀体 9—圆柱销 10—刀片 11—楔块 12—夹紧螺钉 13—刀垫

1. 三个表面

（1）前面 A_γ　刀具上切屑流过的表面称为前面，也称前刀面。

（2）后面 A_α　与工件上的过渡表面相对的表面称为后面，也称主后刀面。

（3）副后面 A_α'　与工件上的已加工表面相对的表面称为副后面，也称副后刀面。

2. 两个切削刃

（1）主切削刃 S　前面与后面的交线称为主切削刃。它承担着主要的切削工作。

（2）副切削刃 S′　前面与副后面的交线称为副切削刃。通常，靠近刀尖处的副切削刃起微量切削作用，在大进给量切削时，副切削刃也起主要的切削作用。

3. 刀尖

刀尖是主、副切削刃的交点。通常，刀尖用短直线或圆弧取代，以提高刀具寿命。

不同类型的刀具，其刀面、切削刃的数量不完全相同。例如，车床上常用的切断刀就有两个副切削刃。

（二）车刀的形式

图 2-3 所示为车刀常用结构。图 2-3a 是将硬质合金刀片焊在刀体上，称为焊接式车刀；图 2-3b 为高速工具钢整体式车刀，刀体切削部分靠刃磨成形；图 2-3c 是将具有若干个切削刃的硬质合金刀片紧固在刀体上，称为机械夹固（简称机夹）式车刀。

金属切削刀具的种类很多，形状和结构较复杂，且各不相同。但对于各种复杂刀具或多齿刀具，就其中一个齿来说，其几何形状都相当于一把车刀的刀体。如图 2-4 所示，钻头可看作两把车刀一正一反对称装夹后，同时车削孔壁两侧的车刀；图 2-5 所示的铣刀虽然形状复杂，实际上是由多把车刀组合而成的，一个刀齿可看作一把车刀。因此，本书将车刀作为分析研究的主要对象。

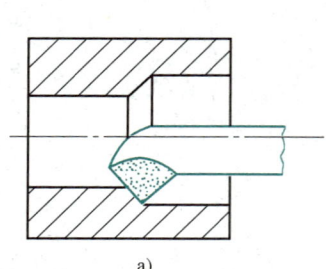 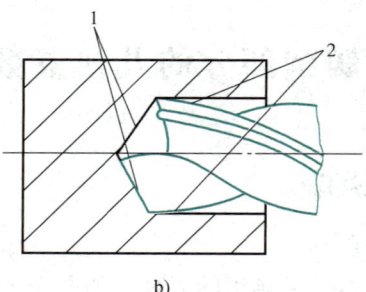

图 2-4 钻头与车孔刀的对比

1—主切削刃　2—副切削刃

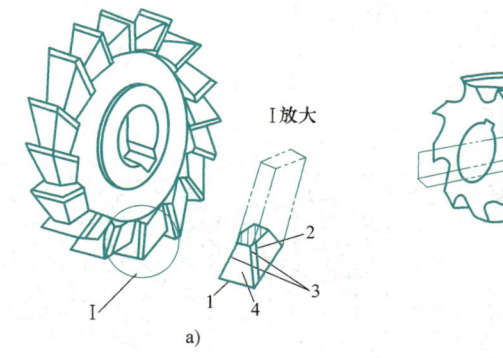 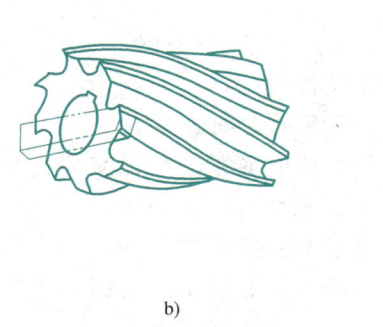 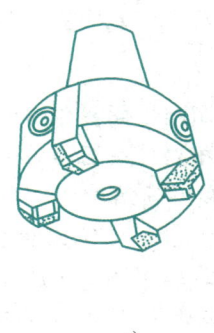

图 2-5 铣刀和车刀的对比
a) 三面刃铣刀　b) 圆柱铣刀　c) 面铣刀
1—主切削刃　2—副后面　3—副切削刃　4—前面

二、确定车刀几何角度的辅助平面

为了便于设计时在图样上标注以及制造和刃磨时测量刀具的几何角度，需要假定三个辅助平面作为基准，即基面、切削平面和正交平面，它们构成刀具静止参考系，如图 2-6 所示。

（1）基面 p_r　基面 p_r 是通过主切削刃上选定点并且垂直于该点切削速度方向（不考虑进给运动时的切削速度）的平面。基面平行于车刀底面，底面是制造、刃磨、测量和装夹车刀的基准面。

（2）切削平面 p_s　切削平面 p_s 是通过主切削刃上选定点与主切削刃 S 相切并垂直于基面 p_r 的平面。切削平面是包含相对运动速度的平面，若不考虑进给运动的影响，相对运动速度的方向就是切削速度的方向。

（3）正交平面 p_o　正交平面 p_o（也称主剖面）是通过主切削刃上选定点并同时垂直于基面 p_r 和切削平面 p_s 的平面。

图 2-6 刀具静止参考系

三、车刀的几何角度

刀具几何角度有标注角度（或称刃磨角度）和工作角度（或称实际切削角度）。

（一）刀具的标注角度

在刀具图样上标注的角度称为标注角度，也就是刀具制造和刃磨时控制的几何角度。刀具标注角度是在上述刀具静止参考系内度量的，如图 2-7 所示。

1. 在正交平面 p_o 内测量的角度

（1）前角 γ_o　前面与基面之间的夹角。

（2）后角 α_o　主后面与切削平面之间的夹角。

（3）楔角 β_o　前面与主后面之间的夹角（派生角）。

$$\beta_o = 90° - (\gamma_o + \alpha_o) \qquad (2-6)$$

2. 在基面 p_r 内测量的角度

（1）主偏角 κ_r　主切削刃 S 与进给速度 v_f 之间的夹角。

（2）副偏角 κ_r'　副切削刃 S' 与进给速度反方向之间的夹角。

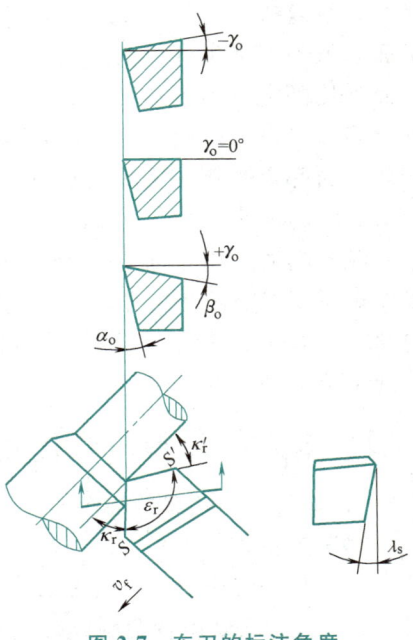

图 2-7 车刀的标注角度

(3) 刀尖角 ε_r　主切削刃 S 与副切削刃 S' 之间的夹角（派生角）。

$$\varepsilon_r = 180° - (\kappa_r + \kappa_r') \tag{2-7}$$

3. 在切削平面 p_s 内测量的角度

刃倾角 λ_s：主切削刃 S 与基面 p_r 之间的夹角。

前角和刃倾角均可为正值、负值或零。在正交平面 p_o 中，前面与基面重合时前角为零，否则为正或负（图 2-7）。图 2-8 所示为车刀刃倾角的三种不同情况。观察刀尖和切削刃上任意一点到车刀底面的距离可以发现，若车刀刀尖处于主切削刃上最高点，则刃倾角为正；刀尖处于主切削刃上最低点，则刃倾角为负值；若主切削刃与底面平行，则刃倾角为零。

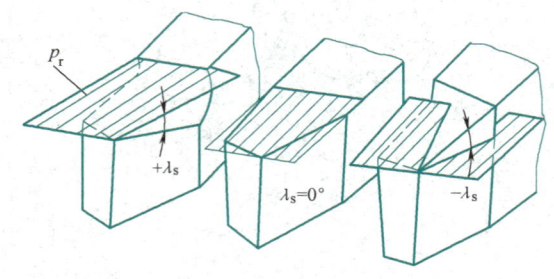

图 2-8　车刀的刃倾角

车刀的主要角度有前角 γ_o、后角 α_o、主偏角 κ_r、副偏角 κ_r'、刃倾角 λ_s 五个。楔角 β_o 在正交平面内测量，刀尖角 ε_r 在基面内测量，均为换算派生角。

（二）刀具的工作角度

刀具的工作角度是考虑实际装夹条件和进给运动的影响而确定的角度。当考虑实际装夹和进给运动的影响时，刀具标注角度的静止参考系将发生变化而称为刀具工作参考系。因此，刀具工作时的角度也随之变化而称为工作角度。

（1）装夹对刀具工作角度的影响　如图 2-9a 所示，刀尖对准工件中心安装时，设切削平面（包含切削速度 v_c 的平面）与车刀底面相垂直，则基面与车刀底面平行，刀具切削角度无变化；图 2-9b 为刀尖装夹得高于工件中心时，切削速度 v_c 所在平面（即切削平面）倾斜一个角度 τ，则基面也随之倾斜一个角度 τ，从而使前角 γ_o 增大了一个角度 τ，后角 α_o 减小了一个角度 τ。反之，当刀尖装夹得低于工件中心时（图 2-9c），则前角 γ_o 减小，后角 α_o 增大。

（2）进给运动对工作角度的影响　如图 2-10 所示，切削时若考虑进给运动，包含合成切削速度 v_e 的切削平面（称工作切削平面）倾斜一个角度，而垂直于工作切削平面的基面（称工作基面）则随之倾斜，从而导致刀具工作角度变化。实际车削的外圆表面是一个螺旋面，通过切削刃选定点的工作基面和工作切削平面都要倾斜一个螺纹升角 ψ，使前角 γ_o 增大一个角度 ψ，则后角 α_o 减小一个角度 ψ。

一般车削时，由于进给量比工件直径小得多，ψ 值很小，所以对车刀工作前角与后角的影响可忽略不计。但车削导程较大的螺纹，如梯形螺纹、矩形螺纹和多线螺纹时，则必须考虑螺纹升角 ψ 对加工的影响。

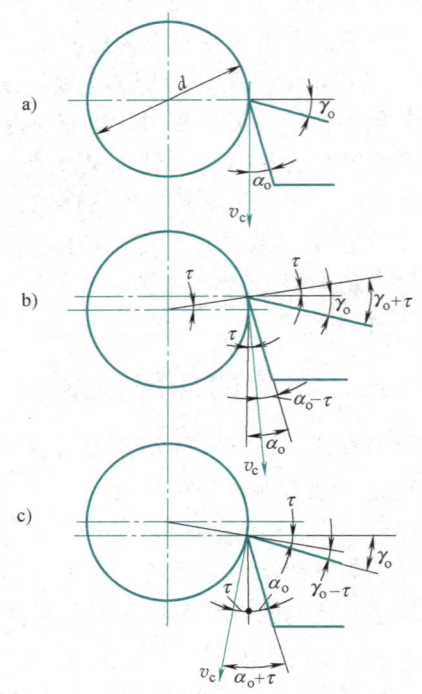

图 2-9　车刀刀尖装夹高度对工作角度的影响

a）刀尖对准工件中心　b）刀尖高于工件中心　c）刀尖低于工件中心

四、车刀的刃磨与几何角度的测量

（一）车刀几何角度的刃磨方法

1. 砂轮的选用

（1）磨料的选择　磨料选择的主要依据是刀具的材料和热处理方法。除手动工具外，大部分刀具是用高速工具钢或硬质合金制成的。一般高速工具钢淬火后硬度在 65HRC 左右。刃磨硬质合金刀具通

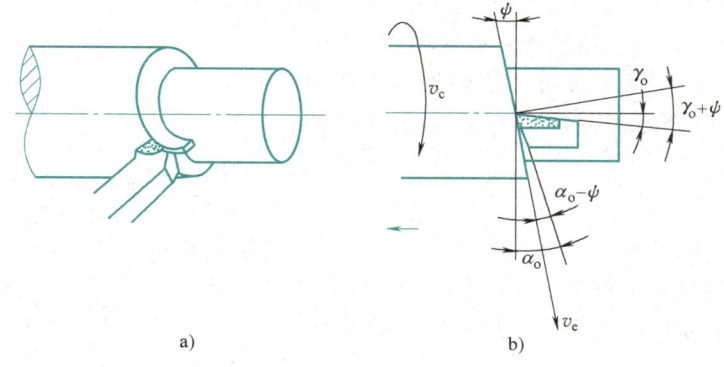

图 2-10 进给运动对工作前、后角的影响
a) 实际车削时工件表面　b) 实际车削时车刀的工作角度

常选用绿色碳化硅磨料 GC（旧 TL），刃磨淬火高速工具钢刀具选用白刚玉 WA（旧 GB）或铬刚玉 PA（旧 GG）磨料。对于要求较高的硬质合金刀具（如铰刀等），可用人造金刚石 D（旧 JR）磨料。对于高钒高速工具钢刀具，选用单晶刚玉 SA（旧 GD）磨料。

（2）粒度的选择　粒度选择的主要依据是刀具的精度和表面粗糙度要求，还要考虑磨削效率。一般刀具的表面粗糙度值为 $Ra0.4 \sim 0.1 \mu m$ 时，若分粗、精磨，则从磨削效率考虑，粗磨时应选粒度为 F46～F60 的砂轮，精磨时应选粒度为 F80～F120 的砂轮。

（3）硬度选择　刃磨刀具时，砂轮的硬度应选得低些。一般刃磨硬质合金刀具，硬度选用 H（旧 R_2）、J（旧 R_3）；刃磨高速工具钢刀具，硬度选用 H（旧 R_2）、K（旧 ZR_1）。

2. 车刀几何角度的刃磨方法

（1）刃磨方法　如图 2-11 所示，刀尖角 ε_r 为 80°的外圆车刀，采用手工刃磨的方法。具体步骤如下：

1）人站立在砂轮侧面，以防砂轮碎裂时，其碎片飞出伤人。

2）两手握车刀的距离拉开，两肘夹紧腰部，可减少磨刀时手的抖动。

3）磨车刀时，车刀应放在砂轮的水平中心，刀尖略微上翘 3°～8°，车刀接触砂轮后应做左右方向的水平移动。当车刀离开砂轮时，刀尖应向上抬起，以防磨好的切削刃被砂轮碰伤。

4）磨车刀主后面时，刀柄尾部向左偏一个主偏角的角度，如图 2-11a；磨车刀副后面时，刀柄尾部向右偏一个副偏角的角度（图 2-11b）。

5）修磨刀尖圆弧时，通常以左手握车刀前端为支点，用右手转动车刀尾部（图 2-11d）。

6）其刃磨步骤为：粗磨主后面和副后面，粗、精磨前面，精磨主后面和副后面，磨刀尖圆弧，测量角度，用油石手工研磨负倒棱及刀尖圆弧。

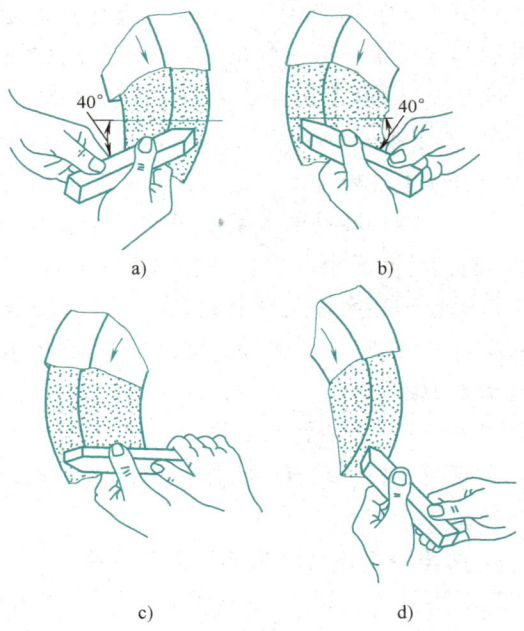

图 2-11 车刀的刃磨
a) 磨主后面　b) 磨副后面　c) 磨前面　d) 磨刀尖圆弧

（2）注意事项

1）刃磨车刀时，不能用力过大，以防打滑伤手。

2）车刀的高低必须控制在砂轮水平中心，刀具头部略向上翘，否则会出现负后角或后角过大等弊端。

3) 刃磨车刀时应做水平的左右移动，以免砂轮表面出现凹坑。

4) 在平形砂轮上磨刀时，应避免在砂轮侧面上磨。

5) 砂轮磨削表面必须经常修整，使砂轮没有明显的跳动。对平形砂轮一般可用砂轮刀在砂轮上来回修整，如图 2-12 所示。

6) 磨刀时要求戴防护镜。

7) 刃磨硬质合金车刀时，不可把刀体部分放入水中冷却，以防刀片突然冷却而碎裂。刃磨高速工具钢车刀时，应随时用水冷却，以防车刀过热退火而降低硬度。

8) 在刃磨前，要对砂轮机的防护设施进行检查，如防护罩是否齐全，有托架的砂轮，其托架与砂轮之间的间隙是否恰当等。

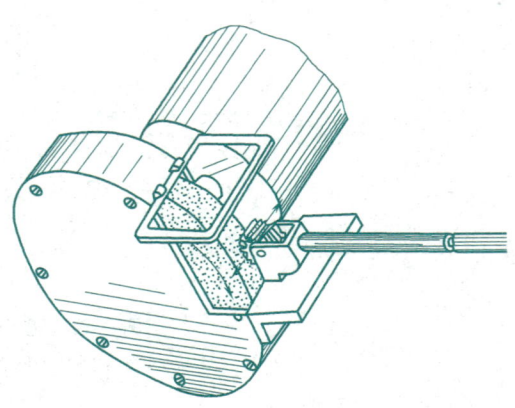

图 2-12　用砂轮刀修整砂轮

9) 重新安装砂轮后，要进行检查，经试转后才能使用。

10) 刃磨结束后，应随手关闭砂轮机电源。

（二）车刀几何角度的测量

车刀标注角度可用角度样板、游标万能角度尺及车刀量角台等进行测量。本书主要介绍车刀量角台的使用方法。

1. 车刀量角台的结构

车刀量角台是测量车刀标注角度的专用量角仪器，其形式很多，常用车刀量角台如图 2-13 所示。装在支脚 1 上的圆形底盘 2 的圆周边有从 0° 起向左、右各 100° 的标尺，工作台 5 绕小轴 7 转动，转动角度由固定于工作台上的指针 6 读出。定位块 4 和导条 3 固定在一起，可在工作台的滑槽内平行移动。

立柱 20 固定在底盘上，其上有矩形螺纹。旋转螺母 19，可使滑体 13 沿立柱的键槽上下移动。小标尺盘 15 由小螺钉 16 固定在滑体上，用旋钮 17 可将弯板 18 锁紧在滑体上。松开旋钮，弯板以旋钮为轴，可沿顺、逆时针两个方向转动，转动的角度由固定于弯板 18 上的小指针 14 在小标尺盘 15 上示出。大标尺盘 12 由螺钉 11 固定在弯板上，用螺钉轴 8 装在大标尺盘上的大指针 9 可绕螺钉轴沿顺、逆时针两个方向转动，转动的角度由大标尺盘示出，转动的极限位置由销轴 10 限制。

当指针 6、大指针 9、小指针 14 都处于 0° 时，大指针的前面 a 和侧面 b 分别垂直于工作台的平面，而底面 c 平行于工作台的平面。

2. 用车刀量角台测量车刀标注角度

（1）**校准车刀量角台的原始位置**　测量前应将量角台的大、小指针全部调整到零位，然后按图 2-14 所示把车刀平放在工作台上。此状态下车刀量角台位置为测量车刀角度的原始位置。

（2）**主偏角的测量**　从原始位置起，沿顺时针方向转动工作台（工作台平面相当于基面 p_r），让主切削刃和大指针前面 a 紧密贴合，如图 2-15 所示。此时，工作台指针在底盘上所指示的标尺标记值，即是主偏角的数值。

（3）**刃倾角的测量**　测完主偏角后，使大指针底面 c 和主

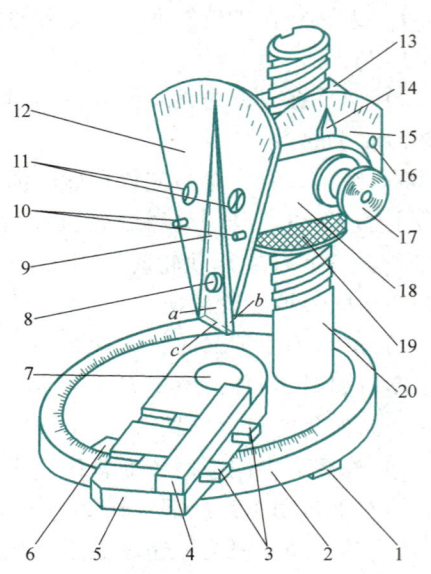

图 2-13　常用车刀量角台

1—支脚　2—圆形底盘　3—导条　4—定位块
5—工作台　6—指针　7—小轴　8—螺钉轴
9—大指针　10—销轴　11—螺钉　12—大标尺盘　13—滑体　14—小指针　15—小标尺盘　16—小螺钉　17—旋钮　18—弯板
19—螺母　20—立柱

切削刃紧密贴合（大指针前面 a 相当于切削平面 p_s），如图 2-16 所示。此时，大指针在大标尺盘上所指示的标记值，就是刃倾角的数值。大指针在零位左边为 $+\lambda_s$，在右边为 $-\lambda_s$。

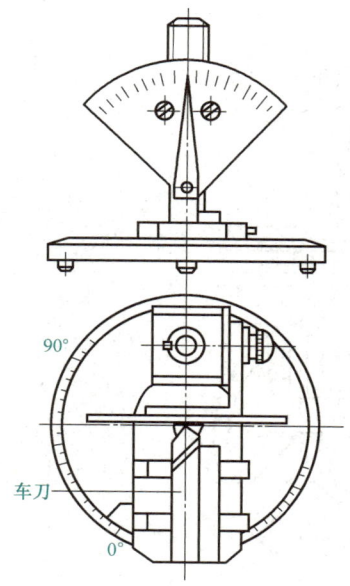

图 2-14　测量车刀角度的原始位置

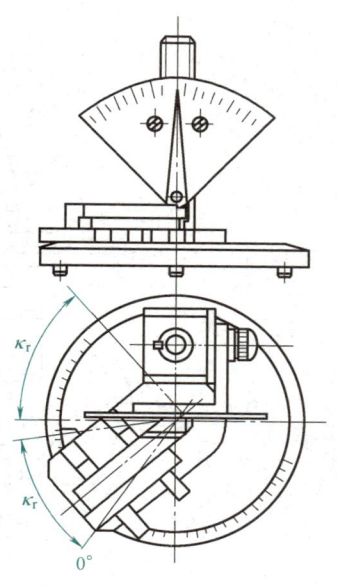

图 2-15　测量车刀主偏角

（4）副偏角的测量　参照测量主偏角的方法，沿逆时针方向转动工作台，使副切削刃和大指针前面 a 紧密贴合，如图 2-17 所示。此时，工作台指针在底盘上所指示的标记值，就是副偏角的数值。

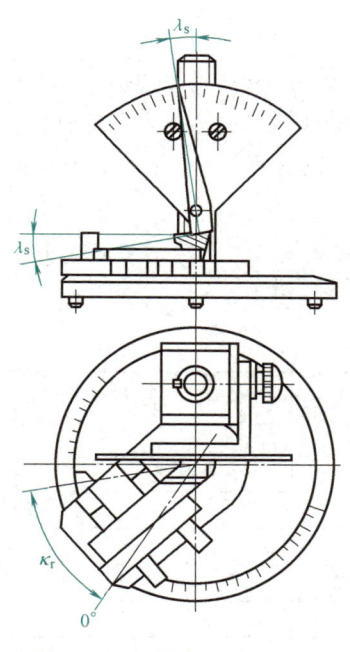

图 2-16　测量车刀的刃倾角

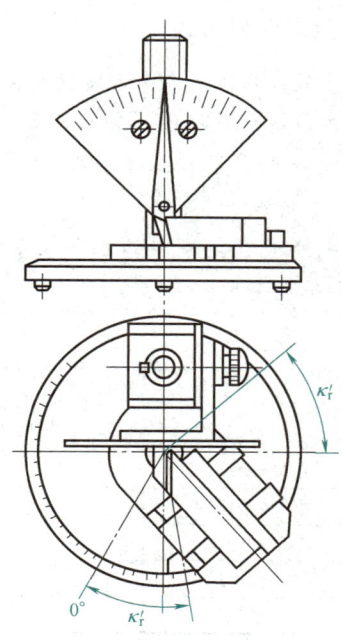

图 2-17　测量车刀副偏角

（5）前角的测量　从图 2-15 测完车刀主偏角的位置起，沿逆时针方向使工作台转 90°，这时主切削刃在基面上的投影恰好垂直于大指针前面 a（相当于正交平面 p_o），然后让大指针底面 c 落在通过主切削刃上选定点 A 的前面上（紧密贴合），如图 2-18a 所示。此时，大指针在大标尺盘上所指示的标记值，就是正交平面内前角的数值。指针在零位右边时为 $+\gamma_o$，在左边时为 $-\gamma_o$。

（6）后角的测量　测完前角后，向右平行移动车刀（这时定位块可能要移到车刀的左边，但仍要保证车刀侧面与定位块侧面靠紧），使大指针侧面 b 和通过主切削刃上选定点 A_a 的后面紧密贴合，如

图 2-18b 所示。此时,大指针在大标尺盘上所指示的标记值,就是正交平面内后角的数值。指针在零位左边为+α_o,在右边为-α_o。

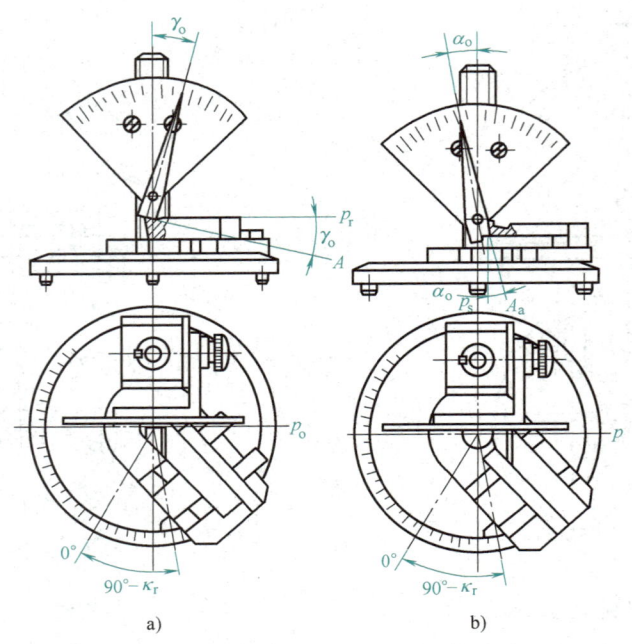

图 2-18 测量车刀的前角与后角
a) 测量车刀前角 b) 测量车刀后角

3. 车刀角度测量实践

1) 测量仪器及工具有车刀量角台,直头外圆车刀、弯头外圆车刀、端面车刀、切断刀及螺纹车刀。
2) 教师讲解测量目标、要求以及车刀量角台的构造和使用方法,演示一遍车刀角度的测量方法。
3) 学生在预习车刀主要角度定义及基面p_r、切削平面p_s、正交平面p_o等概念的基础上,熟悉和调整车刀量角台。
4) 分别测量5把车刀的5个基本角度,将测得的数据填入表2-1中,绘制刀具工作简图并标注实际测量的车刀角度。

表 2-1 车刀角度测量

车刀编号	车刀名称	刀柄尺寸(B/mm)×(H/mm)	前角 γ_o /(°)	后角 α_o /(°)	主偏角 κ_r /(°)	副偏角 κ_r' /(°)	刃倾角 λ_s /(°)
1	直头外圆车刀						
2	弯头外圆车刀						
3	端面车刀						
4	切断刀						
5	螺纹车刀						

第三节 刀具材料

一、刀具切削部分材料的性能要求

在切削过程中,刀具切削部分承受切削力、切削热的作用,同时与工件及切屑之间产生剧烈的摩擦，因而会发生磨损。在切削余量不均匀或切削断续表面时，刀具还受到很大的冲击和振动。因此，刀具切削部分的材料应满足下列基本要求。

1. 高的硬度和耐磨性

刀具材料硬度应比工件材料的硬度高，一般常温硬度要求在60HRC以上。刀具材料应具有较好的耐磨性，材料硬度越高，耐磨性也越好。

2. 足够的强度和韧性

刀具材料必须有足够的强度和韧性，以便承受切削力，在承受振动和冲击时不致断裂和崩刃。

3. 较好的热硬性

热硬性指在高温下仍能保持上述硬度、强度、韧性和耐磨性基本不变的能力，一般用保持刀具切削性能的最高温度来表示。

4. 良好的工艺性

为便于制造，刀具材料应具备良好的可加工性，如热处理性能、高温塑性、可磨削加工性及焊接工艺性等。

5. 经济性

经济性是评定刀具材料的重要指标之一。有的材料虽然单件成本很高，但因其使用寿命长，分摊到每个零件上的成本不一定很高。此外，刀具材料的选用还应当结合企业实际情况，充分考虑其经济效益。

目前常用的刀具材料主要是高速工具钢和硬质合金。

二、常用刀具材料的性能及应用

1. 碳素工具钢

碳素工具钢热处理后的硬度为60~64HRC，其热硬性差，在200~250℃时即失去原有的硬度，淬火后易变形和开裂。它的主要优点是价格低，可加工性好，刃口易磨得锋利等。它常用于低速（v_c<8m/min）切削，制造手用刀具，如锉刀、刮刀和手用锯条等。常用牌号为T10A、T12A等。

2. 合金工具钢

在碳素工具钢中加入一些合金元素（如钨、铬、锰、钼、钒等）而炼出的钢，称为合金工具钢。其优点是热处理变形小，淬透性好。合金工具钢淬火后硬度为60~65HRC，热硬性温度为300~350℃，用于制造丝锥、板牙、铰刀等形状较为复杂、切削速度不高（v_c<10m/min）的刀具。常用牌号有CrWMn、9SiCr等。

3. 高速工具钢

高速工具钢是一种钨、铬、钼、钒等合金元素质量分数较大的高合金工具钢，因其容易磨得锋利而俗称锋钢，又因表面光亮洁白而被称为白钢。

高速工具钢的热硬性温度为550~600℃，因此它所允许的切削速度比普通合金工具钢高两倍以上，切削普通结构钢时，其切削速度可达25~30m/min。它的热硬性和耐磨性虽然低于硬质合金，但因其抗弯强度和韧性高，制造工艺性好，容易磨出锋利的刃口，价格也比较便宜，因此使用较广。除制造各种车刀外，高速工具钢尤其适于制造各种形状复杂的刀具，如铣刀、孔加工刀具、螺纹刀具、拉刀和齿轮刀具等。常见高速工具钢的性能及用途见表2-2，其中W18Cr4V和W6Mo5Cr4V2的用量最大。

4. 硬质合金

硬质合金是用粉末冶金方法制成的。它由硬度与熔点都很高的碳化物和黏结金属组成。

硬质合金的硬度很高（89~93HRA，相当于74~81HRC），能耐800~1000℃高温，因此可用作刀具材料。它的切削速度比高速工具钢高4~10倍，可达100~300m/min。但其韧性差，承受振动及冲击的能力差，同时刃口不易磨得锋利，因而不适于制造刃形复杂的刀具。因此，硬质合金不能完全取代高速工具钢。硬质合金一般制成各种形式的刀片，焊接或夹固在刀体上使用，很少制成整体刀具。常用硬质合金牌号的选用见表2-3。

表 2-2 常用高速工具钢的性能及用途

类别		牌号	硬度 HRC	600℃高温硬度 HRC	主要用途
通用高速工具钢		W18Cr4V	62~66	48.5	用途广泛，容易磨得光洁锋利，适用于制造形状复杂、热处理后刃形需要磨制的刀具，如齿轮刀具、钻头、铰刀、铣刀、拉刀等
		W6Mo5Cr4V2	62~66	47~48	可磨性差，热塑性和冲击韧性好，一般用于制造麻花钻等
高性能高速工具钢	高碳	95W18Cr4V	67~68	51	可磨性好，硬度、耐磨性和热硬性较好，可用于不锈钢、耐热合金钢等难加工材料的切削，但其冲击韧性差
	高钒	W12Cr4V4Mo	63~66	51	可磨性好，硬度、热硬性、耐磨性较好，用于制造形状简单、要求耐磨的车刀等
	超硬	W6Mo5Cr4V2Al	68~69	55	可磨性差，硬度、热硬性、耐磨性好，用于制造复杂刀具和难加工材料用刀具，如高速插齿刀、齿轮滚刀等
		W2Mo9Cr4VCo8	66~70	55	可磨性好，硬度、热硬性、耐磨性好，用于制造复杂刀具和难加工材料用刀具，价格高

表 2-3 常用硬质合金牌号的选用

合金类别	牌号	性能	用途	代号
钨钛钴合金	YT30	硬度、耐磨性 ↑ 强度、韧性 ↓	钢与铸钢工件在高速切削、小切削截面、无振动条件下的精车、精镗	P01
	YT15		钢与铸钢工件在高速、连续切削时的粗车、半精车、精车、半精铣与精铣，间断切削时的精车，旋风车螺纹，孔的粗、精扩	P10
	YT14		钢或铸钢工件连续切削时的粗车、粗铣，间断切削时的半精车与精车，铸孔的扩钻与粗扩	P20
	YT5		钢类件（铸钢件、铸钢件的表皮）连续与非连续表面的粗车、粗刨、半精刨、粗铣及钻孔	P30
碳化钛基合金	YN05	硬度、耐磨性 ↑ 强度、韧性 ↓	钢、铸钢件和合金铸铁的高速精加工	P01
	YN10		碳素钢、各种合金钢、工具钢、淬火钢等钢材的连续加工	P01 P05
通用合金	YW1	硬度、耐磨性 ↑ 强度、韧性 ↓	耐热钢、高锰钢、不锈钢等难加工钢材及碳素钢、灰铸铁和合金铸铁的中、高速切削	M10
	YW2		耐热钢、高锰钢、不锈钢等难加工钢材，普通钢材和灰铸铁的中、低速车削、铣削	M20
钨钴合金	YG3X	硬度、耐磨性 ↑ 强度、韧性 ↓	铸铁、非铁金属及其合金的精镗、精车等，也可用于合金钢、淬火钢的精车	K01
	YG6A YA6		硬铸铁、可锻铸铁、淬火硬铜、高锰钢及合金钢的半精加工和精加工，也可用于非铁金属及其合金、硬塑料、硬橡胶及硬纸板的半精加工	K10
	YG6X		铸铁、冷硬合金铸铁和耐热合金钢的精加工	K10
	YG3		铸铁、硬铸块、非铁金属及其合金在无冲击时的精加工和半精加工、钻孔、扩孔、螺纹车削等	K01
	YG6		铸铁、非铁金属及其合金与非金属材料连续切削时的粗车，间断切削时的半精车、精车，粗车螺纹，旋风车螺纹、半精铣、精铣	K20
	YG8N		硬铸铁、球墨铸铁、白口铸铁及非金属的粗加工，也可用于不锈钢的粗加工和半精加工	K20 K30
	YG8		铸铁、非铁金属及其合金与非金属材料加工，间断切削时的粗车、粗刨、粗铣及一般孔和深孔的钻孔、扩孔等	K30

（1）钨钴类硬质合金 YG　钨钴类硬质合金由碳化钨（WC）和钴（Co）组成，硬度一般为 89~91HRA，热硬性温度为 800~900℃。钨钴合金的韧性、耐磨性和导热性较好，用于切削铸铁等脆性材料和非铁金属及其合金。按不同钴的质量分数，钨钴合金可分为 YG3、YG6、YG8 等多种牌号。其中数字表示钴的质量分数，数字越大，则钴的质量分数越高，其承受冲击的性能就越好，所以一般 YG8 多用于粗加工，YG6 和 YG3 分别用于半精加工和精加工。

（2）钨钛钴类硬质合金 YT　钨钛钴类硬质合金由碳化钨（WC）、碳化钛（TiC）和钴（Co）组成，硬度一般为 89.5~92.8HRA，热硬性温度为 900~1000℃。碳化钛能阻止合金元素扩散，提高发生黏结的温度，减少氧化倾向，从而提高了硬质合金的耐热性和耐磨性。因此，钨钛钴类硬质合金用于切削普通钢材。钨钛钴类硬质合金可分为 YT5、YT14、YT15 和 YT30 等多种牌号。其中数字表示碳化钛的质量分数，碳化钛的质量分数越大，则硬度和耐磨性越高，强度和韧性越低。因此，YT30 用于切削平稳的精加工，YT5 则用于切削过程中承受较大冲击载荷的粗加工。

刀具材料除上述种类外，还有很多种，如碳化钛基硬质合金、通用硬质合金、陶瓷、金刚石和立方氮化硼等。

第四节　金属切削过程中的物理现象

切削时，刀具挤压切削层，使切削层与工件分离变成切屑而获得所需要的表面，这个过程称为切削过程。

切削过程中会出现许多现象，这些现象大多遵循一定的规律，如积屑瘤、切削力、切削热的变化等。这些现象和规律直接影响着刀具寿命、加工质量、切削效率及切削加工的经济性，是进一步研究工件质量、生产率和加工成本的依据。

一、切屑的形成

（一）金属的切削过程

金属的切削过程也是切屑形成的过程。如图 2-19 所示，切削塑性金属时，当工件受到刀具的挤压以后，切削层金属在始滑移面 OA 以下发生弹性变形，越靠近 OA 面，弹性变形越大。在 OA 面上，应力达到材料的屈服强度 R_{eL}，则发生塑性变形，产生剪切滑移现象。随着刀具的继续移动，原来处于始滑移面上的金属不断向刀具靠拢，应力和变形也逐渐加大。在终滑移面 OE 上，应力和变形达到最大值发生剪切断裂。越过 OE 面，切削层金属将脱离工件母体，沿刀具前面流出而形成切屑，完成切离。

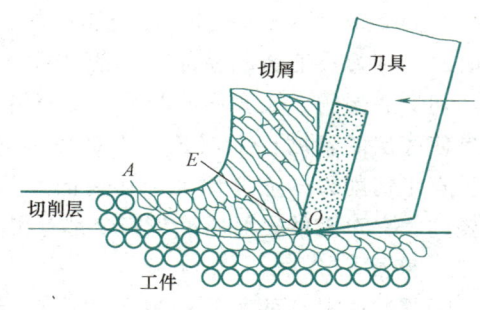

图 2-19　塑性金属的切削变形情况

（二）切屑的类型

工件材料的塑性不同或条件不同时，会产生不同类型的切屑，并对加工产生不同的影响，图 2-20 所示为四种典型的切屑。

（1）**带状切屑**　用较大前角的刀具在较高切削速度、较小的进给量和背吃刀量情况下，切削硬度较低的塑性材料，容易得到这类切屑（图 2-20a）。由于材料塑性较大，虽然切削层金属经过终滑移面 OE 时产生了较大的塑性变形，但尚未达到破裂程度即被切离工件母体，所以切屑连绵不断。带状切屑的形成过程经过弹性变形、塑性变形、切离三个阶段，切削过程比较平稳，切削力波动较小，工件表面较光洁。但它可能缠绕在刀具或工件上，易损坏切削刃和刮伤工件，清除切屑和运输也不方便，常成为影响正常切削的关键。因此，常在刀具前面磨出各种卷屑槽或断屑槽，以促使切屑卷成一定的长度后自行折断。

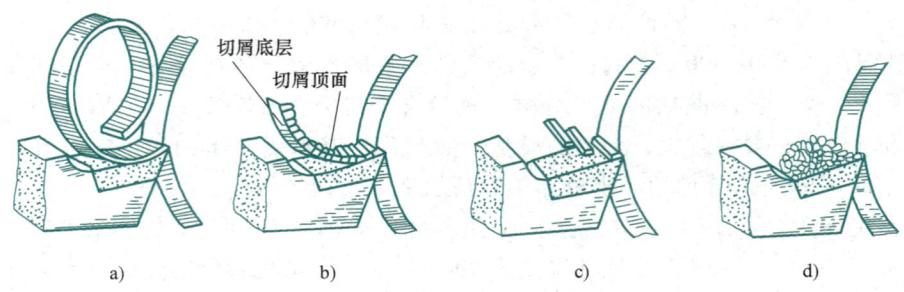

图 2-20 切屑的种类

a）带状切屑　b）节状切屑　c）粒状切屑　d）崩碎状切屑

（2）节状切屑　用较小前角的刀具，以较低的切削速度粗加工中等硬度的塑性材料时，由于材料塑性较小和切削变形较大，当切削层金属到达 OE 面时，材料已达到破裂程度，而被一层一层地挤裂。但在切离母体时，切屑底层尚未裂开，形成节状切屑，因而又称挤裂切屑（图 2-20b）。这类切屑的顶面有明显的裂纹，呈锯齿形，其形成过程经过了弹性变形、塑性变形、挤裂和切离四个阶段，是最典型的切削过程。形成节状切屑时，切削力较大且有波动，加工后的工件表面较粗糙。

（3）粒状切屑　在形成节状切屑的过程中，若进一步减小前角，降低切削速度或增大切削厚度，则切屑在整个厚度上被挤裂，形成梯形的粒状切屑（图 2-20c），又称单元切屑。形成粒状切屑时，产生的切削力较大，波动更大。

（4）崩碎状切屑　在切削铸铁和黄铜等脆性材料时，由于材料的塑性极小，切削层金属受刀具挤压经过弹性变形以后就突然崩碎，形成不规则的碎块屑片，即为崩碎切屑（图 2-20d）。切屑的形成经过弹性变形、挤裂、切离三个阶段。产生崩碎切屑时，切削热和断续的切削力都集中在主切削刃和刀尖附近，刀尖容易磨损，并容易产生振动，因而影响工件的表面质量。

切屑形状可以随切削条件的不同而改变，例如，改变刀具角度和切削用量，则可使切屑形状改变。生产中常根据具体情况采取不同的措施使切屑变形得到控制，以保证切削加工的顺利进行。

（三）断屑与切屑流动方向

如图 2-21 所示，车削塑性金属材料，切屑顺刀具前面流出时，受到刀具前面的挤压、摩擦作用，使它进一步产生变形。切屑底层的金属变形最严重，切屑沿刀具前面产生滑移，结果使底层的长度比上层长。于是切屑一边向上卷曲，一边沿垂直于切削刃的方向流动。切屑的形状及流动方向是非常重要的，它对工件表面质量与安全都有很大影响。

1. 断屑

断屑的原因有两种：一种是切屑在流出过程中与阻碍物相碰后受到一个弯曲力矩而折断，另一种是切屑在流出过程中靠自身重量摔断。

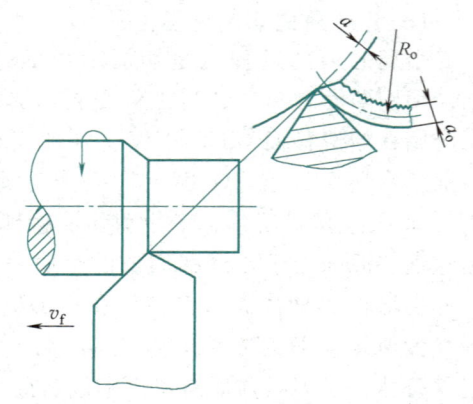

图 2-21 切屑的卷曲

（1）切屑受阻后折断　如图 2-22 所示，切屑顺刀具前面流出与断屑槽台阶相碰后，受到阻力 F_o 的作用，在卷曲的同时又外加一个卷曲阻力，使切屑内部产生较大的弯曲应力而在断屑槽内折断。其屑形为长度较短的碎屑。

当断屑槽台阶使切屑产生弯曲应力而未达到使切屑折断的程度时，切屑在发生卷曲变形后会改变方向继续运动。如图 2-23 所示，切屑在卷曲运动中与工件的待加工表面相碰，受到一个阻力 F_o 的作用而折断成 C 形切屑。图 2-24 所示为切屑与工件上的过渡表面相碰后形成圆卷形切屑。图 2-25 所示为切屑与车刀后面相碰后折断成 C 形

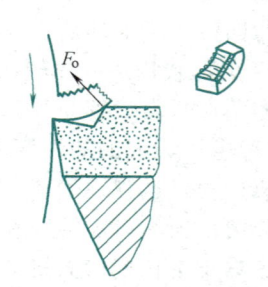

图 2-22 切屑在断屑槽内折断

或6字形切屑。

（2）**螺旋状切屑** 如果切屑在脱离工件母体前受到的塑性变形未能使其达到破裂程度，切屑在断屑槽内成卷，并沿断屑槽流出而形成螺旋状切屑，而后靠自身重量在达到一定长度时摔断（图2-26a）。断屑槽形状不同，切削用量和刀具角度改变时，又会引起螺旋状切屑的形状变化。图2-26b所示未断的带状切屑即是上述条件变化的产物，这种切屑在加工中缠在刀具或工件表面上，给加工带来不便和不安全的因素，所以在加工过程中应尽量避免。

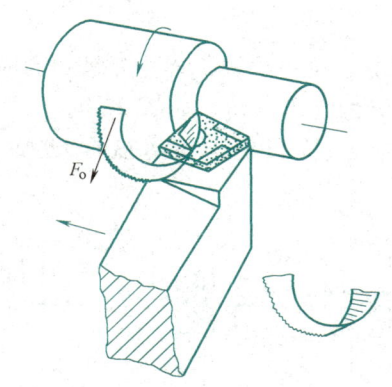

图 2-23　切屑与工件待加工表面相碰后折断

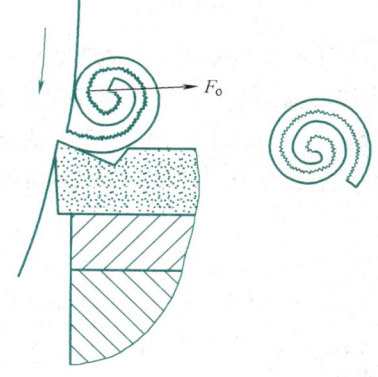

图 2-24　切屑与工件过渡表面相碰后折断

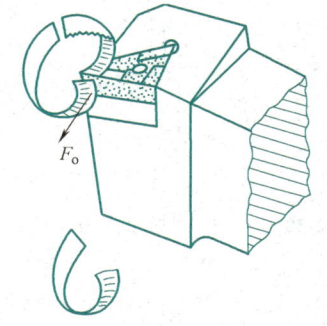

图 2-25　切屑与车刀后面相碰后折断

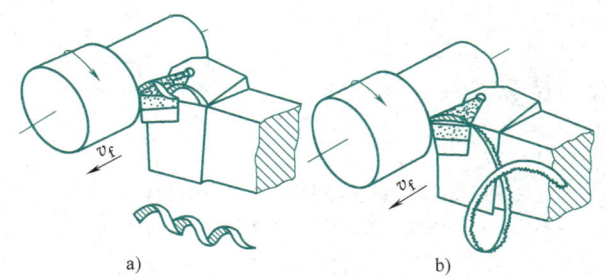

图 2-26　螺旋状切屑和带状切屑
a）螺旋状切屑　b）带状切屑

2. 断屑槽结构

图2-27所示为断屑槽常用的三种形状：折线（圆弧过渡）形、直线圆弧形和全圆弧形。

（1）**断屑台距离** 图2-28所示为折线形断屑槽的卷屑情况，断屑台距离 l_{Bn} 越小，切屑的卷曲半径 R_o 越小，则切屑上的弯曲应力就越大，因此切屑越容易在断屑槽内折断或形成小直径螺旋形切屑。断屑台距离 l_{Bn} 不宜选得太小，应在保证断屑的前提下选得宽一些。因为 l_{Bn} 越小，断屑槽的容屑空间就越小，切屑变形就越大，从而使切削力增大，易产生堵屑和打刀等现象。

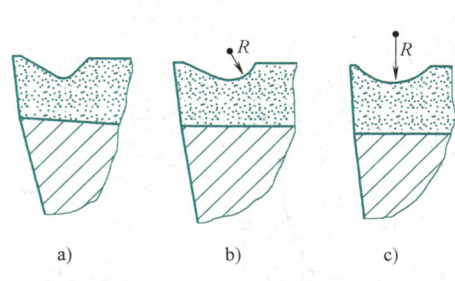

图 2-27　断屑槽的正交平面形状
a）折线形　b）直线圆弧形　c）全圆弧形

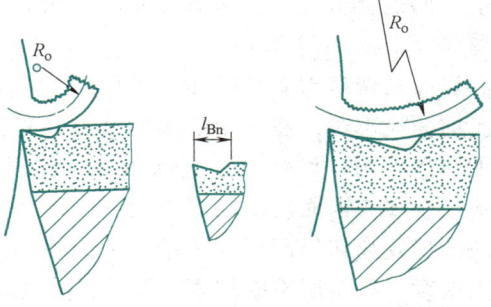

图 2-28　断屑台距离对断屑的影响

(2) 断屑槽斜角　断屑槽斜角 ρ_{Br} 有两种形式：外斜式，又称正喇叭式；内斜式，又称倒喇叭式。外斜式使切屑容易与待加工表面或刀具后面相碰而折断成 C 形或 6 字形（图 2-29a）。内斜式使切屑容易形成卷得较紧的螺旋形并沿断屑槽向刀柄方向运动，当切屑达到一定长度后靠自身重量摔断（图 2-29b）。

3. 主偏角与刃倾角对排屑方向的影响

在切削塑性材料且进给量较小时，切屑的流动方向可能成为影响工件表面质量和人身安全的因素之一。

图 2-30 所示为主偏角 $\kappa_r = 90°$ 与 $\kappa_r = 45°$ 时，切屑的流动情况。在进给量、背吃刀量相同时，κ_r 越大，越易断屑；κ_r 越小，则切屑越易成卷。对排屑方向影响最大的是刃倾角，如图 2-30a、d 所示，刃倾角 λ_s 为正时，切屑流向待加工表面；图 2-30c、f 所示为 λ_s 为负时，切屑流向已加工表面；图 2-30b、e 所示为 λ_s 为零时，切屑流向过渡表面。

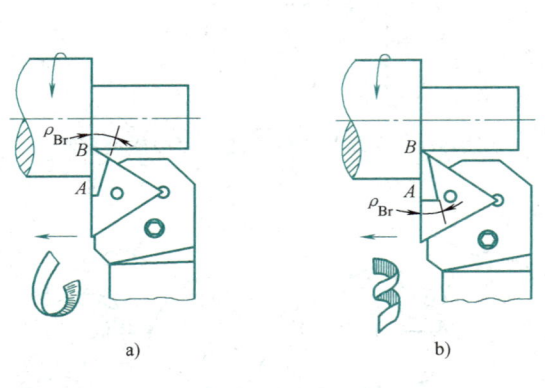

图 2-29　断屑槽斜角对屑形的影响
a) 外斜式断屑槽斜角　b) 内斜式断屑槽斜角

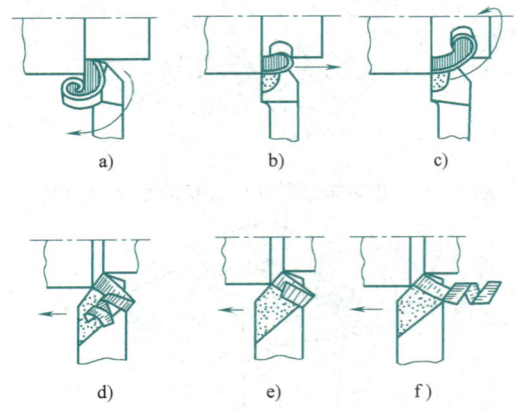

图 2-30　κ_r 与 λ_s 对排屑方向的影响
a) $+\lambda_s$、$\kappa_r = 90°$　b) $\lambda_s = 0°$、$\kappa_r = 90°$
c) $-\lambda_s$、$\kappa_r = 90°$　d) $+\lambda_s$、$\kappa_r = 45°$
e) $\lambda_s = 0°$、$\kappa_r = 45°$　f) $-\lambda_s$、$\kappa_r = 45°$

比较上述三种情况可见，当 λ_s 为负或零时，切屑都可能缠绕在刀具或工件的已加工表面上，损伤工件已获得的表面质量，而且也是安全操作的障碍，因此精加工时应尽量避免。

二、积屑瘤

1. 积屑瘤的形成

在低速切削塑性金属时，往往在刀具前面刃口处黏结着一小块很硬的金属，它能代替切削刃切削工件，但它又不能永驻在刃口之上，而是自生自灭、周而复始。这块黏结在刃口处的金属称为积屑瘤，如图 2-31 所示。

积屑瘤是切屑与刀具前面剧烈摩擦产生黏结而形成的。切屑沿刀具前面流出时，在一定的温度和压力作用下，切屑底层受到很大的摩擦阻力，致使底层金属的流动速度降低而形成滞流层。当滞流层金属与前面之间的摩擦超过切屑内部的结合力时，就有一小块金属脱离切屑底层而黏结在刀具前面上的刃口附近，随着切削的继续，黏结层不断积累而形成积屑瘤（或称刀瘤）。

2. 积屑瘤对加工的影响

积屑瘤是在高压、强烈摩擦和一定温度的作用下，由滞流层

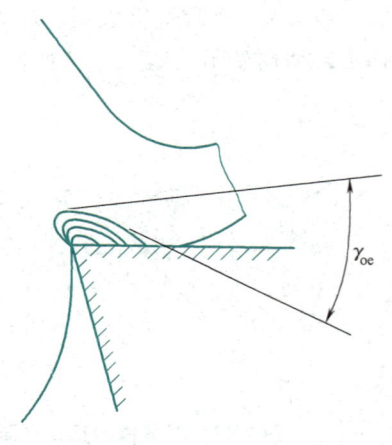

图 2-31　积屑瘤

转化而成的。其塑性变形比切屑上层大10倍以上，其晶粒组织致密，硬度增高了2.5~3.5倍。因此，它可以代替切削刃进行切削，并起到保护切削刃、减小刀具磨损的作用。

积屑瘤无一定形状，时生时灭，出现频率达10~100Hz。当它增大到一定程度时会破碎或脱落，其碎片大部分被切屑带走，也有一部分粘附在工件表面上，从而影响工件表面质量。此外，积屑瘤增大时，其顶端伸出刀尖之外，积屑瘤消失时又是实际切削刃在切削，从而影响工件的尺寸精度。由上述分析可见，在精加工时应避免积屑瘤产生。

3. 工件材料和切削速度与积屑瘤的关系

实践证明，工件材料和切削速度是影响积屑瘤的主要因素。

（1）工件材料　塑性大的材料在切削时的塑性变形大，容易产生积屑瘤。塑性较小、硬度较高的材料，产生积屑瘤的可能性以及积屑瘤的高度相对较小。切削脆性材料时形成的崩碎状切屑与刀具前面无摩擦，因此不产生积屑瘤。

（2）切削速度　切削速度主要是通过切削温度和摩擦系数来影响积屑瘤的。如图2-32所示，切削速度很低（$v_c<5$m/min）时，切屑流动较慢，切削温度低，切屑与刀具前面的摩擦系数小，因而切屑与前面不产生黏结现象，故不会出现积屑瘤。切削速度在5~60m/min时，切屑流动较快，切削温度较高，切屑与前面的摩擦系数较大，切屑与刀具前面容易黏结产生积屑瘤。切削钢件（一般$v_c=20$m/min）时，切削温度为300~350℃，摩擦系数最大，产生积屑瘤的高度也最大。当切削速度$v_c>80$m/min时，由于切削温度很高，切屑底层金属呈微熔状态，摩擦系数明显减小，则不会形成积屑瘤（图2-32中的h是积屑瘤高度）。

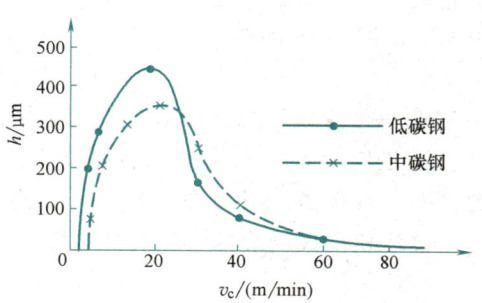

图2-32　切削速度对积屑瘤的影响

在精加工塑性金属时，为防止积屑瘤的产生，通常采用高速或低速切削。此外，增大前角以减小切削变形，用油石仔细打磨刀具前面以减小摩擦，选用合适的切削液以降低切削温度和减小摩擦，都是防止积屑瘤产生的重要措施。

三、切削力

切削力指切削过程中刀具作用在工件上的力。它的大小直接影响着工件的加工质量、机床功率和刀具的损耗，有时还会引起振动等现象。掌握它的规律，不但能有效地发挥机床、刀具的效率，提高零件加工质量，而且也是机床、刀具、夹具设计及加工过程自动化等的重要参数，对于生产实践也有着重要的意义。

（一）切削力的产生与分解

1. 切削力的产生

切削加工时，在刀具作用下切削层与加工表面发生弹性变形和塑性变形，因此有变形抗力作用在刀具上。切屑与刀具前面以及刀具后面与工件已加工表面之间均有相对运动，所产生的摩擦力也作用在刀具上。作用在刀具前面上的摩擦力、变形抗力和作用在刀具后面上的摩擦力、变形抗力如图2-33所示。上述诸力的合力F，就是作用在刀具上的切削力。

2. 切削力的分解

一个切削部分总切削力F是一个空间力，其方向和大小受多种因素的影响而变化。为了便于测量、研究及计算，常将F分解为沿主运动切削速度方向、进给运动方向、垂直于工作平面方向上的三个互相垂直的分力，分别用F_c、F_f、F_p表示，如图2-34所示。

（1）切削力F_c　沿主运动切削速度方向分解的切削分力F_c，一般消耗机床功率的95%，是三个切削分力中最大的，所以称它为主切削力。主切削力是确定机床动力、设计机床主传动系统的零件、校核机床和夹具强度及刚度的重要数据。

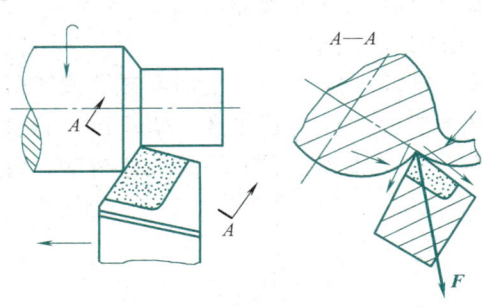

图 2-33 切削力的产生

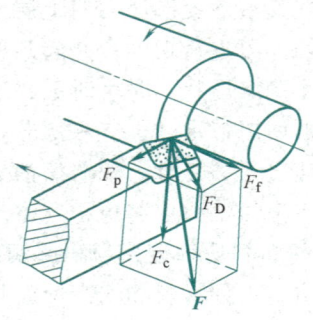

图 2-34 切削力的分解

（2）背向力 F_p　F_p 是作用在吃刀方向上的切削分力，又称为径向切削分力。它使工件弯曲变形和引起振动，对加工精度和表面质量影响较大。在总切削力一定的情况下，F_p 的大小受刀具主偏角 κ_r 的影响。由图 2-35 可知

$$F_p = F_D \cos\kappa_r \tag{2-8}$$

式中　F_D——推力，总切削力 F 在切削层尺寸平面上的投影。

（3）进给力 F_f　F_f 是作用在进给方向上的切削分力。进给力所消耗的功率一般仅占总功率的 5% 以下。进给力作用在机床的进给机构上，是设计和校核进给机构强度必须具备的数据。由图 2-35 可知

$$F_f = F_D \sin\kappa_r \tag{2-9}$$

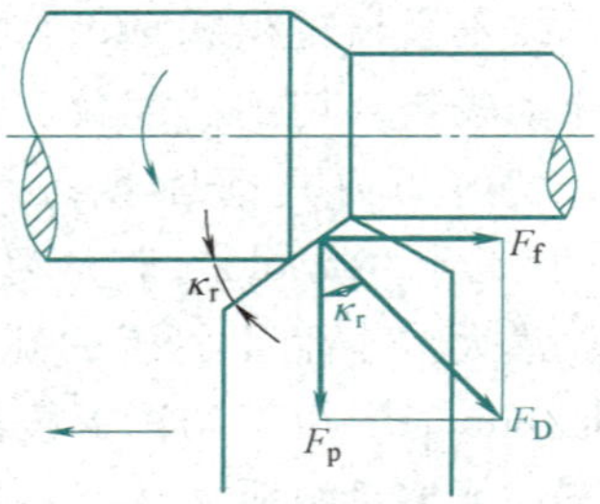

已知三个切削分力的数值以后，合力 F 可按下式计算

$$F = \sqrt{F_c^2 + F_p^2 + F_f^2} \tag{2-10}$$

试验证明：F_c 和 F_p 与 F_f 的比值随具体切削条件的不同可在很大的范围内变化。一般

$$F_p = (0.15 \sim 0.7)F_c$$
$$F_f = (0.1 \sim 0.6)F_c$$

图 2-35 背向力和进给力

（二）影响切削力的因素

工件材料是影响切削力的重要因素。工件材料的强度、硬度越高，切削时的变形抗力越大，切削力也越大。例如，在同样的切削条件下，切削中碳钢的切削力比低碳钢大；切削工具钢的切削力又大于中碳钢；切削铜、铝及其合金的切削力要比切削钢小得多。切削力的大小也和材料的塑性、韧性有关。在强度、硬度相近的材料中，塑性大、韧性高的材料切削时产生的塑性变形及切屑与刀具前面间的摩擦较大，故切削力较大。例如，不锈钢 12Cr18Ni9 与正火 45 钢的强度、硬度基本相同，但不锈钢的塑性、韧性较大，其切削力比正火 45 钢约高 25%。

刀具的几何角度对切削力也有较大的影响，其中前角、主偏角的影响最为显著。无论切削何种材料，刀具前角加大都使切削力减小。切削塑性大的材料，加大前角可使塑性变形显著减小，故切削力降低得多一些。主偏角 κ_r 对进给力 F_f、背向力 F_p 的影响较大（图 2-35）。因此，车削细长轴时，为减小背向力 F_p，防止工件弯曲变形和振动，常采用较大的主偏角（$\kappa_r = 90°$）。

切削用量中，背吃刀量和进给量对切削力的影响较大。当 a_p 或 f 加大时，切削面积加大，变形抗力和摩擦阻力增加，从而引起切削力增大。试验证明，当其他切削条件一定时，a_p 加大一倍、切削力增加一倍，f 加大一倍、切削力增加 68%~86%；切削速度 v_c 对切削力的影响不大，一般不予考虑。高速切削塑性材料时，切削力随着切削速度的增高还会有所减小。

四、切削热

切削过程中，由于金属层的弹性和塑性变形，工件、切屑与刀具间的摩擦所产生的热称为切削热。切削区（工件、切屑、刀具的接触区）的平均温度称为切削温度。根据热平衡计算可知，切削时所做的

功几乎全部转变为热量（切削热）。大量的切削热使切削区温度升高，引起工件变形，加速了刀具的磨损，缩短了刀具寿命，影响零件的加工精度。因此，掌握切削热的产生规律对生产实践有着重要的意义。

（一）切削热的来源和传散

切削热是由切削功转变而来的，它来源于三个热源区：在始滑移线 OA 与终滑移线 OE 区域内（图2-19），切削层金属晶粒由变形伸长到晶粒之间的相对滑移而产生大量的热；切屑与刀具前面摩擦及切屑卷曲产生的热；工件与刀具后面的摩擦产生的热。

如图2-36所示，切削热由上述三个热源区传给切屑、刀具、工件及周围介质。不同的加工方式，切削热的传散情况不同。当不使用切削液时，周围介质传出的热量很少，约占总切削热量的1%，可略去不计。在一般情况下，切屑带走的热量最多，其次是工件、刀具和周围介质。例如，无切削液，以中等切削速度车削钢件时，50%～86%的切削热由切屑带走，40%～10%的切削热传入工件，9%～3%的切削热传入刀具，1%传入空气。以上述条件在钢件上钻削时，切削热的28%由切屑带走、14.5%传入工件、52.5%传入钻头、5%左右传入周围介质。

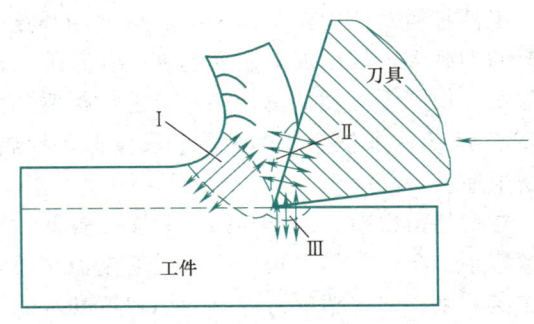

图2-36　切削热的来源与传散

Ⅰ—金属晶粒变形到相对滑移区　Ⅱ—切屑与刀具前面的摩擦区　Ⅲ—工件与刀具后面的摩擦区

（二）影响切削温度的因素

1. 刀具角度

（1）前角 γ_o。　前角增大可使切屑变形和摩擦阻力减小，切削热量少、切削温度低。如图2-37所示，前角为-10°时，切削温度最高；随着前角的不断增大，切削温度越来越低；但前角超过25°时，切削温度却又呈上升趋势。原因是前角无限制地增大虽可减少切削热的产生，但又会使刀体散热体积减小，反而使切削温度升高。

（2）主偏角 κ_r。　减小主偏角，使切削刃工作长度增加，散热条件改善，从而使切削温度降低。如图2-38所示，主偏角由90°下降到30°时，切削刃的工作长度 b_D 增加一倍，切削温度下降约20%。在切削耐热合金时，采用较小的主偏角，不但可以降低切削温度，而且可以提高刀具的强度。但在机床、刀具、夹具、工件系统刚度较差时，不宜采用较小的主偏角，否则将引起振动，影响加工质量。

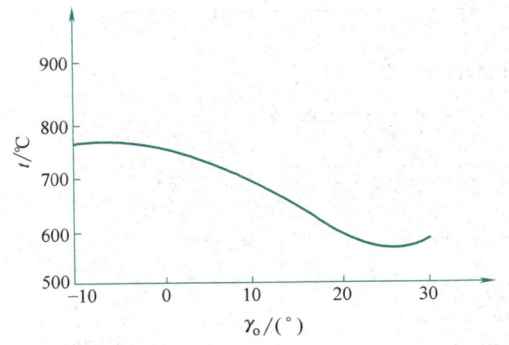

工件材料：45钢正火
刀具：YT15, κ_r=75°, α_o=6°～8°, λ_s=0°, γ_ε=0.2mm
切削用量：a_p=3mm, f=0.1mm/r, v_c=81m/min

图2-37　前角与切削温度的关系

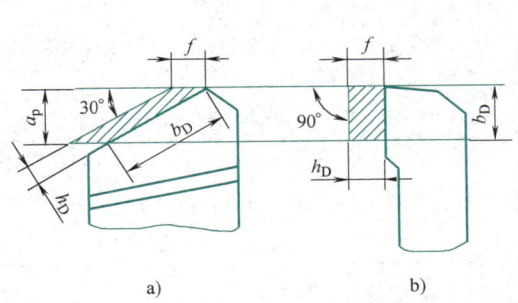

图2-38　主偏角与切削刃工作长度
a) κ_r=30°　b) κ_r=90°

由上述可知，刀具角度中对切削温度影响最大的是前角，其次是主偏角。其他几何参数的变化，如副偏角的减小、刀尖圆弧半径的增大等，一方面使切削热增加，另一方面又改善散热条件，因此，它们对切削温度的影响不太明显。

2. 切削用量

切削用量增大时，单位时间内的金属切除量增多，产生的切削热也相应增加。但分别增大 v_c、f 和 a_p 时，切削温度的升高并不相同。切削速度增大一倍，切削温度升高 20%~33%；进给量增大一倍，切削温度大约升高 10%；背吃刀量增大一倍，切削温度大约升高 3%。因此，粗加工时为了减小切削温度的影响，增大背吃刀量或进给量要比增大切削速度更为有利。

3. 工件材料

工件材料对切削温度的影响与材料的强度、硬度及导热性有关。材料的强度、硬度越高，切削时消耗的功越多，切削温度也就越高。在其他切削条件相同的情况下，如果工件材料的导热性好，热量传散快，切削温度就低。例如，合金结构钢的强度一般高于 45 钢，其热导率又低于 45 钢，故切削温度高于 45 钢；非铁金属的强度和硬度低，导热性能好，切削温度普遍比较低，因此切削时可采用更高的切削速度。

在切削铸铁时，由于其强度和塑性较低，切削时塑性变形小，切屑呈粒状或崩碎状而与刀具前面的摩擦小，产生的热量较少，因此切削温度低。灰铸铁 HT200 的切削温度比正火 45 钢约低 25%。但是在实际生产中，切削铸铁时的切削速度常低于 45 钢的切削速度，原因是切削脆性金属时，切削作用点离刃口近，切削温度集中。

4. 切削液

实践证明，使用切削液是降低切削温度的一条有效途径。切削液不仅起冷却作用，还起润滑、清洗和防锈作用。生产中常用的切削液分为三类：

（1）**水溶液** 水溶液的主要成分是水，并加入防锈添加剂，其冷却性能好、透明、便于观察切削情况，但润滑性能差。

（2）**乳化液** 乳化液是将乳化油用水稀释而成的。乳化油由矿物油、乳化剂、防锈剂等组成，具有良好的流动性和冷却作用，也有一定的润滑性能。低浓度的乳化液用于粗车、磨削；高浓度的乳化液用于精车、钻孔和铣削等。

（3）**切削油** 切削油主要是矿物油，少数采用动、植物油或混合油。其润滑性能好，流动性差，冷却作用小。切削油主要用来减小刀具磨损和降低工件表面粗糙度值，常用于铣削和齿轮加工等。

常用切削液的种类和选用见表 2-4。

表 2-4 常用切削液的种类和选用

序号	名称	组成	主要用途
1	水溶液	以硝酸钠、碳酸钠等溶于水的溶液，用 100~200 倍的水稀释而成	磨削
2	乳化液	（1）矿物油很少，主要为表面活性剂的乳化油，用 40~80 倍的水稀释而成，冷却和清洗性能好	车削、钻孔
		（2）以矿物油为主，含有少量表面活性剂的乳化油，用 10~20 倍的水稀释而成，冷却和润滑性能好	车削、攻螺纹
		（3）在乳化液中加入极压添加剂	高速车削、钻孔
3	切削油	（1）矿物油（L-AN15、L-AN32 全损耗系统用油）单独使用	滚齿、插齿
		（2）矿物油加植物油或动物油形成混合油，润滑性能好	精密螺纹车削
		（3）矿物油或混合油中加入极压添加剂形成极压油	高速滚齿、插齿、车螺纹等
4	其他	液态的 CO_2	冷却
		二硫化钼+硬脂酸+石蜡做成蜡笔，涂于刀具表面	攻螺纹

（三）切削热对切削加工的影响

1. 切削温度对刀具的影响

（1）**硬质合金刀具** 硬质合金性脆，热硬性温度高，但当温度达到 800℃ 以上时，硬质合金开始出现原子扩散，即合金中的 TiC 和 WC 向工件中扩散，并在刀具切削部分的表面急剧氧化而产生一层疏松的氧化层，使其硬度明显下降，从而加速刀具磨损。因此，使用不同牌号的硬质合金刀具时，由于不能使用切削液而只能适当控制切削速度及刀具几何角度，以此保证刀具寿命。

（2）高速工具钢　高速工具钢刀具在切削温度达到550℃以上时，硬度下降并丧失切削能力。必要时，在切削过程中可加切削液降温。一般高速工具钢刀具的切削温度控制在300~350℃较为有利。

2. 切削温度对加工精度的影响

切削温度过高会引起工件材料的金相组织发生变化，影响使用性能。如磨削加工中，磨削温度过高会使工件表面烧伤、发生变形，从而影响工件精度。

（1）热膨胀　工件在切削热的作用下产生热膨胀，使工件尺寸变化。同一个工件刚加工完毕的尺寸与冷却后的尺寸是不相等的。工件由于切削温度引起的直径变化可用下式计算

$$D = d[1 + \alpha_t (t' - t)] \tag{2-11}$$

式中　D——工件受热时的直径（mm）；
　　　d——工件冷却后的直径（mm）；
　　　t'——工件受热时的温度（℃）；
　　　t——工件冷却后的温度（℃）；
　　　α_t——工件材料的线膨胀系数（1/℃）。

常用金属的线膨胀系数见表2-5。

表2-5　常用金属的线膨胀系数

材料名称	$\alpha_t \times 10^{-6}$/(1/℃)	材料名称	$\alpha_t \times 10^{-6}$/(1/℃)	材料名称	$\alpha_t \times 10^{-6}$/(1/℃)
工业用铜	16.6~17.1	铬钢	11.2	20Mo	12.0
黄铜	17.8	马氏体、铁素体不锈钢	11.0	30Cr13	10.2
锡青铜	17.6	奥氏体不锈钢	14.4~16.2	1Cr18Ni9Ti	16.6
铝青铜	17.6	40CrSi	11.7	铸铁	8.7~11.1
碳素钢	10.6~12.2	30CrMnSi	11.0	硬铝	22.6

例如，切削铸造锡青铜轴承，要求在24℃时的外圆直径为$\phi 80^{+0.05}_{+0.02}$mm。若精车时工件温度为80℃，则刚加工完毕时，考虑工件热膨胀后的外圆测量直径应为

$$D = 80 \times [1 + 17.6 \times 10^{-6} \times (80 - 24)] \text{mm} = 80.079 \text{mm}$$

即测量直径应为

$$\phi 80.079^{+0.05}_{+0.02} \text{mm} = 80.099 \sim 80.129 \text{mm}$$

（2）热变形　用自定心卡盘和顶尖或在两顶尖之间装夹轴类工件时，在切削过程中产生的热膨胀使工件伸长。由于轴类工件两端固定，使其产生弯曲变形，从而使加工后工件的表面形状精度受到影响。

第五节　刀具磨损与刀具寿命

在切削过程中，刀具失去切削能力的现象称为钝化。钝化方式有磨损、崩刃和卷刃等。磨损指在刀具与工件或切屑的接触面上，刀具材料的微粒被切屑或工件带走的现象。崩刃指切削刃的脆性破裂，卷刃则指切削刃受挤压后发生塑性变形而失去切削能力的现象。在刀具的正确设计、制造与使用的条件下，刀具钝化以磨损为主要表现形式。

一、刀具的磨损

1. 刀具磨损的形式

（1）刀具后面磨损　如图2-39a所示，这种磨损方式一般发生在切削脆性金属或以较小进给量切

削塑性金属的条件下。此时,刀具前面的机械摩擦较小,温度较低,所以刀具后面的磨损大于前面的磨损。后面磨损后形成 $\alpha_o = 0°$ 的棱面或形成一些不均匀的沟痕。磨损程度用平均磨损高度 VB 表示。

（2）刀具前面磨损　如图 2-39b 所示,以较高的切削速度和较大的切削厚度切削塑性材料时,切屑对前面的压力大、摩擦剧烈、温度高,导致刀具前面出现月牙形的磨损,故称月牙洼。当月牙洼扩大到一定程度时,刀具就会崩刃。刀具前面磨损的程度用月牙洼的深度 KT 表示。

（3）刀具前、后面同时磨损　图 2-39c 所示为前、后面同时磨损,即前面出现月牙洼,后面出现棱面。这种现象发生的条件介于上述两种磨损之间。

在大多数磨损情况下,刀具后面都出现不同程度的磨损,其磨损量 VB 对加工精度和表面质量的影响较大,而且测量也比较方便,所以一般用刀具后面的磨损量 VB 来表示刀具的磨损程度。

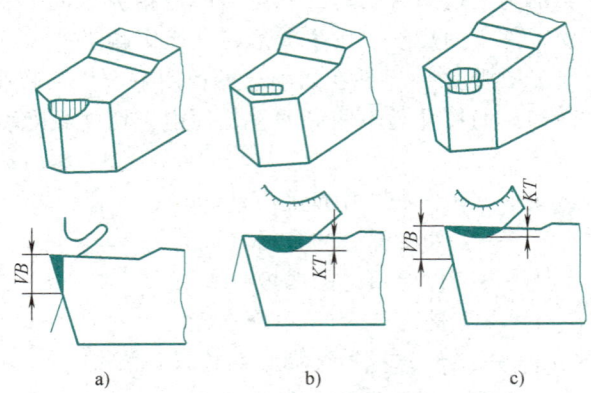

图 2-39　刀具的磨损形式
a）后面磨损　b）前面磨损　c）前、后面同时磨损

2. 刀具的磨损过程

刀具的磨损过程可分为三个阶段,如图 2-40 所示。

（1）初期磨损阶段（Ⅰ阶段）　刀具前、后面经刃磨后仍有微观不平度,切削时它们与切屑和工件表面的实际接触为多点接触,所以磨损很快。

（2）正常磨损阶段（Ⅱ阶段）　刀具经初期磨损后,由于其上微观不平度已被磨去,表面光洁,并形成狭窄的棱面,切削时与切屑和工件表面的实际接触面积增大,故磨损缓慢。

（3）急剧磨损阶段（Ⅲ阶段）　刀具磨损到一定程度后,切削刃已变钝,若继续切削,则使切削过程中的摩擦阻力增大,切削力和切削温度迅速增长,导致磨损加快,这就是急剧磨损阶段。

二、刀具磨损限度与刀具寿命

1. 刀具磨损限度

分析刀具的磨损过程后可知,刀具不可能无休止地使用下去,应该规定一个合理的磨损量数值,称此数值为磨损限度,也称磨钝标准。当刀具达到磨损限度时,就应该重新刃磨或换新刀。刀具的磨损限度通常用刀具后面的平均磨损高度 VB 表示。

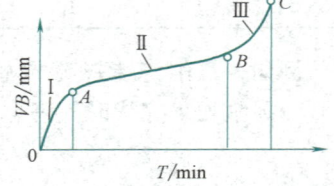

图 2-40　磨损过程
Ⅰ—初期磨损阶段　Ⅱ—正常磨损阶段　Ⅲ—急剧磨损阶段

刀具磨损限度一般有两种,一是粗加工磨损限度,又称经济磨损限度。它是以充分发挥刀具能力,使刀具寿命最长,且经济效益最高为原则制订的。另一种是精加工磨损限度,又称工艺磨损限度。它是以保证零件加工精度和表面质量为前提而制订的。

2. 刀具寿命

生产中不可能用经常测量刀具后面磨损值的方法来判断刀具是否已经达到了磨损限度,所以提出了刀具寿命的概念。刀具刃磨后,从开始切削到达到磨损限度所用的实际切削时间,称为刀具耐用度,用 T（min）表示。刀具耐用度与刀具重磨次数的乘积称刀具寿命,即刀具从开始使用到报废为止所经过的切削时间。

影响刀具寿命的因素很多,有工件材料、刀具材料、刀具几何角度、切削用量以及是否使用切削液等。工件材料的强度、硬度越高,导热性越差,刀具磨损越快,则寿命越短。刀具材料的耐磨性、耐热性越好,寿命就越长。合适的刀具几何角度,有利于刀具寿命的延长。在各种因素确定的情况下,切削速度是影响刀具寿命的关键因素。为了保证预先规定的刀具寿命,必须合理地选用切削速度。

刀具寿命并非越长越好。如果寿命选择过长，则只能选择较小的切削用量，结果会因机动切削时间增加而降低生产率，使加工成本提高。反之，若刀具寿命选择太短，虽然可用较大的切削用量，使刀具很快达到磨损限度，增加了刀具材料的消耗和换刀、磨刀、调刀等辅助时间，同样会使生产率降低和成本提高。因此，应合理地确定刀具寿命的数值。现从有关手册中摘录一部分刀具寿命数据供参考：

高速工具钢车刀	30~90min
高速工具钢钻头	80~120min
硬质合金焊接车刀	30~60min
硬质合金铣刀	120~180min
齿轮刀具	200~300min
组合机床、自动线及自动机床用刀具	240~480min

可转位车刀的推广和应用，使换刀时间和刀具成本大为降低，从而可降低刀具寿命至15~30min，这就可以大大地提高切削用量，进一步提高生产率。

第六节 刀具几何角度与切削用量选择

一、刀具几何角度的合理选择

车刀几何参数对切削变形、切削力、切削温度和刀具磨损均有显著的影响，因此也影响切削效率、刀具寿命、工件表面质量和加工成本。应重视刀具几何角度的合理选择，以充分发挥刀具的切削性能。合理的几何角度，应从以下几个方面考虑：

（1）工件的实际情况　工件材料的牌号、毛坯和热处理状态、硬度、强度、工件的形状、尺寸、精度及表面质量要求等。

（2）刀具的实际情况　刀具材料的强度和硬度、耐磨性、热硬性、与工件材料的亲和性等内容。在刀具结构形式上，还要考虑是整体式、焊接式、机夹重磨式还是可转位式。

（3）各类几何参数之间的联系　对于刀具几何参数中刃口、刀尖、刀面和几何角度之间的相互联系及相互影响，在确定其合理数值时，应从整体上综合协调考虑，而不能孤立地去选择某一参数。

（4）具体的加工条件　在选择合理的几何角度时，要考虑机床、刀具、工件、夹具等组成的工艺系统刚度的情况和切削用量及机床功率的大小。粗加工时，着重按保证刀具最长寿命的原则来选择刀具的几何参数；精加工时，主要考虑保证加工质量要求；对于自动线生产用刀具，主要考虑刀具工作的稳定性、断屑等；当机床刚性和动力不足时，刀具应该力求锋利，以减小切削力。

（5）刀具锋利与强度之间的关系　在保证刀具有足够强度的前提下，应力求刀具锋利。在提高切削刃锋利性的同时，应设法强化刀尖和刃口。

（一）前角的合理选择

前角是刀具最重要的一个角度，它的大小影响刀具的锋利程度，影响刀具强度、刀具寿命、工件表面质量、切削力、切屑的变形及流向等。因此，应首先重视前角的选择。

1. 前角与前面和倒棱的关系

一般情况下，选择前角的原则是在保证刀具有足够强度的前提下，尽量选用较大的前角，力求刀具锋利。选用较大的前角可使刀具锋利，但前角太大，刀具强度太差，很可能会出现不正常的损坏。因此，应将主切削刃磨出宽为$b_{\gamma 1}$、倾斜角度为γ_{o1}的窄小平面带，用来加强切削刃的强度和散热效果，这窄小的平面带称为刀具的第一前面，也称为倒棱。$b_{\gamma 1}$为倒棱宽，γ_{o1}是倒棱前角。$b_{\gamma 1}$和γ_{o1}的数值可查表2-6。在切削塑性金属时，为了克服平面形刀具前面不易排屑和断屑的缺陷，又常在刀具前面上磨出卷屑槽，以保证在较大的前角下能断屑，并加强了它的切削部分。刀具前面及倒棱的形状及应用见表2-7。

表2-6　倒棱宽 $b_{\gamma 1}$ 及倒棱前角 γ_{o1}

工件材料及加工特性	倒棱宽 $b_{\gamma 1}$/mm	倒棱前角 γ_{o1}/(°)
碳素钢、合金钢	$(0.3\sim 0.5)f$	$-15\sim -10$
低碳钢、易切削钢、不锈钢	$\leq 0.5f$	$-10\sim -5$
灰铸铁	$(0\sim 0.5)f$	$0,-10\sim -5$
冲击性或断续性切削	$(1.5\sim 2)f$	$-15\sim -10$
韧性铜、铝及铝合金	0	0

2. 前角的选择原则

1) 根据刀具材料与工件材料的强弱对比来考虑，刀具材料强度高、韧性好，前角可选得大一些；工件材料的强度和硬度高，前角就要选得小一些；加工塑性材料时，前角可选得大一些；加工塑性很大的材料，如纯铜等，前角则应选得更大一些；加工脆性材料，前角宜选得小一些。

表2-7　刀具前面和倒棱的形状及应用

前面和倒棱的形状		切削过程的特点	应用范围
特征	图形		
正前角 平面形前面 无倒棱		切削刃锋利，切削刃强度较差，切削变形小，不易断屑，制造方便	各种高速工具钢刀具，刃形复杂的成形刀具，加工铸铁、青铜、脆黄铜的硬质合金车刀、铣刀和刨刀等
正前角 平面形前面 有倒棱		切削刃强度好，耐用度较高，切削变形小，不易断屑	加工铸铁的硬质合金车刀，硬质合金铣刀、刨刀等
正前角 前面有卷屑槽 无倒棱		切削刃锋利，切削刃强度较差，切削变形小，易断屑	各种高速工具钢刀具，加工纯铜、铝合金及低碳钢的硬质合金刀具
正前角 前面有卷屑槽 有倒棱		切削刃强度好，耐用度较高，切削变形较小，易断屑	加工各种钢料所用的硬质合金车刀
负前角 平面形前面		切削刃强度好，切削变形大，易断屑	加工淬硬钢、高锰钢的硬质合金车刀、铣刀、刨刀等

2）根据加工情况来考虑，粗车时，为保证切削刃的强度，应选较小的前角；精车时，进给量小，可选用较大前角；当有冲击载荷时，前角宜小些。

3）根据工艺系统刚性和加工工艺要求来考虑，刚性差或机床功率不足时，宜选取较大的前角。用成形刀具如螺纹车刀、铣刀、齿轮刀具等加工时，应用较小的（甚至是零）前角。

高速工具钢车刀的几何角度参考值可查表2-8。

硬质合金车刀的几何角度参考值可查表2-9。

表2-8 高速工具钢车刀的几何角度参考值

工件材料		前角 γ_o /(°)	后角 α_o /(°)	工件材料	前角 γ_o /(°)	后角 α_o /(°)
铸钢和钢	$R_m = 0.392 \sim 0.490$ GPa	25～30	8～12	钨	20	15
	$R_m = 0.686 \sim 0.981$ GPa	5～10	5～8	镁合金	25～35	10～15
镍铬钢和铬钢	$R_m = 0.686 \sim 0.784$ GPa	5～15	5～7	软橡胶	50～60	15～20
灰铸铁	160～180HBW	12	6～8	玻璃钢	20～25	8～12
	220～260HBW	6	6～8	聚氢乙烯	25～30	15～20
可锻铸铁	140～160HBW	15	6～8	聚苯乙烯	20～30	10～12
	170～190HBW	12	6～8			
铜、铝、巴氏合金		25～30	8～12	有机玻璃	20～30	10～12
中硬青铜及黄铜		10	8	聚四氟乙烯	25～30	15～20
硬青铜		5	6	尼龙1010	15～20	10～12

表2-9 硬质合金车刀的几何角度参考值

工件材料	牌号	工序精度	刀具材料牌号	前角 γ_o/(°)	后角 α_o/(°)	刃倾角 λ_s/(°)
低碳钢	Q235A	粗车	YT5,YT15	20～25	8～10	0
		精车	YT15,YT30	25～30	10～12	0～5
中碳钢	45（正火）	精车	YT15,YT5	15～20	6	0～-5
		精车	YT15,YT30	20	8	0～5
	45（调质）	粗车	YT15,YT5	10～15	5～6	0～-5
		精车	YT15,YT30	13～18	7～8	0～5
合金钢	40Cr（正火）	粗车	YT15,YT5	13～18	5～7	0～-5
		精车	YT15,YT30	15～20	6～8	0～5
	40Cr（调质）	粗车	YT15,YT5	10～15	6	0～-5
		精车	YT15,YT30	13～18	8	0～5
锻钢件	45,40Cr	粗车	YT5	10～15	6～7	0～-5
铸钢件	45,40Cr	粗车	YT5,YT15	10～15	5～7	-5～-10
		精车	YT30,YT15	5～10	6～8	0
淬火钢	45（40HRC）	精车	YA6	-5～-10	4～6	-5～-12
不锈钢	12Cr18Ni9	粗车	YG8,YA6	15～20	6～8	0～-5
		精车	YW1,YA6	20～25	8～10	0～5
灰铸铁 青铜 脆黄铜	HT150 ZGSn10-1 HPb59-1	粗车	YG8,YG6	10～15	4～6	0～-5
		精车	YG3,YG6	5～10	6～8	0
灰铸铁件 断续切削	HT150 HT200	粗车	YG8,YG6	5～10	4～6	-10～-15
		精车	YG6	0～5	5～7	0
铝及铝合金件	2A12	粗车	YG8,YG6	30～35	8～10	5～10
		精车	YG6	30～40	10～12	5～10
纯铜	T0～T4	粗车	YG8,YG6	25～30	8～10	5～10
		精车	YG6	30～35	10～12	5～10

(二) 后角的合理选择

增大后角，可使刀具刃口锋利，还可减少刀具后面与工件表面间的摩擦及表面的变形，使切削力和切削热减小，减少加工硬化，从而提高加工质量。如图2-41所示，在相同磨损限度 VB 的条件下，较大后角 α_{o2} 的允许磨损体积要大于后角 α_{o1} 时的允许磨损体积（图2-41中画剖面部分）。因此，后角大可延长切削时间，刀具寿命得到相对延长。但是，太大的后角会使切削刃强度降低，散热条件变差，造成刀具非正常损坏。后角可在以下几条原则指导下进行选择：

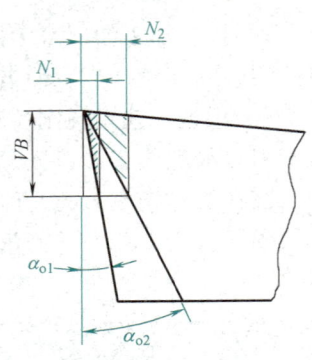

图 2-41 后角对刀具磨损量的影响

(1) 切削厚度 粗车时，切削厚度较大，为了保证切削刃强度，取较小的后角，如加工中碳钢工件，$\alpha_o = 5° \sim 8°$；精车时，切削厚度小，为了保证表面加工质量，选取略大的后角，如加工中碳钢工件，$\alpha_o = 6° \sim 12°$；铣削时，切削厚度比车削时要小，后角宜取大一些，$\alpha_o = 12° \sim 16°$；每齿进给量不超过0.01mm的圆片铣刀，后角可取到30°。

(2) 后角应与前角协调 当前角选得大时，后角的数值应在可选择的范围内取较小值，以此保证刀具有合适的强度；当前角选小值甚至负值时，为便于切入，应在可选择的数值范围内取较大的后角。

(3) 工件材料 加工塑性或弹性较大的材料时，为减小刃口的挤压与摩擦，宜取较大的后角；工件材料的强度与硬度较高时，为保证刃口强度，可取较小的后角。

(4) 工艺系统刚度 工艺系统刚性较差且振动较大时，应取较小的后角。

具体的后角选择可参考表2-8和表2-9。

(三) 主偏角、副偏角及过渡刃的选择

1. 主偏角、副偏角、刀尖圆弧半径对残留面积的影响

车削外圆时，工件每转一转，车刀沿进给方向移动 f，由图2-42可知，切削面中 $\triangle abc$ 未被切去，残留在工件已加工表面上，造成表面粗糙。通常将 $\triangle abc$ 的面积称为残留面积，其高度 H 直接影响表面粗糙度值的大小。由图2-42a可知，当刀尖圆弧半径 $r_\varepsilon = 0$ 时

$$f = H\cot\kappa_r + H\cot\kappa_r'$$

得

$$H = \frac{f}{\cot\kappa_r + \cot\kappa_r'} \qquad (2\text{-}12)$$

当刀尖圆弧半径 $r_\varepsilon > 0$、$H < r_\varepsilon$ 时

$$r_\varepsilon^2 = (r_\varepsilon - H)^2 + \frac{f^2}{4}$$

整理化简上式，略去 $4H^2$ 可得

$$H = \frac{f^2}{8r_\varepsilon} \qquad (2\text{-}13)$$

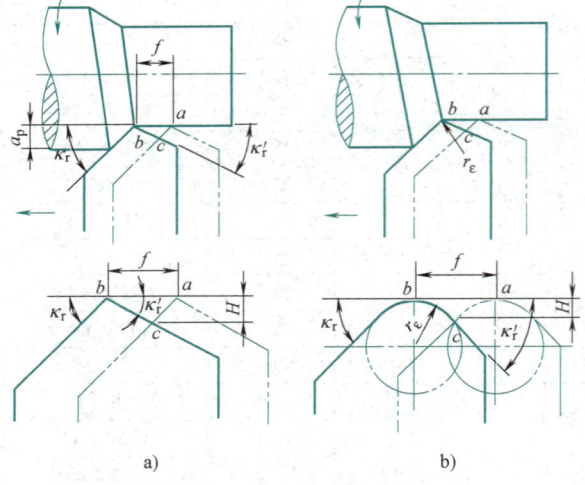

图 2-42 已加工表面上的残留面积
a) 刀尖圆弧半径 $r_\varepsilon = 0$ b) 刀尖圆弧半径 $r_\varepsilon > 0$

由式（2-12）和式（2-13）可见，减小进给量 f、主偏角 κ_r 和副偏角 κ_r'，增大刀尖圆弧半径 r_ε，都可使残留面积的高度 H 减小，从而降低工件已加工面的表面粗糙度值。

2. 主偏角的选择

主偏角的大小，除影响加工表面残留面积的高度外，还影响切削层公称厚度与公称宽度的比例、切削分力之间的比例、刀尖角的大小和刀具散热条件。主偏角的选择要对以下诸因素进行综合考虑：

(1) 工艺系统刚性 在工艺系统刚性允许的情况下，应尽可能采用较小的主偏角，这时切削层宽度较大，切削刃散热条件好，刀具寿命较长。当工艺系统刚性较差时，应采用较大的主偏角，如车削

细长轴时，常采用主偏角为90°的车刀，以减小背向力 F_p。

（2）工件材料的强度和硬度　当强度、硬度较高时，刀具磨损快，宜选用较小的主偏角，这时刀尖角大，散热条件好。主偏角一般在30°左右。

（3）粗车　粗车时，特别是强力切削时，常取较大的主偏角，以便获得厚而窄的切屑，使切屑平均变形和径向分力相对减小。强力车刀常用75°主偏角。

（4）考虑操作者的便利性和加工表面形状　主偏角选用某特殊值时，可用一把车刀加工出较多的表面，以免多次换刀。如主偏角为90°的车刀，既可加工外圆，又能加工直角台阶与端面；主偏角为45°的车刀，可加工外圆、端面及倒角。

主偏角的参考值可查表2-10。

表2-10　主、副偏角参考值

加工情况		偏角数值/(°)	
		主偏角 κ_r	副偏角 κ_r'
粗车	工艺系统刚性好	45、60、75	5~10
	工艺系统刚性差	75、90	10~15
	车削细长轴、薄壁零件	90、93	6~10
精车	工艺系统刚性好	45	0~5
	工艺系统刚性差	60、75	0~5
	车削冷硬铸铁、淬火钢工件	10~30	4~10
	车削塑性大的非铁金属工件	30~90	15~30
	从工件中间切入	45~60	30~45
	切断刀、车槽刀	60~90	1~2

3. 副偏角的选择

副偏角的大小明显地影响加工质量，根据切削残留面积高度 H 的计算可知，减小副偏角可以减小 H 值，降低表面粗糙度值；减小副偏角可增大刀尖角，提高刀尖强度与刀体散热能力，使刀具寿命延长。但是，副偏角太小，则副切削刃参与切削的长度增大，背向力 F_p 增大，可能引起振动，同时也增加了副后面与已加工表面之间的摩擦，降低了加工质量。因此，副偏角的选取应考虑以下因素：

（1）工序要求　粗车时，为了考虑生产率和刀具寿命，减小副切削刃的切削作用，副偏角应选得大一些；精车时，为了保证已加工表面的表面粗糙度值，副偏角应选得小一些，甚至为零。

（2）工件材料　当加工高硬度、高强度的材料或断续切削时，为了增加刀尖强度，副偏角应取较小值，如 $\kappa_r'=4°~6°$；当加工塑性和韧性较大的材料，如纯铜、铝及其合金时，为了使刀尖锐利，则副偏角可取较大值，如 $\kappa_r'=15°~30°$。

（3）工艺系统刚性　当工艺系统刚性较好时，副偏角应取较小值；当工艺系统刚性较差时，κ_r' 应取较大值。

副偏角的参考值可查表2-10。

4. 过渡刃的选择

刀尖处强度低、散热差，因此最易磨损和崩刃。在主、副切削刃之间磨出过渡刃，可加强刀尖、改善散热条件，从而延长刀具寿命。但它会使切削刃的偏角变小，引起背向力增加，极易引起振动，故过渡刃也不宜过大。

过渡刃有两种形式，如图2-43所示。

（1）修圆刀尖　修圆刀尖的参数为刀尖圆弧半径 r_ε。由式（2-13）可见，当 r_ε 增大时，可降低加工表面粗糙度值和延长刀具寿命，但又会使背向力 F_p 增加，极易产生振

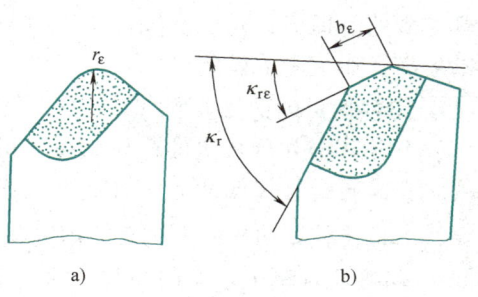

图2-43　过渡刃

a) 修圆刀尖　b) 倒角刀尖

动,故 r_ε 不宜过大。具体数值可参考表 2-11 进行选取。当工艺系统刚性较好时,取允许范围中的较大值;反之取小值。

(2) 倒角刀尖　其特点是结构简单,易磨。一般粗加工或强力切削用的车刀、切断刀都采用倒角刀尖。其特征参数为倒角刀尖长度 b_ε 和倒角刀尖偏角 $\kappa_{r\varepsilon}$。其数值选用可参考表 2-12。

表 2-11　修圆刀尖圆弧半径

车刀种类及材料		加工性质	车刀刀柄截面尺寸 B×H/mm×mm				
			12×20	16×25 20×20	20×30 25×25	25×40 30×30	30×45 40×40
			修圆刀尖圆弧半径 r_ε/mm				
外圆车刀 端面车刀 车孔刀	高速工具钢	粗加工	1~1.5	1~1.5	1.5~2.0	1.5~2.0	—
		精加工	1.5~2.0	1.5~2.0	2~3	2~3	—
	硬质合金	粗、精加工	0.3~0.5	0.4~0.8	0.5~1.0	0.5~1.5	1~2
切断及车槽			0.2~0.5				

表 2-12　倒角刀尖尺寸

车刀种类及材料	倒角刀尖长度 b_ε/mm	倒角刀尖偏角 $\kappa_{r\varepsilon}$/(°)
车槽刀	≈0.25B	75
切断刀	0.5~1.0	45
硬质合金	≤2.0	$1/2\kappa_r$

注:B 表示车槽刀宽度。

(四) 刃倾角的选择

刃倾角的主要作用是影响切削刃强度、切削刃锋利程度和排屑方向。

当 $\lambda_s>0°$ 时,切屑流向待加工表面;当 $\lambda_s<0°$ 时,切屑流向已加工表面;当 $\lambda_s=0°$ 时,切屑朝垂直于主切削刃的方向流出 (图 2-30b、e)。增大刃倾角可使切削刃更加锋利,切屑变形减小,从而延缓刀具磨损,延长刀具寿命,但刃倾角太大又会使刀体强度降低,散热不利及造成非正常损坏。负刃倾角可使刀尖较远处先接触工件,避免刀尖直接受冲击,如图 2-44 所示。但是,刃倾角由正变负,尤其是负值过大,则背向力 F_p 增大,若工艺系统刚性差,则容易引起振动。

刃倾角的具体数值可参考表 2-9。

二、切削用量的合理选择

切削用量的大小对切削力、切削功率、刀具磨损、加工质量及成本均有显著的影响。选择切削用量时,应在保证加工质量和刀具寿命的前提下,充分发挥机床潜力和车刀切削性能,使切削效率最高、加工成本最低。

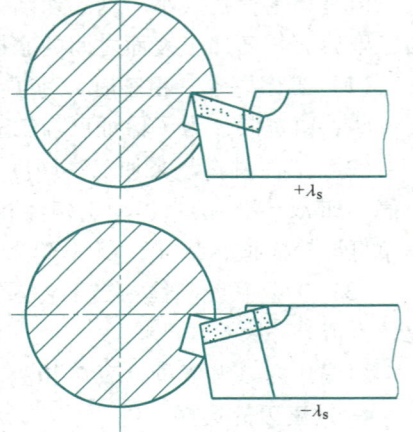

图 2-44　刃倾角对切削刃受冲击点位置的影响

1. 切削用量的选择原则

(1) 粗车时切削用量的选择原则　粗加工的主要特点是加工精度和表面质量要求低,毛坯余量大且不均匀。因此,粗加工的主要目的是在较短的单件工序时间内去除余量,并达到高效率、低成本。单件工序时间主要包括辅助时间 T_f 和机动时间 T_j。车削外圆时的机动时间为

$$T_j = \frac{\pi d L Z}{1000 v_c f a_p} \tag{2-14}$$

式中　　d——切削直径（mm）；
　　　　L——切削长度（mm）；
　　　　Z——加工余量（mm）；
　　　　v_c——切削速度（m/min）；
　　　　f——进给量（mm/r）；
　　　　a_p——背吃刀量（mm）。

由式（2-14）可知，欲使 T_j 最小，必须使 v_c、f、a_p 三者的乘积最大。如前所述，切削速度对刀具寿命影响最大，而背吃刀量影响最小。若首先将 v_c 选得很大，刀具寿命就会急剧降低，则换刀次数增多，从而增加了辅助时间。因此，应根据切削用量对刀具寿命的影响大小，首先选择较大的背吃刀量 a_p，其次选较大的进给量 f，最后按照刀具寿命的限制确定合理的切削速度 v_c。

（2）精车时切削用量的选择原则　精车时，表面质量和加工精度要求较高，加工余量小而均匀。因此，精车时选择切削用量的出发点应是在保证加工质量要求的前提下，尽可能提高生产率。

切削用量 a_p、f、v_c 对切削变形、残留面积的高度、积屑瘤、切削力等的影响是不同的，因而它们对加工精度和表面质量的影响也不相同。

提高切削速度，可使切削变形、切削力减小，而且能有效控制积屑瘤的产生。进给量受残留面积高度（表面质量）的限制。背吃刀量受预留精车余量大小的控制。因此，精车时要保证加工质量，又要提高生产率，只有选用较高的切削速度、较小的进给量和背吃刀量。若切削速度受到工艺条件的限制，如重型工件或复杂的加工表面等，则可选择低速来精车。

2. 切削用量的选择方法

（1）背吃刀量的选择　粗车时，背吃刀量的选择原则是，尽可能用一次进给切除全部加工余量，以使进给次数最少。只有当余量 Z 太大或不均匀，而工艺系统刚性又不足时，为了避免振动才分成两次或多次进给。采用两次进给时，第一次进给的背吃刀量 $a_p=(2/3\sim3/4)Z$，第二次进给的背吃刀量 $a_p=(1/3\sim1/4)Z$。在车削铸件或锻件毛坯时，第一次进给时，应避免切削刃在金属表层硬皮上切削。

在中、小型车床上精车时，通常取 $a_p=0.05\sim0.08$mm；半精车时，$a_p=1\sim2$mm。精车时的背吃刀量不宜太小，若 a_p 太小，因车刀刃口都有一定的钝圆半径，使切屑形成困难，已加工表面与刃口的挤压、摩擦变形较大，反而会降低加工表面的质量。

（2）进给量的选择　粗车时对加工表面质量的要求不高，进给量的选择主要受切削力的限制。在工艺系统刚性和机床进给机构强度允许的情况下，应选择较大的进给量。

表 2-13 为硬质合金车刀粗车外圆及端面时的进给量，可供选用时参考。

精车时产生的切削力不大，进给量主要受表面质量的限制，因此精车时的进给量 f 一般选得较小，但同样也不宜太小，以免切削厚度太小而切不下切屑。

表 2-14 为按表面质量要求制订的进给量，可供选择时参考。使用此表时，应先预选一个切削速度。

（3）切削速度的选择　粗车时，切削速度受刀具寿命和机床功率的限制。当机床功率足够，切削速度受刀具寿命限制时，按下式计算

$$v_c=\frac{C_v}{T^m a_p^{X_v} f^{Y_v}}K_v \qquad (2\text{-}15)$$

式中　　v_c——切削速度（m/min）；
　　　　C_v——与刀具寿命有关的系数；
　　　　m——影响刀具寿命的指数；
　　　　X_v——背吃刀量影响程度的指数；
　　　　Y_v——进给量影响程度的指数；
　　　　K_v——修正系数，$K_v=K_{Mv}K_{sv}K_{tv}K_{krv}K_{kv}$；
　　　　T——刀具寿命（min）；

a_p——背吃刀量（mm）；

f——进给量（mm/r）。

上述指数和系数可从表 2-15 中选取。

当机床功率不足时，切削速度可按下式计算

$$v_c \leqslant \frac{6 \times 10^4 P_E \eta}{F_o} \qquad (2\text{-}16)$$

式中　P_E——机床电动机功率（kW）；

　　　η——机床传动效率；

　　　F_o——主切削力（N）。

精车时，机床功率足够，切削速度主要受刀具寿命的限制。

3*. 切削用量选择实例

生产中通常根据查表法或按照经验数据来选择切削用量。表 2-14～表 2-16 为硬质合金车刀切削用量推荐表。表中数值供选用时参考。

表 2-13　硬质合金车刀粗车外圆和端面时进给量的参考值

工件材料	车刀刀杆尺寸 $B \times H$/mm×mm	工件直径 d/mm	背吃刀量 a_p/mm				
			≤3	>3~5	>5~8	>8~12	>12
			进给量 f/(mm/r)				
碳素结构钢、合金结构钢及耐热钢	16×25	20	0.3~0.4	—	—	—	—
		40	0.4~0.5	0.3~0.4	—	—	—
		60	0.5~0.7	0.4~0.6	0.3~0.5	—	—
		100	0.6~0.9	0.5~0.7	0.5~0.6	0.4~0.5	—
		400	0.8~1.2	0.7~1.0	0.6~0.8	0.5~0.6	—
	20×30 25×25	20	0.3~0.4	—	—	—	—
		40	0.4~0.5	0.3~0.4	—	—	—
		60	0.6~0.7	0.5~0.7	0.4~0.6	—	—
		100	0.8~1.0	0.7~0.9	0.5~0.7	0.4~0.7	—
		600	1.2~1.4	1.0~1.2	0.8~1.0	0.6~0.9	0.4~0.6
铸铁及铜合金	16×25	40	0.4~0.5	—	—	—	—
		60	0.6~0.8	0.5~0.8	0.4~0.6	—	—
		100	0.8~1.2	0.7~1.0	0.6~0.8	0.5~0.7	—
		400	1.0~1.4	1.0~1.2	0.8~1.0	0.6~0.8	—
	20×30 25×25	40	0.4~0.5	—	—	—	—
		60	0.6~0.9	0.5~0.8	0.4~0.7	—	—
		100	0.9~1.3	0.8~1.2	0.7~1.0	0.5~0.8	—
		600	1.2~1.8	1.2~1.6	1.0~1.3	0.9~1.1	0.7~0.9

注：1. 加工断续表面及进行有冲击的加工时，表内的进给量应乘系数 K=0.75~0.85。

　　2. 加工耐热钢及其合金时，不采用大于 0.1mm/r 的进给量。

　　3. 在无外皮加工时，表内进给量应乘以系数 1.1。

表 2-14　按表面粗糙度值选择进给量的参考值

工件材料	表面粗糙度值 /μm	切削速度范围 v_c /(m/min)	刀尖圆弧半径 r_ε/mm		
			0.5	1.0	2.0
			进给量 f/(mm/r)		
铸铁、青铜、铝合金	Ra6.3	不限	0.25~0.40	0.40~0.50	0.50~0.60
	Ra3.2		0.15~0.25	0.25~0.40	0.40~0.60
	Ra1.6		0.10~0.15	0.15~0.20	0.20~0.35

(续)

工件材料	表面粗糙度值 /μm	切削速度范围 v_c /(m/min)	刀尖圆弧半径 r_ε/mm		
			0.5	1.0	2.0
			进给量 f/(mm/r)		
碳素钢及合金钢	Ra6.3	<50	0.30~0.50	0.45~0.60	0.55~0.70
		>50	0.40~0.55	0.55~0.65	0.65~0.70
	Ra3.2	<50	0.18~0.25	0.25~0.30	0.30~0.40
		>50	0.20~0.30	0.30~0.35	0.35~0.50
	Ra1.6	<50	0.10	0.11~0.15	0.15~0.22
		50~100	0.11~0.16	0.16~0.25	0.25~0.35
		>100	0.16~0.20	0.20~0.25	0.25~0.35

加工材料强度不同时进给量的修正系数				
材料强度 R_m/GPa	<0.5	0.5~0.7	0.7~0.9	0.9~1.1
修正系数 K_{Ms}	0.1	0.75	1.0	1.25

表 2-15 计算切削速度的系数、指数和修正系数

加工材料	加工形式	刀具材料	进给量 /(mm/r)	系数及指数			
				C_v	X_v	Y_v	m
碳素结构钢 $R_m=0.65$GPa	外圆纵车	YT15（不用切削液）	$f\leq0.30$	291	0.15	0.20	0.20
			$f\leq0.70$	242		0.35	
			$f>0.70$	235		0.45	
		高速钢（用切削液）	$f\leq0.25$	67.2	0.25	0.33	0.125
			$f>0.25$	43		0.66	
淬硬钢 50HRC $R_m=1.65$GPa		YG6A 或 YG6	$f\leq0.3$	53.5	0.18	0.40	0.10
灰铸铁 190HBW		YG6（不用切削液）	$f\leq0.40$	189.8	0.15	0.20	0.20
			$f>0.40$	158		0.40	
		高速钢（不用切削液）	$f\leq0.25$	24	0.15	0.30	0.10
			$f>0.25$	22.7		0.40	

与工件材料有关的系数 K_{Mv}

加工材料	刀具材料	
	硬质合金	高速工具钢
碳素结构钢、合金钢和铸钢	$K_{Mv}=0.637/R_m$	$K_{Mv}=C_M(0.637/R_m)^{1.75}$
灰铸铁	$K_{Mv}=(190/HBW)^{1.25}$	$K_{Mv}=(190/HBW)^{1.72}$

与毛坯表面状态有关的系数 K_{Sv}

无外皮	有外皮				
	棒料	锻件	铸钢及铸铁件		铜及铝合金
			一般	带砂外皮	
1.0	0.9	0.8	0.8~0.85	0.5~0.6	0.9

与刀具材料有关的系数 K_{tv}

结构钢及铸钢	刀具牌号	YT5	YT14	YT15	YT30	YG8
	K_{tv}	0.65	0.8	1.0	1.4	0.4
灰铸铁及可锻铸铁	刀具牌号	YG3		YG6		YG8
	K_{tv}	1.15		1.0		0.83

(续)

加工材料	加工形式	刀具材料	进给量 /(mm/r)	系数及指数			
				C_v	X_v	Y_v	m
与主偏角有关的系数 K_{krv}							
主偏角 κ_r			30°	45°	60°	75°	90°
结构钢、可锻铸铁			1.13	1.0	0.92	0.86	0.81
耐热钢			—	1.0	0.87	0.78	0.70
灰铸铁及铜合金			1.20	1.0	0.88	0.83	0.73

与车削方法有关的系数 K_{kv}

车削方法	外圆纵车	内圆纵车	横车 d/D			切断	车槽 d/D		说明
			0~0.4	0.5~0.7	0.8~1.0		0.5~0.7	0.8~0.95	d——加工后的直径(mm)
K_{kv}	1.0	0.9	1.25	1.20	1.05	1.0	0.96	0.84	D——加工前的直径(mm)

表 2-16 硬质合金外圆车刀切削速度的参考值

工件材料	热处理状态或硬度	$a_p=0.3~2mm$ $f=0.08~0.03mm/r$ $v_c/(m/min)$	$a_p=2~6mm$ $f=0.3~0.6mm/r$ $v_c/(m/min)$	$a_p=6~10mm$ $f=0.6~1mm/r$ $v_c/(m/min)$
中碳钢	热轧 调质	130~160 100~130	90~110 70~90	60~80 50~70
合金结构钢	热轧 调质	100~130 80~110	70~90 50~70	50~70 40~60
灰铸铁	190HBW 以下 190~225HBW	90~120 80~110	60~80 50~70	50~70 40~60
铜及铜合金 铝及铝合金		200~250 300~600	120~180 200~400	90~120 150~300

例 如图 2-45 所示,工件材料为正火 45 钢,$R_m=0.6GPa$,棒料、有外皮,加工机床为 CA6140 型,加工方案采用先粗车后精车,总余量(70-58)mm/2=6mm,取粗车余量为5mm,精车(相当于半精车)余量为1mm。试分别确定粗车、精车时的切削用量。

解 (1) 粗车切削用量

1) 选择刀具。由表 2-3 选用刀具材料 YT15;根据机床的型号及机床最大加工直径查有关手册,得刀柄截面尺寸为 16mm×25mm;由表 2-7、表 2-9、表 2-10、表 2-11 选择车刀几何参数为:$\gamma_o=15°$,$\alpha_o=6°$,$\lambda_s=-5°$,$\kappa_r=45°$(按图样要求),$\kappa_r'=10°$,$r_\varepsilon=0.5mm$。

2) 确定切削深度 a_p。粗车余量为 5mm,用一次粗车切除,故 $a_p=5mm$。

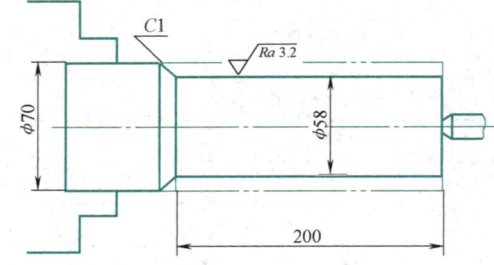

图 2-45 车削工件

3) 确定进给量。查表 2-13 得 $f=0.4~0.6mm/r$,考虑车削直径 70mm 大于表中直径 60mm,故初定为 0.5mm/r,再按 CA6140 型机床上进给量系列相近的数值定为 0.51mm/r。

4) 确定刀具寿命。根据本章第五节,取 $T=60min$。

5) 确定刀具寿命。按式 (2-15) 计算,查表 2-15 得:$f<0.7mm/r$ 时,$C_v=242$,$X_v=0.15$,$Y_v=0.35$,$m=0.2$,$k_v=K_{Mv}K_{Sv}K_{krv}K_{kv}=\dfrac{0.637}{0.6}\times 0.9\times 1.0\times 1.0\times 1.0=0.9555$。

将所查数值代入式（2-15）得

$$v_c = \frac{242}{60^{0.2} \times 5^{0.15} \times 0.51^{0.85}} \times 0.9555 \text{m/min}$$

$$= 101 \text{m/min}$$

也可按表 2-16 直接查出切削速度，按 $a_p = 5$mm，$f = 0.51$mm/r 查得 $v_c = 90 \sim 110$m/min，取 $v_c = 100$m/min。

6）确定机床转速

$$n = \frac{1000 v_c}{\pi d} = \frac{1000 \times 101}{\pi \times 70} \text{r/min} = 459 \text{r/min}$$

CA6140 型机床上列出的转速系列与 459r/min 相近的转速是 450r/min，则实际切削速度为

$$v_c = \frac{\pi \times 70 \times 450}{1000} \text{m/min} = 98.96 \text{m/min}$$

当机床功率较小时，还应校验机床功率是否足够。若需校验，先从有关手册中查出主切削力 F_c 代入计算公式核算。

粗车的切削用量为：$a_p = 5$mm，$f = 0.51$mm/r，$n = 450$r/min，$v_c = 90$m/min。

（2）精车切削用量

1）精车用刀具的几何参数由表 2-7、表 2-9、表 2-10、表 2-11 查得；刀片材料 YT15，$\gamma_o = 20°$，$\alpha_o = 8°$，$\lambda_s = 5°$，$\kappa_r = 45°$，$\kappa_r' = 5°$，$r_\varepsilon = 1$mm。

2）背吃刀量。按预留的精车余量 $a_p = 1$mm。

3）进给量。设切削速度为 120m/min，查表 2-14 得：$f = 0.2 \sim 0.3$mm/r，进给量修正系数 $K_{Ms} = 0.75$，$f = 0.15 \sim 0.225$mm/r，根据 CA6140 型车床的进给系列，取 $f = 0.2$mm/r。

4）机床转速与切削速度。查表 2-16 得 $v_c = 110 \sim 130$m/min，取 $v_c = 120$m/min，则转速为

$$n = \frac{1000 \times 120}{\pi \times 60} \text{r/min} = 636.6 \text{r/min}$$

根据 CA6140 型机床的转速系列取相近值，取 $n = 710$r/min，则实际切削速度为

$$v_c = \frac{\pi \times 60 \times 710}{1000} \text{m/min} = 134 \text{m/min}$$

精车时切削力很小，一般不必校验机床功率。

精车切削用量为：$a_p = 1$mm，$f = 0.2$mm/r，$n = 710$r/min，$v_c = 134$m/min。

知识与技能拓展

复习思考题

2-1 简述车削的切削用量（包括名称、定义、代号和单位）。

2-2 根据图 2-46 所示的刀具切削加工状态，要求：

1）在基面投影图 p_r 中注出：已加工表面、待加工表面、过渡表面，刀具前面、主切削刃、副切削刃，刀尖，主偏角、副偏角和正交平面。

2）按投影关系做出正交平面，并注出切削平面 p_s、前面、后面、前角 $\gamma_o = 10°$、后角 $\alpha_o = 6°$。

2-3 车外圆时，已知工件转速 $n = 320$r/min，车刀移动速度 $v_f = 64$rmn/min，其他条件如图 2-47 所示。试求切削速度 v_c、进给量 f、切削深度 a_p、切削层公称横截面面积 A_D、公称宽度 b_D、公称厚度 h_D。

2-4 弯头车刀的几何图形如图 2-46a 所示，试说明车外圆时的主切削刃、副切削刃、刀尖、前角、后角、主偏角和副偏角。

2-5 在车床上车孔，若车孔刀刀尖高于工件轴线（+h）或低于工件轴线（-h），试绘图说明工件角度的变化与 h、d（孔径）的关系。

2-6 高速工具钢和硬质合金刀具在性能上的主要区别是什么？各适合制作何种刀具？

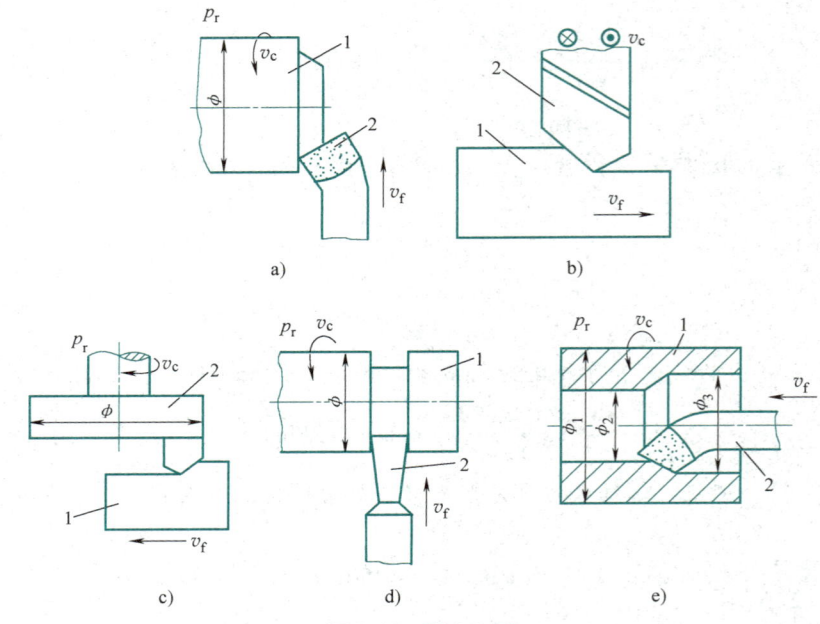

图 2-46 题 2-2 图

a) 弯头车刀车端面 b) 牛头刨刨平面 c) 立铣面铣刀铣平面 d) 车床上切断 e) 车床上车内孔

1—工件 2—刀具

2-7 在一般情况下，YT 类硬质合金适合加工钢件，但在粗加工铸钢毛坯件时，却要选用 YG6 类硬质合金，为什么？

2-8 试对下列各种情况选择合适的刀具材料，写出它们的牌号。

1）粗车图 2-48a 所示台钻立柱的外圆，毛坯为金属模，手工造型的铸件，材料 HT300。

2）高速精车图 2-48a 所示立柱外圆表面，精车余量为 1mm。

3）粗车图 2-48b 所示零件的断续外圆表面，工件材料为球墨铸铁 QT700。

4）粗车、精车图 2-48c 所示零件外圆表面，工件材料为 40Cr，抗拉强度 $R_m = 0.981$GPa，毛坯为自由锻造。

5）低速粗、精车图 2-48d 所示蜗杆，头数为 6mm，材料为 45 钢。

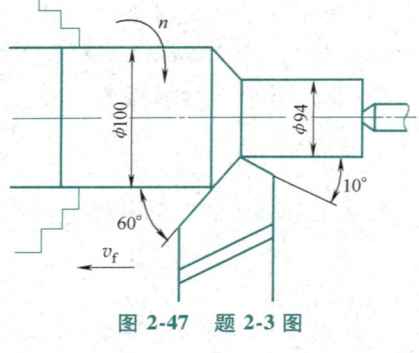

图 2-47 题 2-3 图

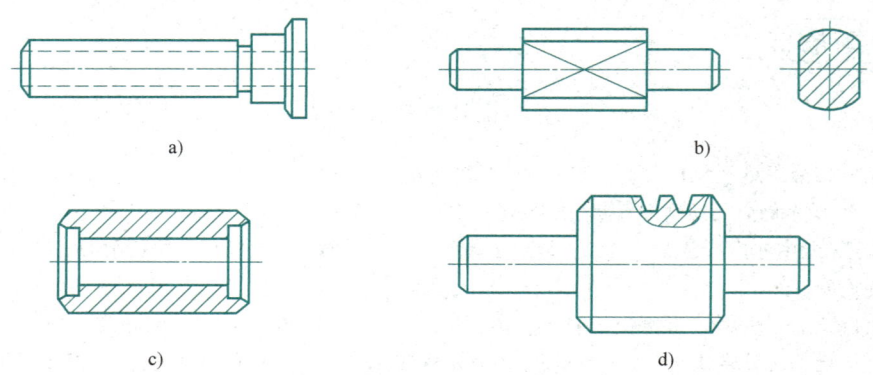

图 2-48 题 2-8 图

2-9 积屑瘤是如何形成的？它对切削加工有哪些影响？

2-10 切削时若前角增大，发现切屑由节状变为带状，此时切屑的塑性变形是增大还是减小了？切屑收缩的程度、积屑瘤的形成和已加工表面的加工硬化现象是加重还是减轻了？为什么？

2-11 试分析车外圆时各切削分力的作用和对加工的影响？

2-12 当工艺系统刚性不足（如车细长轴）时，为什么常选用 $\kappa_r = 90°$ 甚至 $\kappa_r = 93°$ 的车刀？

2-13 切削热对切削加工有什么影响？

2-14 为什么要研究切削热与切削温度？二者有何区别？切削温度是指何处的温度？

2-15 切削液的主要作用是什么？常根据哪些主要因素选用切削液？

2-16 何谓刀具耐用度？耐用度与刀具寿命和磨损限度的区别？

2-17 从提高生产率或降低成本的角度看，刀具寿命是否越长越好？为什么？

2-18 为什么精车刀常选用较大的刀尖圆弧半径？刀尖圆弧半径是否越大越好？为什么？

2-19 粗、精车时限制进给量的因素各是什么？为什么？限制切削速度的因素各是什么？为什么？

2-20 在 CA6140 型机床上粗、精车图 2-49 所示的外圆表面，工件材料为 45 钢，$R_m = 0.75\text{GPa}$，毛坯为锻造。试选择刀具的几何角度及合理的切削用量。

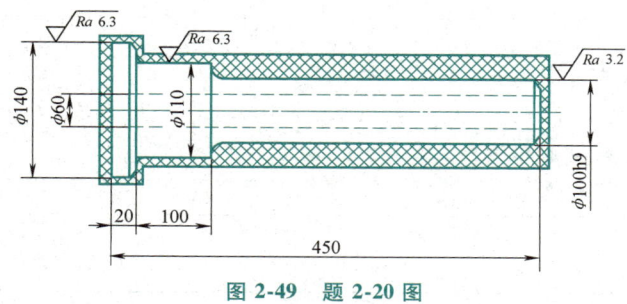

图 2-49 题 2-20 图

使用习题册完成配套课后习题。

第三章 工件装夹

> **学习目标**
> 1. 熟悉工件装夹的要求。
> 2. 理解六点定位原理。
> 3. 掌握工件装夹的基本原则和方法。

> **重点与难点**
> 工件装夹方法的选择。

> **素养目标**
> 增强责任意识，培养负责任、有担当意识的青年。

第一节 设计基准与定位基准

基准就是测量时的起算标准。在零件图或实际零件上，总要依据一些指定的点、线、面来确定另一些点、线、面的位置或方向。这些作为依据的点、线、面称为基准。基准根据其用途不同，可分为两大类：设计基准和工艺基准。其中工艺基准又分为装配基准、测量基准、定位基准、工序基准。本节主要介绍设计基准和定位基准。

一、设计基准

在零件图上用于确定其他点、线、面位置的基准称为设计基准。如已知半径 R 欲画一个圆，先在图纸上画出圆心，然后用圆规量好半径 R 就可画出一个圆来。该圆心即为圆的设计基准。

为进一步认识设计基准，可参见图 3-1 所示的轴套零件，外圆和孔的尺寸设计基准是零件的轴线，端面 A 是端面 B、C 的设计基准，内孔 D 的中心线是 $\phi25h6$ 外圆径向圆跳动的设计基准。

对于某一位置要求或尺寸而言，它所指向的两个表面之间常常是互为设计基准的。如图 3-1 中，对于尺寸 35mm，A 面是 C 面的设计基准，也可以认为 C 面是 A 面的设计基准。

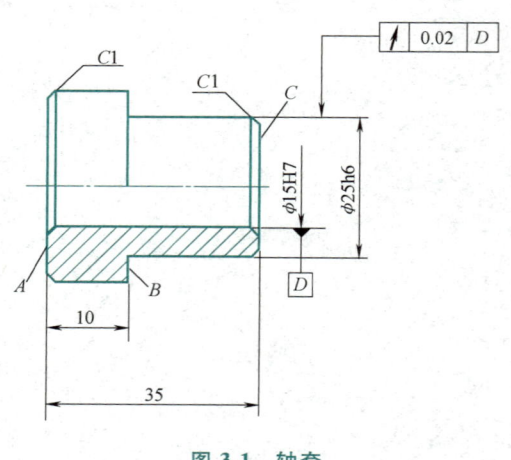

图 3-1 轴套

二、定位基准

在切削过程中，用于确定工件在机床或夹具上正确位置的基准，称为定位基准。例如在图 3-1 中，磨削 φ25h6 外圆表面时，工件以内孔 φ15H7 套在心轴上，用两顶尖将心轴夹持在磨床上进行磨削，则称内孔 φ15H7 为磨削外圆时的定位基准。一般而言，工件与机床夹具中的定位元件相接触的表面就是定位基准。上述例中的心轴即是简单的机床夹具，工件与心轴接触的表面是内孔 φ15H7，所以内孔即是定位基准。

三、定位基准的选择

定位基准分为粗基准和精基准。若以未经加工的毛坯表面作为定位基准的表面，则称为粗基准；若用已加工表面作为定位基准，则称该表面为精基准。

1. 粗基准的选择

粗基准选择得好坏，对以后各加工表面的加工余量分配，以及工件加工表面和非加工表面间的相互位置均有很大影响。因此，必须重视粗基准的选择。粗基准的选择总体要求是为后续工序提供必要的定位基准面。其选择原则如下：

1) 选择非加工表面作为粗基准。如图 3-2 所示，采用车床加工内孔及端面，工件在自定心卡盘中以不需加工的外圆表面作为粗基准。由于三爪的夹紧中心与车床回转中心一致，且与刀架的横向移动方向垂直，从而保证非加工表面（外圆）与内孔同轴又与端面垂直。可见，采用非加工表面作为粗基准，可使工件上的加工表面与非加工表面之间的相对位置误差最小。

2) 若零件的所有表面都需加工，应选择加工余量和公差最小的表面作为粗基准。这样可保证作为粗基准的表面加工时余量均匀。

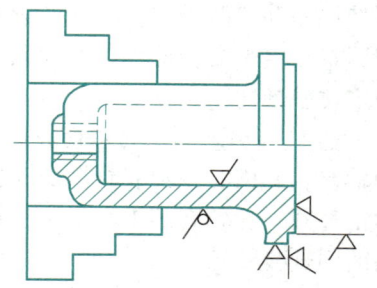

图 3-2 用非加工表面作为粗基准

如图 3-3 所示的车床床身，要求导轨面耐磨性好，希望加工时只切除一层薄而均匀的金属，使其表层保留均匀一致的金相组织和高硬度。若先选择导轨面作为粗基准来加工机床底座的底平面（图 3-3a），然后以机床底座的底面为精基准加工导轨面（图 3-3b），就可达到此目的。

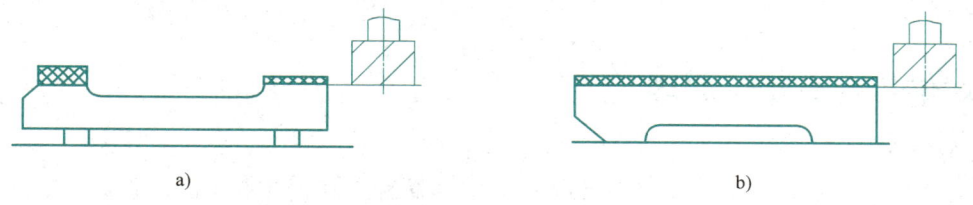

图 3-3 卧式车床床身的粗基准
a) 导轨面为粗基准 b) 底平面为精基准

3) 选择平整、光洁、面积较大、无飞边和浇冒口的表面作为粗基准，以便定位准确，夹紧可靠。

4) 粗基准一般只能使用一次，以后应尽量避免重复使用。因为作为粗基准的表面粗糙而不规则，多次使用无法保证各加工表面之间的位置精度。

2. 精基准的选择

选择精基准时，主要考虑两个问题：第一是如何保证加工精度，第二是使工件装夹方便。具体选择原则如下：

(1) 基准重合原则 应尽量使定位基准与设计基准重合，以避免因基准不重合而产生基准不重合误差。

如图 3-4 所示，工件的设计尺寸为 a 和 b。已知表面 A 和 B 已经加工，其相应尺寸 a 及其公差 δ_a

已保证。现欲加工表面 C，要求保证尺寸 b。b 的设计基准是 B 面。图 3-4b 所示是以 B 面定位加工 C 面，定位基准与设计基准重合，则无基准不重合误差。图 3-4a 所示为采用 A 面定位加工 C 面，则定位基准与设计基准不重合，产生基准不重合误差。其误差大小等于设计基准与定位基准之间的尺寸公差。图 3-4a 所示加工方法产生的基准不重合误差是 δ_a。

（2）**基准统一原则** 在工件加工的整个过程中，应尽可能使较多的工序都采用同一个（或一组）定位基准来定位。由于这些工序的定位基准相同，可使这些工序的夹具定位装置相同、基准统一，从而可以简化夹具的设计和制造工作，也便于工人操作。

（3）**装夹方便可靠** 所选用的基准，应能保证夹具的结构简单，工件装夹稳定、可靠，操作方便。

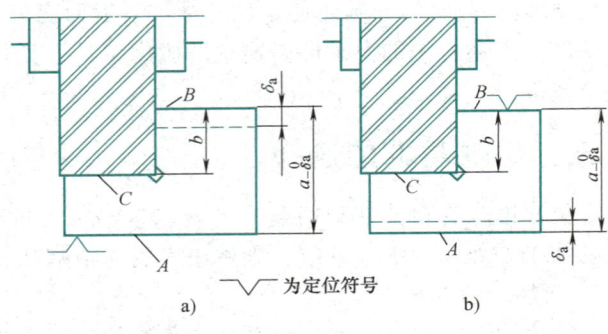

▽——为定位符号

图 3-4　基准不重合误差
a）基准不重合　b）基准重合

（4）**待加工表面作为精基准** 在加工高精度、小余量的重要表面时，为了避免夹具的制造误差和安装误差对工件的影响，可选择待加工表面作为定位基准，如图 3-11b 所示就是以待加工表面找正定位的。此外，如铰孔、拉刀拉孔、珩磨孔、无心磨削外圆等，都是采用待加工表面本身作为定位基准的。

（5）**互为基准** 为获得较高的相互位置精度，可采用互为基准、反复加工的原则。如图 3-1 所示的轴套，其内、外圆有较高的同轴度要求，加工时可先以外圆定位，粗加工内孔；再以内孔定位，粗加工外圆。在轴套的半精加工和精加工中均采用粗加工使用的定位方法，反复进行，最后便可达到较高的同轴度要求。

在生产实际中，基准的选择不可能完全符合上述原则，有时会出现一些矛盾，应根据具体情况进行分析，选用最有利的表面作为定位基准。

第二节　定位与夹紧

一、定位与六点定位原理

1. 定位的概念

定位包含着两个过程，一是工件在夹具中的定位（简称**工件的定位**），二是夹具在机床上相对位置的确定（简称**夹具的对定**）。所谓工件的定位，指同一批工件在夹具中占有一致的正确加工位置；夹具的对定，则指夹具在机床上的定位和夹具相对于刀具的正确位置。

图 3-5a 所示为加工 2×φ3mm 孔的工序简图。选尺寸 6.5mm 的设计基准 A 和（φ18±0.02）mm 的外圆作为定位基准。图 3-5b 所示为加工 2×φ3mm 孔的专用夹具。操作时，将工件装入夹具中，插上斜楔 2 并轻击其大端，使工件处于夹紧状态；以夹具体 1 的 B 面在钻床工作台上定位（即 B 面与工作台面接触）；钻头通过钻套 3 可钻出一个孔。同样，用 C 面在工作台上定位可加工另一个孔。轻击斜楔 2 的小端，斜楔 2 掉出，即可取出工件，则钻孔工序完毕。

上例中，不论该批工件数量是多少，它们在夹具中的加工位置都是一致的（φ3mm 孔中心距 A 面的尺寸也是一致的），这就是工件的定位；夹具分别以 B、C 面与钻床工作台面接触，钻头通过导引元件——钻套 3 确定了刀具相对于夹具的相对正确位置，这就是夹具的对定。

由此可见，只有正确定位，才能获得合格的工件。因此，正确解决定位问题是十分重要的，应从以下几个方面考虑：

1) 从理论上进行分析，如何使同一批工件在夹具中占有一致的正确加工位置。
2) 选择或设计合理的定位方法及相应的定位装置。
3) 保证有足够的定位精度，即工件在夹具中虽有一定的误差，但仍能保证工件的加工要求。

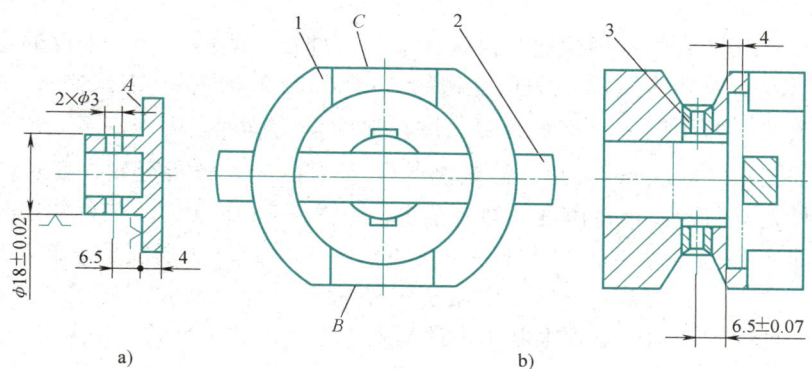

图 3-5 钻床夹具
a）工序简图 b）夹具装配图
1—夹具体 2—斜楔 3—钻套

2. 六点定位原理

（1）六点定则 任何一个工件在夹具中未定位前，都可以看成是在空间直角坐标系中的自由物体。如图 3-6 所示的工件，它具有沿三个坐标轴正负方向分别移动或绕三个坐标轴正负旋向转动的趋势，称此为工件的自由度。为了便于分析研究，用 $\vec{X}$、$\vec{Y}$、$\vec{Z}$ 分别表示物体沿三个坐标轴移动的自由度，用 $\hat{X}$、$\hat{Y}$、$\hat{Z}$ 分别表示物体绕三个坐标轴转动的自由度。

如图 3-7a 所示，XOY 平面（底平面）内有三个支承点，它们限制工件的 $\vec{Z}$、$\hat{Y}$、$\hat{X}$ 三个自由度；ZOY 平面（侧平面）内有两个支承点，它们限制了工件的 $\vec{X}$、$\hat{Z}$ 两个自由度；ZOX 平面（端平面）内有一个支承点，它限制工件的 $\vec{Y}$ 自由度。至此，工件在空间的六个自由度全部被限制了。用适当分布的六个定位支承点来限制空间工件的六个自由度的方法，称为六点定位规则（简称六点定则）。

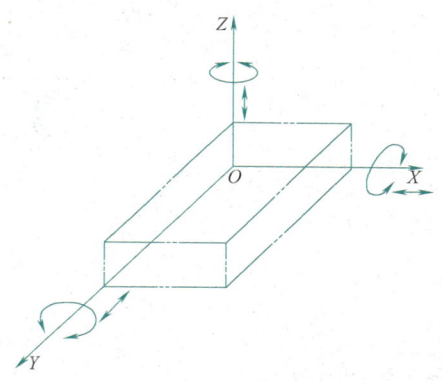

图 3-6 工件在空间的六个自由度

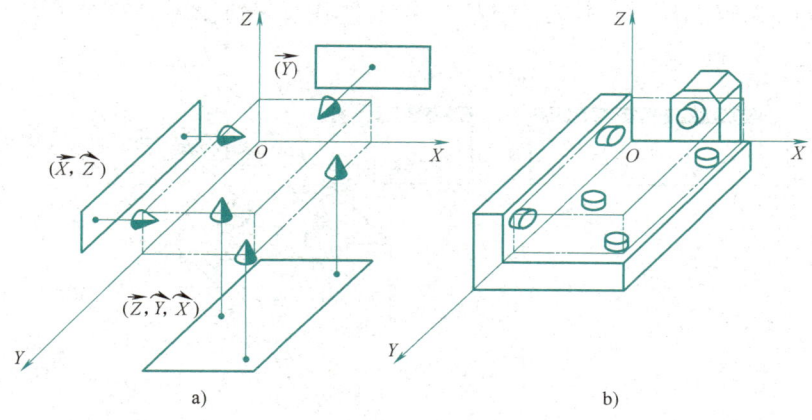

图 3-7 六点定位原理
a）理论六点定位 b）实际六点定位

点的定义是有其位置、无其大小，若采用图3-7a所示的支承点与工件的定位基准面接触，则接触点上的压强极大，将导致工件定位基准面损伤和支承件迅速磨损。因此，只能用小圆柱来替代支承点（图3-7b）。生产中的工件结构多变，定位元件的结构也随之而变化。在分析工件的定位状态时，不论定位元件的结构如何，总是把实际定位元件转化为相应的几个定位支承点，按一个支承点限制一个自由度来考虑。

（2）完全定位　采用一定结构形式的定位元件限制工件在空间的六个自由度的定位方法，称为完全定位。图3-8a所示为铣槽工序简图。为保证槽的长度（50±0.1）mm，需限制 $\vec{Y}$ 一个自由度；保证槽相对基准 B 的对称度，需限制 $\hat{Z}$、$\hat{X}$ 两个自由度；保证 $27_{-0.1}^{\ 0}$ mm，需限制 $\vec{Z}$、$\vec{X}$ 两个自由度；保证槽对称中心面与已加工槽之间的60°夹角，需限制 $\hat{Y}$ 一个自由度。分析可知，要保证槽的工序加工要求，就必须限制工件在空间的六个自由度，即完全定位。图3-8b所示为该工件的定位装置简图。止推支承3限制了工件的 $\vec{Y}$ 一个自由度，相当于一个支承点；长V形块2限制了工件 $\vec{Z}$、$\hat{Z}$、$\vec{X}$、$\hat{X}$ 四个自由度，相当于四个支承点；活动定位销1限制了工件的 $\hat{Y}$ 一个自由度，相当于一个支承点。至此，夹具的定位装置按工件的工序加工要求限制了工件的六个自由度，也就是采用了完全定位。

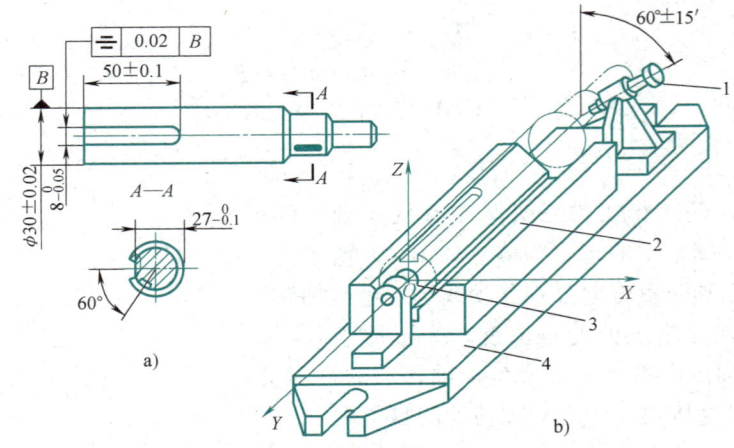

图3-8　满足工序要求采用的完全定位

a）工序简图　b）定位装置简图

1—活动定位销　2—长V形块　3—止推支承　4—夹具体

上例中，为满足工序加工要求而必须采用完全定位。在生产实际中，根据加工要求不需要采用完全定位，有时却采用了完全定位。例如，图3-9a所示为铣平面的工序简图，由分析可知，仅需限制 $\vec{Z}$、$\hat{X}$、$\hat{Y}$ 三个自由度即可满足加工要求，但是图3-9b定位装置简图中仍布置了六个支承点。底面上

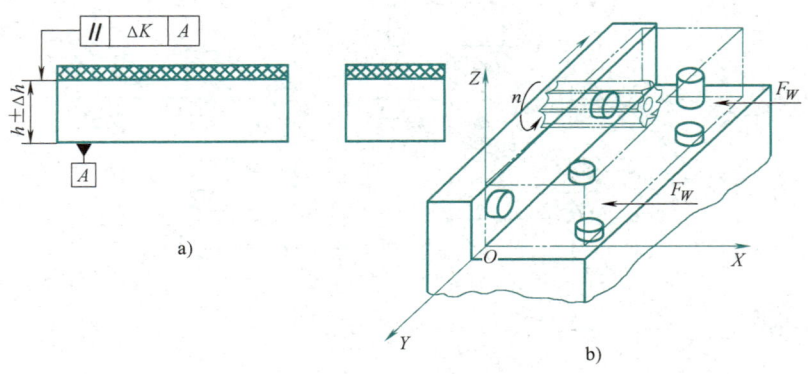

图3-9　简化夹具结构和承受部分切削力时采用的完全定位

a）工序简图　b）定位装置简图

三个支承点限制 $\vec{Z}$、$\vec{X}$、$\vec{Y}$ 三个自由度，侧面两个支承点是为了简化夹具机构，端面一个支承点是为承受切削力而设置的。

（3）不完全定位　限制工件空间自由度的数目少于六个，且又能满足加工要求的定位方法，称不完全定位。如图3-5所示，根据加工要求，限制了五个自由度，工件绕自身轴线转动的自由度未限制，但此定位装置已能够满足加工要求。因此，可以采用不完全定位的方法。

（4）欠定位　按加工要求应该限制的自由度，却没有布置适当的支承点加以限制，称为欠定位。如图3-8所示，若定位装置中没有活动定位销1，则操作者装夹工件时，已加工槽在夹具中的位置就无法确定，而刀具相对于夹具的位置是确定的（一次调整好的），显然加工后工件上的60°角就无法保证。因此，欠定位的现象是不允许的。

（5）过定位　在定位方案的设计过程中，出现定位元件重复限制工件的同一个或几个自由度的现象，称过定位。过定位是有害的，它将造成工件定位不稳，从而降低加工精度，使工件或定位元件产生变形，甚至无法安装和加工。因此，应尽量避免过定位。必须指出，有时在高精度工件或微小工件的加工中，为了满足某些需要，常采用过定位。此类问题在后续专业课程中将做进一步的分析。

（6）定位与夹紧的区别　定位的任务是保证同一批工件在夹具中占有一致的正确加工位置，夹紧的任务则是把工件压紧夹牢在定位元件上，且保证工件在加工过程中位置始终不变。因此，两者不能相互取代。

图3-10所示为钻 ϕ10mm 孔的专用夹具。图3-10a所示为工序加工简图。图3-10c所示为根据工序加工要求而设计的专用钻孔夹具。A面与定位板7接触定位，限制了工件的 $\vec{X}$、$\vec{Z}$、$\vec{Y}$ 自由度，保证（40±0.05）mm；ϕ50H7 孔与定位销8接触定位，可限制 $\vec{Z}$、$\vec{Y}$ 自由度，保证了 ϕ10mm 孔中心线与 ϕ50H7 孔中心线相交；防转定位销6在（10±0.04）mm 槽内定位，可限制工件的 $\vec{X}$ 自由度，保证了 ϕ10mm 孔与已加工的（10±0.04）mm 槽对称。当工件定位后，用开口垫圈3、螺母4压紧工件，使旋转的钻头通过钻模板2上的钻套1在工件上钻孔。可见，不论工件数量多少，加工出的工件均能满足图3-10a所示的要求。如果使用图3-10b所示夹具加工同一批工件，操作者就无法使已加工的（10±0.04）mm 槽在夹具中有一个固定的位置，这将导致加工后的 ϕ10mm 孔与（10±0.04）mm 槽的相对位置无法达到工序要求。图3-10b与图3-10c中的夹紧机构完全相同，都是在夹紧状态下钻孔，图3-10b所示仅仅少限制了工件的一个自由度（欠定位），加工后的工件便成了废品，而图3-10c加工的工件就是合格品。由此可见，工件被夹紧并不等于工件已定位了，在今后的设计工作中，一定要注意两者不能相互替代。

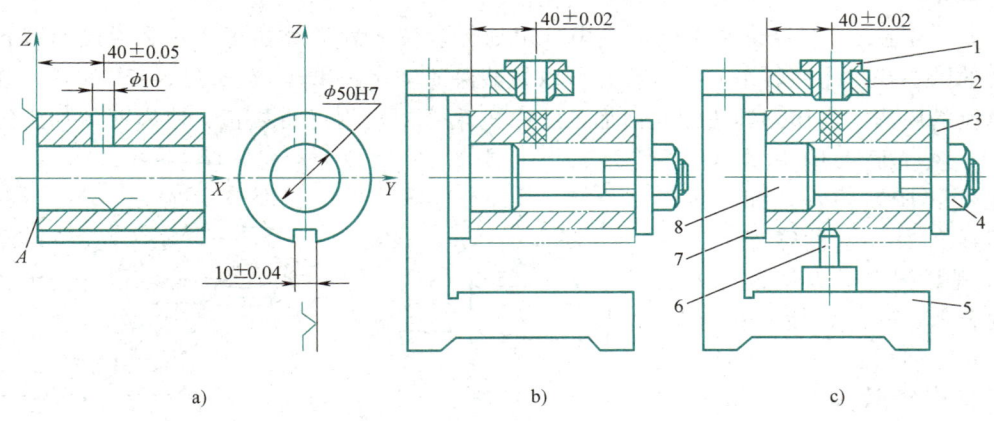

图3-10　定位与夹紧的区别

a）工序简图　b）欠定位夹具　c）能满足加工要求的夹具

1—钻套　2—钻模板　3—开口垫圈　4—螺母　5—夹具体　6—防转定位销　7—定位板　8—定位销

二、工件的装夹方法

1. 直接找正法

工件定位时，用量具或量仪直接找正工件上某一表面，使工件处于正确的加工位置，称为直接找正法。找正的表面就是工件的定位基准，简称找正基准。

（1）选与待加工表面有位置精度要求的表面作为找正基准　如图3-11a所示，外螺纹1和外圆2与孔4有同轴度要求，本工序为终磨孔4。已知外螺纹1、外圆2和端面3是在一次安装中精车而成，则可认为外螺纹1与外圆2同轴，并与端面3垂直。因此，选外圆2和端面3作为找正基准，在磨内孔之前，用单动卡盘夹紧大外圆，用百分表在外圆2和端面3上找正工件的位置。找正外圆2可限制两个移动自由度，找正端面3可限制一个移动和两个转动自由度。经找正后，可保证孔4与外螺纹1和外圆2的同轴度要求。

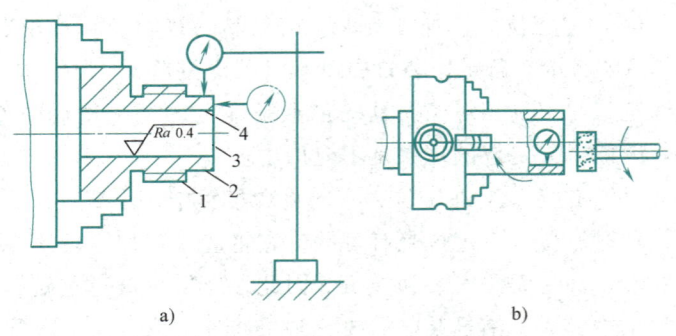

图3-11　直接找正法定位
a）以有位置要求的表面作为找正基准　b）以待加工表面作为找正基准
1—外螺纹　2—外圆　3—端面　4—孔

（2）选待加工表面作为找正基准　在加工高精度的工件表面时，若该表面与其他表面间无较高的位置精度要求，则可选待加工表面作为找正基准。图3-11b所示为精磨内孔，本工序仅对内孔的尺寸精度、表面质量有要求。为了保证加工质量，应保证内孔余量均匀，先将工件夹持在单动卡盘中，用百分表等找正内孔表面，使内孔中心线与机床回转中心同轴，然后夹紧工件即可进行磨削。

直接找正装夹的定位精度，取决于找正面的精度、表面质量及找正时所用的工具和工人的操作技术水平。采用目测或划针盘找正，定位精度低，多用于粗加工毛坯时的找正。采用百分表找正，定位精度较高，可达0.01mm左右，多用于精加工工件的找正。这种装夹方法的找正时间长、生产率低，一般只用于单件、小批生产中。当工件加工精度要求较高，而又没有专用的高精度装备时，也可以用这种方法。

2. 按线找正法

按加工表面的技术要求在工件表面上划线，加工时在机床上按线找正（以所划的线为找正基准），以获得工件的正确加工位置，此法称为按线找正法。

如图3-12a所示，工件装夹在单动卡盘中，用划针盘按所划的线找正。它是通过调节各卡爪的位置，使所划的圆心与车床回转中心线重合，所以能够保证尺寸a和c。又如图3-12b所示，在牛头刨床上刨削支承座的底面，需用划针盘按底面加工线在机床上用机用虎钳找正，使底面的加工线与机床工作台面平行。从上面两例中看出，找正用的加工线（所划的线）即为定位基准。由于线条有一定的宽度，又有划线误差和视觉误差，致使这种方法的定位精度较低，一般仅能达到0.2~0.5mm。因此，划线找正多用于批量较小、加工精度较低以及大型工件的粗加工中。

3. 工件在夹具中的装夹

夹具按其特点可分为通用夹具、专用夹具、组合夹具和成组夹具等。

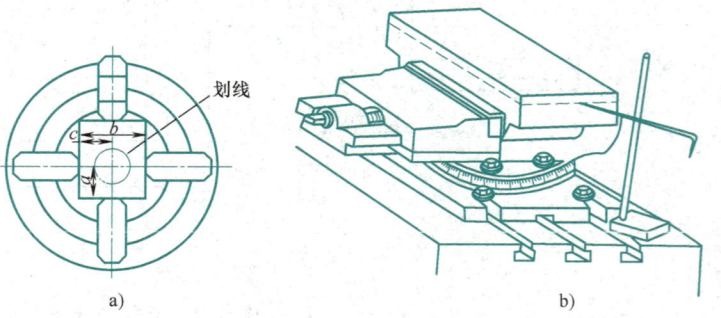

图3-12　按线找正
a）车床上按线找正　b）刨床上按线找正

机床上常用的自定心卡盘、单动卡盘、顶尖、中心架、机用虎钳、万能分度头等，都属于通用夹具。组合夹具和成组夹具将在后续专业课程中专门介绍。本书所讲的夹具主要指专用夹具，它是根据工件某一工序的加工内容而专门设计制造的，利用其定位元件和夹紧机构，可以迅速、准确地装夹工件，不需要找正即可使工件获得正确的加工位置。如图3-5、图3-10c所示的夹具，都属于专用夹具。这类夹具操作简单，工件定位迅速、可靠，加工精度较高，生产率高，因而适用于成批和大量生产。

三、工件夹紧应注意的问题

在机械加工中，工件的定位和夹紧是联系密切的两个工作过程。工件定位以后，必须采用一定的装置把工件压紧夹牢在定位元件上，使工件在加工过程中不会由于切削力、工件重力及其他外力的作用而发生位置变化或产生振动，以保证加工精度和安全生产。这种把工件压紧夹牢的装置称为夹紧装置。

夹紧装置的设计和选用是否正确、合理，对于保证加工质量，提高生产率，减轻工人劳动强度有很大影响。为此，对夹紧装置提出如下基本要求：

1）夹紧应有助于定位，而不应破坏定位。
2）夹紧力的大小应能保证加工过程中工件不产生移动和振动，并能在一定范围内调节。
3）工件在夹紧后的变形和受压表面的损伤不应超出允许的范围。
4）应有足够的夹紧行程，手动时要有一定的自锁作用。
5）结构紧凑、动作灵敏，制造、操作和维修方便，省力、安全，有足够的强度和刚度。

为满足上述要求，其核心问题是如何使夹紧装置对工件正确地施加夹紧力。因此，在确定夹紧力时应考虑以下几个问题。

1. 夹紧力不得破坏工件定位

（1）夹紧力应施于支承面范围内 图3-13a、b表示夹紧力均作用于支承面之外，这样夹紧力和支承力构成力偶，将使工件2出现图中所示倾斜或移动状况，破坏工件的定位。正确夹紧力的作用点和方向应施于支承面范围内并靠近支承件的几何中心，如图中虚线箭头所示的位置。

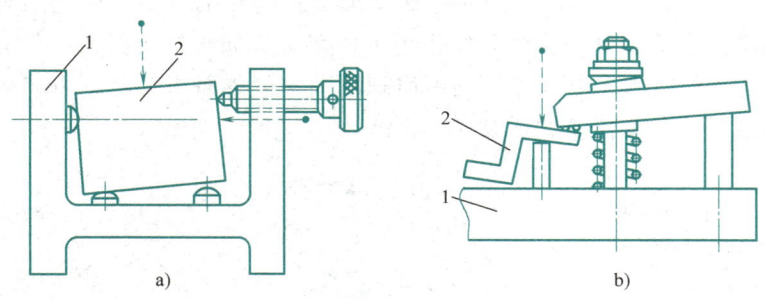

图3-13 夹紧力应施于支承面范围内
a）夹紧力方向、位置错误 b）夹紧力位置错误
1—夹具 2—工件

（2）夹紧力应垂直于主要定位基准面 为使夹紧力有助于定位，工件应紧靠支承点，并保证各个定位基准面与定位元件可靠接触。通常，工件主要定位基准面的面积较大，精度较高，限制的自由度数目多，夹紧力垂直作用于此面上，这样有利于保证工件的加工质量。

如图3-14a所示，在角形支座上镗一与A面有垂直度要求的孔。根据基准重合的原则，应选择A面作为主要定位基准，因而夹紧力应垂直于A面而不是B面。只有这样，不论A、B面之间角度α的误差有多大，A面始终紧靠支承面，因而易于保证垂直度要求。

若要求所镗之孔的轴线平行于B面，则夹紧力的方向应垂直于B面，如图3-14b所示。

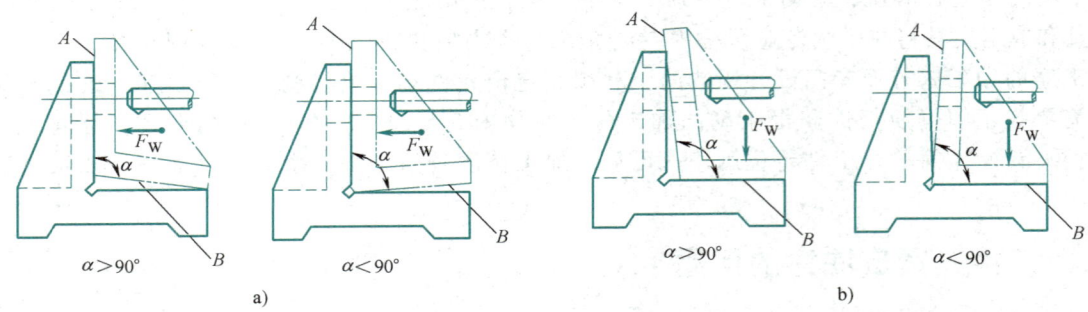

图 3-14 夹紧力应垂直于主要定位基准面

2. 夹紧力不应使工件产生夹紧变形

（1）夹紧力作用位置正确　如图 3-15a 所示，在壳体工件上加工两个同轴孔。虽然采用的夹紧力 F'_W 朝向主要定位基准面，但由于工件该处的刚性差，会因此产生夹紧变形。如果夹紧力设在 F_W 或 F''_W 处，则可防止由于夹紧变形而造成的加工后工件的圆度和同轴度误差。

图 3-15b 所示为连杆大头孔加工的夹紧方案，夹紧力 F_W 的作用点位置要比 F'_W 好，可防止工件弯曲变形。

（2）增大受力面积　工件刚性差时，夹紧力过于集中会产生夹紧变形。图 3-16a 所示为薄壁套类工件夹紧后的变形状态。变形的原因是：工件的刚性差，夹紧力集中。如图 3-16b 所示，在工件外表面套一个开口过渡环（也称开缝套），夹紧力通过过渡环将工件夹紧。可见增大工件的受力面积，可消除夹紧变形。图 3-16c 的效果与图 3-16b 相同。

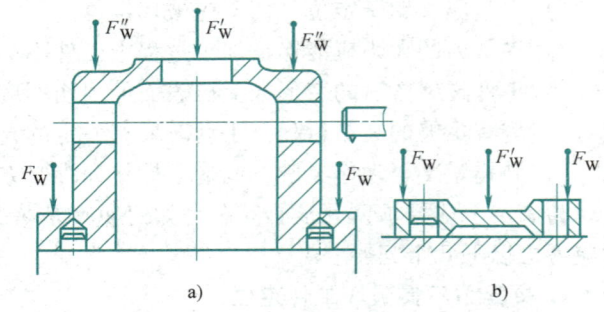

图 3-15 夹紧力的作用点应在工件刚性较好的部位

工件刚性很好时，若夹紧力过于集中，则会因工件受力处压强太大而引起金属的局部变形，使工件表面受损伤。图 3-17a 所示是一种典型的简单螺旋夹紧机构。工件受压面为毛坯面时尚可，若工件受压面为已加工的高精度表面，则在夹紧力的作用下，螺钉头部必然会损伤工件的受压表面。如果螺钉头部改成图 3-17b 所示的结构，由于工件受压面积增大，单位面积上的压力减小，且工件受压面与压块间无相对运动，所以工件受压表面不会受损伤。

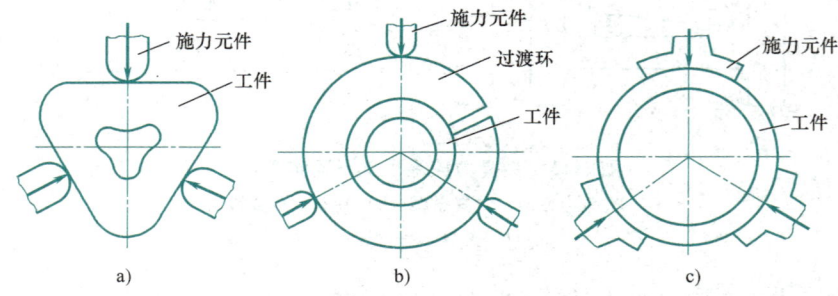

图 3-16 增大受力面积以消除夹紧变形

3. 夹紧力应保证工件在加工中不松动和不振动

（1）夹紧力应靠近工件的加工部位　图 3-18a 所示为滚齿时的齿坯装夹简图。若压板 1 及垫板 2 的直径过小，则夹紧力离切削部位较远，切削时易产生振动，因而会降低齿形加工的表面质量。如图 3-18b 所示，由于加工部位刚性很差，在靠近加工表面处增设夹紧力 F_{W2}，即可增大工件的加工刚性，减少工件加工中的振动。

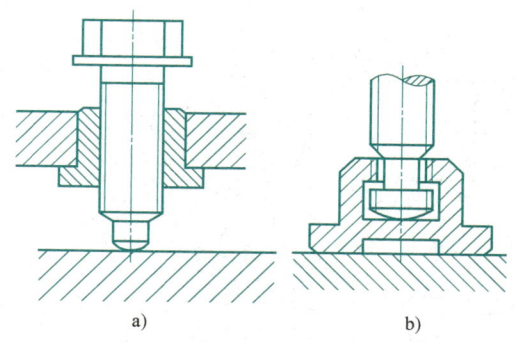

图 3-17 夹紧力不得损伤工件表面
a) 简单螺旋夹紧机构　b) 压块标准结构

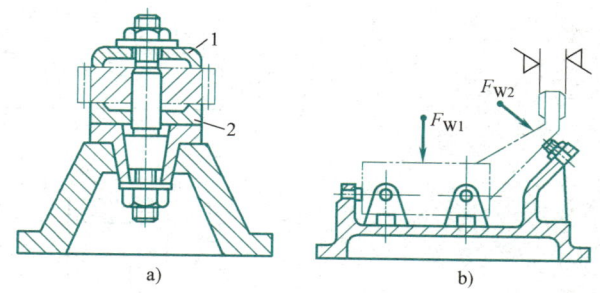

图 3-18 夹紧力靠近工件加工表面
a) 滚齿夹具　b) 铣削夹紧示意
1—压板　2—垫板

（2）夹紧力的大小　夹紧力的大小必须适当。夹紧力过小，工件可能在加工过程中移动或松动而破坏定位，这不仅影响加工质量，还可能造成安全事故；夹紧力过大，会使工件和夹具产生变形，同样也会影响加工质量。

在实际设计工作中，对于夹紧力的大小，大多根据同类夹具的使用情况，按类比法进行经验估算；或以切削力的大小为计算依据来确定夹紧力的大小。此类问题在后续专业课中将详细介绍。

知识与技能拓展

复习思考题

3-1　图 3-19 所示为连杆零件简图。
1）试分别指出图中各尺寸及位置精度的设计基准。
2）设连杆第一道加工工序为同时铣大、小头孔的两端面。试选择该工序的定位基准，并说明选择的依据。

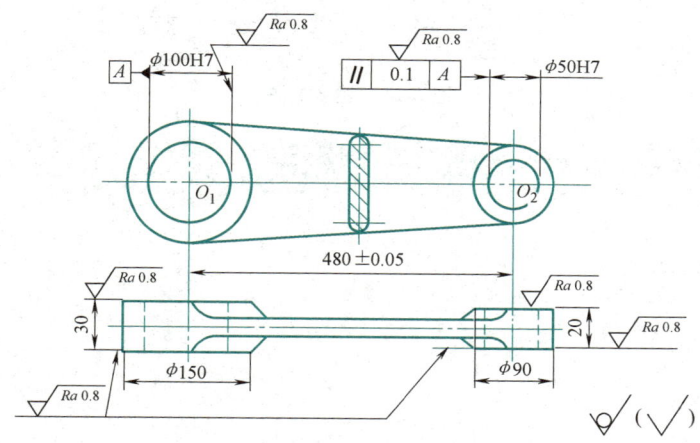

图 3-19　题 3-1 图

3-2　精基准的选择原则有哪些？并说明为什么要做到基准重合？
3-3　试分别分析图 3-20 所示零件的定位方法限制了哪些自由度（画上空间坐标后分析）？属于哪种定位？
3-4　什么是欠定位？欠定位有什么后果？试举例说明。
3-5　自定心卡盘的三个卡爪是夹紧机构还是定位机构？为什么？
3-6　工件在夹具中夹紧的目的是什么？夹紧与定位有何区别？对夹紧装置的基本要求是什么？
3-7　图 3-21 所示零件，除 $\phi 10H7$ 孔外均已加工。试选择加工 $\phi 10H7$ 孔的定位基准，并指出各定位面应限制的自由度。
3-8　试分析图 3-12a、b 中，按所划的线找正后，限制了哪几个自由度？属于哪种类型的定位？

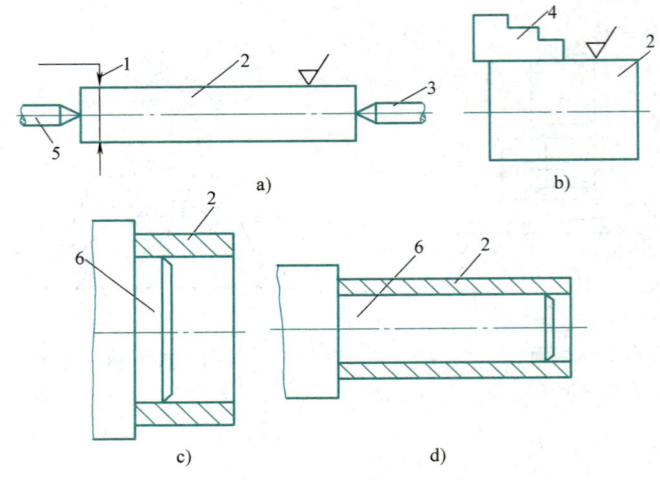

图 3-20 题 3-3 图

1—鸡心夹头 2—工件 3—后顶尖 4—自定心卡盘 5—前顶尖 6—夹具

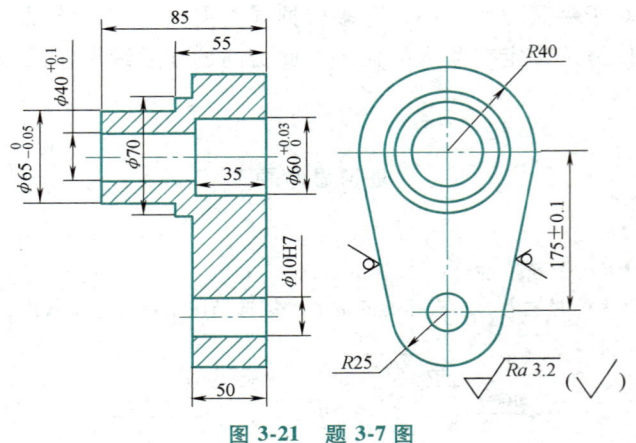

图 3-21 题 3-7 图

使用习题册完成配套课后习题。

第四章 车削加工

> **学习目标**
> 1. 了解车床的工艺范围和车削加工工艺特点。
> 2. 掌握常用的车削加工方法。

> **重点与难点**
> 常用的车削加工方法和车削用量的合理选择。

> **素养目标**
> 培养学生的安全意识,塑造"规则是安全底线"的价值认同,培养"守规则、重安全、爱生命"的综合素养。

第一节 车床概述

金属切削机床是机械加工的主要设备之一,其用切除的方法将金属毛坯加工成机械零件。

车床可加工各种零件上的回转表面,应用十分广泛。车床的加工范围较广,如加工内、外圆柱面,内、外圆锥面,端面,沟槽,螺纹,成形表面以及滚花等;此外可在车床上钻孔、扩孔和铰孔。车床可加工的零件类型如图4-1所示。加工零件的尺寸公差等级为IT11~IT6,表面粗糙度Ra值为12.5~0.8μm。车削可完成的主要工作如图4-2所示。车床又以卧式车床应用最为广泛,其特点是适用性广,适用于一般工件的中、小批量生产。

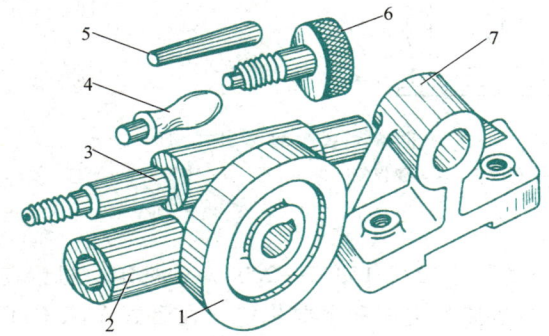

图4-1 车床可加工的零件实例

1—齿轮坯 2—圆套 3—轴 4—手把 5—圆锥销 6—螺钉 7—支架

一、车床型号及其组成

现以C6132型卧式车床(图4-3)为例进行介绍。

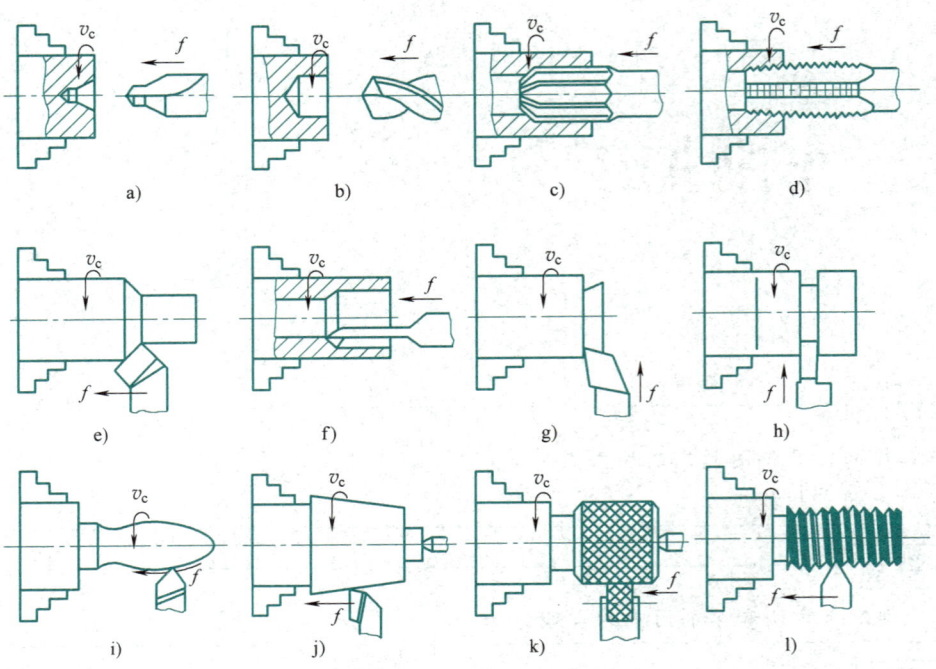

图 4-2 车削可完成的主要工作

a) 钻中心孔　b) 钻孔　c) 铰孔　d) 攻螺纹　e) 车外圆　f) 镗孔（车孔）　g) 车端面　h) 车槽　i) 车成形面
j) 车锥面　k) 滚花　l) 车螺纹

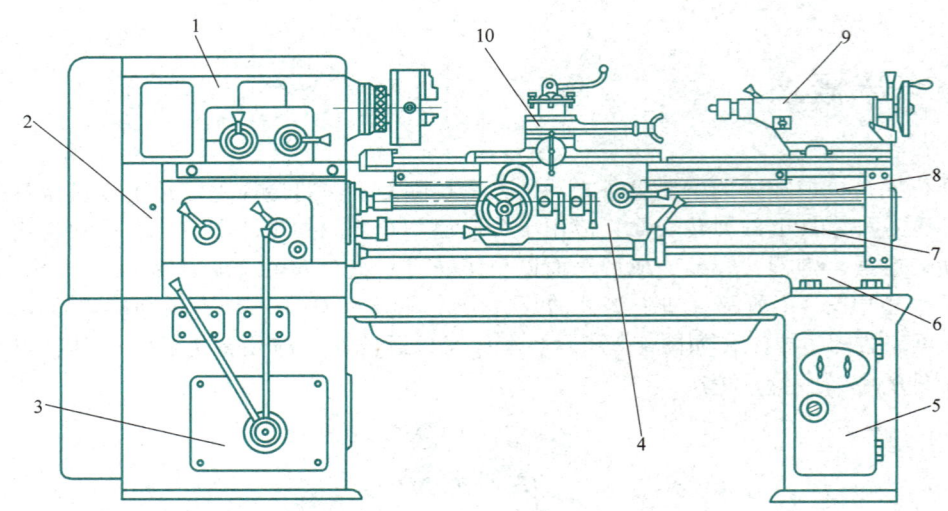

图 4-3 C6132 型卧式车床

1—主轴箱　2—进给箱　3—变速箱　4—溜板箱　5—床腿　6—床身　7—光杠　8—丝杠　9—尾座　10—刀架

1. 车床的型号

《金属切削机床型号编制方法》（GB/T 15375—2008）中规定，机床均用汉语拼音字母和数字，按一定规律组合进行编号，以表示机床的类型和主要规格。在卧式车床 C6132 的型号中，字母与数字含义如下所示：

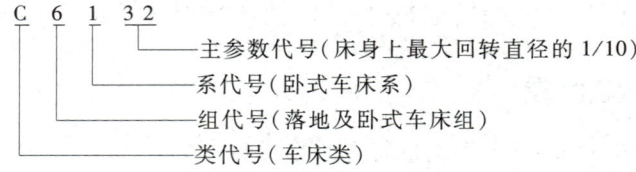

2. 车床的各组成部分及其作用

C6132 车床各组成部分包括主轴箱、进给箱、溜板箱、光杠和丝杠、刀架、尾座、床身及床腿。其作用如下：

（1）主轴箱　它又称床头箱（该机床主轴箱采用分离驱动，变速箱设在床腿内部），内装主轴及部分变速齿轮，提供主轴的 12 种转速。主轴通过另一些齿轮，又将运动传入进给箱。

（2）进给箱　它内装提供进给运动的变速齿轮，可调整进给量和螺距，并将运动传至光杠或丝杠。

（3）溜板箱　它与刀架相连，是车床进给运动的操纵箱。它可将光杠传来的旋转运动变为车刀的纵向或横向直线移动，可将丝杠传来的旋转运动通过开合螺母直接变为车刀的纵向移动，用以车削螺纹。

（4）床腿　它支承床身，并与地基连接。C6132 卧式车床的左床腿内安放变速箱和电动机，右床腿内安放电器。

（5）床身　它是车床的基础零件，用以连接各主要部件并保证各部件之间有正确的相对位置。

（6）光杠　它将进给运动传给溜板箱，实现自动进给。

（7）丝杠　它将进给运动传给溜板箱，完成螺纹车削。

（8）尾座　它安装在床身导轨上，可沿导轨移至所需要的位置。尾座套筒内安装顶尖，可支承轴件；安装钻头、扩孔钻或铰刀，可在工件上钻孔、扩孔或铰孔。尾座结构如图 4-4 所示。

（9）刀架　它用来夹持车刀，可做纵向、横向或斜向进给运动。刀架由床鞍、中滑板、转盘、小滑板组成，如图 4-5 所示。

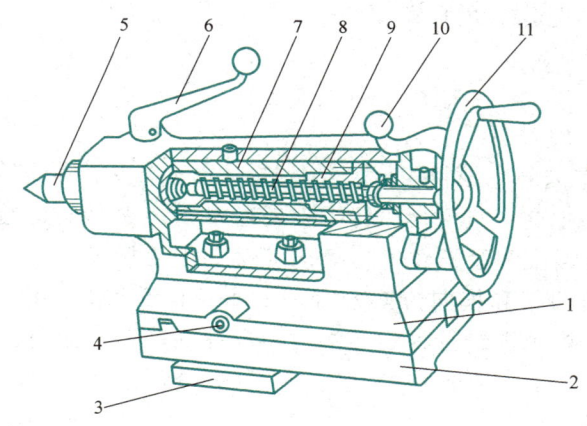

图 4-4　尾座结构
1—尾座体　2—底板　3—压板　4—调整螺钉　5—顶尖
6、10—手柄　7—套筒　8—丝杠　9—螺母　11—手轮

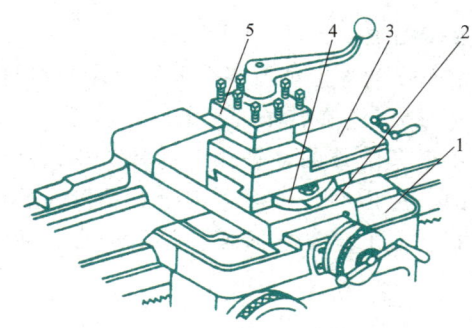

图 4-5　刀架的组成
1—床鞍　2—中滑板　3—小滑板　4—转盘
5—方刀架

1）床鞍。它与溜板箱连接，可带动车刀沿床身导轨做纵向移动。

2）中滑板。它可带动车刀沿床鞍上的导轨做横向移动。

3）小滑板。它可沿转盘上的导轨做短距离移动。当转盘扳转一定角度后，小滑板还可带动车刀做相应的斜向运动。

4）转盘。它与中滑板连接，用螺栓紧固。松开螺母，转盘可在水平面内转动任意角度。

5）方刀架。它用来安装车刀，最多可同时装 4 把。松开锁紧手柄即可转位，选用所需车刀。

二、C6132 型卧式车床的主要参数

C6132 型车床是一种多用途的车床，可进行中小型轴类、套类、盘类零件，米制螺纹、寸制螺纹、模数及径节螺纹等零件的加工。

C6132型车床是一种转速高、通用性好、结构合理的卧式车床。主轴箱结构采用分离驱动，把主轴和变速系统分开，可减少主轴的振动，有利于提高机床精度。进给系统有安全互锁装置，变速采用联动操纵机构，因此，使用方便且安全可靠。

C6132型车床车削工件的最大直径为320mm，而顶尖之间的最大距离为750mm，主轴转速有12级（最高为1980r/min，最低为45r/min）。纵向进给量为0.06～3.34mm/r，横向进给量为0.04～2.47mm/r，可车削17种米制螺纹（螺距为0.5～9mm）和32种寸制螺纹，电动机功率为4.5kW，转速为1440r/min。

三、C6132型卧式车床的运动

车床的运动分主运动、进给运动和辅助运动。

1. 主运动

车床的主运动是工件的转动，即主轴的旋转运动。车床设有变速机构，可以改变主轴的转速，实现加工不同工件所要求的切削速度。

C6132型车床主轴转速的调整：只要按车床的铭牌选择手柄的位置，即可获得12种转速。

2. 进给运动

C6132型车床的进给运动包括纵向进给运动、横向进给运动及斜向进给运动。

3. 辅助运动

C6132型车床的辅助运动包括引刀和吃刀运动。车削前一般手动将刀具调整到适当的位置或快速移动床鞍至适当位置的运动，称为引刀运动。车削加工时，调整背吃刀量（又称切削深度a_p）的运动称为吃刀运动。C6132型车床依靠转动相应的手柄获得规定的切削深度。

四、其他常用车床简介

1. 转塔车床

转塔车床的外形如图4-6所示，其主轴箱和卧式车床的主轴箱相似。它具有一个可绕垂直轴线转位的转塔刀架3，在转塔刀架的六个位置上，可各装一把或一组刀具。转塔刀架通常只能做纵向进给运动，用于车削外圆、钻孔、扩孔、铰孔和车孔，攻螺纹和套螺纹等，横向刀架2主要用于车削大直径外圆、成形面、端面、沟槽及切断工件等。转塔刀架和横向刀架各有一个溜板箱5和6，用来分别控制它们的运动。转塔刀架后的定程装置4用来控制进给行程的终端位置，并使转塔刀架迅速返回原位。

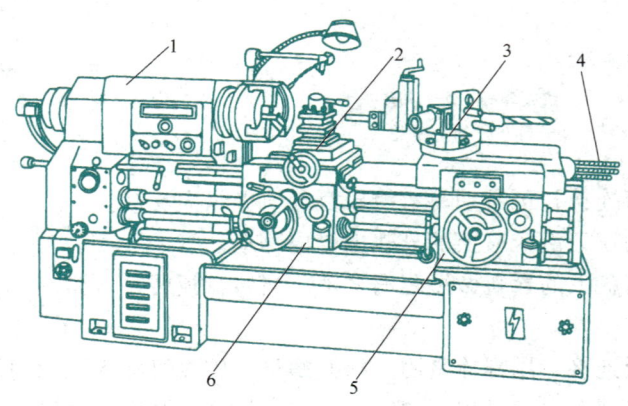

图4-6 转塔车床外形图

1—主轴箱 2—横向刀架 3—转塔刀架 4—定程装置 5、6—溜板箱

在转塔车床上加工工件时，需根据工件的工艺过程，预先把所用刀具装在刀架上，根据加工尺寸调定位置，并同时调整好定程装置的位置。

转塔车床加工工件实例如图 4-7 所示，图 4-7a 为零件简图，图 4-7b 为转塔车床加工轴承座零件的工序布置图。

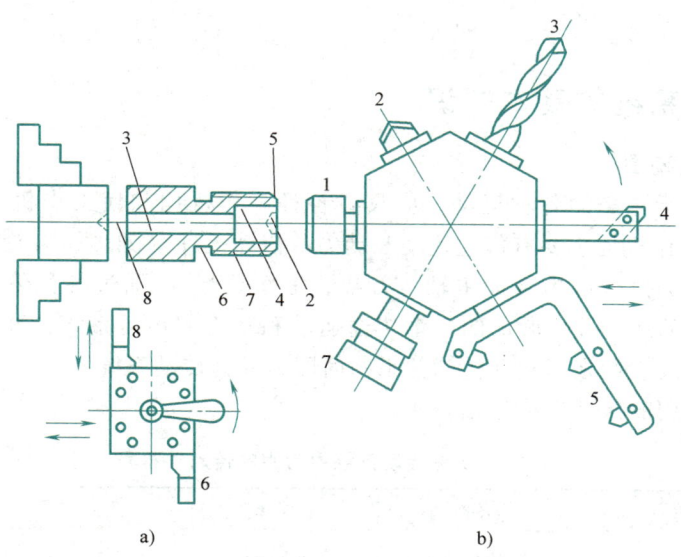

图 4-7 转塔车床加工工件实例

a）零件简图 b）转塔车床加工轴承座零件的工序布置图

1—送料并定位 2—钻中心孔 3—钻孔 4—车孔 5—车外圆、倒角 6—车槽 7—套外螺纹 8—切断

2. 立式车床

立式车床用于加工径向尺寸大、轴向尺寸相对较小的大型和重型零件，如各种机架、壳体及盘类、轮类零件。

立式车床在结构布局上的主要特点是主轴垂直布置，并有一个直径很大的圆形工作台，供安装工件之用。工作台台面处于水平位置，因而笨重工件的装夹和找正比较方便，此外，由于工件及工作台的重力由床身导轨推力轴承承受，大大减轻了主轴及其轴承的负荷，因而较易保证加工精度。

图 4-8 是立式车床的外形图，其加工直径比其他立式车床的加工直径小，一般小于 1600mm。

立式车床的工作台 2 装在底座 1 上，工件装夹在工作台上并由工作台带动做主运动。进给运动由垂直刀架 4 和侧刀架 7 来实现。侧刀架 7 可在立柱 6 的导轨上移动做垂直进给，还可以沿刀架滑座的导轨做横向进给。垂直刀架 4 可在横梁 5 的导轨上移动做横向进给。此外，垂直刀架滑板还可沿刀架滑座的导轨做垂直进给，中、小型立式车床的一个垂直刀架上通常带有五边形转塔刀架 3，刀架上可装夹多组刀具。横梁 5 可根据工件的高度沿立柱导轨升降。

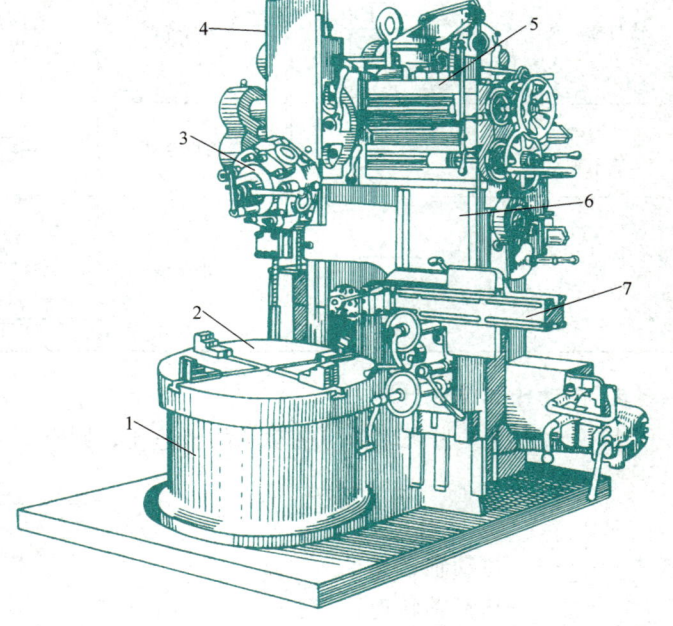

图 4-8 立式车床外形图

1—底座 2—工作台 3—转塔刀架 4—垂直刀架
5—横梁 6—立柱 7—侧刀架

第二节　C6132型卧式车床传动系统

一、机床传动系统的基本知识

1. 传动链和传动系统图

机床要实现加工时所必需的各种运动，应具有各种工作机构和使工作机构产生运动的驱动装置（如电动机）。机床的工作机构主要有传递运动和动力的传动元件（如轴、齿轮、丝杠、螺母等）和使工件与刀具做相对运动的执行机构（如主轴、刀架、工作台等）。通过各种传动元件把机床的驱动装置和执行机构按照一定的运动关系联成的一个传送运动和动力的传动系统，称为传动链。用规定符号表示机床各传动元件以及它们之间相互传动关系的简图，称为传动系统图。

机械传动系统中常用的传动件符号见表4-1。

表4-1　机械传动系统中常用的传动件符号

名称	符号	名称	符号	名称	符号
轴		齿轮与轴用固定键连接		固定齿轮传动	
轴与滑动轴承	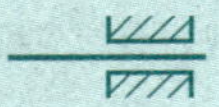	双联齿轮与轴用导向键连接	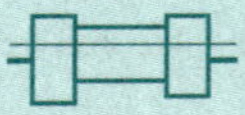	锥齿轮传动	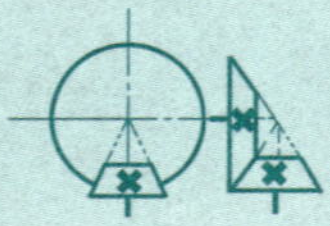
轴与深沟球轴承	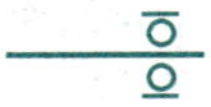	双联齿轮用花键连接	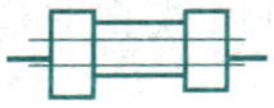	蜗杆传动	
轴与推力轴承	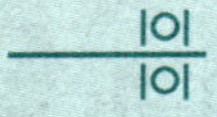	牙嵌离合器	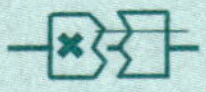	齿轮齿条传动	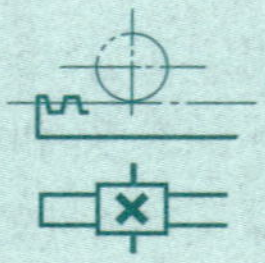
轴与圆锥滚子轴承		锥面离合器	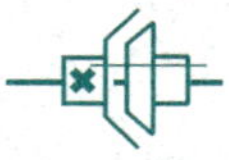	整体螺母与丝杠传动	
齿轮与轴活动连接		V带传动	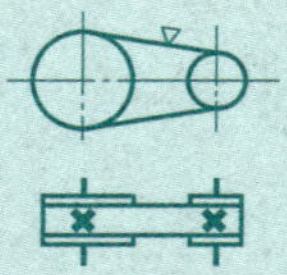	对开螺母与丝杠传动	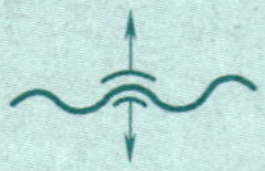

2. 传动比和转速计算

将传动比定义为从动轴与主动轴的转速比，则有

$$i = \frac{n_{从}}{n_{主}} = \frac{z_{主}}{z_{从}} \tag{4-1}$$

式中　$n_{主}$——主动轴转速；

　　　$n_{从}$——从动轴转速；

　　　$z_{主}$——主动齿轮齿数；

　　　$z_{从}$——从动齿轮齿数。

图4-9所示传动链中，电动机轴Ⅰ为主动轴，则轴Ⅰ至轴Ⅴ总传动比等于传动链中各级传动比的

乘积。其总传动比为

$$i_{总}=\frac{n_5}{n_1}=i_1i_2i_3i_4$$
$$=\frac{50}{100}\times\frac{25}{40}\times\frac{25}{50}\times\frac{2}{40}$$
$$=\frac{1}{128}$$
(4-2)

式中　n_5——轴Ⅴ的转速；
　　　n_1——轴Ⅰ的转速；
　i_1、…、i_5——轴Ⅰ~轴Ⅴ的传动比。

若电动机转速为1440r/min，则轴Ⅴ每分钟的转速为

$$n_5=n_1i_{总}$$
$$=1440\times\frac{1}{128}\text{r/min}=11.25\text{r/min}$$

轴Ⅴ上丝杠螺母机构带动刀具的移动速度为

$$v_f=n_5P=11.25\times4\text{mm/min}=45\text{mm/min}$$

3. 传动系统的传动结构式与传动平衡式

（1）传动结构式　在传动系统中，按其传动链的传动次序，依次用传动轴的轴号与各传动副的结构参数来表明传动路线的表达式，称为传动结构式。图4-9所示传动系统的传动结构式如下

$$n_{电}-\text{Ⅰ}-\frac{\phi_1}{\phi_2}-\text{Ⅱ}-\frac{z_1}{z_2}-\text{Ⅲ}-\frac{z_3}{z_4}-\text{Ⅳ}-\frac{K}{z_5}-\text{Ⅴ}$$
(4-3)

式中　ϕ_1——带轮直径；
　z_1、z_2、…、z_5——齿轮齿数；
　　　K——蜗杆头数。

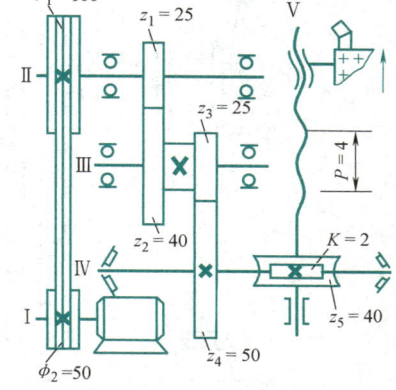

图4-9　传动链图例

机床传动系统（经过变速机构）往往由许多条传动路线组成。运用传动结构式具有以下优点：

1）十分清楚地表达出运动的传递顺序及每条传动链的传动路线。
2）可明显地看出两轴间的传递关系及传动副的种类和传动比。
3）对复杂传动系统的转速级数和每条链的转速计算方便准确。

（2）传动平衡式　传动链的起始和终了处的传动件，称为两端件。显然，机床上的两端件是电动机与主轴（或刀具、工作台）。为计算传动链两端件之间的相对位移量，将传动链两端件的传动关系用数学表达式排列的方程，称为运动平衡式。如图4-9所示传动系统输出轴的转速n_5（r/min）为

$$n_5=n_1i_1i_2i_3i_4$$
(4-4)

二、C6132型车床传动系统

图4-10为C6132型车床传动系统图。

1. 主运动传动系统

主运动是由电动机至主轴之间的传动系统来实现的。其传动路线为：电动机→变速箱→带轮→主轴箱→主轴。主运动传动链可写成：

$$电动机-\text{Ⅰ}-\begin{bmatrix}\frac{33}{22}\\ \\ \frac{19}{34}\end{bmatrix}-\text{Ⅱ}-\begin{bmatrix}\frac{34}{32}\\ \frac{28}{39}\\ \frac{22}{45}\end{bmatrix}-\text{Ⅲ}-\frac{\phi176\text{mm}}{(\phi200\text{mm})\varepsilon}-\text{Ⅳ}-\begin{bmatrix}\frac{27}{63}-\text{Ⅴ}-\frac{17}{58}\\ \\ \frac{27}{27}\end{bmatrix}-\text{Ⅵ}(主轴)$$
(4-5)

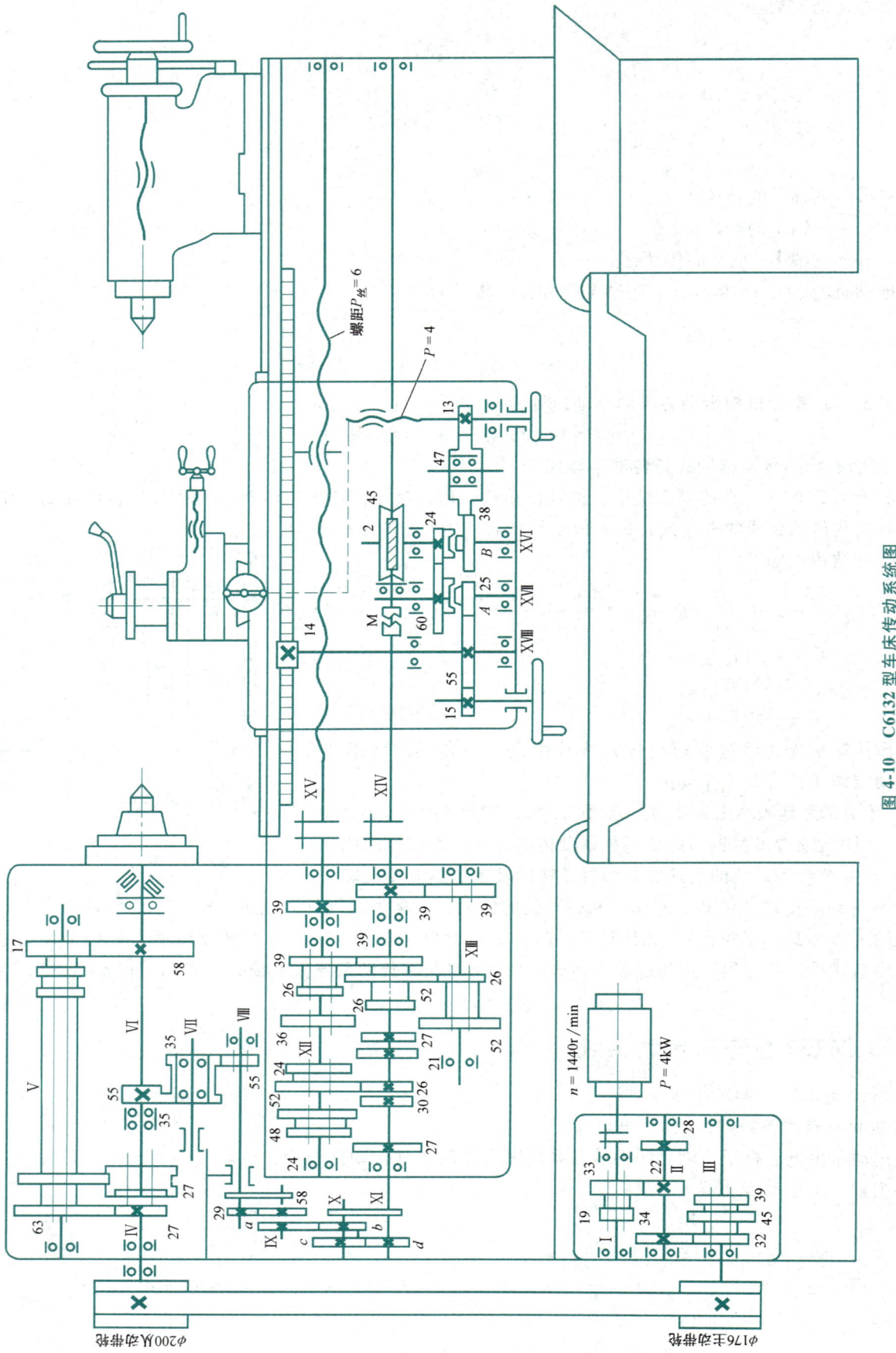

图 4-10 C6132 型车床传动系统图

电动机将输出的转速传入变速箱中的轴Ⅰ，轴Ⅰ和轴Ⅲ上的滑移齿轮与轴Ⅱ上的齿轮配合，可输出 6 种不同的转速；再经过带轮 $\phi 176\mathrm{mm}$ 和 $\phi 200\mathrm{mm}$ 把运动传至主轴箱内。当主轴箱内的内齿轮离合器向右时（如图 4-10 中所示位置），轴Ⅳ上齿数 27 的齿轮与轴Ⅴ上齿数 63 的齿轮啮合，轴Ⅴ上齿数 17 的齿轮与轴Ⅳ上齿数 58 的齿轮啮合，主轴可获得 6 种低转速。若将轴Ⅵ上的内齿轮离合器向左移动至与轴Ⅳ上齿数 27 的齿轮啮合（此时轴Ⅴ上齿数 63 的齿轮与轴Ⅳ上齿数 27 的齿轮自动脱开），就可把轴Ⅳ的运动直接传给主轴Ⅵ，使主轴获得 6 种高转速。这 12 种转速均可根据电动机的转速和不同传动路线上相啮合的齿轮齿数计算求出。按图 4-10 中所示的齿轮啮合情况，$\varepsilon = 0.98$ 为 V 带打滑系数，主轴的转速为

$$n_{主} = 1440 \times \frac{33}{22} \times \frac{34}{32} \times \frac{176}{200} \times 0.98 \times \frac{27}{63} \times \frac{17}{58} \mathrm{r/min} = 248 \mathrm{r/min}$$

同理，可算出主轴的最高转速为

$$n_{\max} = 1440 \times \frac{33}{22} \times \frac{34}{32} \times \frac{176}{200} \times 0.98 \mathrm{r/min} = 1979.208 \mathrm{r/min} \approx 1980 \mathrm{r/min}$$

车削加工时，可把切削速度换成主轴的转速，按车床上标出的转速铭牌调整变速手柄和主轴箱内齿轮离合器手柄的位置，直接获得需要的转速。

2. 进给运动传动系统

进给运动是由主轴至刀架之间的传动系统来实现的。其传动路线为：主轴→交换齿轮箱→进给箱→光杠或丝杠→溜板箱→刀架。进给运动传动链可写成：

$$主轴 - \begin{bmatrix} \dfrac{55}{55} \\ \dfrac{55}{35} \times \dfrac{35}{55} \end{bmatrix} - Ⅷ - \dfrac{29}{58} - Ⅸ - \dfrac{ac}{bd} - Ⅺ - \begin{bmatrix} \dfrac{27}{24} \\ \dfrac{30}{48} \\ \dfrac{26}{52} \\ \dfrac{21}{24} \\ \dfrac{27}{36} \end{bmatrix} - Ⅻ - \begin{bmatrix} \dfrac{26}{52} \times \dfrac{26}{52} \\ \dfrac{39}{39} \times \dfrac{26}{52} \\ \dfrac{26}{52} \times \dfrac{52}{26} \\ \dfrac{39}{39} \times \dfrac{52}{26} \end{bmatrix} - XIII -$$

$$\begin{vmatrix} \dfrac{39}{39} - XV - 丝杠(P=6) - 闭合对开螺母带动刀架纵向移动车螺纹 \\ \dfrac{39}{39} - XIV - 光杠 - \dfrac{2}{45} - XVI - \dfrac{24}{60} - XVII - \begin{vmatrix} A(离合器) - \dfrac{25}{55} - XVIII - 齿轮、齿条纵向进给 \\ B(离合器) - \dfrac{38}{47} \times \dfrac{47}{13} - 丝杠、螺母横向进给 \end{vmatrix} \end{vmatrix} \quad (4-6)$$

按车床上标出的各手柄位置，获得所要求加工的螺距（导程）或纵向、横向进给量。转换相应的换向手柄，获得所要求的进给方向及加工右旋、左旋螺纹。操纵相应左边和右边的手轮，可以实现纵向和横向的手动进给。

三、卧式车床的调整

为了保证加工质量，在使用车床时要了解车床常用的调整方法。现以 C6132 型卧式车床为例加以介绍。

1. 中滑板丝杠与螺母间隙的调整

图 4-11 所示为中滑板结构简图，图中丝杠 1 右端有手柄 7，固定在中滑板下的螺母 2 与丝杠配合，旋转手柄时，螺母前后移动带动中滑板前后移动，实现车刀的切入和退出。螺母套 4 以其外螺纹与螺

母 2 左端内螺纹配合，内螺纹与丝杠配合，其外螺纹上装有锁紧螺母 3，该螺母 3 以其右端面与螺母 2 左面贴紧，以与螺母套 4 和螺母 2 的轴向位置一致，使螺母及螺母套形成一个整体。其特点是螺母和螺母套在丝杠上的轴向位置可变动。

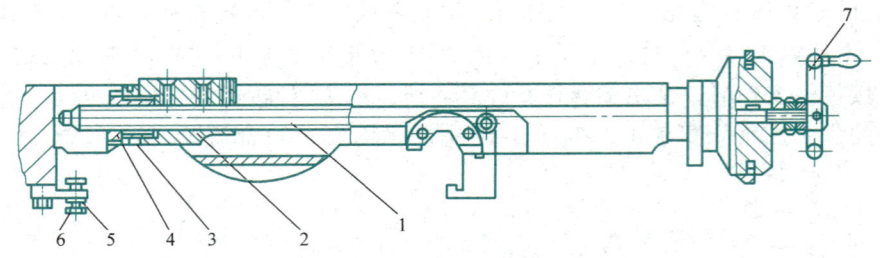

图 4-11 中滑板结构简图
1—丝杠 2—螺母 3、5—锁紧螺母 4—螺母套 6—调节螺钉 7—手柄

中滑板结构中，丝杠与螺母副磨损后，引起刀架在承受径向切削力时，出现中滑板窜动、定位不准，还会造成操作手柄时空行程过大等缺陷，所以要求间隙可调整。

调整时要求转动手柄 7（图 4-11）时应灵活，转动力在 80N 以下；正反向转动手柄 7 时，空行程量不得超过回转圆周的 1/30 转。

调整方法是：将螺母 2 上的锁紧螺母 3 拧松，再把螺母套 4 正转或反转适当的角度，使螺母 2 和螺母套 4 轴向位置相对变动，以消除丝杠与螺母副过大的间隙，并达到正反转变化时空行程小于 1/30 转；然后将锁紧螺母 3 拧紧贴靠螺母 2 的端面，检查手柄 7 转动时的灵活性和轻松程度符合要求即可。

2. 导轨间隙的调整

车床的床鞍、中滑板、小滑板等，分别在床身导轨、床鞍导轨和转盘导轨面上移动，间隙太小会使操作费力，并使摩擦面过早磨损；间隙太大，则会造成切削时产生振动。

为了满足加工要求，应调整床身导轨压板、中滑板和小滑板导轨中的楔形塞铁，使其间隙符合机床的要求。调整时要求间隙小于 0.04mm，0.04mm 的塞尺塞不进上述导轨副的接触面内即为合格。

调整床鞍与床身导轨副的间隙时，应根据压板的形式采用不同的方法。如调整 C6132 型车床时旋松锁紧螺母 5（图 4-11），适当拧紧调节螺钉 6，并用手摇动手轮移动床鞍，感觉轻便无阻滞现象就可以了，然后拧紧锁紧螺母 5。

调整中滑板和小滑板燕尾形导轨副中楔形塞铁的位置，使其间隙减小。调整时要先旋松塞铁小端螺钉，稍拧紧大端螺钉，以使塞铁推进，减小间隙。

3. 尾座轴线与主轴轴线同轴度的调整

车削轴类零件，采用前、后顶尖装夹工件时，要求尾座轴线必须与主轴轴线同轴，以保证同一轴径两端尺寸的一致性。在车床上用尾座安装钻头扩孔时，也必须使尾座轴线与主轴轴线同轴，以保证孔径的精度。

机床标准中，对主轴与尾座轴线的同轴度做了规定，在垂直方向，尾座轴线应高于主轴轴线（其值小于 0.06mm）；在水平方向，同轴度对加工精度影响较大，如尾座偏离主轴中心，则直接影响外圆的锥度，一般根据加工精度要求随时进行调整。

在水平方向，尾座与主轴同轴度的调整，可以采用两顶尖装夹一轴进行试切，并测量两端直径差，如果尾座端直径小，则可调节尾座体中右侧位的螺钉，如图 4-4 中的调整螺钉 4 及另一侧的一个螺钉，使尾座离开车刀一定距离，约为两端直径差的一半，再试切，直到符合要求为止；如果尾座端直径大，则尾座向刀具调近一定距离，同样试切，直至符合要求为止。或者在主轴和尾座锥体中分别装上顶尖，移动尾座靠近前顶尖，用目测法进行观察、调整，使两顶尖同轴。

四、机床日常维护及安全使用

机床使用寿命的长短与维护的好坏关系很大。现以 C6132 型车床为例，介绍机床的日常维护：

1）不允许在车床工作面及导轨面上敲击物件，床面上不允许放置工具。
2）每天或每次更换工件后必须清除切屑，每周清理一次车床。
3）严格按润滑图逐点进行润滑，并经常观察油标、油位，采用规定的润滑油及油脂。
4）适时调整轴承和导轨的间隙。
5）车床变换速度时必须停车，否则将损坏齿轮或机构；工作时不允许无故离开车床，离开车床前必须停车。
6）清理车床时，先用毛刷刷去车床上的切屑，再用棉纱擦净车床各部位的油污；将刀架移到尾座一端。
7）严格遵守车间规定的安全规则，如操作前穿好工作服，戴好工作帽；操作机床时不允许戴手套，不准用手刹住转动着的卡盘，不准用手直接清除切屑；工件、刀具必须夹紧可靠等。

第三节 车削加工方法

车削加工就是利用车床、通用夹具和专用夹具及车刀完成对回转体零件的切削，改变毛坯的形状和尺寸，加工成符合图样要求的零件。

一、工件在车床上的装夹

车削加工时，必须将工件放在机床夹具中定位和夹紧，使它在整个切削过程中始终保持正确的位置。工件装夹的质量和速度，直接影响加工质量和生产率。根据车削加工的内容以及工件的形状、大小和加工数量，常用以下几种装夹方法。

（一）自定心卡盘装夹

1. 自定心卡盘的结构

自定心卡盘的结构如图4-12所示。卡盘体1内装有三个小锥齿轮2，转动其中任何一个小锥齿轮都可以使与它啮合的大锥齿轮3旋转。大锥齿轮背面的平面螺纹与三个卡爪背面的平面螺纹相啮合。当大锥齿轮旋转时，三个卡爪就在卡盘体的径向槽内同步地向心或离心移动，以夹紧工件或松开工件。卡爪一般采用淬硬钢制造，也可将卡爪上部分用软钢制成。自定心卡盘能自动定心，装夹工件后一般不需要找正。由于制造精度和使用中安装及磨损的影响，以及切屑末堵塞等原因，自定心卡盘的定心精度（即定位表面的轴线与机床回转轴线的同轴度）为0.05~0.15mm。

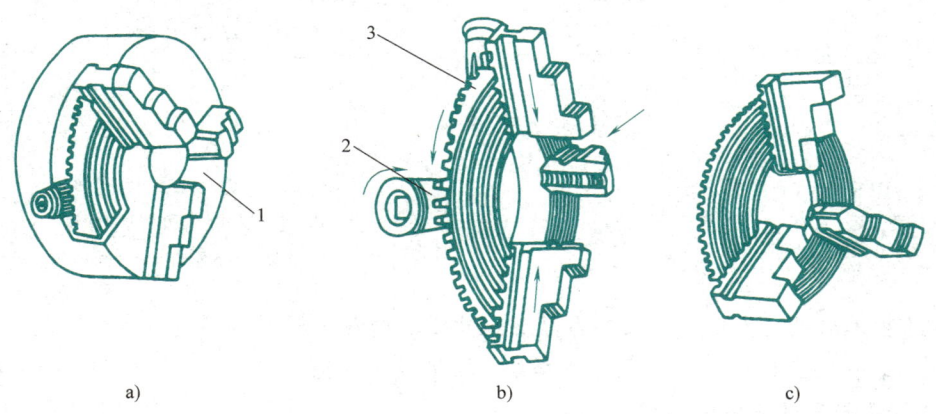

图4-12 自定心卡盘的结构
a）外形 b）结构 c）反爪
1—卡盘体 2—小锥齿轮 3—大锥齿轮

2. 自定心卡盘的应用

自定心卡盘的夹紧力较小，一般仅适用于夹持表面光滑的圆柱形、六角形截面的工件。自定心卡盘装夹工件的形式如图4-13所示，它夹持圆棒料比较牢固，一般无须找正。利用卡爪反撑内孔（图4-13b）以及利用反爪夹持大工件外圆（图4-13e），一般应使端面贴紧卡爪端面。当夹持外圆而左端又不能贴紧卡爪时（图4-13d），应对工件进行找正，用锤子轻击，直至工件径向圆跳动和轴向圆跳动符合要求时，再夹紧工件。经过粗车端面和外圆的工件在夹紧时，可采用图4-14所示的方法找正：在刀架上夹一铜棒（或铝棒等软金属），将工件轻轻夹持在自定心卡盘上，开动车床低速旋转，使铜棒接触工件端面或外圆，并略加压力，使工件表面与铜棒完全接触为止，停车后再夹紧工件。

零件数量较多时，为了减少找正时间，可在工件与卡盘之间加一平行垫块。加工盘形或套类零件时，在车削一端面和内孔之后车削另一端面时，为了保证两端面的平行度要求或内孔与端面的垂直度要求，可采用端面挡块找正法。

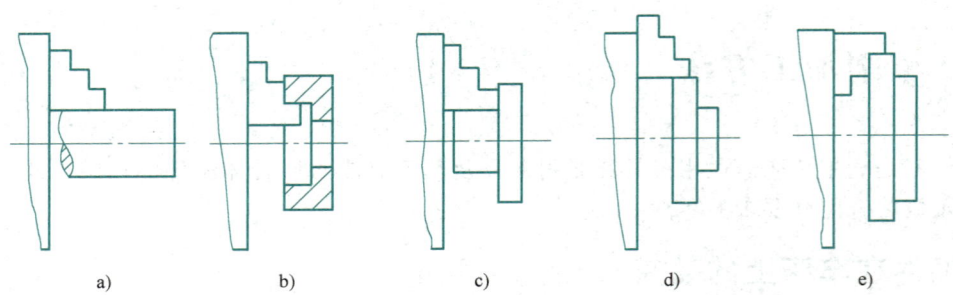

图4-13 自定心卡盘装夹工件的形式
a）夹持圆棒料 b）利用卡爪反撑内孔 c）夹持小外圆 d）夹持大外圆 e）用反爪夹持大工件

图4-15所示为端面挡块的形式。图4-15a所示为整体端面挡块，带有圆锥体的一端插入车床主轴孔中，另一端的端面与轴线的垂直度公差小于0.01mm，必要时可将其插入主轴锥孔之后精车端面，并以此端面作为工件端面的定位元件。使用时将工件端面紧贴挡块端面，再夹紧工件。

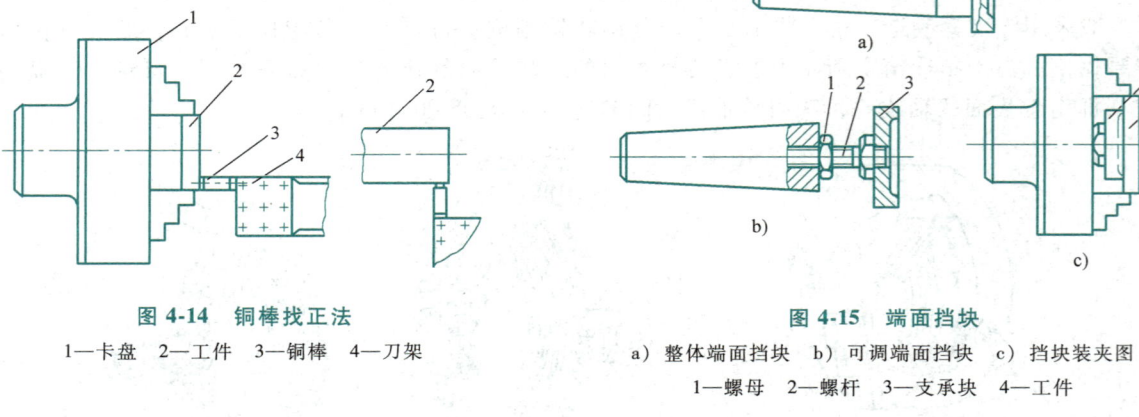

图4-14 铜棒找正法
1—卡盘 2—工件 3—铜棒 4—刀架

图4-15 端面挡块
a）整体端面挡块 b）可调端面挡块 c）挡块装夹图
1—螺母 2—螺杆 3—支承块 4—工件

图4-15b所示为可调端面挡块，其特点是支承块3的位置可根据需要进行调整。图4-15c所示为挡块的使用方法，装夹时工件4的左端面与支承块3贴紧，再夹紧工件。

3. 自定心卡盘与车床主轴的连接

自定心卡盘与C6132型车床主轴连接的结构如图4-16所示。主轴前端的外锥面与三爪后盘4的锥孔配合，起定心作用，键3用于传递转矩，螺母2对卡盘进行轴向锁紧。

4. 自定心卡盘装夹工件的注意事项

1）毛坯上的飞边、凸台应避开三爪的位置。

2）卡爪夹持毛坯外圆长度一般不应小于10mm，不宜夹持长度较短且有明显锥度的毛坯外圆。

3）工件找正后必须夹牢。

4）夹持棒料和圆筒工件时,悬伸长度一般不宜超过直径的 3~4 倍,以防止工件弯曲、顶落而造成"打刀"事故。

5）工件装夹后,必须随即取下卡盘扳手,以防车床启动后扳手撞击床面后"飞出",造成人身事故。

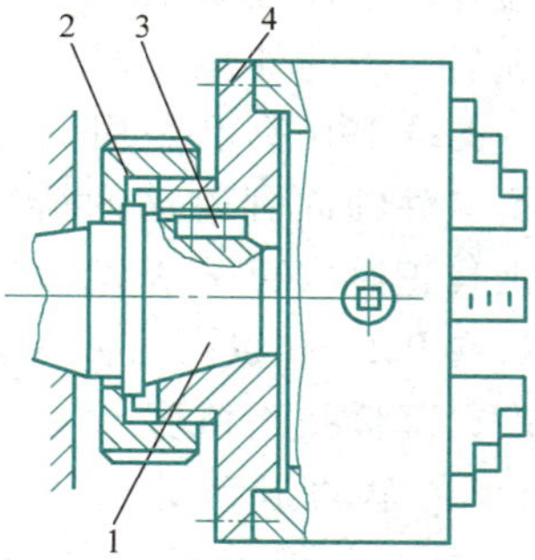

(二) 单动卡盘装夹

1. 单动卡盘的结构

单动卡盘的外形如图 4-17 所示。卡盘体上有四条径向槽,四个卡爪安置在槽内,卡爪背面以螺纹与螺杆相配合。螺杆端部设有一方孔,当用卡盘扳手转动某一螺杆时,相应的卡爪即可移动。将卡爪调转 180°安装即成反爪,也可根据需要使用一个或两个反爪,而其余的仍用正爪。

图 4-16 自定心卡盘与车床主轴连接的结构
1—主轴　2—螺母
3—键　4—三爪后盘

2. 单动卡盘的应用

单动卡盘不能自动定心,用其装夹工件时,为了使定位基面的轴线对准主轴旋转中心线,必须进行找正。找正精度取决于找正工具和找正方法。

1）用划针盘按工件内、外圆表面找正（图 4-18a）,按工件已划的加工线找正（图 4-18b）,这两种方法的定心精度较低,为 0.2~0.5mm。

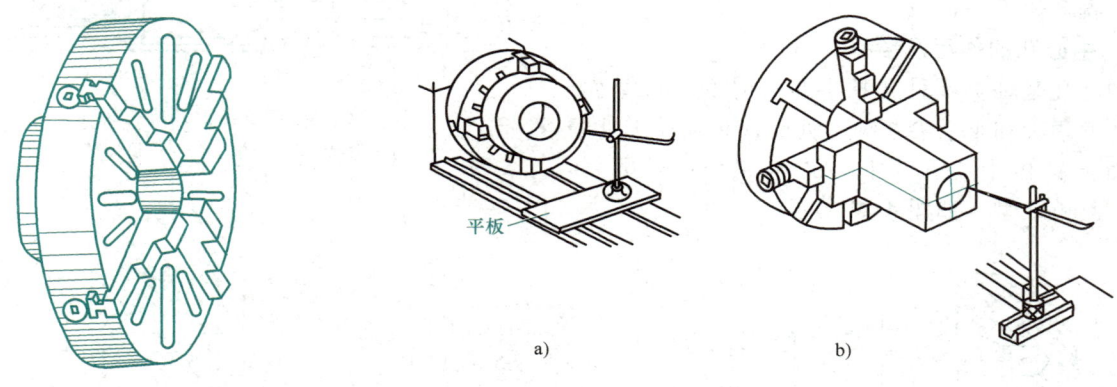

图 4-17 单动卡盘

图 4-18 划针盘找正工件
a) 按外圆表面找正　b) 按工件已划加工线找正

2）用百分表按工件已精加工过的表面找正（图 4-19）,其定心精度可达 0.02~0.01mm。

用百分表找正轴类工件（图 4-19a）,工件装夹用单动卡盘。先初找靠卡盘一端的外圆表面,旋转卡盘及调整卡爪,使百分表读数在 0.02mm 之内；然后移动床鞍,将百分表移至工件另一端,再旋转

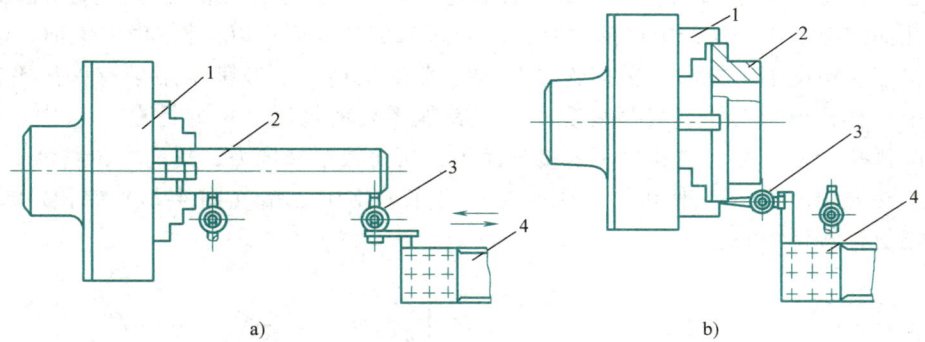

图 4-19 百分表找正法
a) 轴类工件找正情况　b) 盘类工件找正情况
1—单动卡盘　2—工件　3—百分表　4—刀架

卡盘并用铜棒敲动此端的外表面，使百分表读数在 0.02mm 之内；最后，再复找靠卡盘一端的外圆表面和另一端的外圆表面，经过反复多次找正，直至符合要求为止。

图 4-19b 所示是用百分表找正盘类工件轴向圆跳动的情况。用百分表找正时，百分表指针的压入量一般在 0.5mm 以内，否则会影响灵敏度，降低找正精度。

3）单动卡盘的适用范围。单动卡盘可装夹截面为方形、长方形、椭圆以及其他不规则形状的工件（图 4-20）。由于其夹紧力比自定心卡盘大，也常用来安装较大圆形截面的工件。由于找正精度较高，常用来装夹位置精度较高又不宜在一次装夹中完成加工的工件，但找正费时，找正效率低，因而只适宜单件、小批生产中工件的装夹。

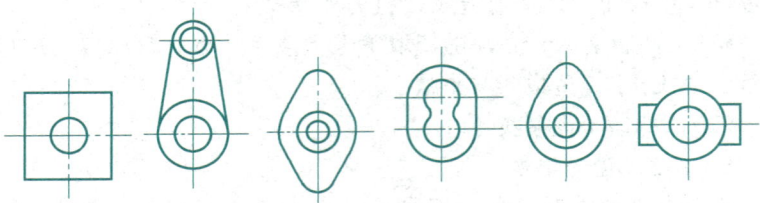

图 4-20 单动卡盘可装夹工件举例

（三）顶尖装夹

车削轴类工件时，一般用顶尖、卡箍、拨盘装夹工件（图 4-21），主轴通过拨盘 1 带动紧固在轴端的卡箍 2 使工件转动。

1. 中心孔的作用及结构

中心孔是轴类零件在顶尖装夹时的定位基面。使用普通顶尖和半顶尖装夹工件时，必须在工件的两端面上钻出中心孔。中心孔有四种：A 型、B 型、C 型和 R 型，如图 4-22 所示。

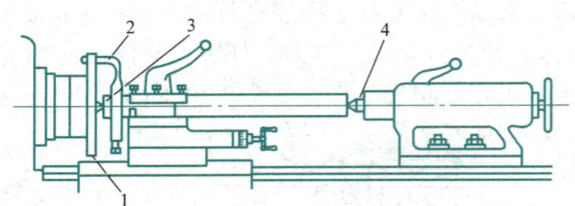

图 4-21 在双顶尖上装夹工件
1—拨盘　2—卡箍　3、4—顶尖

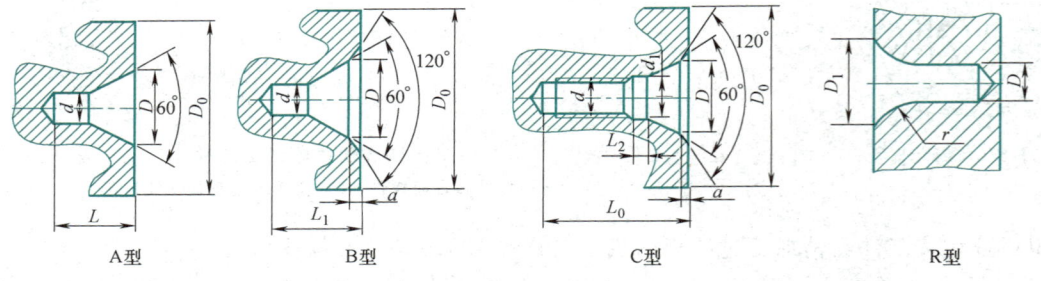

图 4-22 中心孔的形状

A 型是普通中心孔，60°锥孔部分与顶尖贴合起定心作用，圆柱孔可防止顶尖尖端触及工件，以保证顶尖与圆锥孔的配合。B 型是带护锥的中心孔，端部 120°的锥面可以保护 60°的锥面，使它不致被碰伤而影响定心精度。精度要求较高并需多次使用中心孔的工件，一般都采用带有保护锥的中心孔。C 型是带螺纹的中心孔，用于工件上需要装置吊环或其他零件的情况。R 型是在 A 型中心孔的基础上，将圆锥孔变为圆弧孔，减小中心孔和顶尖的接触面积，从而减小摩擦力，提高定位精度。

中、小型工件的中心孔，一般都在车床或专用机床上用中心钻（图 4-23）钻出。加工中心孔之前，应先加工端面，再钻中心孔。

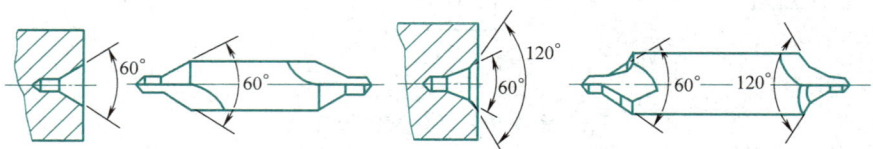

图 4-23 中心钻及钻中心孔

2. 顶尖的种类

顶尖有固定顶尖、反顶尖及回转顶尖等（图4-24），前两种最为常用，车床上的前、后顶尖一般采用普通顶尖。高速切削时，为防止后顶尖与中心孔磨损、发热或烧损，常采用回转顶尖（活顶尖）。活顶尖结构复杂，旋转精度较低，多用于粗车和半精车。直径小于6mm的轴颈不便加工中心孔，则将轴端加工成60°的锥面后安装在反顶尖上。

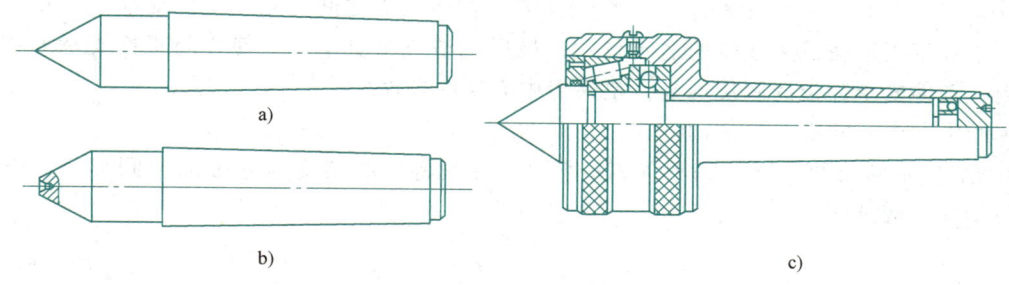

图4-24 顶尖种类
a) 固定顶尖 b) 反顶尖 c) 回转顶尖

3. 顶尖的安装与校正

顶尖尾端锥面的圆锥角较小，所以前、后顶尖是利用尾部锥面分别与主轴锥孔和尾座套筒锥孔配合而装紧的。因此，安装顶尖时必须先擦净顶尖锥面和锥孔，然后用力推紧，否则装不正、也装不牢。

校正时，将尾座移向主轴箱，使前、后两顶尖接近，检查其轴线是否重合。如不重合，需令尾座体做横向调节，使之符合要求，否则车削的外圆将成锥面，如图4-25所示。

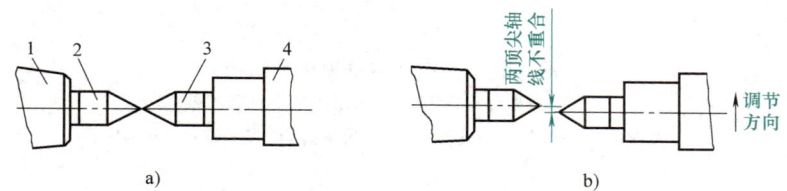

图4-25 校正前、后顶尖同轴
a) 两顶尖轴线重合 b) 两顶尖轴线不重合，需调节尾座体
1—主轴 2—前顶尖 3—后顶尖 4—尾座

4. 安装工件的步骤

先在轴的左端安装卡箍，轻微拧紧卡箍螺钉（图4-21）。如果尾座上是固定顶尖，则轴的右端中心孔应涂上润滑脂，以减小摩擦。工件在顶尖上的安装步骤如下：

1) 调整尾座套筒伸出长度。
2) 将尾座固定。
3) 调节工件与顶尖的松紧程度。
4) 锁紧尾座套筒。
5) 刀架移至车削行程左端，用手转动拨盘，检查是否碰撞。
6) 拧紧卡箍螺钉。

在双顶尖上安装工件，两端是锥面定位，定心精度较高，经过多次调头或装卸，工件的旋转轴线不变，仍是两端60°锥孔的连线。因此，可保证在多次调头或安装中所加工的各个外圆有较高的同轴度。这是与自定心卡盘安装工件的一个重要区别。

（四）中心架和跟刀架的结构及使用

车削加工细长轴（其长度为直径的15倍以上）时，由于工件的刚性很差，在自重、离心力、切削力作用下将会产生弯曲和振动，甚至使加工难以进行。为此，需要采用辅助装夹机构，如中心架、跟刀架等。

1. 中心架的结构及应用

（1）中心架的结构　中心架的结构如图4-26a所示。中心架主要由架座1，三个独立移动的支承爪3和紧固螺钉4组成。中心架固定在床身导轨上使用。

（2）中心架的使用　使用中心架时，将工件装夹在两顶尖之间，先在工件支承部位精车一段外圆表面，再将中心架固定在机床导轨的适当位置，最后调整三个支承爪，使之与工件支承面接触，并保证松紧适当。**工件支承部位的圆度准确，是采用中心架的条件。**

实际生产中，中心架有两种使用方式：

1）加工细长阶梯轴的外圆，如图4-27a所示。一般将中心架支承在轴的中间部位，先车一端外圆，再调头车另一端外圆。

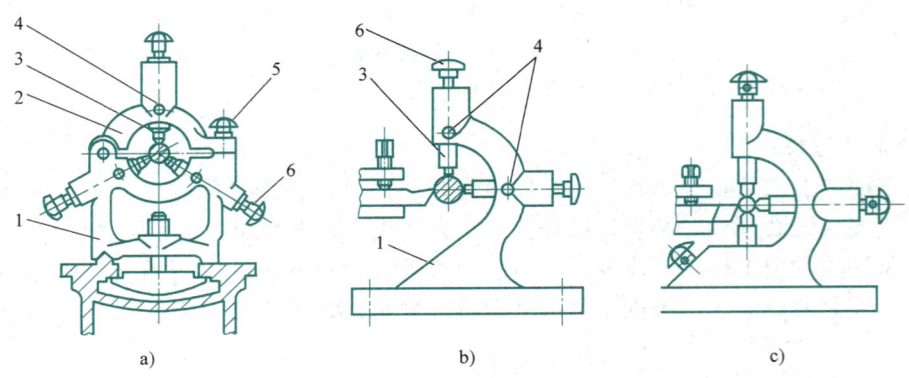

图4-26　中心架与跟刀架的结构
a）中心架　b）跟刀架　c）三爪支承跟刀架
1—架座　2—架盖　3—支承爪　4—紧固螺钉　5—螺母　6—捏手

2）加工细长轴或套筒的端面以及端部上的内孔和螺纹等，可用卡盘夹持一端，用中心架支承另一端，如图4-27b所示。

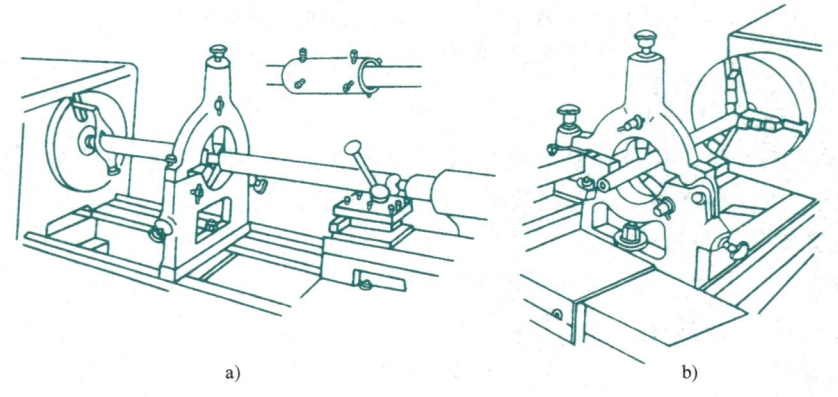

图4-27　中心架的应用
a）用中心架车台阶轴　b）用中心架支承车端面

2. 跟刀架的结构及应用

（1）跟刀架的结构　跟刀架的结构如图4-26b所示，它主要由架座1、两个支承爪3（支承架互相成90°）以及垂直方向和侧面各一个紧固螺钉4组成。架座固定在床鞍上，跟随床鞍做纵向运动，支承爪紧贴已加工的光轴外圆表面，起辅助支承作用。

(2)跟刀架的使用 跟刀架主要用于细长光轴的加工,使用跟刀架时需先在工件右端车削一段外圆,根据外圆调整两个支承爪的位置和松紧度,然后即可车削光轴的全长,如图4-28所示。

精车光轴时,跟刀架一般应放在刀具的前面,以防止支承爪擦伤精车后的外圆表面。

使用跟刀架(中心架)时,工件转速不宜过高,并需对支承爪加注机油润滑,防止工件与支承爪之间摩擦发热过大而使支承爪磨坏或烧损。

(五)心轴装夹

盘套类零件的外圆相对于孔的轴线常有径向圆跳动的公差要求,两个端面相对于孔的轴线常有轴向圆跳动的公差要求。如果有关表面无法在自定心卡盘的一次装夹中与孔同时精加工,即需在孔精加工之后,再装到心轴上进行精车,以保证上述位置精度要求。作为定位面的孔,其尺寸公差等级不应低于IT8,表面粗糙度 Ra 值不大于 $1.6\mu m$。心轴在前、后顶尖上的安装方法与轴类零件相同。

心轴的种类很多,常用的有锥度心轴、圆柱心轴和胀力心轴。

1. 锥度心轴

锥度心轴如图4-29所示,其锥度为1:2000~1:5000。工件压入后,靠摩擦力与心轴紧固。锥度心轴定心精度高,装卸方便,但不能承受过大的力矩,因而多用于盘类零件外圆和端面的精车。

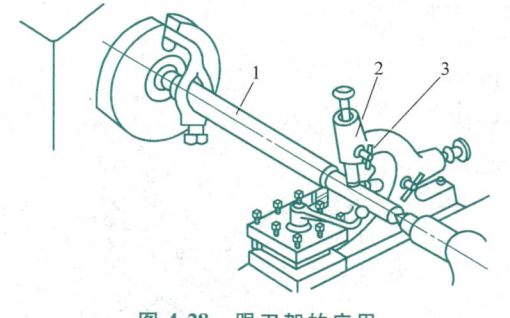

图4-28 跟刀架的应用

1—工件 2—跟刀架 3—紧固螺钉

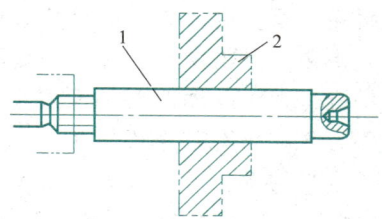

图4-29 锥度心轴

1—心轴 2—工件

2. 圆柱心轴

圆柱心轴如图4-30所示,工件装入圆柱心轴后需加上垫圈,用螺母锁紧。其夹紧力较大,可用于较大直径盘类零件外圆的半精车和精车。圆柱心轴外圆与孔的配合有一定间隙,定心精度差。使用圆柱心轴时,工件两端面相对孔的轴线的轴向圆跳动量应在0.1mm以内。

3. 胀力心轴

胀力心轴如图4-31所示,其柄部锥体与车床主轴的锥孔配合,常用拉紧螺杆5拉紧,防止心轴转动;心轴壁上开有四条均匀分布的槽。工件套在心轴上,拧紧带有锥面的螺钉4,使心轴外圆胀大,以胀紧工件。拆卸工件时,松开螺钉4,将工件从心轴上取下。

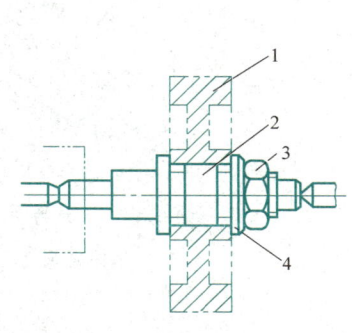

图4-30 圆柱心轴

1—工件 2—心轴 3—螺母 4—垫圈

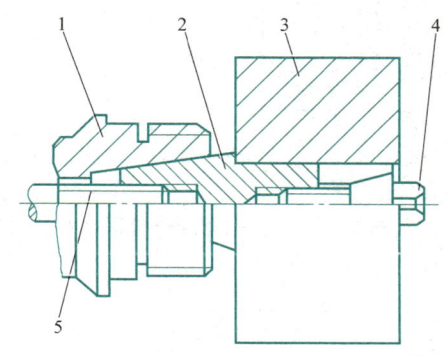

图4-31 胀力心轴

1—主轴 2—胀力心轴 3—工件 4—螺钉 5—拉紧螺杆

（六）花盘、压板及螺栓装夹

花盘是安装在车床主轴上的一个大圆盘，其端面上有许多长槽，用于穿放螺栓、压紧工件。花盘的端面须平整，且应与主轴轴线垂直。花盘用于安装形状不对称的工件和形状复杂的工件。装夹前须找正花盘端平面。

花盘主要用于形状不对称、加工平面对基面有平行度要求，或者外圆和孔轴线对基面有垂直度要求的工件。如图4-32所示，零件上需加工的平面相对于基准平面A有平行度要求，加工孔的轴线相对

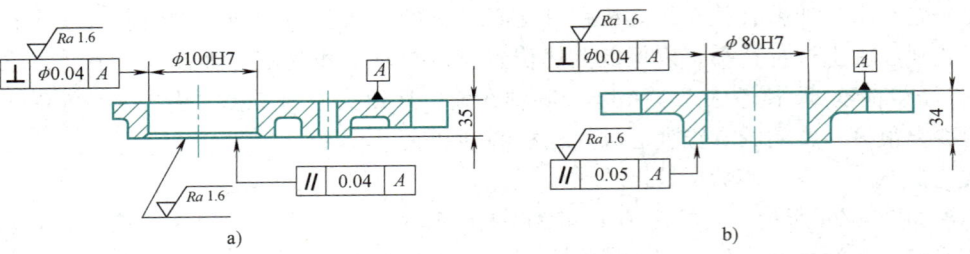

图 4-32 适合在花盘上装夹的零件举例

于基准平面A有垂直度要求，因而应以基准平面A为定位基面的花盘上装夹。在花盘上装夹工件如图4-33所示，连杆两端面要求平行，大头孔轴线与端面要求垂直，因而应以连杆的一个端面为基准与花盘平面接触，加工孔及另一端面。安装时应选择恰当的部位安放压板，以防止工件变形。若工件偏于一边，则应安放平衡块，以减少旋转时的振动。

（七）花盘—弯板装夹

如图4-34所示，当零件上需加工的平面相对基准平面A有垂直度要求，或需加工孔或外圆的轴线相对基准平面A有平行度要求时，应以基准平面为定位基面在花盘—弯板上安装。在花盘—弯板上安装工件如图4-35所示。弯板要有一定的刚度，用于贴靠花盘及安放工件的两个平面应有较高的垂直度要求。

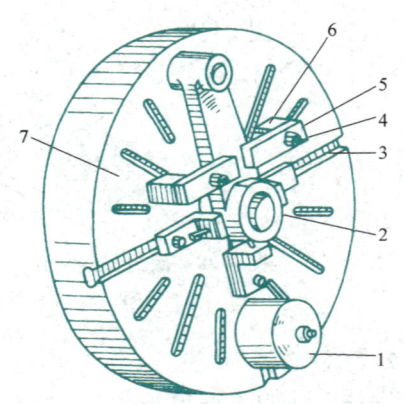

图 4-33 在花盘上装夹工件
1—平衡块 2—工件 3—螺钉槽 4—螺钉
5—压板 6—垫铁 7—花盘

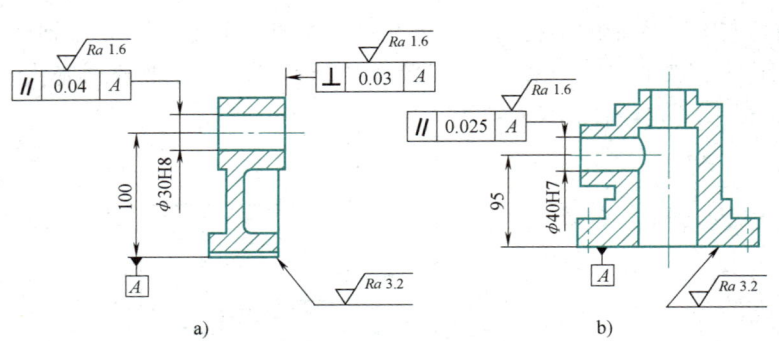

图 4-34 适合在花盘—弯板上装夹的零件举例

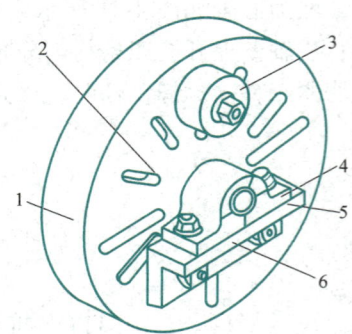

图 4-35 在花盘—弯板上装夹工件
1—花盘 2—螺钉槽 3—平衡块
4—工件 5—定位基面 6—弯板

车床通用夹具的特点及应用见表4-2。

表 4-2　车床通用夹具的特点及应用

名　称	装夹简图	装夹特点	应用
自定心卡盘		三个卡爪同时移动，自行定心，夹紧力较小	适用于长径比为 3~5、截面为圆形、六方形的中、小型工件的加工
单动卡盘		卡爪独立移动，安装工件需找正，夹紧力较大	适用于长径比为 3~5、截面为方形、长方形、椭圆形的工件，单件小批和大件加工应用较多
花盘		盘面上有多条通槽和 T 形槽，使用螺钉压板装夹工件，装夹前需找正	形状不规则工件，孔或外圆与定位基面垂直的工件的加工
花盘—弯板		花盘、弯板配合使用，装夹工件范围大，夹紧前需找正	孔或外圆与定位基面平行的工件的加工
双顶尖		定心准确，装夹稳定，通过拨盘的鸡心夹头传递转矩和运动	长径比为 4~20 的实心轴类零件的加工
双顶尖、中心架		支爪可调，可增加工件刚性，工件变形小	长径比大于 15 的细长轴的粗加工
一夹一顶、跟刀架		支爪随刀具一起移动，无接刀痕	长径比大于 15 的细长轴的半精加工、精加工

(续)

名　称	装　夹　简　图	装　夹　特　点	应　用
一夹、中心架	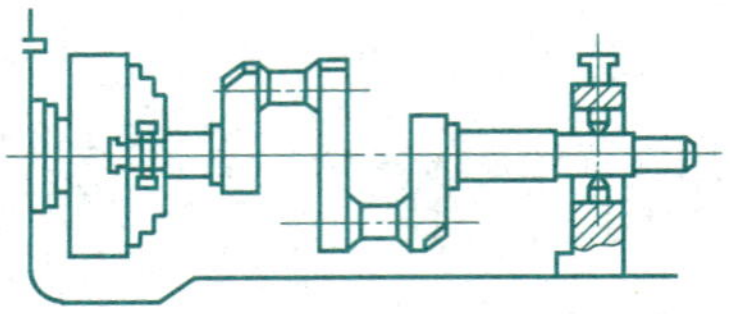	自定心或单动卡盘配合中心架紧固工件，切削时中心架受力较大	适用于加工曲轴等较长的异形轴类零件
外梅花顶尖	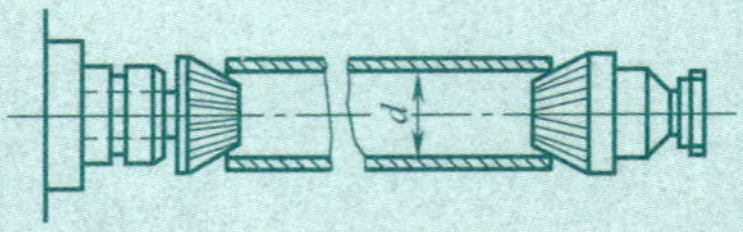	顶尖顶紧即可车削，装夹方便、迅速	适用于带孔零件，孔径大小应在顶尖允许的范围内
内梅花顶尖	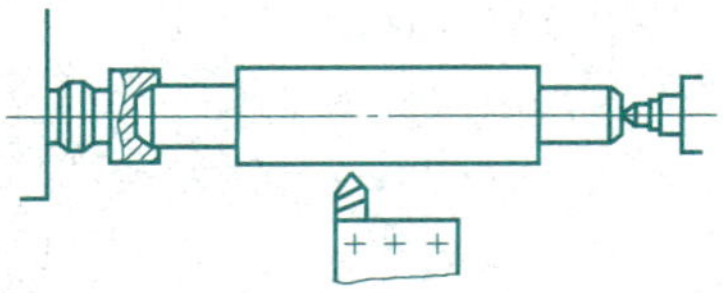	顶尖顶紧即可车削，装夹简便、迅速	适用于不留中心孔的轴类零件，需要磨削时，采用无心磨床磨削
锥度光心轴	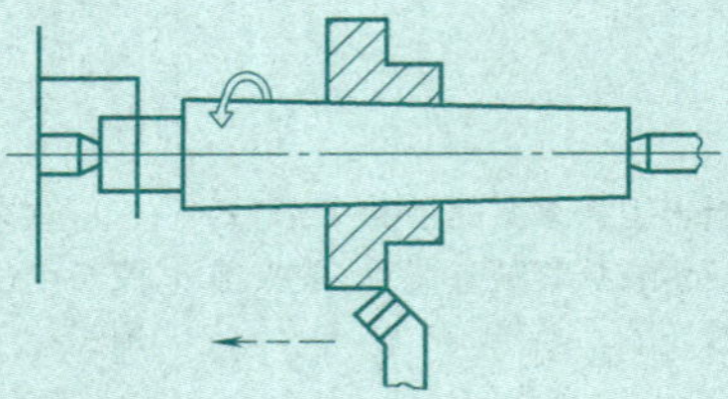	能保证外圆、端面对内孔的位置精度	以孔为定位基准的盘套类零件的加工
夹顶式整体心轴	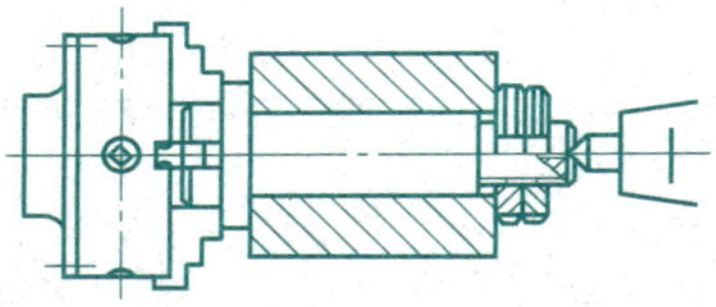	工件与心轴间隙配合，靠螺母旋紧后的摩擦力克服切削力	适用于孔与外圆同轴度要求一般的零件外圆的车削
外螺纹心轴	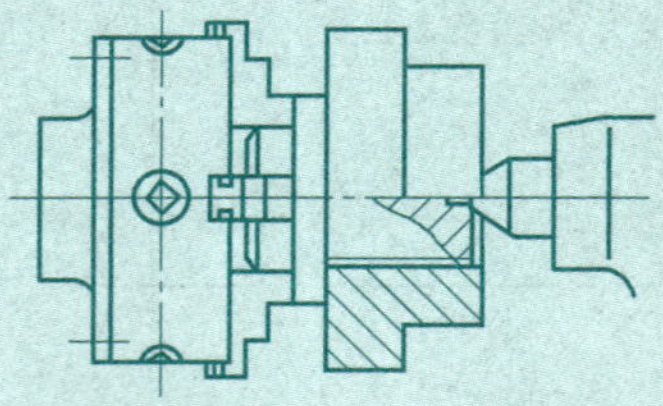	利用工件本身的内螺纹旋入心轴后紧固，装卸工件不方便	适用于有内螺纹和对外圆同轴度要求不高的零件

二、常用车刀的种类与应用

（一）车刀的种类

常用车刀按照用途的不同，可以分为下列 8 类，如图 4-36 所示。

1. 直头外圆车刀

这种车刀只用来车削外圆柱表面（外圆）。它通常有两种形式，即右偏直头外圆车刀（切削刃在左边，进给方向向左）和左偏直头外圆车刀（切削刃在右边，进给方向向右）。一般直头外圆车刀的主偏角 $\kappa_r = 45° \sim 75°$，副偏角 $\kappa'_r = 10° \sim 15°$。图 4-37 所示为主偏角为 75°的外圆粗车刀。

2. 45°弯头外圆车刀

这是一种多用途的车刀，既可以加工外圆柱表面（外圆），也可以加工端平面（端面），还能加工内、外倒角。用这种车刀完成上述工作时，不需要换刀，也不需要转动刀架，所以可以减少辅助时间，

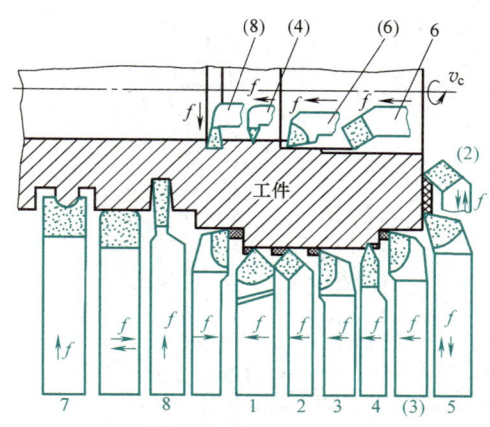

图 4-36 车刀种类示意图

1—直头车刀　2—弯头车刀　3—90°偏刀
4—螺纹车刀　5—端面车刀　6—内孔车刀
7—成形车刀　8—车槽刀、切断刀

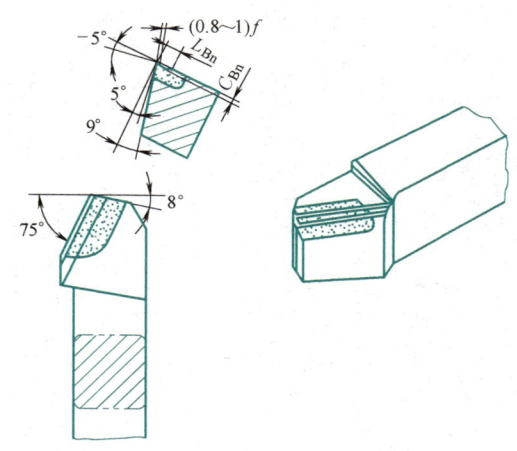

图 4-37 主偏角为 75°外圆粗车刀

提高生产率。这种车刀按刀头的朝向可以分为左弯头刀和右弯头刀两种，其副偏角较大，一般为 45°或 30°，常用于粗车和半精车。图 4-38 所示为 45°弯头右偏车刀。

3. 90°偏刀

这种车刀的主偏角为 90°，主要用来车削外圆柱表面以及台阶轴的轴肩端面，也分左、右偏刀两种。图 4-39 所示为 90°右偏刀。

4. 螺纹车刀

螺纹车刀实质上是一种成形车刀，其切削刃与被加工螺纹的轮廓素线相符合。一般来说，刀具的刀尖角等于牙型角（如米制螺纹的牙型角为 60°）。加工一般螺纹的车刀，其前角 $\gamma_o = 5° \sim 15°$，后角 $\alpha_o = 5° \sim 12°$。精加工螺纹时，为了保证螺纹牙型准确，取前角 $\gamma_o = 0°$。图 4-40 所示为螺纹车刀。

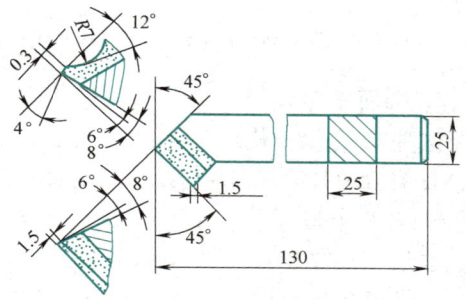

图 4-38 45°弯头右偏车刀

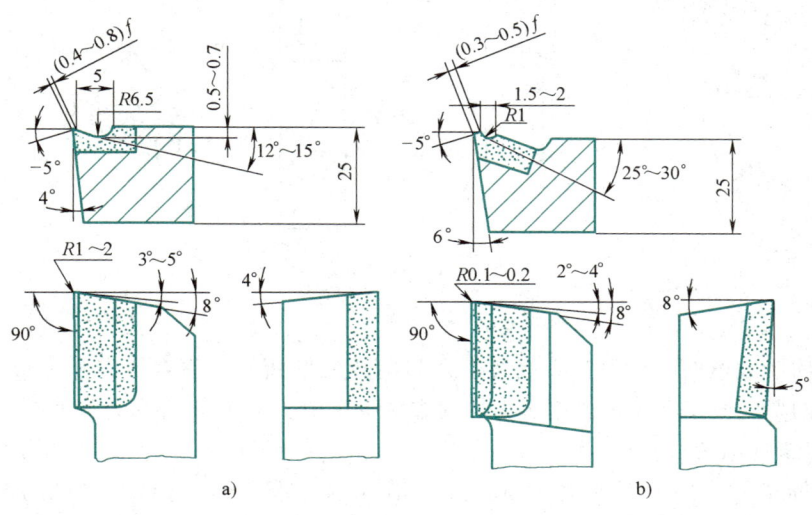

图 4-39 90°右偏刀

a) 90°外圆粗车刀　b) 90°外圆精车刀

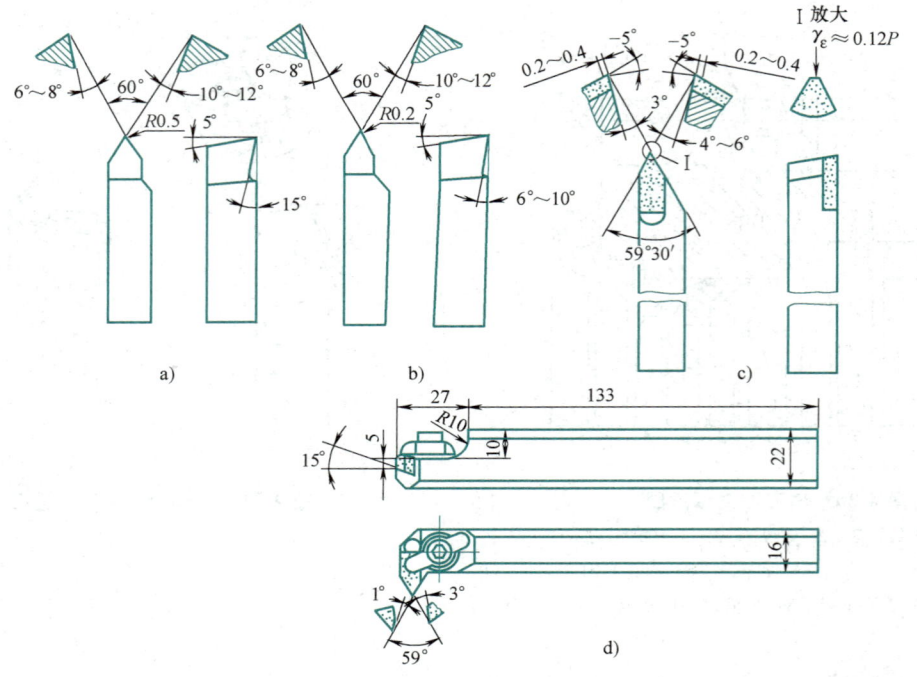

图 4-40 螺纹车刀

a）高速工具钢螺纹粗车刀　b）高速工具钢螺纹精车刀　c）硬质合金螺纹精车刀　d）硬质合金螺纹车刀（内螺纹）

5. 端面车刀

这种车刀只用来加工端平面，两切削刃与端面、工件轴线的夹角分别为 15°～20° 与 5°，它也分为左、右偏刀两种。图 4-41 所示为端面车刀。

6. 内孔车刀

这是一种在车床上加工内孔的刀具，其有三种形式：通孔车刀、盲孔（不通孔）车刀、内槽车刀。一般通孔车刀的主偏角 $\kappa_r = 45° \sim 75°$，副偏角 $\kappa'_r = 20° \sim 45°$；不通孔车刀的主偏角 $\kappa_r \geq 90°$。车孔刀的后角比外圆车刀的后角大（加工同样直径的圆柱面时）。图 4-42 所示为内孔车刀。

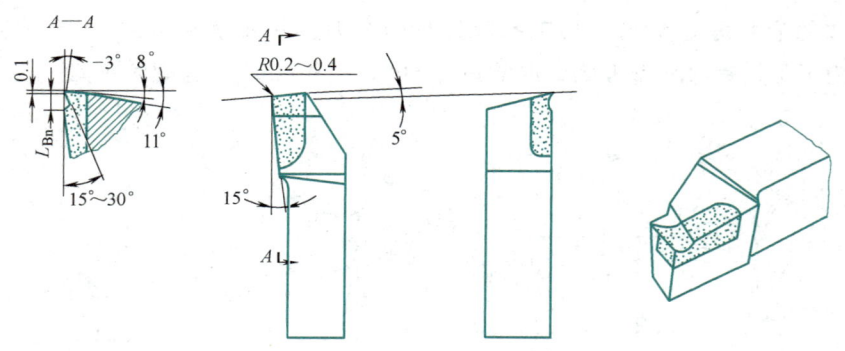

图 4-41 端面车刀

7. 成形车刀

这是一种加工回转成形面的车刀，其主切削刃与回转成形面的轮廓素线完全一致，常见的是棱形成形车刀。这类刀具的切削效率高，主要用于零件的成批生产中。图 4-43 所示为常见的几种成形车刀。

8. 车槽（或切断）刀

它主要用来切断工件或加工零件上的圆环形沟槽（退刀槽等）。这种车刀的刀头窄而长，有一个主切削刃和两个副切削刃，副偏角 $\kappa'_r = 1° \sim 2°$。切削钢料时，前角 $\gamma_o = 10° \sim 20°$；切削铸铁时，前角 $\gamma_o = 3° \sim 10°$。图 4-44 所示是车槽（切断）刀。

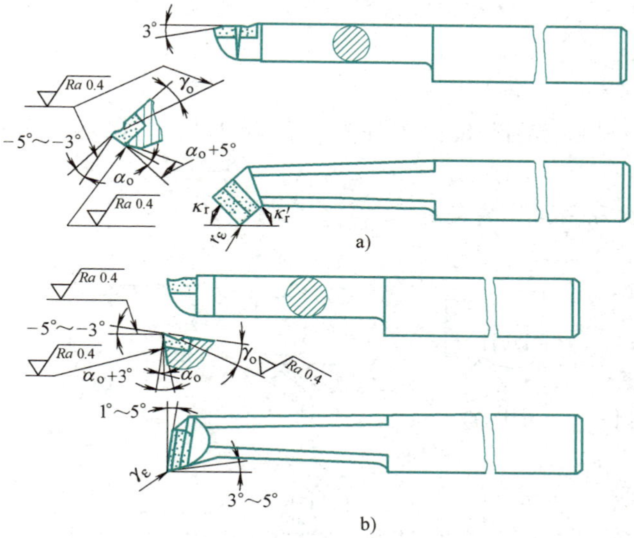

第四章　车削加工

图 4-42　内孔车刀
a）通孔车刀　b）不通孔车刀

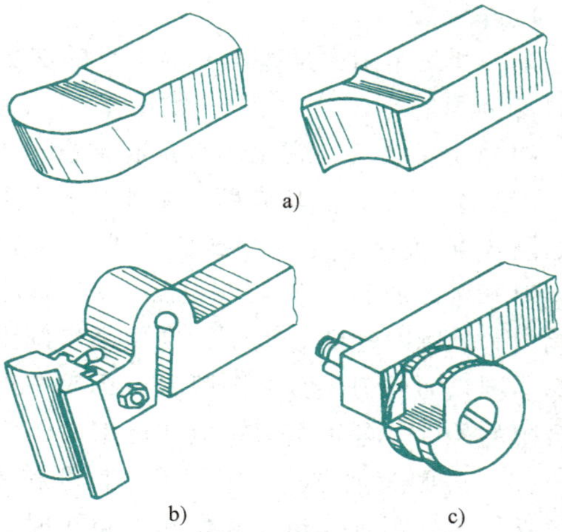

图 4-43　成形车刀
a）普通成形车刀　b）棱形成形车刀
c）圆形成形车刀

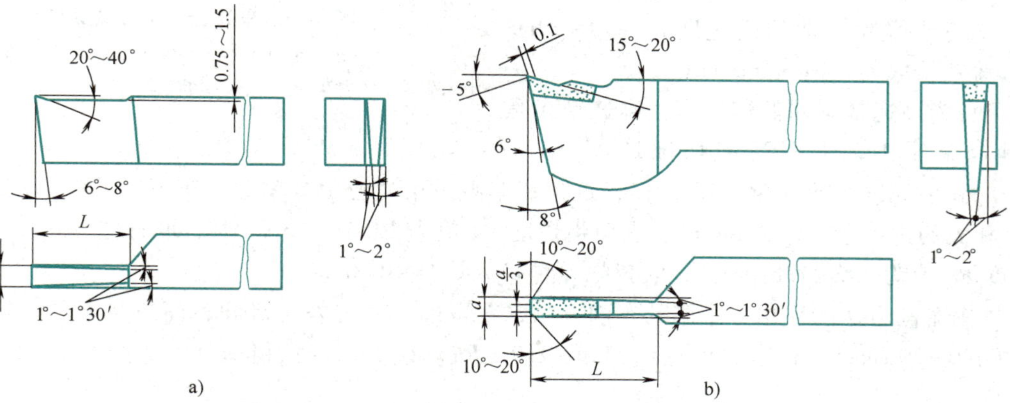

图 4-44　车槽（切断）刀
a）高速工具钢车槽刀　b）硬质合金车槽刀

（二）车刀的装夹

1. 一般车刀的装夹

正确安装车刀的方法如图 4-45 所示。刀柄应与工件轴线垂直，刀柄伸出方刀架的长度应小于刀柄高度的 2 倍，车刀刀尖应与工件轴线等高，装刀时用顶尖对正，并用刀柄下面的垫片调整。垫片要放平并与刀架对齐，刀尖高低调好后，用两个螺钉将车刀紧固。

2. 成形车刀（螺纹车刀）的装夹

用成形车刀加工成形表面或用螺纹车刀车削螺纹时，切削刃应与工件回转中心线等高，刀柄轴线与工件轴线垂直。

三、车外圆和台阶

外圆柱面是轴类和套类零件的主要组成表面，主要技

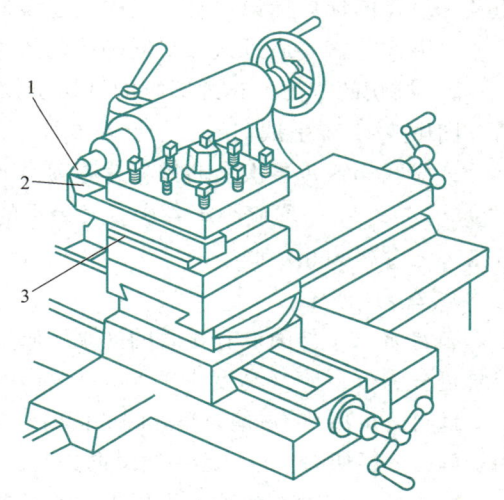

图 4-45　正确安装车刀的方法
1—顶尖　2—刀尖　3—垫片

术要求是外圆直径的尺寸公差等级、表面粗糙度 Ra 值、形状和位置精度。当精度要求不高时，可用车削的方法加工。

1. 车外圆

车外圆是车削中最基本、最常见的加工方法。外圆车削是通过工件旋转和车刀纵向进给运动来实现的。

（1）工件装夹　常采用自定心卡盘、单动卡盘和两顶尖装夹。

（2）外圆车刀及其应用　车外圆的车刀及其应用如图 4-46 所示。尖刀主要车外圆。45°弯头刀和右偏刀既可车外圆，又可车端面，应用较为普遍，右偏刀车外圆时径向力很小，常用来车削细长轴的外圆。圆弧刀的刀尖具有圆弧，可用来车削具有圆弧台阶的外圆。各种车刀一般均可用来倒角。

（3）外圆车削方法　根据尺寸精度和表面质量的要求，车外圆分为粗车和精车。粗车时，应在充分发挥刀具、机床性能的情况下，背吃刀量尽可能取得大一些，并且最好在一次加工行程车完粗车余量。通常背吃刀量取 3~12mm，进给量取 0.3~1.5mm/r，对于中碳钢，取切削速度 v_c = 50~70m/min；对于铸铁，取 v_c = 40~60m/min。

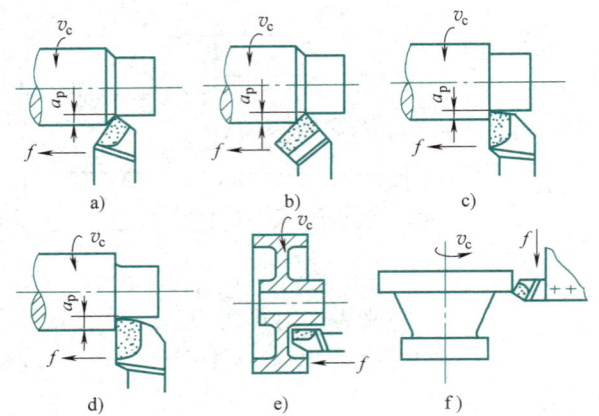

图 4-46　车外圆的车刀及其应用
a）尖刀车外圆　b）45°弯头车刀车外圆　c）右偏刀车外圆
d）圆弧刀车外圆　e）左偏刀车外圆　f）立式车床上车大外圆

精车可分为高速精车和低速精车。高速精车是采用硬质合金车刀，采用高的切削速度（v_c > 120m/min）和小的进给量（f<0.2mm/r）；低速精车则采用高速工具钢宽刃车刀，低的切削速度（v_c < 5m/min）和大的进给量（f=4mm/r）。表面粗糙度 Ra 值为 12.5~6.3μm 时，取背吃刀量 a_p = 1~3mm；表面粗糙度 Ra 值为 3.2~1.6μm 时，取背吃刀量 a_p = 0.05~0.8mm。

（4）外圆车削方法的应用　不同的车削方法，获得的尺寸公差等级和表面质量不同。粗车时可达到 IT12，Ra40~20μm；半精车时可达到 IT11~IT9，Ra3.2~1.6μm；精车时可达到 IT8~IT7，Ra1.6~0.8μm。

（5）试切的作用与方法

1）试切的作用。单件、小批量生产时，试切是保证尺寸精度的方法。由于中滑板丝杠和螺母的螺距及标尺盘的标尺标记均有一定的制造误差，只按标尺盘定背吃刀量，则难以保证车削时所需的尺寸公差。因此，需要通过试切来准确控制尺寸。此外，试切也可防止进错标记而造成废品。

2）试切的方法。车外圆时的试切步骤如图 4-47 所示。

图中 1~5 步是试切的一个循环。如果尺寸合格，可开车按背吃刀量 a_{p1} 车削整个外圆；如果未到尺寸，应在第 6 步再次横向进刀背吃刀量 a_{p2}，重复第 4、第 5 步直到尺寸合格为止。各次所定的背吃刀量 a_{p1}、a_{p2}……均应小于各次直径余量的一半。如果尺寸小，将车刀横向退出一定的距离再行试切，直至尺寸合格为止。

2. 车台阶

车台阶与车外圆没有显著的区别，唯需兼顾外圆的尺寸和台阶的位置。根据相邻两圆柱直径之差，台阶可分为低台阶（高度小于 5mm）与高台阶（高度大于 5mm）两种。

低台阶可用 90°右偏刀车外圆的同时车出台阶的端面，如图 4-47 所示。高台阶一般与外圆成直角，需用右偏刀分层切削。在最后一次纵向进给后，应转为横向退出，将台阶端面精车一次，如图 4-48 所示。

在单件生产时，台阶位置用钢直尺控制，用刀尖标尺标记来确定（图 4-49a）；在成批生产时可用样板控制（图 4-49b）。

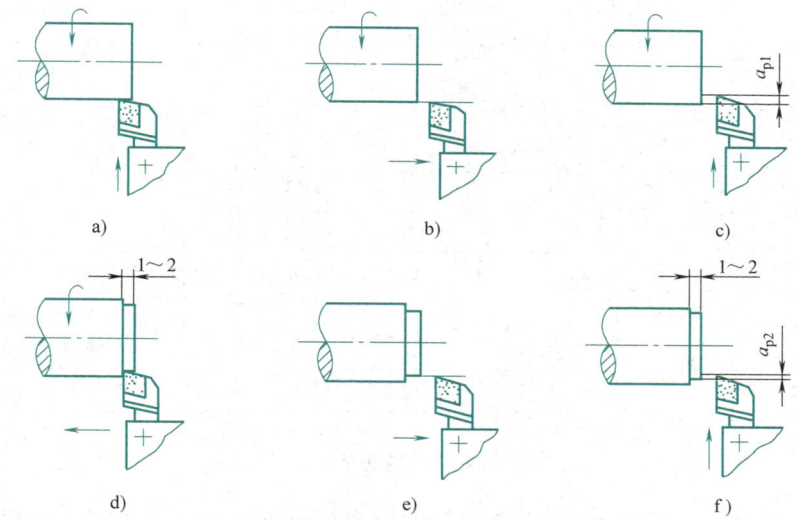

图 4-47 车外圆时的试切步骤

a）开车对接触点　b）向右退出车刀　c）横向进背吃刀量 a_{p1}　d）纵向切削 1～2mm
e）退刀、停车、度量　f）如未到尺寸，再进背吃刀量 a_{p2}

3. 外圆表面的检测

外圆表面直径用游标卡尺、外径千分尺直接测量。

外圆表面形状精度，如圆度、圆柱度，可用千分尺间接检测或用圆度仪检测（图 1-10、图 1-11）；检测直线度时，可以把工件安放在振摆仪或平板上，用百分表或塞尺间接检测。

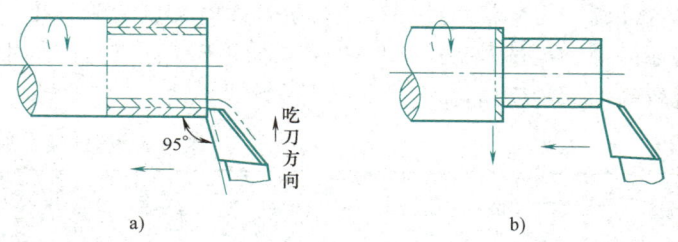

图 4-48 高台阶车削方法

a）多次分层纵向车削　b）末次纵向车削后，横向退出车端面

检测外圆表面位置精度，如同轴度、圆跳动时，可把工件安放在振摆仪上，用百分表间接检测（图 1-14 和图 1-15）。

外圆表面的表面粗糙度值，可用标准样块对照，用肉眼判断或用光学仪器检测。

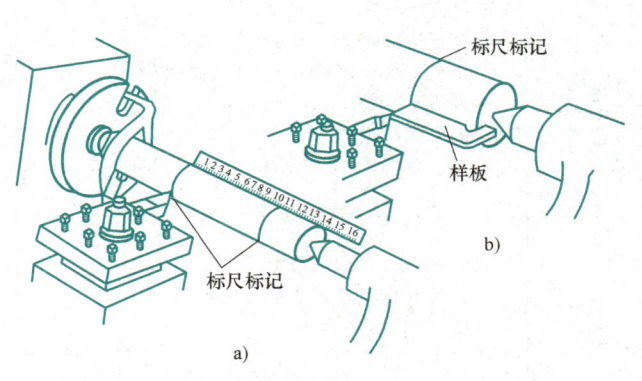

图 4-49 台阶位置的确定

a）用钢直尺控制　b）用样板控制

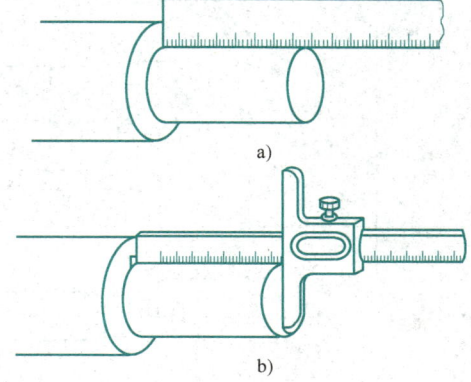

图 4-50 用钢直尺和深度游标尺测量长度

a）用钢直尺测量长度　b）用游标深度卡尺测量长度

台阶位置一般用钢直尺测量，长度要求精确的台阶常用游标深度卡尺来测量（图 4-50）。

4. 外圆表面车削实例

（1）传动轴的车削加工

1）零件图样分析。图 4-51 所示传动轴主要由外圆、台阶及螺纹组成。除表面尺寸精度和表面质

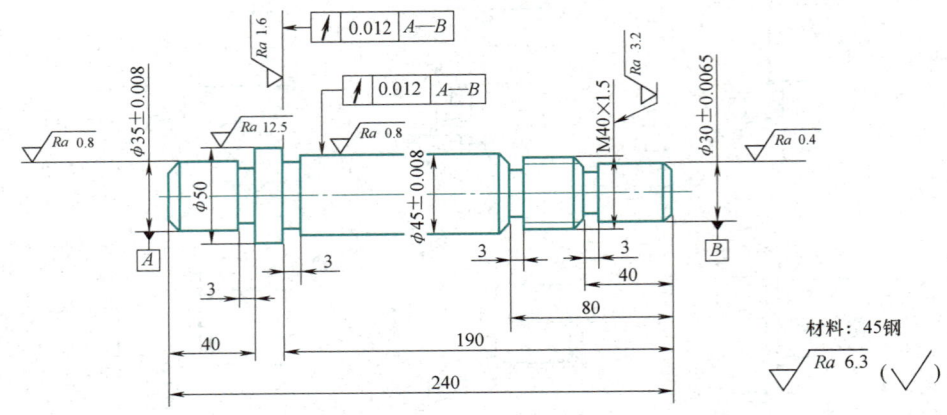

图 4-51 传动轴

量要求外，φ45mm 外圆和台阶端面对 A—B 轴颈有圆跳动要求。由于要求较高，所以车削后要用磨削的方法来保证。

2) 传动轴车削过程及方法见表 4-3。由表 4-3 可知，外圆车削采用两顶尖装夹，因此，在车外圆之前要加工出两端的中心孔，为车各外圆准备好定位基准（两端中心孔）。外圆车削分两阶段，先粗车各外圆，再半精车外圆，车台阶端面时控制台阶长度。用两顶尖装夹，先车一端外圆，再调头车另一端外圆，经过调头，工件的旋转轴线不变，仍是两端中心孔的连线，因此可保证所加工出的各外圆有较高的同轴度精度。

表 4-3 传动轴车削过程

序号	加工方法	设备	装夹方法	加工简图	加工说明
1	车	车床	自定心卡盘		**夹持 φ55mm 圆钢外圆：** 车端面见平 钻 φ4.25mm 中心孔 **调头：** 车端面，保总长 240mm 钻中心孔
2	车	车床	双顶尖		**用卡箍夹持 A 端：** 粗车外圆 φ52mm×202mm 粗车 φ45mm、φ40mm、φ30mm 各外圆，直径留余量 2mm，长度留余量 1mm **用卡箍夹持 B 端：** 粗车 φ35mm 外圆，直径留余量 2mm，长度留余量 1mm
3	车	车床	双顶尖		精车 φ50mm 外圆至尺寸 半精车 φ35mm 外圆至 φ35.5mm 车槽，保证长度 40mm 倒角
4	车	车床	双顶尖		**用卡箍夹持 A 端：** 半精车 φ45mm 外圆至 φ45.5mm 精车 M40mm 大径为 $\phi 40_{-0.2}^{-0.1}$mm 半精车 φ30mm 外圆至 φ30.5mm 车槽三个，分别保证长度 190mm、80mm、40mm 倒角三个 车螺纹 M40×1.5

一般长度较短的外圆采用自定心卡盘装夹，台阶外圆可调头装夹车削。各外圆同轴度要求较高，可采用软卡爪装夹。软卡爪的特点是可以就地利用车床对三个爪进行车削，提高三个卡爪的定心精度，利用此卡爪装夹工件一端外圆，车削其他外圆表面，就可保证各外圆的同轴度要求，外圆的同轴度决定自定心卡盘的定心精度。

（2）车削外圆常见质量问题及解决方法　车削外圆柱表面时产生质量问题的原因及预防方法见表4-4。

表4-4　车削外圆常见质量问题及解决方法

废品种类	产生原因	预防方法
尺寸精度达不到要求	1. 看错图样或标尺盘使用不当 2. 没有进行试切 3. 量具有误差或测量不正确 4. 由于切削热的影响，使工件尺寸发生变化 5. 机动进给未及时关闭，使车刀进给长度超过台阶长度 6. 车槽时车槽刀主切削刃太宽或太窄，使槽宽不正确 7. 尺寸计算错误，使槽深度不正确	1. 必须看清图样尺寸要求，正确使用标尺盘，看清读数值 2. 根据加工余量算出切削深度，进行试切，然后修正切削深度 3. 量具使用前，必须检查和调整零位，正确掌握测量方法 4. 不能在工件温度较高时测量，如测量，应掌握工件的收缩情况，或浇注切削液，降低工件温度 5. 注意及时关闭机动进给或提前关闭机动进给，用手动进给到长度尺寸 6. 根据槽宽刃磨车槽刀主切削刃宽度 7. 对留有磨削余量的工件，车槽时应考虑磨削余量
产生锥度	1. 用一夹一顶或两顶尖装夹工件时，后顶尖轴线不在主轴轴线上 2. 用小滑板车外圆时产生锥度是由于小滑板的位置不正，即小滑板标尺标记与中滑板的标尺标记没有对准零线 3. 用卡盘装夹工件纵向进给车削时产生锥度是由于车床床身导轨与主轴轴线不平行 4. 工件装夹时悬伸较长，车削时因切削力影响使前端让开，产生锥度 5. 车刀中途逐渐磨损	1. 车削前必须找正锥度 2. 必须事先检查小滑板的标尺标记是否与中滑板标尺的零线对准 3. 调整车床主轴与床身导轨的平行度 4. 尽量减小工件的伸出长度，或另一端用顶尖支撑顶紧，增加装夹刚性 5. 选用合适的刀具材料，或适当降低切削速度
圆度超差	1. 车床主轴间隙太大 2. 毛坯余量不均匀，切削过程中切削深度发生变化 3. 工件用两顶尖装夹时，中心孔接触不良，或后顶尖顶得不紧，或前、后顶尖产生径向圆跳动	1. 车削前检查主轴间隙，并调整合适，如果主轴轴承磨损太多，则需更换轴承 2. 分粗、精车 3. 工件用两顶尖装夹必须松紧适当，若回转顶尖产生径向圆跳动，需及时修理或更换
表面粗糙度达不到要求	1. 车床刚性不足，如滑板塞铁太松，传动零件（如带轮）不平衡或主轴太松引起振动 2. 车刀刚性不足或伸出太长引起振动 3. 工件刚性不足引起振动 4. 车刀几何参数不合理，如选用过小的前角、后角和主偏角 5. 切削用量选用不当	1. 消除或防止由于车床刚性不足而引起的振动（如调整车床各部分的间隙） 2. 增加车刀刚性和正确装夹车刀 3. 增加工件的装夹刚性 4. 选择合理的车刀角度（如适当增大前角，选择合理的后角和主偏角） 5. 进给量不宜太大，精车余量和切削速度应选择恰当

5. 细长轴车削

细长轴主要由外圆柱面和环槽组成。细长轴的特点是，工件长度与工件直径之比大于25。

（1）细长轴的结构和加工特点

1）刚性差。由于工件长径比大，刚性较差，车削时易引起振动和弯曲变形，尺寸精度和表面质量较难保证。

2）热变形大。由于细长轴在车削时散热差，线膨胀大，当工件两端顶起时易产生弯曲变形，而弯曲工件旋转时所产生的离心力会加剧弯曲变形。

3) 刀具磨损大。加工细长轴时，切削用量小，加工时间长，刀具磨损大，因而增大了工件的形状误差。

（2）细长轴的装夹方法

1）两顶尖装夹细长轴工件。如图 4-52 所示，这种装夹方法没有装夹定位误差，容易保证工件的同轴度要求，但车削刚性差，容易产生振动，因而只适用于长径比不太大，加工余量小，需要多次以两端顶尖孔定位来保证同轴度的工件加工。

2）一夹一顶装夹细长轴工件。如图 4-53 所示，在软三爪上车出一条宽度为 3~5mm 的环形凸带（或在工件上绕一圈细钢丝），用以夹紧细长轴工件的一端，另一端用后顶尖支承。这种装夹方法可以使细长轴工件在自由状态下定位夹紧，定心精度高，可以克服三爪夹紧产生歪斜和限制四个自由度造成定心精度差的缺点。

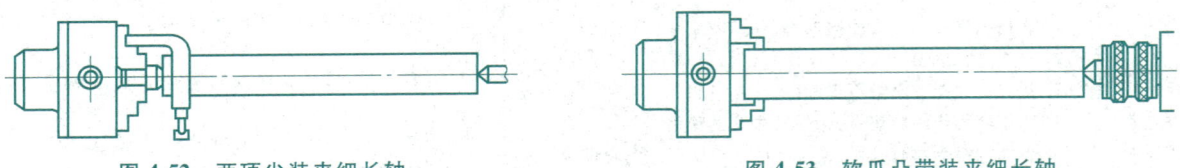

图 4-52　两顶尖装夹细长轴　　　　　　　　图 4-53　软爪凸带装夹细长轴

3）一夹一拉装夹细长轴工件。两顶尖装夹和一夹一顶装夹细长轴工件，都不能消除车削中因热变形所产生的轴向伸长，从而会导致工件弯曲变形。如图 4-54 所示，一夹一拉装夹细长轴工件时，工件在车削过程中始终受到轴向拉伸作用，并可用尾座手轮调整拉伸量，因而减少了细长轴车削时的弯曲变形。这是加工细长轴工件较理想的装夹方法之一。

图 4-55 是拉头的结构。装夹工件前先将工件的一端车一个退刀槽，然后拧下拉紧套 2 将工件 1 穿入，用三个钩爪 3 卡入工件退刀槽内，将拉紧套 2 拧紧在轴 7 上，固定套 4 用螺钉 8 紧固在套筒 9 上，在轴 7 和固定套 4 之间装有两套深沟球轴承 5 和推力轴承 6。当工件转动时，拉紧套 2 和轴 7 也随同旋转，而固定套 4 不转动。当尾座套筒向后移动时，可将工件拉紧。

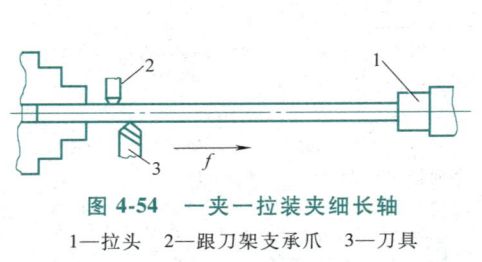

图 4-54　一夹一拉装夹细长轴
1—拉头　2—跟刀架支承爪　3—刀具

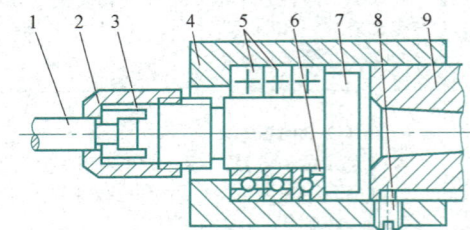

图 4-55　拉头的结构
1—工件　2—拉紧套　3—钩爪　4—固定套　5—深沟球轴承
6—推力轴承　7—轴　8—螺钉　9—套筒

4）使用中心架和跟刀架装夹细长轴。

① 中心架的使用：把中心架安装在细长轴工件中间，能使工件车削时的刚性增大一倍以上。但中心架不能直接安装在工件的粗基准跳动量很大的细长轴上，可以用过渡套筒安装细长轴，使卡爪不直接与毛坯表面接触。

安装中心架不能一次车削细长轴工件的全长，所以适于精度要求不高或有多台阶的轴类工件加工。

② 跟刀架的使用：加工细长轴通常采用三爪支承跟刀架（图 4-26c）。通过三爪支承和车刀抵住工件，使其上、下、前、后都不能径向移动，工件刚性得到提高，有效地承受了径向切削力，使细长轴的切削加工顺利而平稳。

③ 跟刀架的修磨：跟刀架的支承爪与支柱应配合紧密，不得松动，支承爪的材料一般为淬火钢（前端加青铜、硬质合金）或普通铸铁、尼龙 1010。支承爪与工件表面接触应良好，加工过程中由于工件直径的变化或更换不同工件时，支承爪应加以修磨。其修磨方法以两支承爪呈 90°角，并能做相对

垂直移动的跟刀架为例，说明如下：

使用跟刀架前，在靠近卡盘或靠近顶尖处将工件表面粗车一段（长度为45~60mm），表面粗糙度Ra值为20~10μm，不得太光。让工件以400r/min左右的转速转动，将支承爪逐步压向工件表面研磨，顺序是先外侧爪，后上侧爪，不加切削液，使支承爪与工件已加工的这一段表面反复进行研磨，直至弧面全面接触为止；然后用切削液冲掉粉末，再研磨2~3min即可使用。

④ 跟刀架的调整：修好跟刀架支承爪，选择好切削用量后开始粗车。车刀切入工件后，随即调整跟刀架的螺钉，在进给过程中轴向切入20~30mm时，迅速地先将跟刀架外侧支承爪与工件已加工表面接触，再将上侧支承爪接触，最后拧紧紧固螺钉。

（3）合理选择细长轴精车刀的几何角度　车削细长轴时，由于工件刚性差而对振动非常敏感，如果车刀的几何形状和角度选择不当，显然不能取得良好的效果。选择车刀几何角度时主要考虑以下几点：

1）为减少细长轴的弯曲变形，车刀的主偏角$\kappa_r = 80°~93°$，以减小径向切削分力。

2）为减小切削力，选择大前角$\gamma_o = 15°~30°$。

3）车刀前面应磨有$R1.5~3$mm的断屑槽，使切屑卷曲折断。

4）采用正的刃倾角，取$\lambda_s = 3°~10°$，使切屑流向待加工表面。

5）刃口表面粗糙度值要小（$Ra<0.4$μm），经常保持锋利，且能延长车刀寿命。

6）刀尖圆弧半径$r_\varepsilon<0.3$mm，切削刃的倒棱宽度应选得较小，约为进给量的一半（$0.5f$）。图4-56所示为两种典型的细长轴精车刀。图4-56a所示为93°精车刀，其材料为YT15或YT30，其几何形状和角度如图所示。图4-56b所示为宽刃精车刀，其材料为W18Cr4V、YT15等，采用大前角，无倒棱，切屑呈锡箔纸状，刀杆弹性好。

7）车刀的安装。采用90°细长轴车刀粗车，安装车刀应略高于工件轴线，使车刀后面与工件有轻微接触，以增加切削的平稳性。由于90°偏刀在纵向进给过大时易"扎刀"，可将刀尖向右偏转2°左右，即可克服"扎刀"现象。

（4）精车细长轴切削用量的选择

1）采用YT15硬质合金车刀，$v_c = 60~80$m/min，$a_p = 0.3~0.5$mm，$f = 0.1~0.2$mm/r。

2）采用宽刃车刀精车细长轴工件时，$v_c = 1.5$m/min，$a_p = 0.02~0.05$mm，$f = 12~14$mm/r。

（5）细长轴车削中常见的质量问题及其解决办法

1）弯曲。弯曲产生的原因和解决办法，前文已有叙述。

2）锥度。产生锥度的主要原因是顶尖和主轴中心不同轴或刀具磨损。解决的办法是按前面调整机床尾座的方法调整机床，选用较好的刀具材料和采用合理的几何角度。

3）中凹度。细长轴产生中凹就是两头大、中间小现象，影响工件直线度。产生中凹的主要原因是跟刀架外侧支承爪压得太紧，在靠近后顶尖或车头处，因刚性较强，支承爪顶不过来，故两头直径大；到工件中间时，刚性相对较弱，支承爪就从外侧顶过来而使吃刀变深，于是产生了中凹度。其解决方法主要是使跟刀架外侧支承爪与工件表面接触适宜，不要过紧或过松。

4）竹节形。竹节形是工件直径不等或表面等距不平的现象。产生这种现象的原因主要还是跟刀架外侧支承爪和工件接触过紧（或过松），或者顶尖精度差。在车削工件时，支承爪接触工件过紧，将把工件顶向刀尖，从而增加了吃刀量，使此工件直径变小。由于工件直径变小产生了间隙，当跟刀架行进到此处，切削时的背向力又把工件推到和跟刀架支承爪接触，在这一过程中工件直径又变大。当跟刀架再行进到此处时又会把工件推向刀尖，从而又使工件直径变小。这样不断重复、有规律地变化，使工件直径一段大、一段小，形成竹节形。其解决办法，首先是选用精度较高的回转顶尖并采取不停车跟刀的方法，在进给的过程中，先轴向切入20~30mm，如出现竹节形则应退刀，停止进给；然后松开跟刀架，采用宽切削刃刀具和大进给量的方法，对已经出现竹节形的部位再进行1~2个加工行程，即可消除。消除之后重新调整支承爪，进行正常的进给车削。

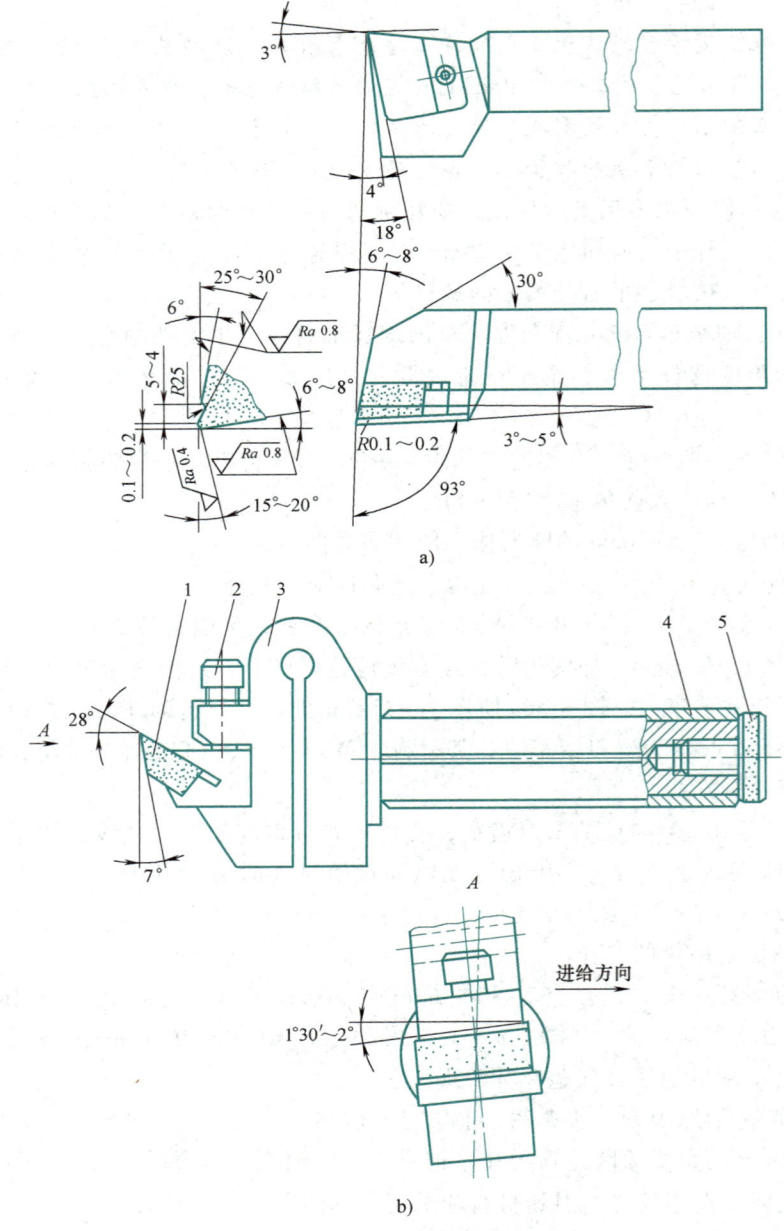

图 4-56 细长轴精车刀
a) 精车刀 b) 宽刃精车刀
1—硬质合金刀片 2—螺钉 3—弹性刀夹 4—刀柄 5—滚花螺钉

5）振动波纹。振动波纹是进给过程中工件外圆出现的径向多棱或椭圆状态，由此将引起振动。其产生的原因是跟刀架紧固不好，支承爪弧面接触不良，上侧支承爪压得太紧使工件下垂，造成外侧支承接触产生变化。其次是顶尖轴承松动或不圆，在开始吃刀时就有振动或椭圆所致。其解决方法：检查跟刀架紧固部分，修整支承爪弧面；选用结构合理、精度较高的回转顶尖；跟刀架上侧支承爪轻轻接触工件表面，不要压得太紧。开始出现振动波纹，就要和出现竹节形现象一样，重新修整，待消除之后，再进行正常的进给车削。

四、孔的车削

机器上的各种轮、盘、套类零件，一般均带有圆柱形的孔。对孔的技术要求主要是孔径尺寸公差等级（IT8～IT7）、表面粗糙度 Ra 值（1.6～0.2μm）和较高的位置精度（孔端面与孔轴线的垂直度、孔轴线与外圆轴线的同轴度)以及孔的形状精度(圆度和圆柱度)。

车床上加工孔的方法有钻孔、扩孔、锪孔、铰孔和车孔等。

1. 钻孔

用钻头在实体材料上加工孔的方法,称为钻孔。在车床上钻孔如图 4-57 所示。工件旋转为主运动,摇动尾座手柄使钻头纵向移动为进给运动。钻孔的尺寸公差等级为 IT14~IT11,表面粗糙度 Ra 值为 25~6.3μm。

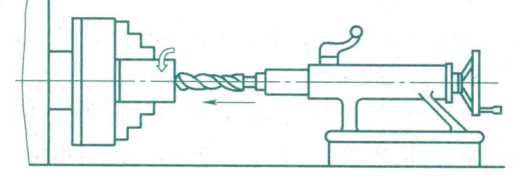

图 4-57 在车床上钻孔

工件装夹在自定心卡盘、单动卡盘、花盘或专用车夹具中,由主轴带动旋转。钻孔(图 4-57)时,应根据孔径大小选用合适的钻头直径。根据形状和用途不同,钻头可分为扁钻、麻花钻、中心钻、锪钻、深孔钻等。钻头一般用高速工具钢制成,麻花钻使用最为广泛。由于高速切削的发展,镶硬质合金的钻头也得到了广泛应用。

麻花钻有直柄和莫氏锥柄两种。直柄钻头直径较小,莫氏锥柄的钻头直径较大,莫氏 6 号锥柄的钻头直径可达 80mm。工作部分是钻头的主要部分,它由切削部分和导向部分组成,起切削和导向作用。

麻花钻刃磨时,一般只刃磨两个主后面,但要保证后角、顶角和横刃斜角正确。麻花钻的两条主切削刃应该对称,也就是两主切削刃与钻头轴线成相同的角度,并且长度相等。用刃磨不正确的钻头钻孔时,若只有一个切削刃工作,由于切削不均,两刃受力不平衡,使钻出的孔径大于钻头直径,并加快钻头的磨损。

直柄钻头用钻卡头夹持,钻夹头装于尾座套筒中(图 4-58c)。锥柄钻头装在尾座套筒的锥孔中(图 4-58a),如钻头锥柄号数小,可加用过渡锥套(图 4-58b)。

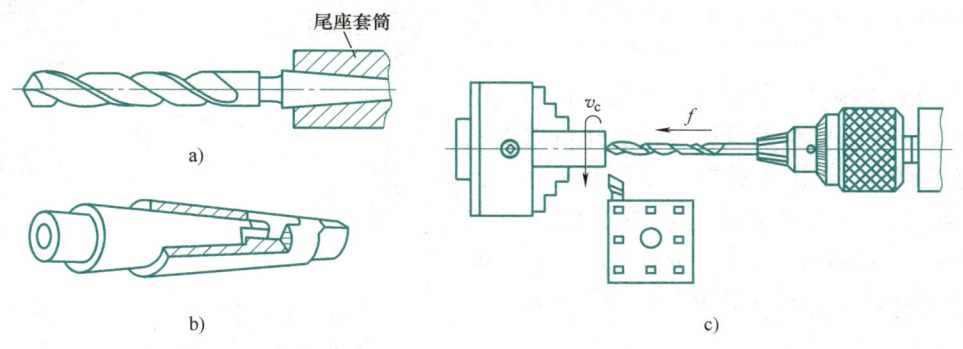

图 4-58 钻头的装夹

a) 锥柄钻头装夹 b) 锥套形式 c) 直柄钻头装夹

钻孔前一般应先将工件端面车平,有时并用中心钻钻出中心孔作为钻头的定位孔。钻削时要加注切削液。在车床上钻孔时,切削液很难深入到切削区,所以在加工过程中应多次退出钻头,以利于排屑和冷却。

钻削时背吃刀量的确定:背吃刀量 a_p 为钻头的半径。**钻削时主轴转速的确定**:用高速工具钢钻头钻削钢料时,v_c 一般为 15~30m/min;钻削铸铁时,v_c 取 10~25m/min;钻削铝合金时,v_c 取 75~90m/min。根据钻头直径和确定的切削速度,确定车床主轴的速度($n = 1000v_c/\pi D$)。**进给量 f 的确定**:在车床上钻孔的进给量是用手慢慢转动手轮来实现的,用小直径钻头钻孔时,进给量太大会使钻头折断。用直径 12~25mm 的钻头钻削钢料时,进给量选 0.15~0.35mm/r;钻削铸铁时,进给量可大些。当钻削到孔快通时,应适当减小进给量,防止折断钻头。当钻削大孔时,可用一个工具将钻头装在方刀架中,钻头纵向进给由床鞍纵向进给来实现,这种方式钻孔可以降低表面粗糙度值,并减轻人工劳动强度。

车床钻孔孔径 D 小于 30mm 时，可一次钻成。若所钻的孔径大于 30mm，可分为两次钻削，第一次钻头直径取 (0.5~0.7)D，第二次钻头直径取 D。这样，钻削较为轻快，可用较大的进给量，孔壁质量和生产率均可得到提高。

2. 扩孔

用扩孔钻或钻头扩大孔径的加工方法，称为扩孔（图 4-59）。

一般工件的扩孔可用麻花钻，在车床上用扩孔钻扩孔的尺寸公差等级为 IT10~IT9，表面粗糙度 Ra 值为 6.3~3.2μm。扩孔用于一般孔的最终加工或者铰孔前的半精加工。

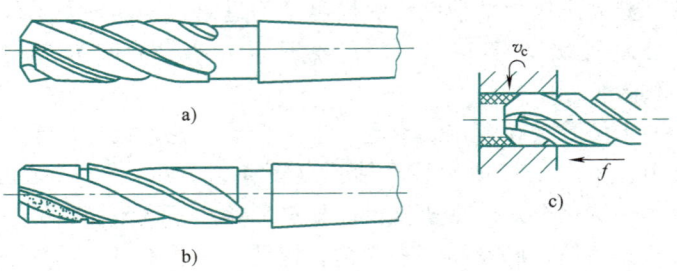

图 4-59 扩孔钻及扩孔情况
a）高速工具钢扩孔钻 b）硬质合金扩孔钻 c）车床扩孔情况

扩孔钻有高速工具钢扩孔钻和硬质合金扩孔钻两种。扩孔钻在自动车床和镗床上用得较多。它的主要特点是：①切削不必自外缘一直到中心，这就避免了横刃所产生的不良影响；②由于背吃刀量小，切屑少，钻心粗，刚性好，排屑容易，可增大切削用量；③扩孔钻的刃齿比麻花钻多（一般有 3~4 齿），导向性好。因此，扩孔可提高生产率，改善孔的加工质量。

扩孔时工件的装夹与钻孔相同。扩孔钻利用锥柄装于尾座套筒的锥孔中。

扩孔切削用量的确定：扩孔背吃刀量 a_p 一般为 (1/8)D，扩孔的切削速度和进给量均比钻孔时大 1~2 倍。

3. 锪孔

用锪削方法加工平底或锥形沉孔，称为锪孔。车床常用的是圆锥形锪钻，图 4-60 所示是圆锥形锪钻及锪孔情况。

车床加工的有些零件，钻孔后需要孔口倒角，这时可用 90°锪钻。有些零件要用顶尖顶住孔口加工外圆，可采用 60°锪钻，锪出内圆锥。锪内圆锥时，孔的表面粗糙度值一般要求较小，进给量应控制在 0.05mm/r 以下，切削速度应取 5m/min 以下。锥面的形状精度与锪钻的制造精度及装夹准确性有关。

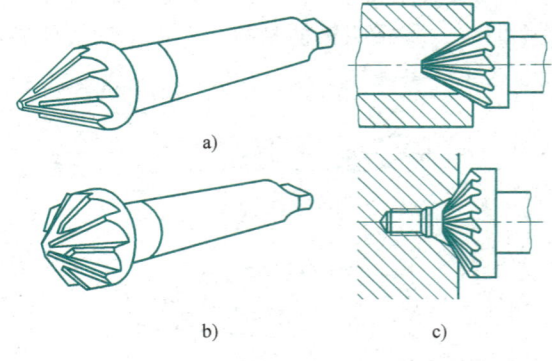

图 4-60 圆锥形锪钻及其工作情况
a）60°锪钻 b）120°锪钻 c）锪孔工作情况

4. 铰孔

铰孔是在扩孔或半精车孔以后，用铰刀从孔壁上切除微量金属层的精加工方法（图 4-61）。铰孔可达到的尺寸公差等级为 IT8~IT7，表面粗糙度 Ra 值为 1.6~0.8μm，加工余量为 0.1~0.3mm。

（1）铰刀 如图 4-61a 所示，锥柄铰刀直径为 10~32mm，直柄铰刀（图 4-61b）直径为 6~20mm，小孔直柄铰刀（图 4-61c）直径为 1~6mm，套式直柄铰刀（图 4-61d）直径为 25~80mm，手铰刀（图 4-61e）为直柄，直径为 1~50mm，端部为四方头，以便套上铰杠手动切削。

铰刀有 6~12 个刀齿，工作部分包括切削部分与修光部分。切削部分为锥形，担负主要切削工作；修光部分的作用是校正孔径，用来修光孔壁和导向。

柄部用来装夹和传递转矩，有圆柱形、圆锥形和方榫形三种。

铰刀前角 γ_o 一般为 0°，可取 -5°~0°（铰铸件孔）、5°~10°（铰塑性材料）。后角为 6°~8°。加工铸料时，铰刀主偏角 κ_r 为 3°~5°和倒锥部分为 0.04~0.06mm；加工钢料时，κ_r 可取 12°~15°。铰刀修光部分上有棱边，一般为 0.15~0.25mm。它的作用是定心、修光孔壁、保证铰孔的直径和便于测

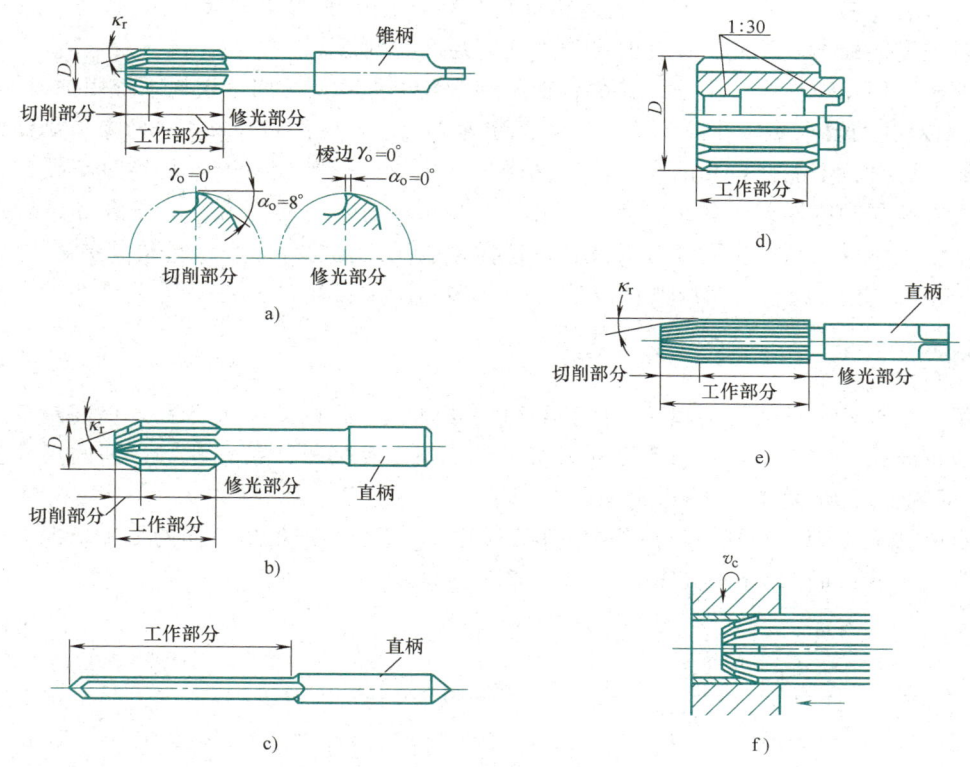

图 4-61 铰刀及铰孔情况

a) 锥柄铰刀 b) 直柄铰刀 c) 小孔直柄铰刀 d) 套式直柄铰刀 e) 手铰刀 f) 铰孔工作情况

量等。

铰刀最容易磨损的部分是切削部分和修光部分的过渡处,而且这个部位直接影响工件的表面质量,因而该处不得有尖棱,应磨得每一个齿等高。

铰刀按用途可分为机用铰刀和手用铰刀。机用铰刀的柄部为圆柱形或圆锥形,工作部分较短,主偏角较大,标准机用铰刀的主偏角为15°。手用铰刀柄部做成方榫形,以便套入扳手,用手旋转铰刀来铰孔。它的工作部分较长,主偏角较小,一般为40′~4°。标准手用铰刀的主偏角为40′~1°30′。

铰刀切削部分的材料为高速工具钢和硬质合金两种。

(2) 车床铰孔方法

1) 铰刀的选择与保管。铰孔的精度主要取决于铰刀的尺寸,铰刀最好选择被加工孔公差带中1/3左右的尺寸。如铰 $\phi 20H7$ ($^{+0.021}_{0}$) 孔时,铰刀的尺寸最好选择 $\phi 20^{+0.014}_{+0.007}$mm 的铰刀。

选择铰刀时还需注意,铰刀刃口必须锋利,没有崩刃和毛刺。因此,铰刀必须保管好,工作(刃口)部分用塑料套保护,不允许碰毛。

2) 调整尾座轴线和使用浮动套筒。铰孔前,必须调整尾座套筒轴线,使其与主轴轴线重合,同轴度最好找正在0.02mm之内。但是,一般车床调整尾座轴线与主轴非常精确地在同一轴线上是比较困难的,因而铰孔时最好用浮动套筒装夹铰刀,进行浮动铰削。

3) 选择合理的铰削用量。铰削余量一般是:高速工具钢铰刀为0.08~0.12mm;硬质合金铰刀为0.15~0.20mm。铰削的切削速度越低,表面粗糙度值越小,一般切削速度小于5m/min。进给量为0.2~1mm/r,铰削铸件时进给量还可大一些。

4) 合理选用切削液。铰孔时,切削液对孔的扩胀量与表面粗糙度值有一定的影响。实践证明,在干切削和使用非水溶性切削液铰削的情况下,铰出的孔径比铰刀的实际直径大一些,干铰最大;而用水溶性切削液,铰出的孔稍微小一些。因此,当用新铰刀铰削钢料时,可选用10%~15%的乳化液作为切削液,这样孔径不容易扩大。铰刀磨损到一定的限度后,可用油类切削液,使孔稍微扩大一些。

用水溶性（乳化液）切削液，孔的表面粗糙度值较小；用油类切削液，孔的表面粗糙度值次之；干铰则表面粗糙度值最大。因此，铰孔时必须加注充足的切削液。

铰削铸件时，用煤油作为切削液；铰削青铜或铝合金工件时，可用全损耗系统用油或煤油。

5）铰孔前对孔的要求。铰孔前，孔的表面粗糙度 Ra 值要小于 $3.2\mu m$。另外要特别注意，在车床上用浮动套筒铰孔时，不能修正孔的直线度和同轴度。因此，铰孔前一般都要经过车孔，这样才能修正钻孔的直线度及同轴度误差。如果铰削直径小于 10mm 的孔径，由于孔小，车孔非常困难，则一般先用中心钻定位，然后钻孔、扩孔，最后铰孔，这样才能保证孔的直线度和同轴度要求。

"钻—扩—铰"连用是孔加工的典型方法之一，多用于成批生产，也常用于单件、小批生产中加工细长孔。

5. 车孔

车孔是用内孔车刀对已经铸出和钻出的孔做进一步加工，目的是扩大孔径，提高精度，降低表面粗糙度值和纠正原孔的轴线偏斜。车孔可分为粗车、半精车和精车。精车孔可达到的尺寸公差等级为 IT8~IT7，表面粗糙度 Ra 值为 $1.6~0.8\mu m$。

（1）车孔及内孔车刀。车孔及所用的内孔车刀如图 4-62 所示。根据不同的加工情况，内孔车刀可分为通孔车刀（图 4-62a）和不通孔车刀（图 4-62b）两种。

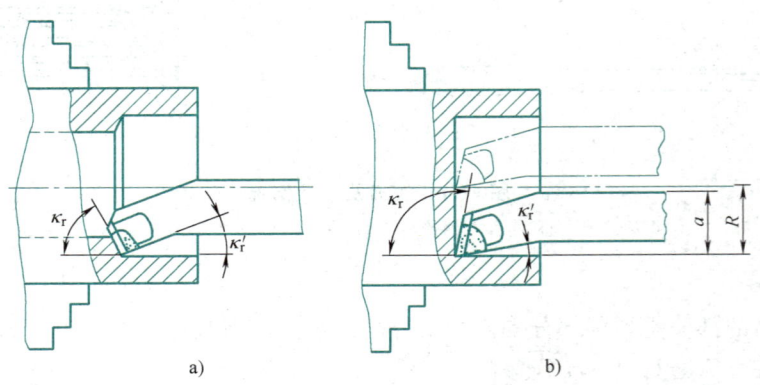

图 4-62 车孔加工
a）通孔车刀 b）不通孔车刀

1）通孔车刀。通孔车刀的几何形状与外圆车刀类似。为了减小径向切削分力，防止振动，主偏角 κ_r 应取得较大，一般在 $60°~75°$ 之间，副偏角 κ_r' 为 $15°~30°$。为了防止内孔车刀后面和孔壁产生摩擦，又不使后角磨得太大，一般磨成两个后角。

2）不通孔车刀。不通孔车刀是用来车不通孔和台阶孔的，切削部分的几何形状基本上与偏刀相似。它的主偏角 κ_r 取 $95°$ 左右。刀尖在刀杆的最前端，刀尖与刀杆外端的距离 a 应小于内孔半径 R，否则孔的底平面将无法车平。

为了节省刀具材料和增加刀杆强度，可以把高速工具钢或硬质合金做成很小的刀头，装在碳钢或合金钢制成的刀杆上（图 4-63），在顶端或上端用螺钉紧固。内孔车刀刀杆有车通孔的（图 4-63a）和车不通孔的（图 4-63b）刀杆两种。车不通孔的刀杆方孔应做成斜的。根据孔径大小及孔的深浅，内孔车刀刀杆可做成几组，以便加工时选择使用。

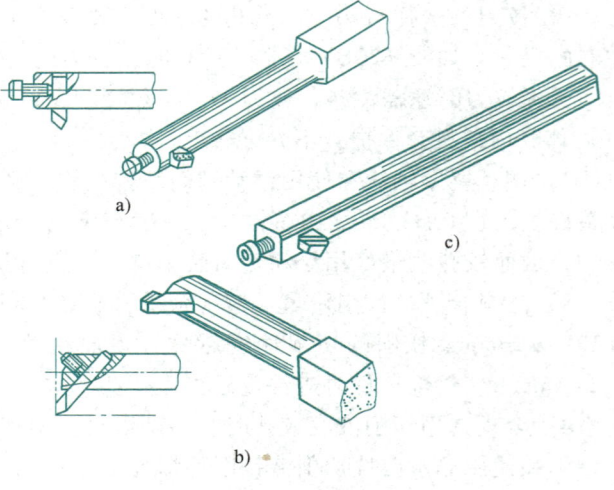

图 4-63 车孔刀杆
a）通孔刀杆 b）不通孔刀杆 c）方形刀杆

（2）工件装夹　根据零件结构，可采用自定心卡盘、单动卡盘、花盘和一夹一托等方法。

（3）车孔切削用量　车孔的切削条件差，所以切削用量要比车同样直径的外圆小 10%～20%。

（4）车孔孔径保证及测量方法　当批量小时，车孔可采用试切法达到孔径尺寸公差。批量大时，车孔尺寸控制采用调整法，此法先通过试切使孔径在尺寸公差以内，然后记下刻度值，并据以控制刀具位置进行一批工件孔的加工，使孔径尺寸达到公差要求。

单件、小批生产时，孔径尺寸可用游标卡尺测量。精度要求较高时，可用内径千分尺测量。成批生产时，可选用标准塞规进行测量，判断尺寸是否合格。

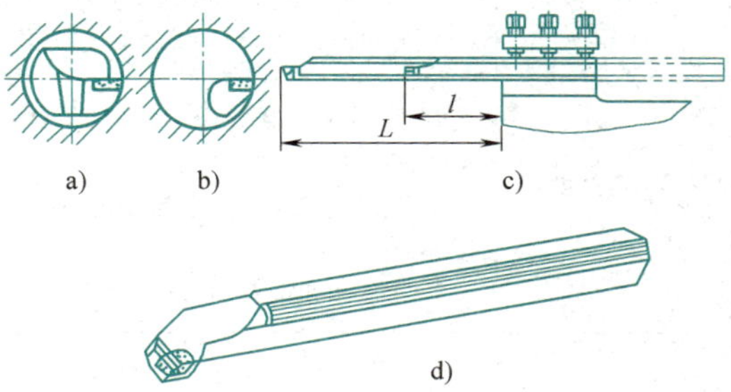

（5）车孔关键技术　车孔的关键技术是解决内孔车刀的刚性和排屑问题。增加内孔车刀的刚性主要采取两项措施：

1）尽量增加刀杆的截面积。一般的内孔车刀有一个缺点：刀杆的截面积小于孔截面积的 1/4（图 4-64b）。如果让内孔车刀的刀尖位于刀杆的水平中心线上，这样刀杆的截面积就可达到最大值（图 4-64a），从而提高刀杆刚性。

2）刀杆的伸出长度尽可能缩短。如果刀杆伸出太长，就会降低刀杆刚性，容易引起振动。因此，为了增加刀杆刚性，刀杆伸出长度只需略大于孔深，并要求刀杆的伸长能根据孔深加以调节（图 4-64c）。

图 4-64　可调节刀杆长度的车孔刀

a）刀尖位于刀杆水平中心线上　b）刀尖位于刀杆上面
c）可调节刀杆伸出长度　d）车刀外形

解决排屑问题，主要是控制切屑的流出方向。精车孔时要求切屑流向待加工表面（前排屑），为此应采用正刃倾角内孔车刀。

（6）保证内孔与外圆同轴度及与端面垂直度的方法

1）在一次装夹中完成内、外圆及端面加工。在单件、小批生产时，可以在一次装夹中把工件全部或大部分加工完毕（图 4-65）。如果机床精度较高，则可获得较高的同轴度及垂直度。采用此方法车削时，刀架要装几把刀具，需要经常转换刀架，如果刀架定位精度较差，则尺寸较难掌握，切削用量也会时常改变。

2）以内孔为基准加工外圆与端面，以保证同轴度和垂直度。中、小型的套、带轮、齿轮等零件，一般可用心轴，以内孔作为定位基准来保证工件的同轴度和垂直度。心轴制造容易，使用方便，因此常用实体心轴、胀力心轴装夹工件，以保证工件位置公差的要求。

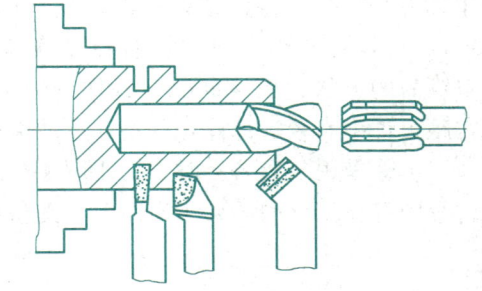

图 4-65　一次装夹中加工工件

3）以外圆为基准加工内孔，以保证同轴度和垂直度。当加工外圆很大、内孔很小、定位孔长度较短的工件时，应以外圆为基准加工内孔，从而保证技术要求。在车床上，一般用软卡爪自定心卡盘装夹工件。软卡爪是用未经淬火的钢料（45 钢）制成的，将软卡爪装在车床卡盘上，自车成所需要的形状，因而可确保装夹精度。其次，当装夹已加工表面或软金属工件时，使用软卡爪装夹工件，不易夹伤工件表面。

（7）车孔的质量分析　车孔时，废品产生的原因及预防措施见表 4-5。

表 4-5　废品产生的原因及预防措施

废品种类	产生原因	预防措施
孔的尺寸不正确	1. 车孔时没有仔细测量 2. 铰孔时，铰刀尺寸大于要求或尾座偏位	1. 仔细测量和进行试切 2. 检查铰刀尺寸，校正尾座，采用浮动套筒

(续)

废品种类	产生原因	预防措施
孔有锥度	1. 车孔时,内孔车刀磨损,车床主轴轴线歪斜,床身导轨严重磨损 2. 铰孔时,孔口扩大,主要原因是尾座偏位	1. 修磨内孔车刀,校正车床,大修车床 2. 校正尾座,采用浮动套筒
孔的表面粗糙度值大	1. 车孔时,内孔车刀磨损,刀杆产生振动 2. 铰孔时,铰刀磨损或切削刃上有崩口、毛刺 3. 切削速度选择不当,产生积屑瘤	1. 修磨内孔车刀,采用刚性较大的刀杆 2. 修磨铰刀,刃磨后保管好,不许碰毛 3. 铰孔时,采用 5m/min 以下的切削速度,加注切削液
同轴度、垂直度误差大	1. 用一次安装方法车削时,工件移位或机床精度不高 2. 用心轴装夹时,心轴中心孔或心轴本身同轴度超差 3. 用软卡爪装夹时,软卡爪没有车好	1. 装夹牢固,减小切削用量,调整机床精度 2. 心轴中心孔应保护好,如碰毛,可研磨中心孔,如心轴弯曲可校直或重制 3. 软卡爪应在本机床上车出,其直径与工件直径相同(或稍大+0.1mm)

五、车端面、车槽和切断

1. 车端面

车削工件时,往往采用工件的端面作为测量轴向尺寸的基准,所以必须先对其进行加工。

车端面所用的刀具与工件装夹方法有关。

当工件用顶尖装夹时,使用图 4-66a 所示的端面车刀。其切削部分是由刃 1 和刃 2 组成,刃 1 与端面方向的夹角为 5°,刃 2 与工件轴线方向的夹角为 15°~20°。

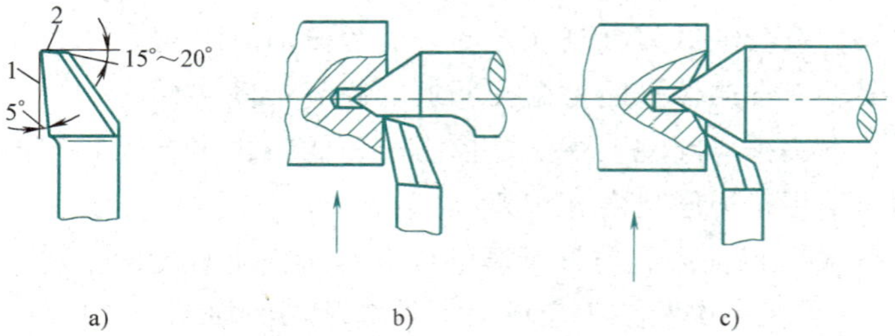

车端面时,车刀需做横向进给。为了防止车刀与顶尖相碰,常采用半顶尖(图 4-66b)来装夹工件,或将工件中心孔做成双锥面的形状(图 4-66c),这样可使车刀在距工件中心较远处停止进给而完成端面加工。

图 4-66 用顶尖装夹工件车端面
a) 端面车刀 b) 半顶尖装夹工件 c) 双锥面中心孔

当工件采用卡盘装夹时,使用图 4-67 所示的车刀车端面。车端面时,刀尖必须对准工件的旋转中心,否则将在工件中心处车出凸台,并易崩坏刀尖。

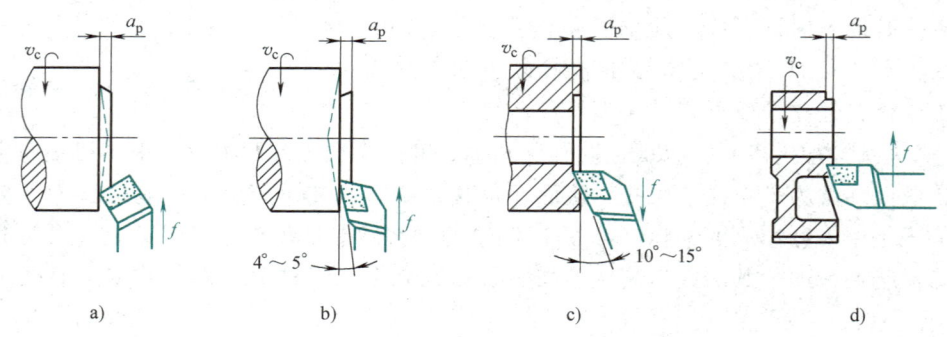

图 4-67 用卡盘装夹工件车端面
a) 45°弯头车刀 b) 右偏刀(由外向中心) c) 右偏刀(由中心向外) d) 左偏刀

用 45°弯头车刀车端面时(图 4-67a),中心凸台是逐步被车掉的,不易损坏刀尖。用右偏刀车端面时(图 4-67b),凸台是瞬时被车掉的,容易损坏刀尖,因此切近中心时应放慢进给速度。对有孔的工件,车端面时常用右偏刀由中心向外进给(图 4-67c),这样切削厚度较小,切削刃有前角,因而切削顺利，表面粗糙度值较小。零件结构不允许用右偏刀时，可用左偏刀车端面（图 4-67d）。

车削大的端面时，要防止因车刀受力使刀架移动而产生凸凹的现象（图 4-67a、b），应按图 4-68 所示方法将床鞍紧固在床身上。

车削端面时，切削速度由外向中心逐渐减小，会影响端面的表面粗糙度值，因此切削速度应比车外圆时略高。车端面时，一般采用如下的背吃刀量及进给量：粗车时，$a_p = 2 \sim 5 \text{mm}$，$f = 0.3 \sim 0.7 \text{mm/r}$；精加工时，$a_p = 0.7 \sim 1 \text{mm}$，$f = 0.1 \sim 0.3 \text{mm/r}$。

2. 车槽

在车床上可车外槽、内槽与端槽，如图 4-69 所示。

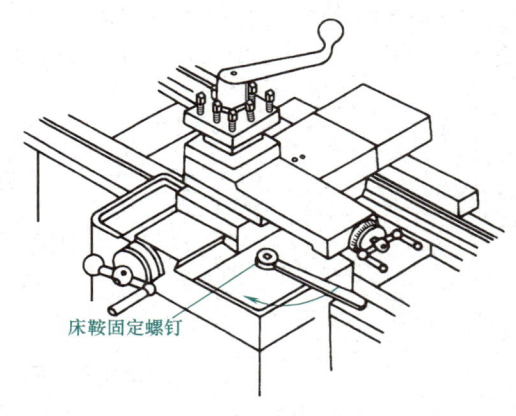

图 4-68　车大端面时锁紧床鞍

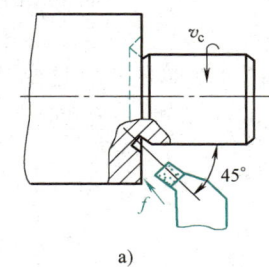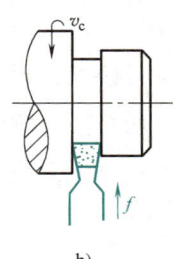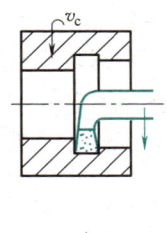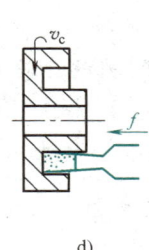

图 4-69　车槽及车槽刀
a) 外槽　b) 外环形槽　c) 内环形槽　d) 端槽

车槽与车端面相似，如同左、右偏刀同时车削左右两个端面。因此，车槽刀具有一个主切削刃和一个主偏角 κ_r，以及两个副切削刃和两个副偏角 κ_r'（图 4-70b）。

宽度为 5mm 以下的窄槽，可用主切削刃与槽等宽的车槽刀一次切出。

切削速度的选择与车外圆时相同。进给一般用手动，根据切削刃宽度和工件刚性采用适当的进给量，以不产生振动为宜。

3. 切断

切断与车槽类似。但是，当工件的直径较大时，切断刀刀头较长，切屑容易堵塞在槽内，刀头容易折断。因此，往往将切断刀刀头的高度加大，以增加强度；将主切削刃两边磨出斜刃，以利于排屑（图 4-44b）。

切断一般采用卡盘装夹工件（图 4-71），切断处应尽可能靠近卡盘。切断刀主切削刃必须对准工件旋转中心，高于或低于旋转中心均会使工件中心部位形成凸台，易损坏刀头（图 4-72）。切断时进给要均匀，即将切断时需放慢进给速度，以免刀头折断。切断时，工件不宜采用两顶尖装夹。

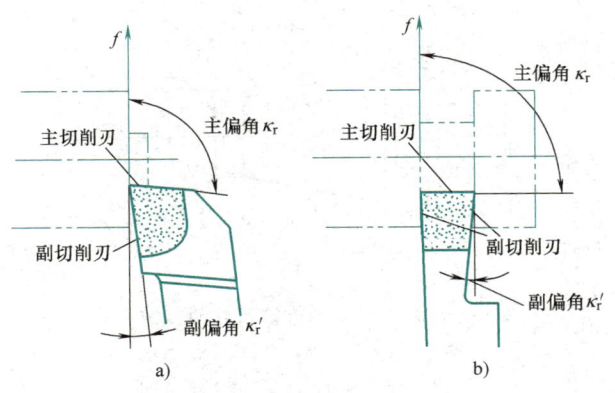

图 4-70　车槽刀与偏刀结构的对比

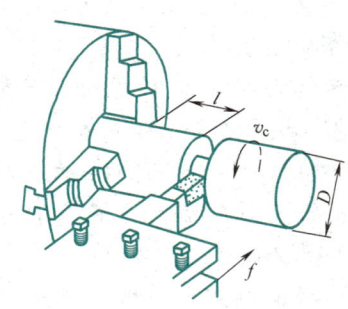

图 4-71　在卡盘上切断

为了使切削顺利，在切断刀的前面上应磨出一个较浅的卷屑槽，一般槽深为 0.75～1.5mm，槽宽超过切入深度，卷屑槽过深会削弱刀头强度（图 4-72a）。

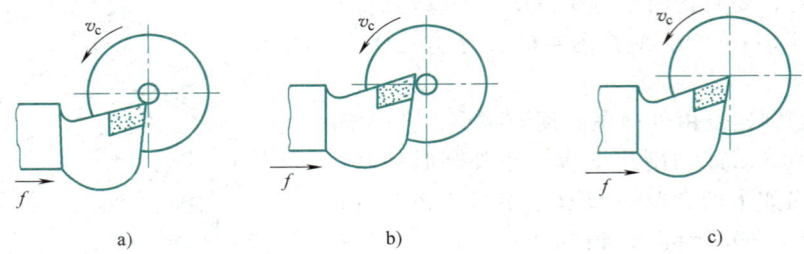

图 4-72 切断刀刀尖应与工件旋转中心等高
a）凸台易压坏刀尖　b）凸台易顶坏刀尖　c）正常

切断时，为了使带孔工件不留边缘，防止切下的工件端面留有小凸台，可以将切断刀的主切削刃稍微磨斜些（图 4-73）。

切断时切削用量的确定，应根据切断刀材料和结构来选择。切削速度应比车外圆略高，进给量比车外圆低，高速工具钢切断刀取 v_c = 20～40m/min，f = 0.05～0.15mm/r；硬质合金切断刀取 v_c = 100～120m/min，f = 0.2～0.3mm/r。

六、车锥面

锥面分外锥面和内锥面（即锥孔）。锥面配合紧密，拆卸方便，多次拆装仍能保持精确的对中性。因此，锥面被广泛用于要求定位准确，能传递一定转矩和经常拆卸的配合件上。例如，车床主轴锥孔与顶尖的配合、钻头锥柄与尾座套筒锥孔的配合等（图 4-74）。

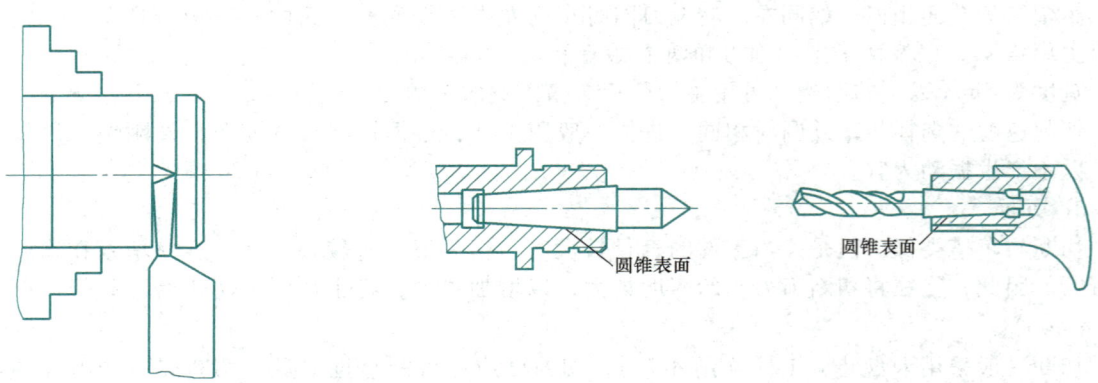

图 4-73 斜刃切断刀

图 4-74 锥面配合的应用实例

圆锥的尺寸和参数如图 4-75 所示。

锥面的车削方法有小滑板转位法、尾座偏移法、靠模法和宽刀法（又称样板刀法）四种。

1. 小滑板转位法

小滑板转位法如图 4-76 所示，当内、外锥面的圆锥角为 α 时，将小刀架扳转 $\alpha/2$ 即可加工。

此法操作简单，可加工任意锥角的内、外锥面。但加工长度受小滑板行程限制，只能手动进给，表面粗糙度 Ra 值为 12.5～3.2μm。

（1）小滑板的调整　一般可利用刻度转动转盘调整角度，通过试切逐步校正。车削前应检查并调整好小滑板

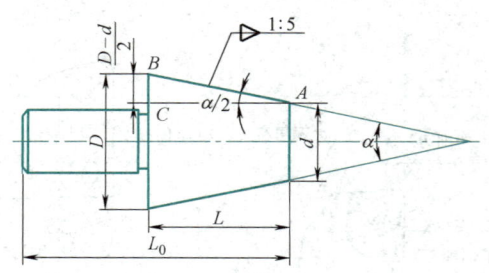

图 4-75 圆锥的尺寸和参数
圆锥角为 α，圆锥斜角为 $\alpha/2$，大端直径 $D = d + 2L\tan(\alpha/2)$，小端直径 $d = D - 2L\tan(\alpha/2)$，锥度 1 : 5 = $(D-d)/L = 2\tan(\alpha/2)$

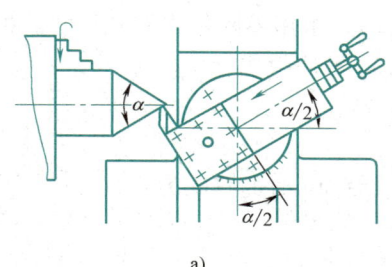 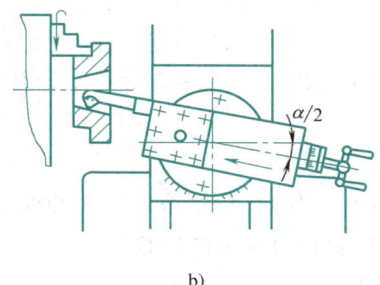

图 4-76 小滑板转位法车内、外锥面
a) 车外锥面 b) 车内锥面

镶条的松紧,过紧,手动进给时费力,移动不均匀,工件锥面的表面粗糙度值会增大;过松,则小滑板间隙过大,车出工件的圆锥素线不平直,锥面的表面粗糙度值也会增大。此外,还应注意小滑板行程位置的调整,既要照顾锥面的长度,又要考虑前后适中,不要靠前或靠后,刀架悬伸过长会降低刚性,影响加工质量。

(2) 锥度的校正方法 用中滑板上的刻度来确定锥度,其精度不高。当车削标准锥度和较小的锥度时,一般可用锥度套规或塞规用涂色检验法,逐步校正小滑板转动的角度。当车削较大的工件时,可用样板或游标万能角度尺来检验和校正。

如果车削的工件已有样件或标准塞规,则可用百分表来校正其锥度,如图 4-77 所示。先将样件或标准塞规用两顶尖装夹,小滑板转动一所需角度 β（$\beta=\alpha/2$）,刀架上装一个百分表,其测头与样件垂直接触并对准样件水平中心,移动小滑板观察指针摆动情况,若不动,则锥度已校好。

(3) 车刀刀尖位置对工件水平中心的方法 车圆锥体时必须注意车刀的装夹,务必使车刀刀尖严格对准工件的水平中心,否则车出的圆锥素线不是直线,而是双曲线。

1) 当车削实心圆锥体时,可把车刀刀尖对准端面中心。

2) 当车圆锥孔时,可采用端面划线的方法,如图 4-78 所示。

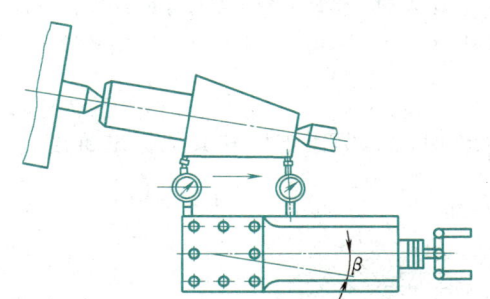 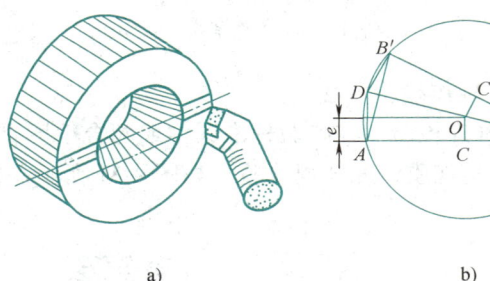

图 4-77 用百分表校正锥度的方法　　图 4-78 端面划线对准中心的方法

先将车刀大概装正,在工件端面涂上显示剂,用刀尖在工件端面上划一条线,工件转 180°,再划一条线。如果两条线重合,则车刀已对准中心;如果不重合,可调整刀垫厚度。刀垫厚度 e 可按图 4-78b 所示方法迅速求出。刀尖先在涂有显示剂的工件端面划一条线 AB,转一角度过 B 点再划一条线 $A'B'$,圆心 O 至 AB 和 $A'B'$ 的距离各为 OC 和 OC',OC（或 OC'）就是刀尖至工件轴线的距离 e,过圆心 O 的延长线 BO 与圆相交于 D,按几何关系

$$e = OC = OC' \approx (1/2)DB' \approx (1/4)AB' \tag{4-7}$$

用游标卡尺量出 AB' 的长度,其 1/4 就是刀垫的厚度。按此法调整刀垫能较快使车刀刀尖对准中心,可反复校正直至对准为止。

若车刀刃磨后重新装夹,则必须重新对刀。

(4) 车锥体时的尺寸控制方法 在车削过程中,当锥度已车准而大小端尺寸还未达到要求时,必

须再进行车削,其背吃刀量可用以下方法控制。

1)计算法。当圆锥体的尺寸还大或锥孔的尺寸还小时,可用界限量规控制尺寸。根据套规台阶中心到工件小端面的距离 l,按图 4-79a 所示,其背吃刀量 a_p 可用下式计算

$$a_p = l\tan(\alpha/2) \tag{4-8}$$

或

$$a_p = lC/2 \tag{4-9}$$

式中 a_p——极限量规标尺标记或台阶中心面距离工件端面为 l 时的背吃刀量;

$\alpha/2$——圆锥斜角(α 为圆锥角);

C——锥度。

2)移动床鞍法。如图 4-80 所示,当用极限量规检验工件尺寸时,根据量出的长度 l,使车刀刀尖轻轻接触工件小端表面,然后移动小滑板,使刀尖离开工件端面 l(mm),再移动床鞍使刀尖同工件端面接触,车刀即切入一个需要的切削深度。

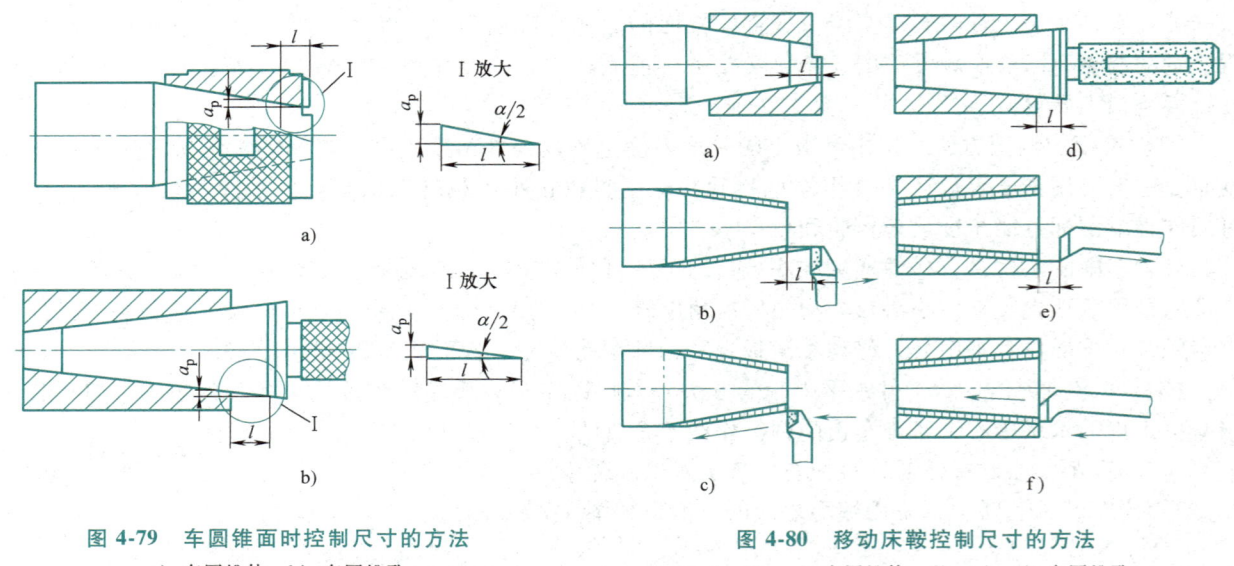

图 4-79 车圆锥面时控制尺寸的方法
a)车圆锥体 b)车圆锥孔

图 4-80 移动床鞍控制尺寸的方法
a)、b)、c)车圆锥体 d)、e)、f)车圆锥孔

(5)锥体检验方法

1)锥度检验。在检验标准圆锥或配合精度要求高的工件时(如莫氏锥度和其他标准锥度),可用标准锥度塞规或锥度套规检验,如图 4-81 所示。

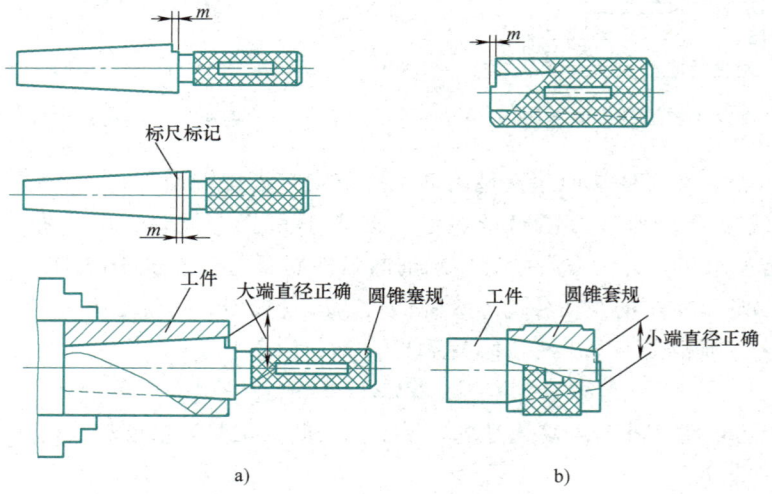

图 4-81 圆锥量规及其使用方法
a)圆锥塞规及其使用方法 b)圆锥套规及其使用方法

用圆锥塞规检验内圆锥时,先在塞规表面顺着圆锥素线用显示剂均匀地涂上三条线(线与线相隔120°),然后把塞规插入内圆锥中约转动半周,观察显示剂擦去的情况。如果显示剂擦去均匀,说明圆锥接触良好,锥度正确。如果小端擦去,大端没擦去,说明圆锥角大了;反之,则说明圆锥角小了。按同样的方式,用圆锥套规检验外圆锥的锥度是否正确(图 4-81b)。

2)圆锥的尺寸检验。圆锥大、小端直径可用圆锥量规来测量。圆锥量规如图 4-81a 所示,它除了有一个精确的圆锥表面外,在塞规和套规的端面上分别具有一个台阶(或标尺标记)。台阶长度(或标尺标记之间的距离)m,就是圆锥大、小端直径公差的范围。

检验工件时,工件的端面位于圆锥量规台阶(或两刻线)之间才算合格。

2. 尾座偏移法

尾座偏移法如图 4-82a 所示,其只能用来加工轴类零件或安装在心轴上的盘套类零件的锥面。工件或心轴安装在前、后顶尖之间,将后顶尖向前或向后偏移一定距离 s,使工件回转轴线与车床主轴轴线的夹角等于工件圆锥斜角 $\alpha/2$,当刀架自动或手动纵向进给时,即可车出所需的锥面。此法加工的表面粗糙度 Ra 值为 6.3~1.6μm。

1)后顶尖偏移方法如图 4-82b 所示。松开固定螺钉 5 和调节螺钉 3,再拧紧调节螺钉 6,尾座体即可沿尾座导轨向右移动;反之,则向左移动。

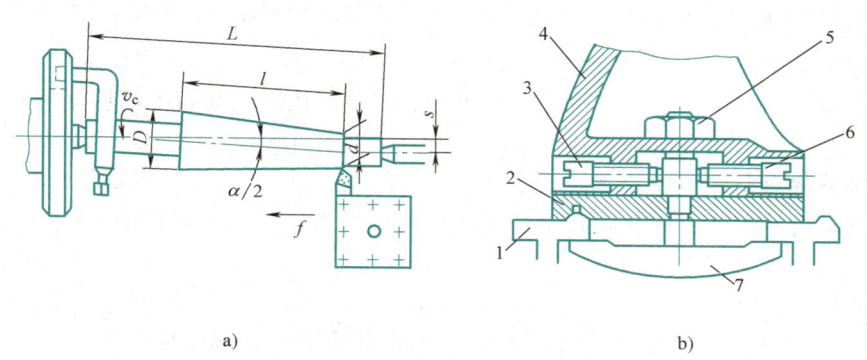

图 4-82 偏移尾座车锥面
a)车削方法 b)尾座偏移的结构
1—床身 2—底座 3、6—调节螺钉 4—尾座体 5—固定螺钉 7—压板

尾座体偏移量 s 为

$$s = \frac{D-d}{2l} \quad l = L\tan\frac{\alpha}{2} \tag{4-10}$$

式中 L——工件总长度;
  l——锥面长度;
  D 与 d——圆锥大端和小端的直径;
  α——圆锥角。

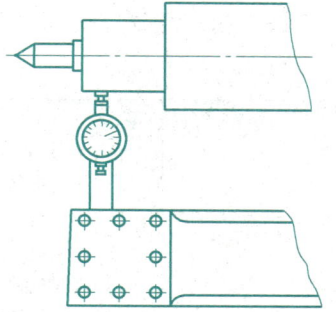

图 4-83 用百分表偏移尾座的方法

2)尾座偏移量的调整。图 4-83 所示方法可精确调整尾座偏移量。小刀架夹持一个百分表,其测头与尾座上的精确表面接触,指针对零位。转动尾座的调整螺钉,使指针的摆动量等于计算所得的尾座偏移量,然后紧固尾座。为确保尾座偏移量的准确调整,可在加工好零件之前进行试验。

3)偏移尾座法的优缺点及其适用范围。用这种方法车锥体,其优点是:任何卧式车床都可以应用;可自动进给,因而加工的表面粗糙度值较小;能车削较长的锥体。其缺点是:不能车削锥角较大的工件($\alpha<16°$);尾座偏移后顶尖与工件的孔接触偏向一边,如果不改善顶尖接触状况(应采用球形顶尖),则会影响加工精度;此外,还不能车削锥孔和整体圆锥体。因此,这种方法只适宜加工长度较大、锥角较小、要求不高的工件。

应当注意，偏移尾座车锥体，其偏移量与工件的总长和中心孔的深度有关。如果一批工件的总长和中心孔的深度不一致，则对加工精度有直接影响。

3. 靠模法

靠模装置如图 4-84 所示，其底座固定在车床床鞍上，它下面的燕尾导轨与靠模体 5 上的燕尾槽滑动配合。靠模体上装有锥度靠模板 2，它可绕中心旋转到与工件轴线相交成所需的圆锥斜角 α/2。两个螺钉 7 用来固定锥度靠模板。滑块 4 与中滑板丝杠 3 连接，可以沿着锥度靠模板自由滑动。当需要车圆锥时，用两个螺钉 11 通过挂脚 8、调节螺母 9 及拉杆 10，把靠模体 5 固定在车床床身上。螺钉 6 用来调整靠模板的斜度。当床鞍做纵向移动时，滑块就沿着靠模板斜面滑动。由于丝杠和中滑板上的螺母是连接的，这样床鞍做纵向进给时，中滑板就沿着靠模板斜度做横向

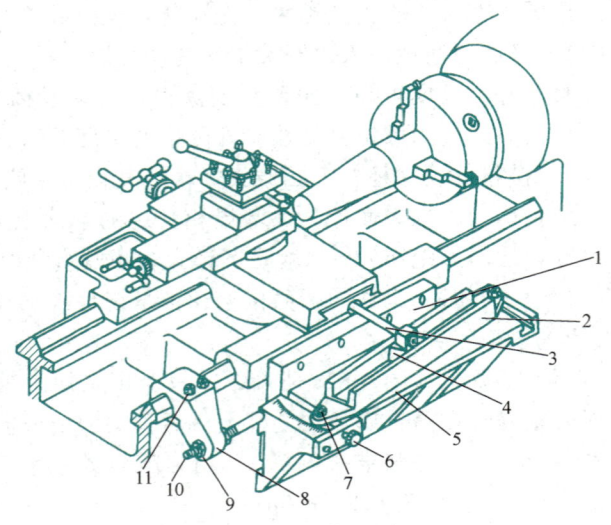

图 4-84　车削锥角小于 12°的纵向靠模装置

1—底座　2—锥度靠模板　3—丝杠　4—滑块　5—靠模体
6、7、11—螺钉　8—挂脚　9—调节螺母　10—拉杆

进给，车刀就合成斜进给运动。当不需要使用靠模时，只要把固定在床身上的两个螺钉 11 松开，床鞍就带动整个附件一起移动，使靠模失去作用。

靠模法车圆锥的优点是调整锥度既方便又准确；因中心孔接触良好，所以锥面质量高；可机动进给车外圆锥和内圆锥。但靠模装置的角度调节范围较小，一般在 12°以下。

4. 宽刀法

宽刀法如图 4-85 所示，主要用于成批生产中车削较短的锥面。车削时切削刃应平直，前、后刀面应用油石打磨，使表面粗糙度 Ra 值达 0.1μm。安装时，应使切削刃与工件回转轴线成圆锥斜角 α/2。用此法加工的工件表面粗糙度 Ra 值可达 3.2～1.6μm。

5. 车圆锥时产生误差的原因及预防措施

车圆锥时产生误差的原因及预防措施见表 4-6。

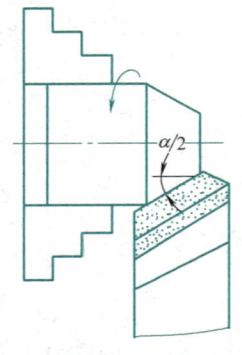

图 4-85　宽刀法车锥体

表 4-6　车圆锥时产生误差的原因及预防措施

废品种类	产生原因	预防措施
锥度（角度）不正确	1. 用小滑板转位法车削时 (1) 小滑板转动角度计算误差 (2) 小滑板移动时松紧不匀	(1) 仔细计算小滑板应转的角度和方向，并反复试车校正 (2) 调整塞铁使小滑板移动均匀
	2. 用偏移尾座法车削时 (1) 尾座偏移位置不正确 (2) 工件长度不一致	(1) 重新计算和调整尾座偏移量 (2) 如工件数量较多，各件的长度必须一致
	3. 用靠模法车削时 靠模角度调整不正确	重新调整靠模角度
	4. 用宽刀法车削时 (1) 装刀不正确 (2) 切削刃不直	(1) 调整切削刃的角度和对准中心 (2) 修磨切削刃的直线度
	5. 铰内圆锥时 (1) 铰刀锥度不正确 (2) 铰刀的轴线与工件旋转轴线不同轴	(1) 修磨铰刀 (2) 用百分表和检验棒调整尾座套筒轴线
双曲线误差	车刀刀尖没有对准工件轴线	车刀刀尖必须严格对准工件轴线

七、车成形面

手柄、圆球及手轮等零件上的回转表面，称为成形面。成形面的车削有双向车削法、成形刀法和靠模法。

1. 双向车削法

双向车削法如图4-86所示，先用普通车刀按成形面形状粗车许多台阶（图4-86a）；然后用双手控制圆弧车刀同时做纵向和横向进给，车去台阶峰部并使之基本成形（图4-86b）；再用样板检验（图4-86c），并需经过多次车削修正和检验方能符合要求。形状合格后还需用砂纸和砂布做适当打磨。该方法加工的表面粗糙度 Ra 值可达 12.5~3.2μm。

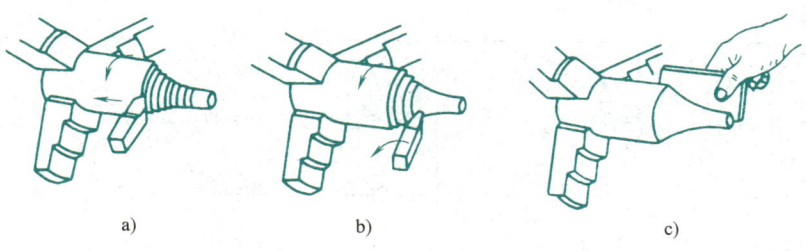

图4-86 普通车刀车成形面
a）粗车台阶 b）车成形面 c）样板检验

此法对操作技术要求较高，但无需特殊设备与工具，多用于单件、小批生产中加工精度不高的成形面。

2. 成形刀法

对于曲面形状较短且较简单的成形面，可以使用成形刀（样板刀）一次车削加工成形（图4-87）。有时为了减少成形刀的材料切除量，可先用车刀按成形面形状粗车许多台阶，再用成形刀精车成形。该方法的尺寸公差等级可达IT8，表面粗糙度 Ra 值可达 6.3μm，并能保证较高的互换性。

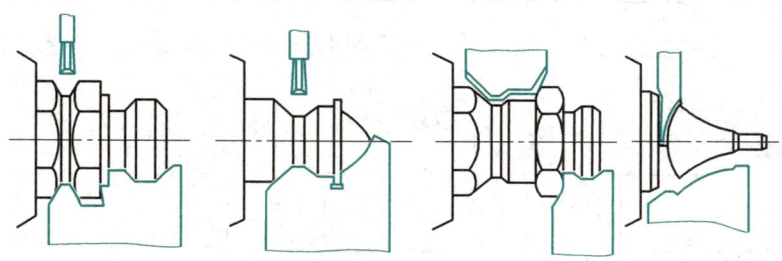

图4-87 用成形刀加工零件

此法生产率较高，但成形刀刃磨较困难，车削时容易振动，故只用于车削批量较大、刚性较好的工件的成形面。

3. 靠模法

靠模法车成形面与靠模法车锥面的原理和方法类似，只要将图4-84中的锥度靠模板换成成形靠模板即可。

八、螺纹车削

在车床上车削螺纹是常用的螺纹加工方法，可加工各种类型和直径的螺纹。其加工尺寸公差等级可达IT9~IT4，表面粗糙度 Ra 值可达 6.3~1.6μm。该方法多用于单件、小批生产。

1. 螺纹的种类及用途

螺纹的应用甚广，可做联接、紧固、传动和调节之用。根据牙型不同，螺纹的种类很多。常见螺纹的种类、牙型和主要用途见表4-7。

表 4-7 常用螺纹的种类、牙型及主要用途

螺纹种类		牙型	主要用途
三角形螺纹	普通螺纹	$\alpha=60°$	主要用于联接件和紧固件,也常做调节之用
	寸制螺纹	$\alpha=55°$	主要用于寸制设备的修配
梯形螺纹		$\alpha=30°$	主要用于传动件,如机床的丝杠
矩形螺纹			用于支承重型传动件,如千斤顶、压力机的丝杠
模数螺纹		$\alpha=40°$	即蜗杆,用于蜗杆传动中

螺纹按其旋向有右旋和左旋之分,按线数有单线和多线之分。螺旋线的参数如图4-88所示。

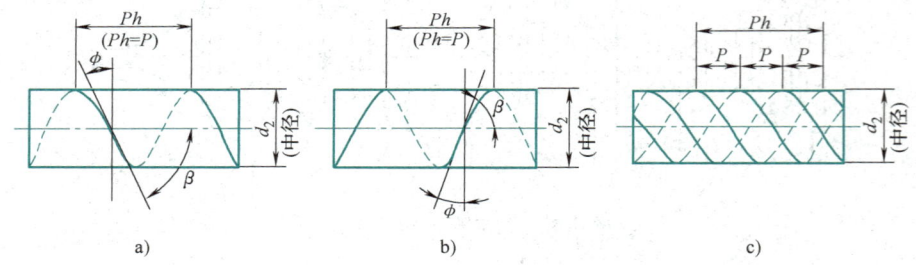

图 4-88 螺旋线的参数
a) 右旋螺纹　b) 左旋螺纹　c) 三线螺纹

(1) 螺纹升角 ϕ　为螺纹中径圆柱上螺旋线的切线与垂直于螺纹轴线平面的夹角。
(2) 螺旋角 β　为螺纹中径圆柱上螺旋线的切线与螺纹轴线方向的夹角。
(3) 导程 Ph　为同一条螺旋线上相邻两牙在中径线上对应两点间的轴向距离。
(4) 螺距 P　为相邻两牙在中径线上对应两点间的轴向距离。

当多线螺纹的线数为 n 时,导程 Ph 和螺距 P 的关系为

$$Ph = nP$$

对于单线螺纹,线数 $n=1$,即 $Ph=P$,习惯上只称螺距而不称导程。

2. 车螺纹的技术要求

在车床上可加工各种螺纹,其中普通螺纹(又称米制三角形螺纹)应用最广泛。普通螺纹各部分

的名称及代号如图 4-89 所示。

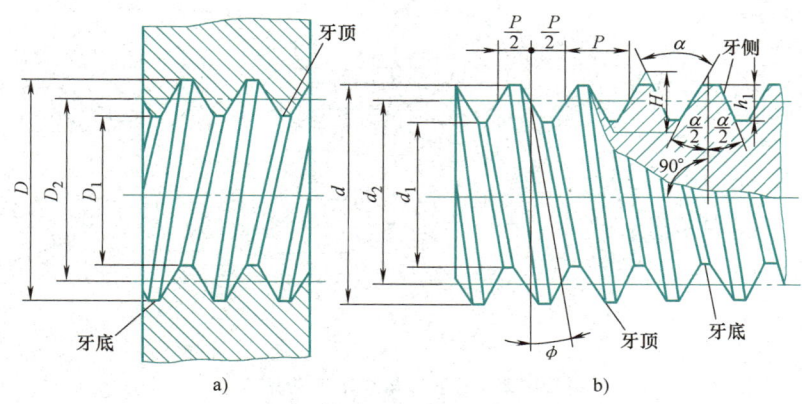

图 4-89　普通螺纹各部分的名称及代号
a）普通内螺纹　b）普通外螺纹

普通螺纹的牙型为三角形，牙型角 α=60°，用大写字母 D 代表内螺纹公称直径，用小写字母 d 代表外螺纹公称直径，用字母 P 代表螺距，各参数之间的关系如下（图 4-90）

$$\text{螺纹大径（等于公称直径）} \quad d = D$$

螺纹小径 $\quad\quad\quad\quad\quad\quad\quad d_1 = D_1 = d - 1.08P \quad\quad\quad\quad\quad\quad$ (4-11)

螺纹中径 $\quad\quad\quad\quad\quad\quad\quad d_2 = D_2 = d - 0.65P \quad\quad\quad\quad\quad\quad$ (4-12)

牙型高度 $\quad\quad\quad\quad\quad\quad\quad h_1 = 0.5413P \quad\quad\quad\quad\quad\quad\quad\quad$ (4-13)

车螺纹的技术要求是，必须保证螺纹的牙型和螺距的精度，并使相配合的螺纹具有相同的中径，否则将使车出的螺纹不合格或报废。

3. 螺纹车削方法

（1）单线右旋螺纹的车削　单线右旋螺纹车削是最基本的方法（图 4-91）。车削过程应保证正确的牙型、准确的螺距（导程）及合格的中径。

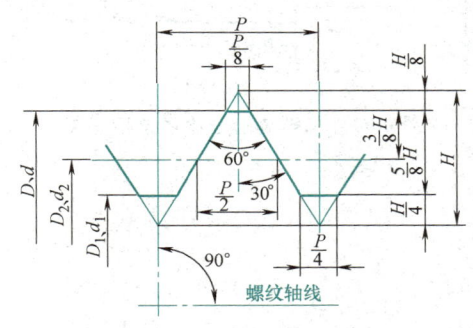

图 4-90　普通螺纹基本牙型

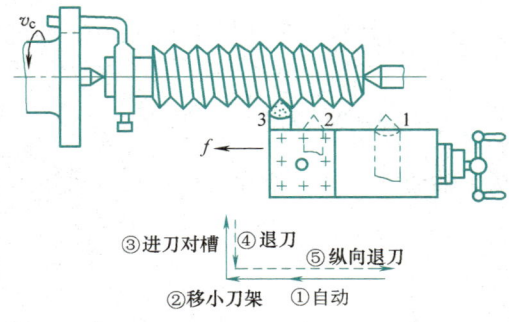

图 4-91　单线右旋螺纹车削及对刀方法

1）为了获得正确的牙型，必须正确刃磨和安装车刀。螺纹车刀切削部分的形状必须磨成与螺纹牙型完全一致，保证牙型的一般要求，如图 4-92a 所示。

如米制普通螺纹车刀的刀尖角应磨成 60°，使用样板检查时，应与其配合无缝。

螺纹车刀如带有径向前角或刀尖低于螺纹轴线，均会影响牙型的准确性（图 4-92b、c）。因此，粗加工时常采用 5°~15°的正前角。精车螺纹时，应使用零前角的螺纹车刀。

安装螺纹车刀时，刀尖必须与工件螺纹轴线等高，刀尖角的平分线必须与工件轴线垂直，这样才能保证螺纹在 OA 截面上获得正确的牙型。安装螺纹车刀时常用样板对刀（图 4-93）。

2）为了获得准确的螺距，必须保证工件每转一转，车刀准确地移动一个螺距 P（单线螺纹）或导

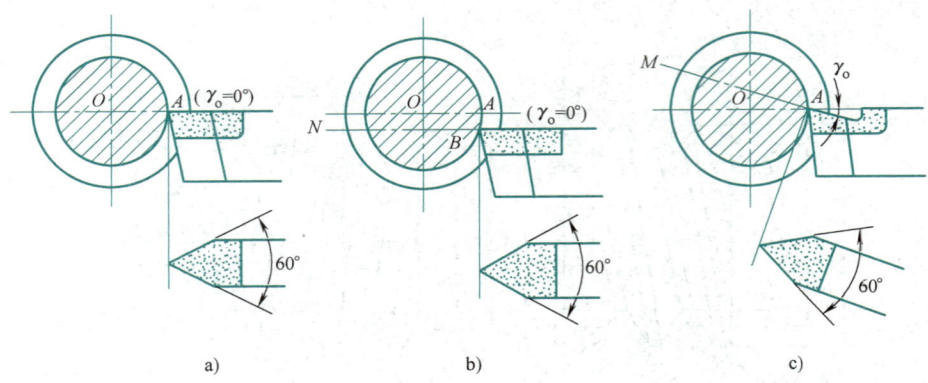

图 4-92 三角形螺纹车刀的角度

程 Ph（多线螺纹）。这种运动关系是通过车床主轴到刀架之间的传动系统来实现的。

图 4-94 所示为 C6132 型车床车螺纹的传动系统示意图。工件由主轴带动，车刀的纵向进给由丝杠带动。主轴与丝杠之间通过换向机构齿轮副 $\left(\dfrac{55}{35}\times\dfrac{35}{55}\right)$、配换交换齿轮（$a$、$b$、$c$、$d$）与进给联系起来。换向机构齿轮副的传动比为 1，故不改变系统的传动比。但通过换向机构，可在主轴转向不变的情况下使丝杠正转或反转，以满足车削右、左旋螺纹对进给方向的需要。配换交换齿轮是为了满足车削不同螺距的螺纹而设置的变速机构。通过调整交换齿轮的齿数，可满足各种螺距对传动比的要求。

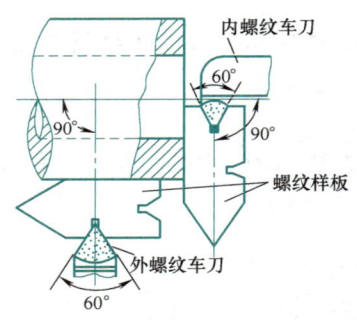

图 4-93 螺纹车刀的安装

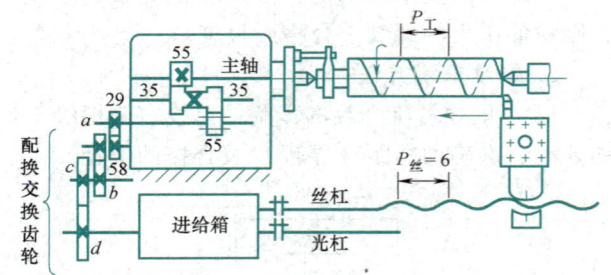

图 4-94 车螺纹的进给系统示意图

从主轴到丝杠（刀架）的传动比，可用下式进行计算

$$i=\dfrac{n_丝}{n_主}=\dfrac{P_工}{P_丝}=i_配\,i_进=\dfrac{ac}{bd}i_进 \tag{4-14}$$

当车削常用螺纹的螺距时，可按工件螺距 $P_工$ 从车床进给箱标牌中查出相应的配换交换齿轮齿数 a、b、c、d 和进给箱各手柄的位置，从而对车床传动系统进行调整。

对于车床标牌上查不到的特殊螺距，则要进行交换齿轮计算，求新的交换齿轮分配式。**其计算方法如下：**

首先在车床标牌上选取一个与工件螺距成一定倍数或简单比值的参考螺距 $P'_工$，并把进给箱各手柄位置调到标牌指示的位置，找出原有交换齿轮齿数 a'、b'、c'、d'，利用式（4-15）即可求出车削工件螺纹所需的新的交换齿轮组齿数 a、b、c、d，即

$$i_新=\dfrac{P_工}{P'_工}\dfrac{a'c'}{b'd'}=\dfrac{ac}{bd} \tag{4-15}$$

按新的交换齿轮分配式对原交换齿轮组进行调整,即可车削出要求的工件螺纹。

一般车床上均配有一套齿数分别为 25、30、35、…、120 的备用齿轮,另有齿数为 97 和 127 的齿轮,用于车削寸制螺纹和模数螺纹。

选配后的交换齿轮齿数还应满足下列要求

$$a+b>c+15 \qquad (4\text{-}16)$$
$$c+d>b+15 \qquad (4\text{-}17)$$

经校验符合上式的要求,则可进行交换齿轮调整,车削出所需要的螺纹。

3)为了获得合格的螺纹中径 d_2(或 D_2),必须准确控制多次进给切削的总背吃刀量。一般根据螺纹牙型高度由标尺盘进行大致控制,并用螺纹量规或其他测量中径值的方法进行检验控制。

① 螺纹量规如图 4-95 所示。如果通规(过端)能拧进,而止规(止端)拧不进,则螺纹合格。这种方法除检验螺纹中径外,还可同时检验螺纹牙型和螺距。

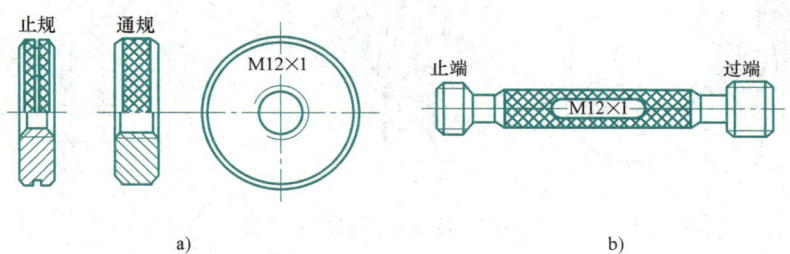

图 4-95 螺纹量规
a)测外螺纹的环规 b)测内螺纹的塞规

② 用螺纹千分尺测量。三角形螺纹的中径可用螺纹千分尺测量(图 4-96)。螺纹千分尺的测量原理和读数方法与外径千分尺相同,所不同的是螺纹千分尺附有两套(60°和 55°)适用于不同牙型角和不同螺距的测量头。测量头可根据测量的需要进行选择,然后分别插入千分尺轴杆和砧座的孔内。但必须注意,在更换测量头之后,必须调整砧座的位置,使千分尺对准零位。

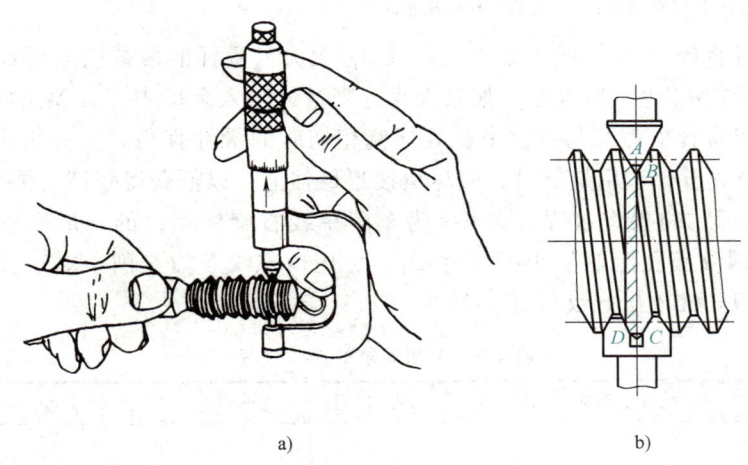

图 4-96 螺纹千分尺及其测量原理
a)螺纹千分尺 b)测量原理

测量时,与螺纹牙型角相同的上、下两个测量头,正好卡在螺纹的牙侧上。从图 4-96b 中可以看出,$ABCD$ 是一个平行四边形,因此,测得的尺寸 AD,就是中径的实际尺寸。

③ 用三针测量。用三针测量外螺纹中径是一种比较精密的测量方法。测量时所用的三根圆柱形量针是由量具厂专门制造的。在没有量针的情况下,也可用三根直径相等的优质钢丝或新的钻头柄部代

替。测量时,把三根量针放置在螺纹两侧对应的螺旋槽内,用千分尺测量两边量针顶点之间的距离 M(图 4-97)。根据 M 值可以计算出螺纹中径的实际尺寸。进行三针测量时,M 值和中径的计算公式见表 4-8。

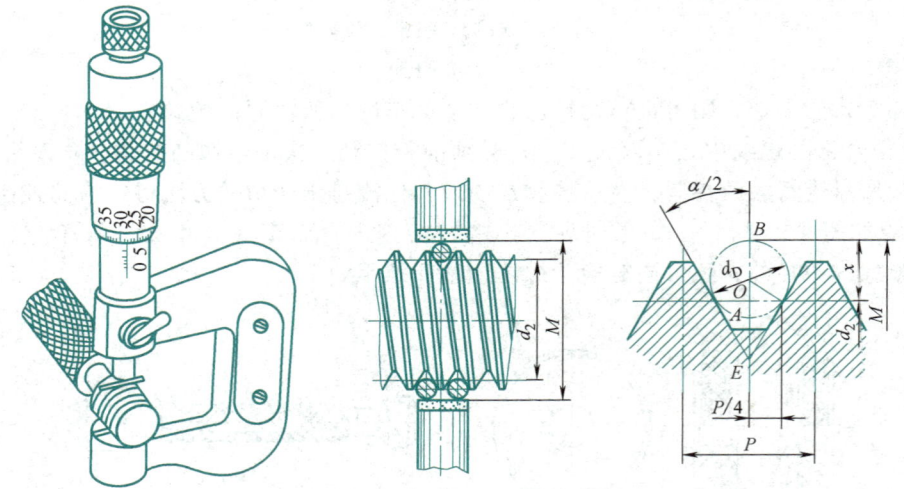

图 4-97 用三针测量螺纹中径

表 4-8 三针测量螺纹时 M 值的计算公式

螺纹牙型角 α	M 值计算公式	量针直径 d_D/mm		
		最大值	最佳值	最小值
60°(普通螺纹)	$M = d_2 + 3d_D - 0.866P$	1.01P	0.577P	0.505P
55°(寸制螺纹)	$M = d_2 + 3.166d_D - 0.961P$	0.894P-0.02	0.564P	0.481P-0.016
30°(梯形螺纹)	$M = d_2 + 4.864d_D - 1.866P$	0.656P	0.518P	0.486P

注:d_2—被测螺纹中径;d_D—量针直径;P—被测螺纹的螺距。

三针测量用的量针直径(d_D)不能太大。如果 d_D 太大,量针的横截面与螺纹牙侧不相切,则无法量得中径的实际尺寸;d_D 也不能太小,如果太小,则量针陷入牙槽中,其顶点低于螺纹牙顶而无法测量。最佳量针直径指量针横截面与螺纹中径处牙侧相切时的量针直径。量针直径的最大值、最佳值和最小值可在表 4-8 中查出。选用量针时,应尽量接近最佳值,以便获得较高的测量精度。

4)车削单线右旋螺纹的操作过程。表 4-9 为车削单线右旋外螺纹的一般操作过程。车削内螺纹时,应先钻(或扩)螺纹底孔至螺纹小径尺寸 D_1,再用内螺纹车刀车削。对于公称直径较小的内螺纹,也可以在车床上用丝锥攻出螺纹(图 8-15)。

表 4-9 车削螺纹的操作过程

序号	操作内容	示意图	序号	操作内容	示意图
1	开车,使车刀与工件轻微接触,记下标尺盘数,向右移出车刀		2	合上开合螺母,在工件表面上车出一条螺纹线,横向退出车刀,停车	

（续）

序号	操作内容	示意图	序号	操作内容	示意图
3	开反车使车刀退到工件右端，停车，用钢直尺检查螺距是否正确		5	车刀将至行程终了时，应做好退刀停车准备，先快速退出车刀，然后停车，开反车退回刀架	
4	利用标尺盘调整背吃刀量，开车切削，车钢料时，加机油润滑		6	再次横向送进，继续切削，其切削过程的路线如右图所示	

5) 车削螺纹的方法及操作要领。普通螺纹的车削过程与各种螺纹的车削方法大同小异。现以车削普通螺纹为例，介绍车削螺纹的要领。

① 车削螺纹前要用对刀样板仔细对刀（图4-93），以保证车刀工作时具有正确的位置。

② 工件要装夹牢固，伸出部分不宜过长，避免工件松动或变形。

③ 为了便于退刀，主轴转速不宜过高，并预先加工好退刀槽。

④ 为降低螺纹表面粗糙度值，保证合理的螺纹中径，即将完成牙型的车削时，应停车用螺纹环规或标准螺母旋入检查，并细心地调整背吃刀量，直至合格为止。

⑤ 当 $P_丝/P_工$ 不等于整数时，加工过程中不能随意打开纵向进给丝杠的开合螺母，以避免发生乱螺纹而使工件报废。

⑥ 如果在车削过程中换刀或磨刀，均应重新对刀。对刀方法如图4-91所示，先闭合开合螺母，使车刀处于位置1；开车将刀架向前移一段距离，使车刀处于位置2，以消除丝杠与螺母之间的间隙；再摇动小滑板和中滑板使车刀落入原来的螺纹槽中，车刀处于位置3；最后将车刀移至螺纹右端相距数毫米处，以便继续切削。

(2) **左旋螺纹的车削**　车削左旋螺纹时，只需调整换向机构，使主轴正转，丝杠反转，车刀从左向右切削即可。

(3) **多线螺纹的车削**　车削多线螺纹时，每一条螺旋槽的车削方法与车单线螺纹完全相同，只是在计算交换齿轮和调整进给箱手柄时，不是按螺距 $P_工$ 而是按导程 Ph（Ph=nP）进行调整的。由于多线螺纹在轴向截面内任意两条相邻螺旋线间的距离等于其螺距值，当车完第一条螺旋槽后，只要转动小滑板手柄使车刀刀尖沿工件轴向移动一个螺距值（移动小滑板前，应先校正小滑板导轨，使之与工件轴线平行），由丝杠自动进给将车刀退回工件右端（注意：退刀时，小滑板手柄不能动，否则会出现乱螺纹现象），调整好背吃刀量后，即可切第二条螺旋槽（图4-98）。按此方法可依次车出第三、第四条螺旋槽。

(4) **车削螺纹尺寸测量及表面粗糙度值判定**

1) 螺距的测量。对一般精度要求的螺纹，螺距常用钢直尺和螺距量规进行测量。

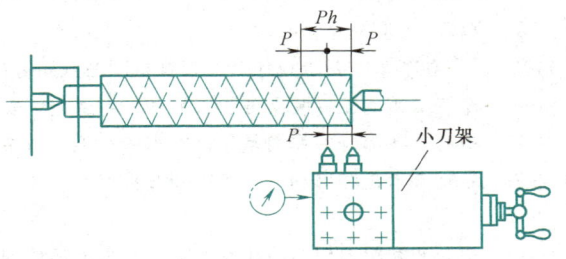

图4-98　用移动小滑板法分线

2) 大径的测量。外螺纹大径、公差都比较大，一般用游标卡尺测量。

3) 表面粗糙度值用标准样板目测进行比较，从而判定其是否符合要求。

九、滚花

工具和零件的手握部分，为了美观和加大摩擦力，常在表面上滚压出花纹。例如，螺纹量规和回转顶尖的手握外圆部分都进行滚花。

滚花是在车床上用滚花刀挤压工件，使其表面产生塑性变形而形成花纹的（图 4-99）。滚花刀安装在方刀架上。滚花时，工件低速旋转，滚花刀径向挤压后，再做纵向进给。为避免细屑研坏滚花刀和防止细屑滞塞在滚花刀内而产生乱纹，应充分供给切削液。

花纹有直纹和网纹两种，每种又分为粗纹、中纹和细纹。滚花刀如图 4-100 所示，单轮滚花刀是滚直纹的；双轮滚花刀是滚网纹的，两轮分别为左旋斜纹与右旋斜纹；六轮滚花刀由三对粗细不等的斜纹轮组成，以备选用。

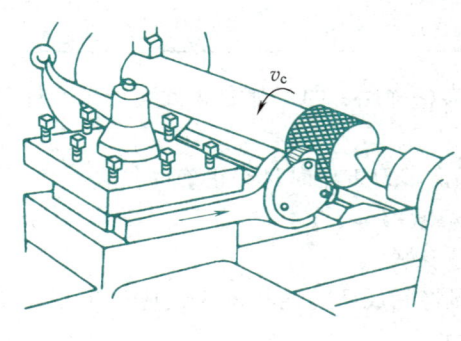

图 4-99 滚花方法

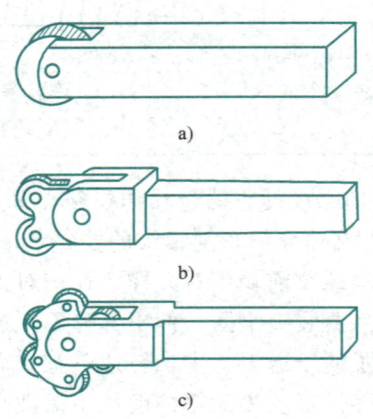

图 4-100 滚花刀种类

a) 单轮滚花刀　b) 双轮滚花刀　c) 六轮滚花刀

知识与技能拓展

复习思考题

4-1　试说明 C6132 型车床的主轴箱、刀架、尾座的功用是什么。

4-2　C6132 型车床型号中各个字母和数字的含义是什么？C6140 及 C6136 分别表示什么意义？

4-3　光杠和丝杠的作用是什么？车外圆用丝杠带动刀架移动，车螺纹用光杠带动刀架移动，是否可以？试分析说明。

4-4　C6132 型车床主轴转速和进给量如何调整？

4-5　主轴转速是否就是切削速度？当主轴转速提高时，刀架移动加快，是否意味着进给量加大？

4-6　车床可加工哪些表面？车削外圆的尺寸公差等级可达几级？表面粗糙度 Ra 值各为多少？

4-7　试切的目的是什么？主要应用在什么场合？试述正确的试切方法。

4-8　安装车刀应注意哪些问题？

4-9　粗车和精车的要求是什么？刀具角度的选用有何不同？切削用量的选择有何不同？

4-10　车床常用的工件装夹方法有哪些？各适用于安装哪些形状的工件？

4-11　中心孔各部分的作用是什么？车床前顶尖与中心孔之间是否要加润滑油？两顶尖装夹工件有什么特点？

4-12　自定心卡盘和单动卡盘各有什么特点？单动卡盘的定心精度为什么比自定心卡盘的高？两者分别适用于什么场合？

4-13　中心架和跟刀架的用途有何不同？车削细长轴为什么采用三支承爪的跟刀架？

4-14　用花盘装夹工件与用花盘—弯板装夹工件有什么不同？

4-15 车外圆和车端面都有哪些形式的车刀？
4-16 在车床上加工孔的方法有哪些？车孔的关键技术有哪些？一次装夹后车外圆、车孔及端面有什么意义？适用于什么情况？
4-17 车锥面有哪些方法？适用于哪些场合？
4-18 车成形面有哪些方法？适用于哪些场合？
4-19 车螺纹时应如何保证螺纹牙型和螺距的精度？如何防止产生乱牙？
4-20 转塔车床结构有何特点？适合加工哪些类型的工件？
4-21 将你实习中的作业件画下来，试拟出两种加工顺序，并说明其工艺合理性。
4-22 在 C6132 型车床上车削螺距为 4.5mm 的单线螺纹，已知车床加工螺距为 3mm 时的交换齿轮齿数为：$a=60$，$b=65$，$c=65$，$d=45$。试求新的交换齿轮齿数各为多少。
4-23 拟订图 4-101 所示零件的车削步骤。

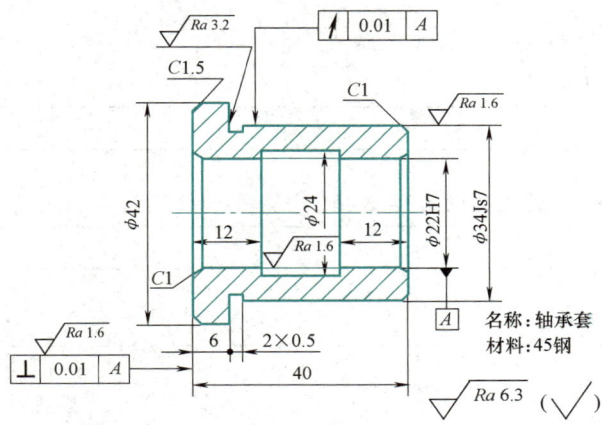

图 4-101 题 4-23 图

4-24 拟订图 4-102 所示双孔连杆的车削步骤。

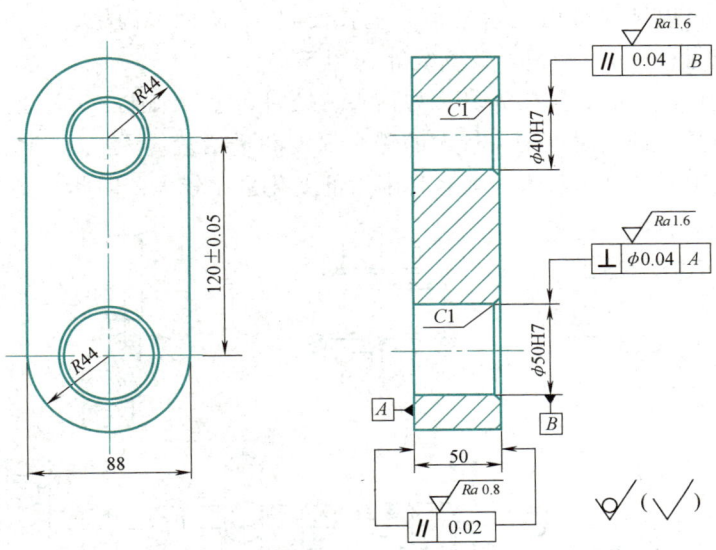

图 4-102 题 4-24 图

使用习题册完成配套课后习题。

第五章 铣削加工

> **学习目标**
> 1. 了解铣床的工艺范围和铣削加工工艺特点。
> 2. 掌握常用的铣削加工方法。

> **重点与难点**
> 常用的铣削加工方法和铣削用量的合理选择。

> **素养目标**
> 培养专注执着的工匠精神。

第一节 铣床概述

铣削加工是在铣床上使用旋转的多刃刀具（铣刀），对工件进行切削加工的一种方法。铣削的适用范围很广，在铣床上可以铣削平面（水平面、垂直面）、台阶面、沟槽、成形面、螺旋槽、分度零件（齿轮、链轮、花键轴……）、切断以及刻线等（图 5-1）。

此外，在铣床上还可以安装孔加工刀具，如钻头、铰刀和镗刀来加工工件上的孔。

一般铣刀是多齿刀具，铣削时可采用较大的铣削深度和进给量，因此，铣削是一种生产率比较高的加工方法。但是，铣削时切削力较大，而且切削力的变化也比较大，因此，要求铣床有较大的功率，

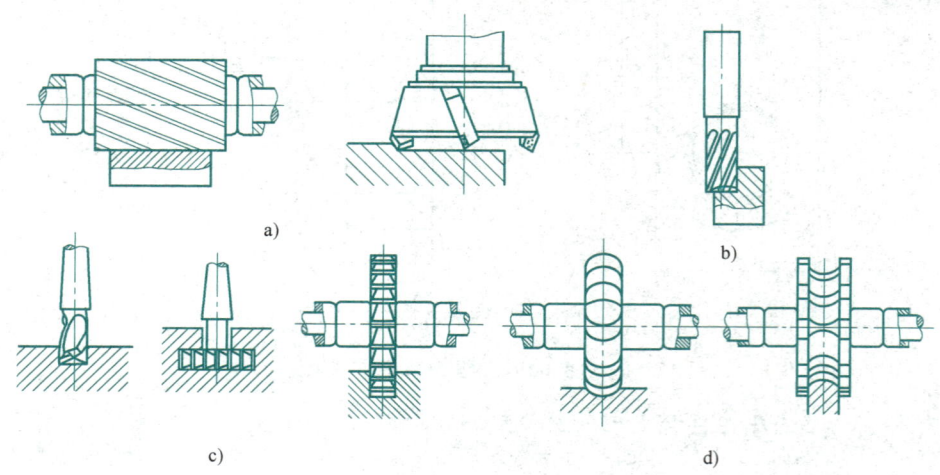

图 5-1 常见的铣削工作

a）铣平面　b）铣台阶　c）铣沟槽　d）铣成形面

 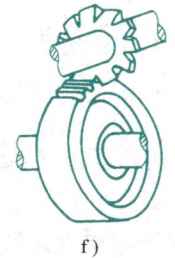 

e)   f)   g)

图 5-1　常见的铣削工作（续）

e）铣螺旋槽　f）铣齿轮　g）切断

还要求铣床和夹具有较好的刚性。一般来说，铣削属于粗加工和半精加工的范畴。

一、铣床的组成

X6132 型万能升降台铣床由下列部分组成（图 5-2）。

1. 床身

床身是铣床的主体，用来安装和连接铣床的其他部件，如主轴、升降台、横梁、主电动机以及主传动变速机构等。床身的前壁有燕尾形的垂直导轨，供升降台上下移动导向用；床身的上部有燕尾形水平导轨，供横梁前后移动导向用；床身的后面装有主电动机，通过安装在床身内部的主传动装置和变速操纵机构，使主轴旋转；床身的左侧壁上有一手柄和转速盘，用以变换主轴转速，变速应在停车状态下进行。

2. 横梁

横梁可以借助齿轮、齿条前后移动，调整它的伸出长度，并用两个偏心螺杆机构夹紧。在横梁上安装着支架，用来支承刀杆的悬伸端，以增加刀杆的刚性。支架的位置可以根据需要进行调整并锁紧。支架内装有滑动轴承，轴承与刀杆的间隙可手动调整。

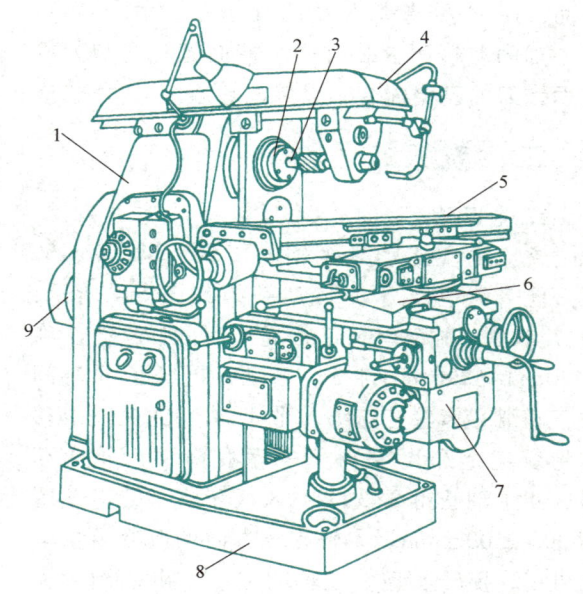

图 5-2　X6132 型万能升降台铣床外形图

1—床身　2—主轴　3—刀杆　4—横梁　5—工作台
6—床鞍　7—升降台　8—底座　9—主电动机

3. 升降台

升降台是工作台的支座，它的上面安装着工作台、床鞍和回转盘。它的内部装有进给电动机和进给变速机构，以使升降台、工作台、床鞍做进给运动和快速移动。升降台前面左下角有一蘑菇形手柄（图 5-2），用于变换进给速度，变速允许在机床运行中进行。

升降台和床鞍的机动操纵是靠升降台左侧的手柄来控制的。操纵手柄有两个，它们是联动的，以适应操作工人在不同的位置方便地操纵机床。手柄有向上、向下、向前、向后及停止 5 个工作位置，其扳动方向与工作台进给方向一致。

4. 床鞍

床鞍安装在升降台的横向水平导轨上，可沿平行于主轴轴线方向（横向）移动，使工作台做横向进给运动。安装在工作台上的工件，通过工作台、床鞍和升降台在三个互相垂直方向的移动来满足加工要求。

5. 回转盘

回转盘在工作台和床鞍之间，它可以带动工作台绕床鞍的圆形导轨中心在水平面内转动±45°，以便铣削螺旋槽等特殊表面。

6. 工作台

工作台安装在回转盘的纵向水平导轨上，可沿垂直或交叉于（当工作台被扳转一定角度时）主轴轴线的方向移动，使工作台做纵向进给运动。工作台的台面上有三条T形槽，用来安装压板螺柱，以固定夹具或工件。工作台前侧面有一条小T形槽，用来安装行程挡块。

工作台的机动操纵手柄也有两个，分别在回转盘的中间和左下方。操纵手柄有向左、向右及停止三个工作位置。其扳动方向与工作台进给方向一致。

工作台的台面宽度是标志铣床规格的主要参数。

7. 主轴

主轴用来安装铣刀或者通过刀杆来安装铣刀，并带着它们一起旋转，以便切削工件。铣床主轴是一根空心轴，用以通过拉杆，前端有锥度为7∶24的精密锥孔，用来安装刀具或刀杆的锥柄部分，起定心作用（图5-3a）。主轴前端有精密的外圆柱面和端面，用来安装大直径的面铣刀（图5-3b）。在主轴的前端面上装有两个端面键，它与刀杆或面铣刀的键槽配合，以传递转矩。

二、铣床的运动

1. 主运动

铣床的主运动是主轴的旋转运动。X6132型万能升降台铣床的传动系统如图5-4所示，由7.5kW、1450r/min的主电动机驱动，经$\phi150mm/\phi290mm$的V带传动，再经Ⅱ-Ⅲ轴间的三联滑移齿轮变速组、Ⅲ-Ⅳ轴间的三联滑移齿轮变速组和Ⅳ-Ⅴ轴间的双联滑移齿轮变速组，使主轴获得3×3×2=18级转速，转速范围为30～1500r/min。主轴旋转方向的改变由主电动机正、反转实现。主轴的制动由电磁制动器M来控制。

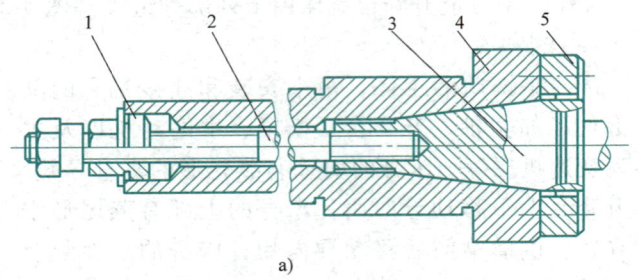

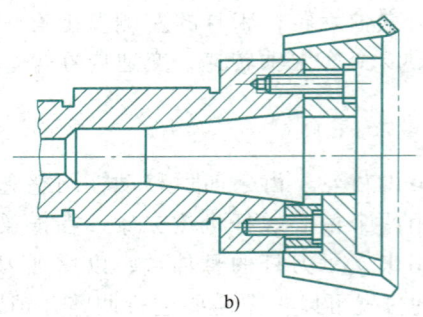

图5-3 铣床主轴
1—锁紧螺母 2—拉杆 3—刀杆 4—主轴 5—端面键

X6132型万能升降台铣床主运动的传动路线表达式如下：

$$主电动机 - Ⅰ - \frac{\phi150mm}{\phi290mm} - Ⅱ - \begin{bmatrix} \frac{19}{36} \\ \frac{22}{33} \\ \frac{16}{38} \end{bmatrix} - Ⅲ - \begin{bmatrix} \frac{27}{37} \\ \frac{17}{46} \\ \frac{38}{26} \end{bmatrix} - Ⅳ - \begin{bmatrix} \frac{80}{40} \\ \frac{18}{71} \end{bmatrix} - 主轴Ⅴ$$

2. 进给运动

铣削中，铣床工作台相对铣刀的缓慢移动为进给运动。X6132型万能升降台铣床工作台在相互垂直的三个方向做进给运动。如图5-4所示，它由1.5kW、1410r/min的进给电动机驱动，经锥齿轮副17/32传至轴Ⅵ，经齿轮副20/44传至轴Ⅶ，再经Ⅶ-Ⅷ轴间和Ⅷ-Ⅸ轴间两组三联滑移齿轮变速组以及Ⅷ-Ⅸ轴间的曲柄连杆机构，经离合器M_1，将运动传至X轴。X轴的运动经电磁离合器M_3、M_4以及端面齿离合器M_5的不同接合，使工作台获得垂直、横向和纵向三个方向的进给运动。

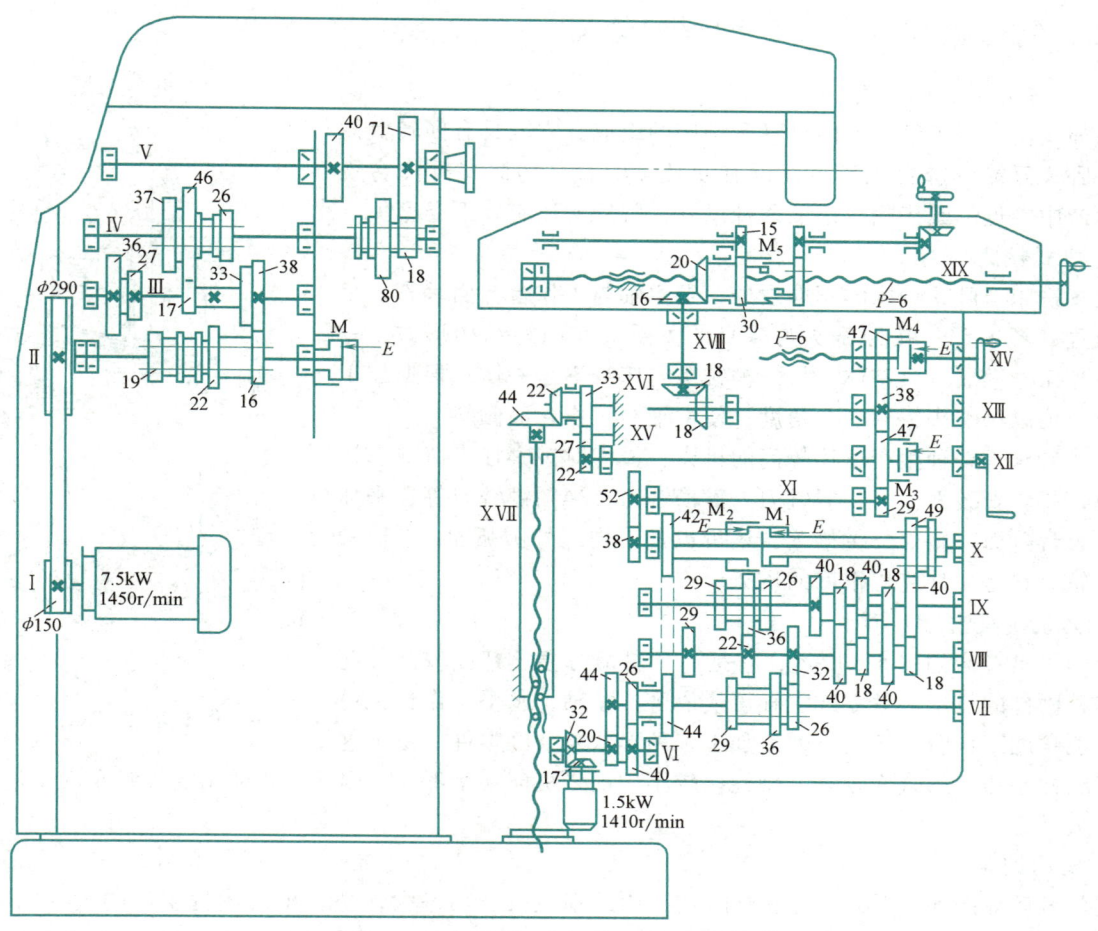

图 5-4　X6132型万能升降台铣床传动系统

3. 辅助运动

工作台带动工件快速接近铣刀的运动是铣床的辅助运动。X6132型万能升降台铣床的工作台、床鞍以及升降台均有快速移动。它是由进给电动机驱动，经锥齿轮副17/32传至轴Ⅵ，经齿轮副40/26、44/42并经电磁离合器 M_2 将运动传至 X 轴，使 X 轴快速旋转，经齿轮副38/52传出，即可利用离合器 M_3、M_4、M_5 接通垂直方向、横向和纵向的快速移动。快速移动的方向变换由进给电动机正、反转来实现。

X6132型万能升降台铣床进给运动及快速移动传动路线表达式如下：

$$\text{进给电动机}-\frac{17}{32}-Ⅵ-\begin{cases}\frac{20}{44}-Ⅶ-\begin{bmatrix}\frac{26}{32}\\\frac{29}{29}\\\frac{36}{22}\end{bmatrix}-Ⅷ-\begin{bmatrix}\frac{32}{26}\\\frac{29}{29}\\\frac{22}{36}\end{bmatrix}-Ⅸ-\begin{bmatrix}\frac{40}{49}\\\frac{18}{40}\times\frac{18}{40}\times\frac{18}{40}\times\frac{18}{40}\times\frac{40}{49}\\\frac{18}{40}\times\frac{18}{40}\times\frac{40}{49}\end{bmatrix}-M_1\text{合}\\\frac{40}{26}\times\frac{44}{42}-M_2\text{合}\end{cases}$$

$$-Ⅹ-\frac{38}{52}-Ⅺ-\frac{29}{47}\begin{cases}\frac{47}{38}-ⅩⅢ-\begin{bmatrix}\frac{18}{18}-ⅩⅧ-\frac{16}{20}-M_5\text{合}-ⅩⅣ（纵向进给丝杠）\\\frac{38}{47}-M_4\text{合}-ⅩⅣ（横向进给丝杠）\end{bmatrix}\\M_3\text{合}-Ⅻ-\frac{22}{27}\times\frac{27}{33}\times\frac{22}{44}-ⅩⅦ（垂直方向进给丝杠）\end{cases}$$

三、常见铣床的种类与型号的含义

（一）常见铣床的种类

前面我们了解了卧式万能升降台铣床的组成，它因具有回转盘而被称为卧式万能升降台铣床，而没有回转盘的就称为卧式升降台铣床。生产中常见的铣床除了以上两种以外，常用的还有以下类型。

1. 立式铣床

立式铣床与卧式铣床的不同之处，是主轴与工作台台面垂直，呈立式布置（图5-5）。按照铣头与床身的关系又有两种结构形式：一种铣头与床身做成一个整体，另一种铣头与床身不是一体。根据加工的需要，可以将铣头扳转一个角度，使主轴与工作台面倾斜。

立式铣床是一种生产率比较高的机床，操作时观察加工情况也比较方便，能够安装面铣刀、立铣刀、键槽铣刀及半圆键铣刀等，来加工平面、台阶面、斜面、键槽等，还可以加工内、外圆弧面，T形槽以及凸轮。它是一种应用很广的机床。

2. 万能工具铣床

万能工具铣床如图5-6所示，它是一种灵活方便、精度较高并配备有多种附件的机床。其立式主轴可换成卧式主轴，水平工作台也可换成万能角度工作台，从而方便地加工多种形状复杂的零件。由于这种铣床结构小巧、组合面较多、刚性比较小，加之机床功率不大，因此主要适用于工具车间切削工具、夹具、量具等。

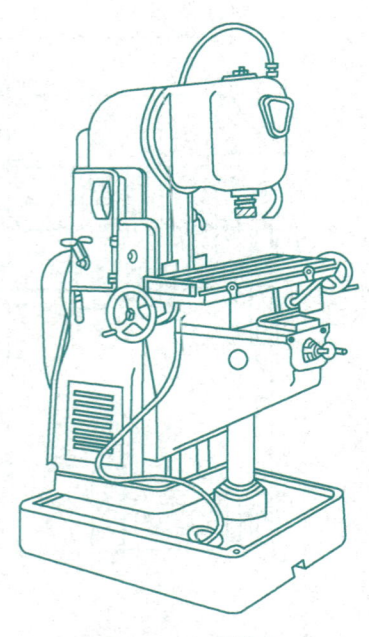

图5-5 立式铣床

3. 龙门铣床

龙门铣床如图5-7所示。它呈龙门式结构，刚性大、功率大，主要用于成批生产的大、中型零件的平面加工。由于在其两侧立柱及横梁上分别装有铣削动力头，工作台台面大、行程长，因此，它可以安装多把铣刀，对多个工件同时铣削，生产率很高。

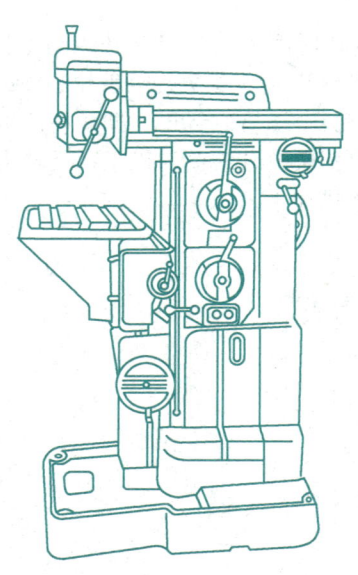

图5-6 万能工具铣床

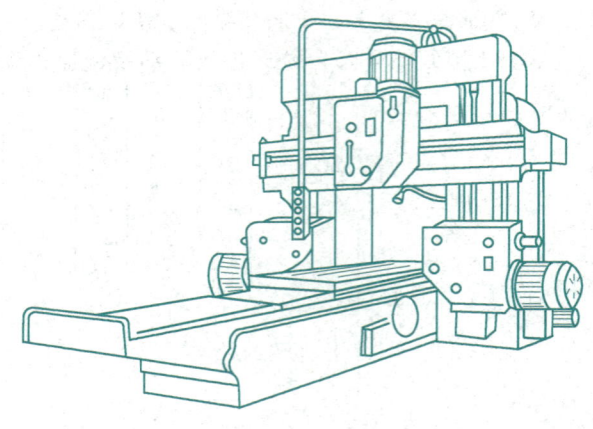

图5-7 龙门铣床

（二）铣床型号的含义

生产中常见的X6132型万能升降台铣床的型号，是按国家标准《金属切削机床 型号编制方法》（GB/T 15375—2008）编制的，其含义为：

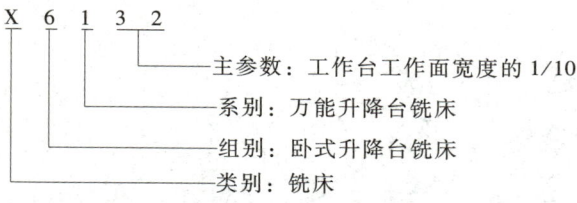

主参数：工作台工作面宽度的1/10
系别：万能升降台铣床
组别：卧式升降台铣床
类别：铣床

X6132型万能升降台铣床的主要技术规格如下：

工作台的工作面积（宽×长）	320mm×1250mm
工作台最大机动行程长度	
纵向	860mm
横向	240mm
垂直方向	300mm
主轴锥孔锥度	7：24
主轴轴线至工作台面间的距离	
最大	350mm
最小	30mm
主轴转速（18级）	30～1500r/min
工作台进给速度	
纵向（21级）	10～1000mm/min
横向（21级）	10～1000mm/min
垂直方向（21级）	3.3～333mm/min
纵向、横向快速移动速度	2300mm/min
垂直方向快速进给速度	766.6mm/min
主电动机功率	7.5kW
进给电动机功率	1.5kW

第二节　铣削方法

一、铣刀的种类与选用

铣刀的种类很多，一般由专业工具厂生产。由于铣刀的形状比较复杂，尺寸较小的往往用高速工具钢做成整体式结构；尺寸较大的铣刀，一般做成镶齿结构，刀齿为高速工具钢或硬质合金，刀体则为中碳钢或者合金结构钢，从而节约刀具材料。

常用的铣刀有圆柱形铣刀、三面刃铣刀、立铣刀等。

1. 圆柱形铣刀

圆柱形铣刀（图5-8）主要用于在卧式铣床上加工平面（平面宽度不大于160mm），特别适合于狭长平面和收尾带圆弧的平面加工。它是高速工具钢整体式结构，仅在圆柱表面上有螺旋切削刃（$\beta=30°\sim45°$），没有副切削刃。它分为粗齿（z 为6、8、10）和细齿（z 为8、10、12、14）两种。GB/T 1115—2022规定，其直径有50mm、63mm、80mm、100mm四种规格。

2. 三面刃铣刀

三面刃铣刀（图5-9）主要用于在卧式铣床上加工凹槽和台阶面。三面刃铣刀除圆周具有主切削刃外，两侧面也有副切削刃，从而改善了切削情况，提高了切削效率。

图5-8　圆柱形铣刀

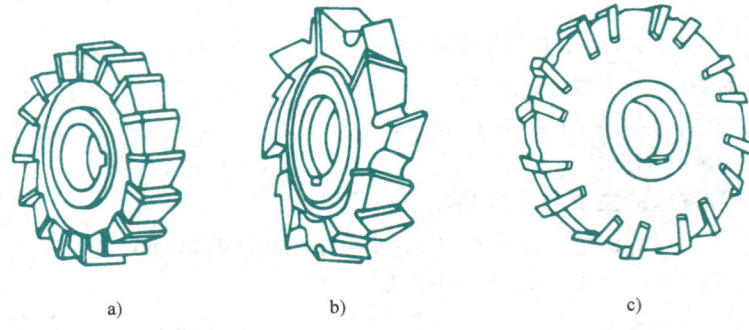

图 5-9 三面刃铣刀

a）直齿三面刃铣刀　b）错齿三面刃铣刀　c）镶齿三面刃铣刀

按照刀齿的排列方式，三面刃铣刀可分为直齿和错齿两种。

直齿三面刃铣刀圆周切削刃的整个宽度同时参加切削。因此，每个刀齿在切入和切出工件时，切削力的变化比较大，使铣削不平稳，此外两侧刃的前角为零，所以切削条件较差，不过这种铣刀的制造和刃磨比较方便。

错齿三面刃铣刀的刀齿是一齿左斜、一齿右斜地交错排列的，从而改善了切削条件，克服了直齿三面刃铣刀的不足。它具有切削平稳、排屑容易和容屑槽大等特点，目前应用较广。

GB/T 6119—2012 规定，直齿三面刃铣刀直径 $D=50\sim200$mm，宽度 $L=4\sim40$mm；错齿三面刃铣刀 $\beta=10°\sim15°$，$D=50\sim200$mm，$L=4\sim40$mm。

3. 立铣刀

立铣刀（图 5-10）主要用于在立式铣床上加工凹槽、台阶面以及按靠模加工成形表面。立铣刀圆柱面上的切削刃是主切削刃，端面上的切削刃是副切削刃，它工作时不能沿着铣刀轴线方向做进给运动。

立铣刀多为带柄刀具，按柄部形状分为：直径 $d=2\sim71$mm 的直柄立铣刀（GB/T 6117.1—2010），直径 $d=6\sim63$mm 的莫氏锥柄立铣刀（GB/T 6117.2—2010），直径 $d=25\sim80$mm 的 7:24 锥柄立铣刀（GB/T 6117.3—2010）。它们又分为粗齿、中齿与细齿三种。

4. 键槽铣刀

键槽铣刀（图 5-11）主要用于加工轴上的圆头封闭键槽，其外形与立铣刀相似。键槽铣刀有两个螺旋刀齿，在圆柱面和端面上都有切削刃。它与立铣刀的主要差别是，键槽铣刀的端面切削刃延至中心，工作时能沿其轴线做进给运动。

国家标准规定，直径 $d=2\sim20$mm 为直柄键槽铣刀（GB/T 1112—2012），直径 $d=14\sim50$mm 为莫氏锥柄键槽铣刀（GB/T 1112—2012）。

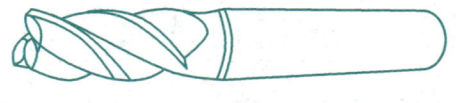

图 5-10　立铣刀

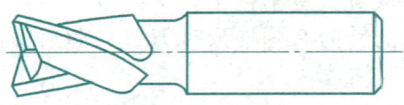

图 5-11　键槽铣刀

5. 尖齿槽铣刀

尖齿槽铣刀（图 5-12）仅圆柱表面上有切削刃，侧面无切削刃。为减少摩擦，两侧面磨出 1°的副偏角，并留有 0.5~1.2mm 的棱边，重磨后宽度变化很小。GB/T 1119.2—2002 规定，尖齿槽铣刀直径 $d=50\sim125$mm，宽度 $L=4\sim25$mm，宽度偏差为 k8，可用于加工 H9 级左右的凹槽和键槽。

6. 角度铣刀

角度铣刀（图 5-13）用来加工带有角度的沟槽和小斜面，特别是加工多齿刀具的容屑槽。它分为单角铣刀和双角铣刀两种。双角铣刀又分为对称双角铣刀和不对称双角铣刀（按两切削刃夹角的顶点是否在铣刀中心来区分）。

国家标准规定，单角铣刀直径 $d=40 \sim 100$ mm，两切削刃夹角为 $18° \sim 90°$，计 15 种规格（GB/T 6128.1—2007），不对称双角铣刀直径 $d=40 \sim 100$ mm，夹角为 $50° \sim 100°$，计 9 种规格（GB/T 6128.1—2007）；对称双角铣刀直径 $d=50 \sim 100$ mm，夹角为 $18° \sim 90°$，计 9 种规格（GB/T 6128.2—2007），供生产中选用。

7. 重磨式硬质合金面铣刀

硬质合金面铣刀是目前高速铣削平面时用得最多的一种铣刀，可以用于立式铣床，也可以用于卧式铣床。

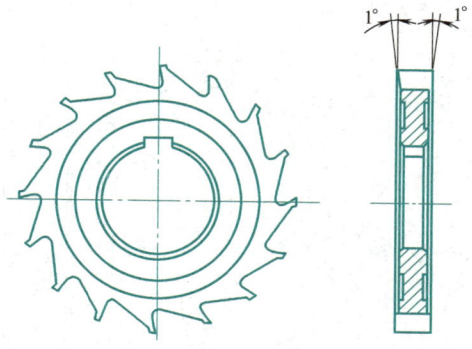

图 5-12 尖齿槽铣刀

 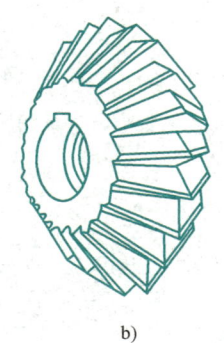 

a)   b)   c)

图 5-13 角度铣刀

a) 单角铣刀   b) 对称双角铣刀   c) 不对称双角铣刀

重磨式硬质合金面铣刀可分为整体刃磨式和体外刃磨式。图 5-14 所示是一种整体刃磨式面铣刀。它是通过斜楔将刀齿夹紧在铣刀刀体上（也可采用螺钉或压板夹紧）以后，再将整个铣刀装夹在专用磨床上进行刃磨。这种刃磨方式比较容易控制铣刀的轴向圆跳动和径向圆跳动，对刀齿和刀体槽的制造精度要求不高，但不足之处是装卸铣刀费时、费力。另一种是体外刃磨式面铣刀，当其刀齿磨损后，不必将很重的刀体从机床主轴前端卸下来，只需将磨钝的刀齿从刀体上卸下来，用专用夹具在工具磨床上单独刃磨，然后在刀体上调整每个刀齿刀尖和切削刃的位置，保证径向圆跳动和轴向圆跳动在规定的范围内。这种方式不

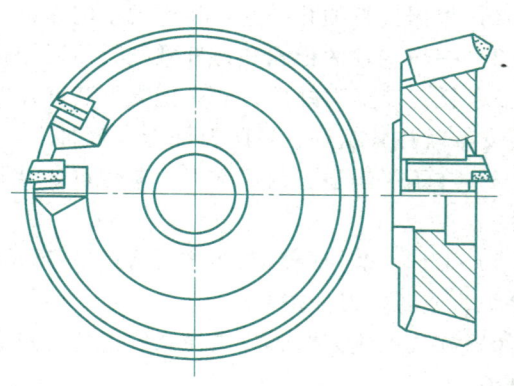

图 5-14 整体刃磨式面铣刀

需要专用磨床，刃磨方便，可按各刀齿的磨损程度来磨，刃磨质量好。但缺点是调整费时，刀体结构复杂，制造精度要求较高。

8. 可转位面铣刀

可转位面铣刀（图 5-15）是直接把可转位硬质合金刀片夹固在刀体上，切削刃磨钝后不再重磨，而是把刀片转过一个角度再使用另一个切削刃。使用可转位面铣刀，不但可以容易地保证刀齿的径向圆跳动和轴向圆跳动，更重要的是刀片不存在焊接时所产生的内应力和细小裂纹，因而可采用较大的切削速度和进给量，以提高生产率，同时也节约了刃磨的辅助时间。不过这种铣刀刀体的结构很复杂，精度要求也非常高。

其他还有 T 形槽铣刀、齿轮盘铣刀、半圆键槽铣刀、锯片铣刀及成形铣刀等。

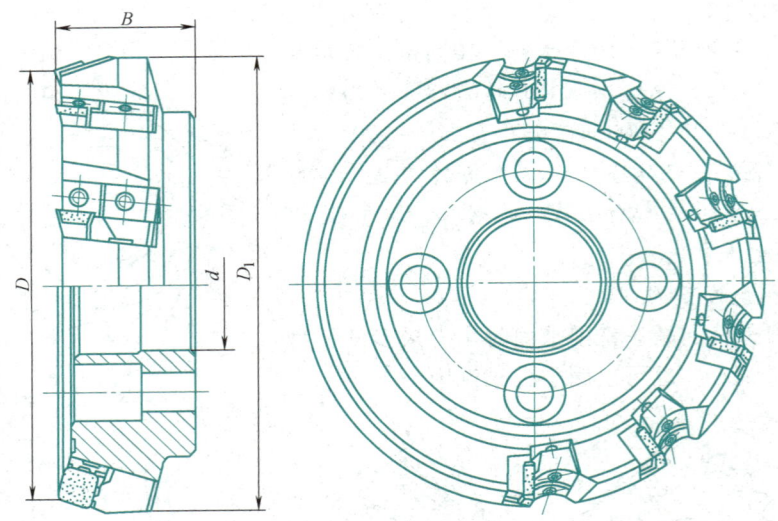

图 5-15　可转位面铣刀

二、铣刀的装夹

1. 带孔铣刀的装夹

圆柱形铣刀、三面刃铣刀、角度铣刀、半圆铣刀、齿轮盘铣刀以及锯片铣刀都是带孔铣刀，它们一般多采用长刀杆装夹，如图 5-16 所示。

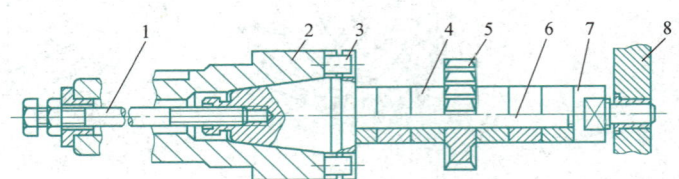

图 5-16　三面刃铣刀的装夹

1—拉杆　2—主轴　3—端面键　4—套筒　5—铣刀
6—刀杆　7—螺母　8—支架

用长刀杆装夹带孔铣刀时应注意以下问题：

1）根据铣刀的孔径选择相应规格的刀杆。

2）擦净主轴的锥孔和刀杆锥柄，然后用拉杆把刀杆拉紧在主轴上。

3）铣刀套上刀杆后，应先把支架装好，并调整支架轴承间隙，再拧紧螺母，把铣刀压紧；而不应未装支架就拧紧螺母，以防刀杆受力弯曲。

4）在不影响加工的情况下，应尽可能使铣刀靠近铣床主轴，并使支架尽可能靠近铣刀，以增加刚性。

5）刀杆上套筒的两端面必须保持平行、清洁，不得有磕碰、毛刺或者粘有切屑、污物，以免把铣刀夹歪，或者把刀杆挤弯。

6）在装夹铣刀时，应当注意铣刀的刃口必须和主轴旋转方向一致，否则不但无法切削，而且会损坏铣刀。

7）铣刀装好后，可用手反向转动主轴，借助百分表来检验铣刀的径向圆跳动或轴向圆跳动。一般铣刀的径向圆跳动或轴向圆跳动不应超过 0.05mm。如果超差，一方面会使加工表面的质量变坏，另一方面会使铣刀部分刀齿负荷加重，磨损加剧。此时应检查各有关部分是否已擦干净，例如，主轴锥孔和刀杆的锥体部分，铣刀内孔和端面，各套筒的端面以及刀杆的外圆等处。同时可把套筒转动一个位置再压紧，直到跳动量在允许范围之内为止。如因为刀杆弯曲过大所致，则应校直后再使用。

8）最后应将横梁锁紧。

另一类带孔铣刀是面铣刀，直径较小的可安装在短刀杆上，如图 5-17 所示；大直径

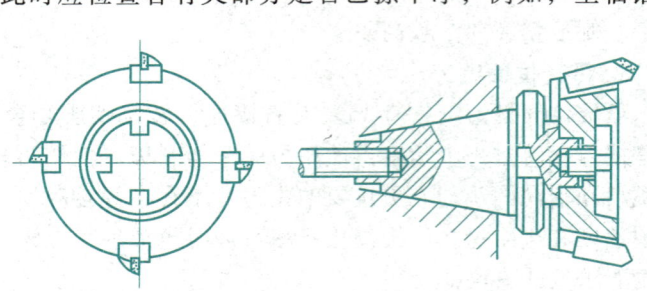

图 5-17　面铣刀的装夹

的面铣刀，则直接装夹在铣床主轴的端部，如图 5-3b 所示。

2. 带柄铣刀的装夹

立铣刀、键槽铣刀、半圆键槽铣刀以及 T 形槽铣刀等都是带柄铣刀。柄部形状有锥柄和直柄两种。

（1）锥柄铣刀的装夹　锥柄铣刀的装夹如图 5-18a 所示。根据铣刀锥柄的锥度，选择合适的变径套，将各配合表面擦净，然后用拉杆把铣刀及变径套一起拉紧在主轴上。

（2）直柄铣刀的装夹　直柄铣刀多为小直径铣刀，一般采用弹簧夹头进行装夹，如图 5-18b 所示。铣刀的直柄插入弹簧套的孔中，用螺母压紧弹簧套的端面，使弹簧套的外锥面受压而孔径缩小，从而将铣刀抱紧。弹簧套上有三个开口，故受力时能变形收缩。弹簧套有多种孔径，以适应各种规格尺寸的铣刀。

带柄铣刀装夹好后，也可使用百分表检验它的径向圆跳动。如果超差，应检查各有关部分是否干净，对于直柄铣刀，还可以把铣刀转过一个角度再夹紧，直到误差值在允许范围以内为止。

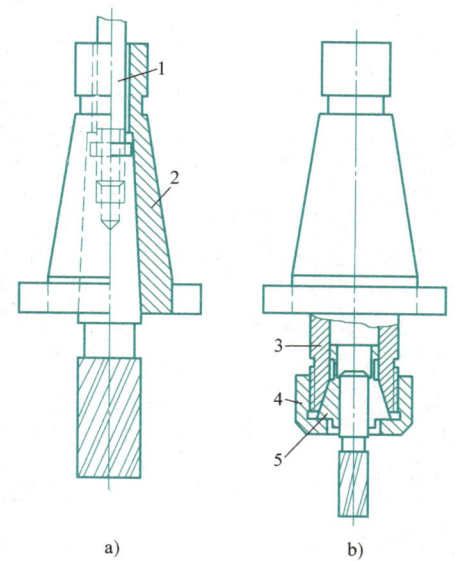

图 5-18　带柄铣刀的装夹
a）锥柄铣刀的装夹　b）直柄铣刀的装夹
1—拉杆　2—变径套　3—夹头体
4—螺母　5—弹簧套

三、铣削方式

（一）顺铣和逆铣

用圆柱形铣刀加工平面时，有两种铣削方式，即顺铣和逆铣。如图 5-19a 所示，铣刀旋转切入工件的方向与工件的进给方向相反，这种铣削方式称为逆铣；如图 5-19b 所示，铣刀旋转切入工件的方向与工件的进给方向相同，这种铣削方式称为顺铣。

逆铣和顺铣的切削情况是不同的，现比较如下。

1. 铣削厚度的变化

从图 5-19 中可以看出，不论顺铣还是逆铣，切削层的截面形状都是一样的。在逆铣时，每个刀齿的切削厚度由零到最大，切削刃在开始时不能立刻切入工件，而是挤压待加工表面，在其上滑移一小段距离。这将使切削刃磨损加剧，工件已加工表面冷硬现象严重，从而影响工件表面质量。顺铣时，刀

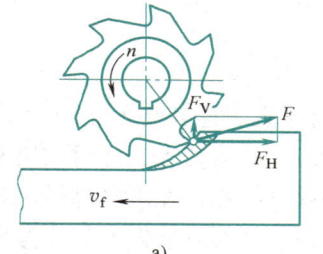 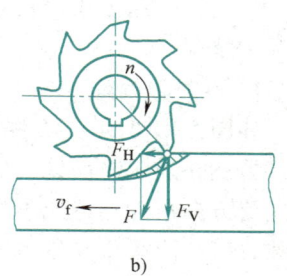

图 5-19　顺铣和逆铣
a）逆铣　b）顺铣

齿的切削厚度由最大到零，它没有逆铣的缺点，但它不适合加工有硬皮的铸件或锻件毛坯。

2. 切削力的方向

如图 5-19 所示，逆铣时，作用于工件上的垂直切削分力 F_V 是向上的，有把工件从工作台上抬起来的趋势，影响工件的夹紧，同时也容易产生振动，从而在已加工表面上产生振纹，使表面粗糙度值变大。顺铣时，垂直切削分力 F_V 向下，对工件的夹紧比较有利，同时也减小了工件的振动。

顺铣时，作用在工作台上的水平切削分力 F_H 的方向与工作台的运动方向一致，有使丝杠和螺母的工作侧面脱离的趋势。由于铣刀的线速度比工作台的移动速度大得多，切削力又是变化的，所以水平切削分力 F_H 经常会把工件和工作台一起拉动一个距离 Δ（图 5-20a），这个距离 Δ 就是丝杠和螺母之间的间隙。工作台突然的窜动，会使切削不平稳，影响加工质量，甚至发生"打刀"现象。逆铣时，水平切削分力 F_H 总是使丝杠和螺母在维持进给的那个工作侧面上贴紧（图 5-20b）。因此，丝杠

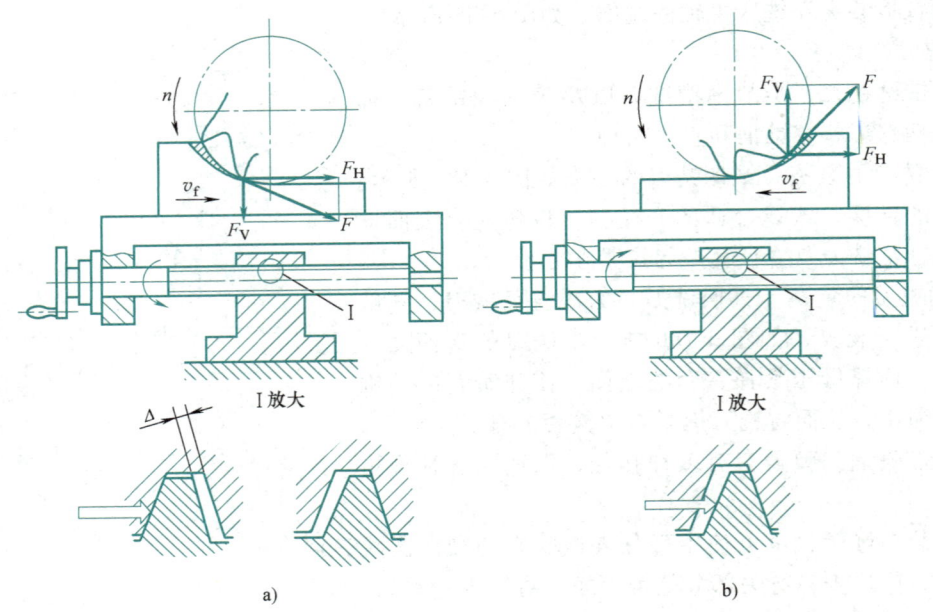

图 5-20 顺铣和逆铣时水平切削分力 F_H 对丝杠副间隙的影响

a) 顺铣时 b) 逆铣时

副之间的间隙对铣削过程没有什么影响,各种铣床都可以采用逆铣。

总之,顺铣方式对提高工件的加工质量、提高加工效率以及延长刀具寿命比较有利,但采用顺铣必须满足一定条件:一是工件表面没有"硬皮",二是进给丝杠副应具有间隙消除机构,否则应采用逆铣方式。

(二) 对称铣和不对称铣

在立式铣床上用面铣刀铣削平面时,由于铣刀与工件之间的相对位置不同,分为对称铣和不对称铣两种情况。

1. 不对称铣削

如图 5-21 所示,工件偏于面铣刀回转中心的一侧,称为不对称铣削。这时,也有逆铣和顺铣之分。虽然在逆铣时面铣刀的刀齿没有刚切入工件时的滑移现象,但是用面铣刀顺铣同样会使工作台沿着进给方向窜动,造成不良后果。因此,在不对称铣削时,如铣床工作台的纵向进给丝杠副无间隙调整装置时,应采用逆铣方式,即工件相对于铣刀的位置应使逆铣部分大于顺铣部分。

2. 对称铣削

铣刀轴线与工件的对称中心线重合时,称为对称铣削(图 5-22)。这时,每一刀齿的切削过程有一半是逆铣,一半是顺铣,两者作用刚好抵消,所以在铣削过程中不会产生工作台的纵向窜动现象。但是,这时作用在工件上的平行于横向进给方向的切削分力比较大,工作台会因横向进给丝杠副的间隙而产生窜动,从而引起振动,故铣削时必须将工作台的横向部件锁紧。

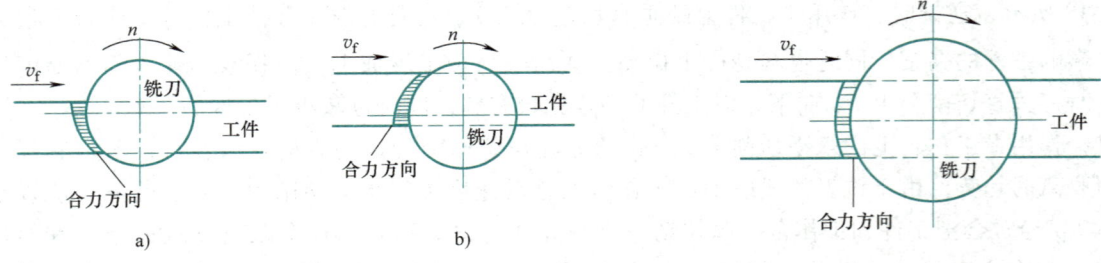

图 5-21 不对称铣削
a) 逆铣 b) 顺铣

图 5-22 对称铣削

四、铣削用量的选择

（一）铣削用量

铣削用量通常是指铣削速度、进给量、铣削宽度和铣削深度四个要素，如图5-23所示。

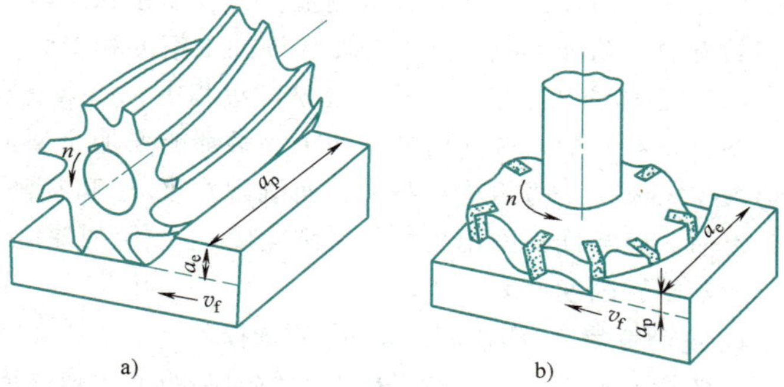

1. 铣削速度 v_c

铣削速度是指铣刀刀齿的线速度，即

$$v_c = \frac{\pi D n}{1000} \tag{5-1}$$

图 5-23 铣削要素

a) 圆周铣 b) 端面铣

式中　v_c——铣削速度（m/min）；
　　　D——铣刀直径（mm）；
　　　n——铣刀转速（r/min）。

在实际生产中，一般应选择合适的铣削速度，再换算出铣床主轴转速，然后调整铣床。主轴转速按下式计算

$$n = \frac{1000 v_c}{\pi D} \tag{5-2}$$

2. 进给量（v_f、f、f_z）

在铣削过程中，工件与铣刀在进给方向上的相对位移称为进给量。其表示方法有以下三种：

（1）进给速度 v_f　每分钟工件相对于铣刀的位移量。机床铭牌所示的为此值。

（2）进给量 f　铣刀每一转相对于工件的位移量。

（3）每齿进给量 f_z　铣刀每转一个齿时相对于工件的位移量。它的大小决定着一个刀齿的负荷。

三者的关系为

$$v_f = fn = f_z z n \tag{5-3}$$

式中　v_f——每分钟进给量（mm/min）；
　　　f——进给量（mm/r）；
　　　f_z——每齿进给量（mm/z）；
　　　n——铣刀转速（r/min）；
　　　z——铣刀齿数。

3. 铣削宽度 a_e

铣削宽度是指垂直于铣刀轴线方向测量的切削层尺寸，其单位是 mm。

4. 铣削深度 a_p

铣削深度是指平行于铣刀轴线方向测量的切削层尺寸，其单位是 mm。

（二）铣削用量的选择

在工件的材料及工艺装备已定的情况下，铣削加工时可以控制的参数是铣削速度、进给量、铣削深度和铣削宽度。合理选择这些参数，对提高生产率，保证加工精度和表面质量有重要意义。

1. 选择切削用量的原则和顺序

（1）选择切削用量的原则

1）保证合理的刀具寿命，较高的生产率和较低的生产成本。

2）保证加工质量，主要是保证加工表面的精度和表面粗糙度值达到图样要求。

3）不超过铣床允许的动力和转矩，不超过工艺系统（机床、工件、刀具和夹具）的刚度和强度，同时又充分发挥它们的潜力。

以上三方面根据情况应有所侧重。一般在粗加工时,应尽可能发挥刀具、机床的潜力和保证合理的刀具寿命;精加工时,则首先要保证加工精度和表面质量,同时兼顾合理的刀具寿命。

(2) 选择铣削用量的顺序　在铣削过程中,如果能在一定的时间内切除较多的金属,就有较高的生产率。显然,增大铣削用量的四个要素都能增加金属的切除量。但是,影响刀具寿命最显著的是铣削速度 v_c,其次是每齿进给量 f_z,而铣削宽度 a_e 和铣削深度 a_p 的影响最小。因此,为了保证必要的刀具寿命,应当优先采用较大的铣削宽度 a_e 或铣削深度 a_p,其次是选择较大的每齿进给量 f_z,最后才选择适宜的铣削速度 v_c。

2. 铣削宽度 a_e 和铣削深度 a_p 的选择

在铣削加工中,一般是根据工件切削层的尺寸来选择铣刀尺寸的。因此,铣削宽度 a_e 或铣削深度 a_p 是由切削层尺寸决定的。例如,用面铣刀铣削平面时,铣刀直径一般应大于工件的切削层宽度,这样一次进给就可铣出工件的全部切削层宽度,此时铣削宽度 a_e 就等于切削层宽度;用圆柱铣刀铣平面时,铣刀长度一般应大于工件的切削层宽度,此时铣削深度 a_p 就等于切削层宽度。在有些铣削加工中,铣削宽度和铣削深度同时由切削层尺寸来决定,如 T 形槽的铣削。

端面铣的铣削宽度 a_e 或圆周铣的铣削深度 a_p 根据切削层宽度确定后,其铣削深度 a_p 或铣削宽度 a_e 主要根据工件的加工余量和加工表面的表面粗糙度值来确定。加工余量不大时,应尽量一次进给铣去全部加工余量。当工件的精度要求较高或表面粗糙度值要求较小时,应分粗铣、精铣。表 5-1 的数值供参考。

表 5-1　铣削宽度和铣削深度的选取　　　　　　　　　　　　(单位:mm)

工件材料	高速工具钢圆柱铣刀的铣削宽度 a_e		面铣刀的铣削深度 a_p			
			高速工具钢铣刀		硬质合金铣刀	
	粗铣	精铣	粗铣	精铣	粗铣	精铣
铸铁	5~7	0.5~1	5~7	0.5~1	10~18	1~2
软钢	<5	0.5~1	<5	0.5~1	<12	1~2
中硬钢	<4	0.5~1	<4	0.5~1	<7	1~2
硬钢	<3	0.5~1	<3	0.5~1	<4	1~2

注:表中数值是经验数据,供参考。生产中应根据具体情况灵活应用,不要受表中数值的限制。

3. 每齿进给量 f_z 的选择

(1) 粗铣时每齿进给量 f_z 的选择　粗铣时,限制每齿进给量 f_z 的是铣削力及铣刀容屑空间的大小。它主要应根据铣床进给机构的强度、刀杆尺寸、刀齿强度以及工艺系统的刚度来确定。在强度许可的条件下,每齿进给量 f_z 应尽量取大些。

(2) 精铣时每齿进给量 f_z 的选择　精铣时,限制每齿进给量 f_z 提高的主要因素是表面质量的要求。为了减小工艺系统的弹性变形和已加工表面残留面积的高度,一般应采用较小的进给量。

不同材料和刀具的每齿进给量 f_z 值可按表 5-2 选取。表中小值用于精铣或铣削深度 a_p (或铣削宽度 a_e) 较大的情况;大值用于粗铣或铣削深度 a_p (或铣削宽度 a_e) 较小的情况。

表 5-2　每齿进给量 f_z 的推荐值　　　　　　　　　　　　(单位:mm/z)

工件材料	工件硬度 HBW	硬质合金		高速工具钢			
		面铣刀	三面刃铣刀	圆柱铣刀	立铣刀	面铣刀	三面刃铣刀
低碳钢	≈150	0.20~0.40	0.15~0.30	0.12~0.20	0.04~0.20	0.15~0.30	0.12~0.20
	150~200	0.20~0.35	0.12~0.25	0.12~0.20	0.03~0.18	0.15~0.30	0.10~0.15
中、高碳钢	120~180	0.15~0.50	0.15~0.30	0.12~0.20	0.05~0.20	0.15~0.30	0.12~0.20
	180~220	0.15~0.40	0.12~0.25	0.12~0.20	0.04~0.20	0.15~0.25	0.07~0.15
	220~300	0.12~0.25	0.07~0.20	0.07~0.15	0.03~0.15	0.10~0.20	0.05~0.12

（续）

工件材料	工件硬度 HBW	硬质合金		高速工具钢			
		面铣刀	三面刃铣刀	圆柱铣刀	立铣刀	面铣刀	三面刃铣刀
灰铸铁	150~180	0.20~0.50	0.12~0.30	0.20~0.30	0.07~0.18	0.20~0.35	0.15~0.25
	180~220	0.20~0.40	0.12~0.25	0.15~0.25	0.05~0.15	0.15~0.30	0.12~0.20
	220~300	0.15~0.30	0.10~0.20	0.15~0.20	0.03~0.10	0.10~0.15	0.07~0.12
可锻铸铁	110~160	0.20~0.50	0.10~0.30	0.20~0.35	0.08~0.20	0.20~0.40	0.15~0.25
	160~200	0.20~0.40	0.10~0.25	0.20~0.30	0.07~0.20	0.15~0.35	0.15~0.20
	200~240	0.15~0.30	0.10~0.25	0.12~0.25	0.05~0.15	0.15~0.30	0.10~0.20
	240~280	0.10~0.30	0.08~0.15	0.10~0.20	0.02~0.08	0.10~0.20	0.07~0.12
$w_C < 0.3\%$ 的合金钢	125~170	0.15~0.50	0.12~0.30	0.12~0.20	0.05~0.20	0.15~0.30	0.07~0.20
	170~220	0.15~0.40	0.12~0.25	0.10~0.20	0.05~0.15	0.15~0.25	0.07~0.15
	220~280	0.10~0.30	0.08~0.20	0.07~0.12	0.03~0.08	0.10~0.20	0.07~0.12
	280~300	0.08~0.20	0.05~0.15	0.05~0.10	0.025~0.05	0.07~0.12	0.05~0.10
$w_C \geq 0.3\%$ 的合金钢	170~220	0.125~0.4	0.12~0.30	0.12~0.20	0.12~0.20	0.15~0.25	0.07~0.15
	220~280	0.10~0.30	0.08~0.20	0.07~0.15	0.07~0.15	0.12~0.20	0.07~0.15
	280~320	0.08~0.20	0.05~0.15	0.05~0.12	0.05~0.12	0.10~0.15	0.05~0.12
	320~380	0.06~0.15	0.05~0.12	0.05~0.10		0.07~0.12	0.05~0.10
工具钢	退火状态	0.15~0.50	0.12~0.30	0.07~0.15	0.05~0.15	0.15~0.25	0.07~0.15
	36HRC	0.12~0.25	0.08~0.15		0.03~0.08	0.07~0.12	0.05~0.10
	46HRC	0.10~0.20	0.06~0.12				
	56HRC	0.07~0.15	0.05~0.10				
铝镁合金	95~100	0.15~0.38	0.125~0.3	0.15~0.20	0.05~0.15	0.20~0.30	0.07~0.20

4. 铣削速度 v_c 的选择

当铣削深度 a_p（或铣削宽度 a_e）及每齿进给量 f_z 选定后，应在保证正常的刀具寿命及在机床动力和刚度允许的条件下，尽可能取较大的铣削速度 v_c。

选取铣削速度 v_c 时，首先应考虑的因素是刀具材料和工件材料的性质，刀具材料的耐热性越好，则铣削速度 v_c 可取得越高；而工件材料的强度、硬度越高，则铣削速度 v_c 应适当减小。但在铣削不锈钢等难加工材料时，虽然它们的强度和硬度可能比一般钢材要低，但是它们的冷硬、粘刀倾向大，导热性差，使铣刀磨损严重，因此这时的铣削速度 v_c 值应选得小一些。

（1）粗铣时铣削速度 v_c 的选择　粗铣时，确定铣削速度必须考虑机床的许用功率，如超过许用功率，则应适当降低铣削速度。

（2）精铣时铣削速度 v_c 的选择　精铣时，一般不会超过机床的许用功率，为了抑制积屑瘤的产生，以提高表面质量，硬质合金铣刀一般采用较高的铣削速度，高速工具钢铣刀则采用较低的铣削速度。

铣削速度 v_c 可在表 5-3 中选取，并根据实际情况进行试切后加以调整。

表 5-3　铣削速度推荐值

工件材料	硬度 HBW	铣削速度/(m/min)	
		硬质合金铣刀	高速工具钢铣刀
低、中碳钢	<200	60~150	20~40
	225~290	55~115	15~35
	300~425	35~75	10~15
高碳钢	<220	60~130	20~35
	225~325	50~105	15~25
	325~375	35~50	10~12
	375~425	35~45	5~10

(续)

工件材料	硬度 HBW	铣削速度/(m/min)	
		硬质合金铣刀	高速工具钢铣刀
合金钢	<220 225~325 325~425	55~120 35~80 30~60	15~35 10~25 5~10
工具钢	200~250	45~80	12~25
灰铸铁	100~140 150~225 230~290 300~320	110~115 60~110 45~90 20~30	25~32 15~20 10~18 5~10
可锻铸铁	110~160 160~200 200~240 240~280	100~200 80~120 70~110 40~60	40~50 25~35 15~25 10~20
铝镁合金	95~100	360~600	130~300
不锈钢		70~90	20~35
铸钢		45~75	15~25
黄铜		180~300	60~90
青铜		180~300	30~50

注：精铣时，铣削速度可提高30%~50%。

五、常见铣削方法

（一）工件装夹方法

1. 工件装夹在铣床工作台上

尺寸较大的工件往往直接装夹在工作台上，用螺柱、压板压紧。为了确定加工面与铣刀的相对位置，一般用百分表校正；精度不高时，可用划针或润滑脂把大头针粘在铣刀的刀齿上来校正工件。

用压板装夹工件（图5-24）时应注意以下几点：

1) 螺柱要尽量靠近工件，这样可增大夹紧力。

2) 装夹薄壁工件和在悬空部位夹紧时，夹紧力的大小要适当，应尽可能把悬空处垫实，以免引起工件变形。

3) 使用压板的数量一般不少于两块。使用多块压板时，应注意工件上受压点的合理选择，工件上的压紧点要尽量靠近加工部位。

4) 垫铁的高度要适当，防止压板和工件接触不良，以免工件在铣削力的作用下发生位移。

5) 对于非铁金属工件，压紧力不可太大，最好在压板和工件夹紧点处垫一层薄铜皮，以防把工件表面压出痕迹。在工作台面上直接装夹毛坯工件时，应在工件和台面之间加垫纸片或薄铜皮，这样不但可保护工作台面，而且可以增加工作台面与工件之间的摩擦力，使工件夹紧牢靠。

2. 工件装夹在机用虎钳中

对于中小尺寸、形状简单的工件，一般装夹在机用虎钳中。为了保证机用虎钳在铣床工作台上的正确位置，应当将其底面的定向键靠紧在工作台台面中央T形槽的一个侧面上。如果没有定向键或者未具有回转标尺盘的

图5-24 压板的使用
a) 正确 b) 错误

机用虎钳，则可用90°角尺或划针来校正机用虎钳的固定钳口；对精度要求较高的可用百分表来校正。

用机用虎钳装夹工件时应注意下列几点：

1）装夹工件时，必须将工件的基准面紧贴固定钳口或钳身导轨面。承受铣削力的最好是固定钳口。

2）工件的余量层必须稍高出钳口，以免铣坏钳口和损坏铣刀。如果工件低于钳口平面，可在工件下面垫放适当厚度的垫铁。

3）工件应装在钳口的中间，以保证装夹稳定可靠。

4）用机用虎钳夹持毛坯时，应在毛坯面与钳口之间垫上薄铜皮，以免损坏钳口。

5）当工件两侧的平行度较差时，应将工件的基准面与固定钳口贴紧，并在活动钳口与工件之间放置一根圆棒，以保证工件的安装精度（图5-25）。

3. 工件装夹在弯板上

弯板是用来在工件上铣削垂直面的一种通用夹具。在使用弯板之前，应当检查弯板本身的垂直度。把弯板安装在铣床工作台上时，需用90°角尺或百分表校正其位置，然后把工件装夹在弯板上（图5-26）。

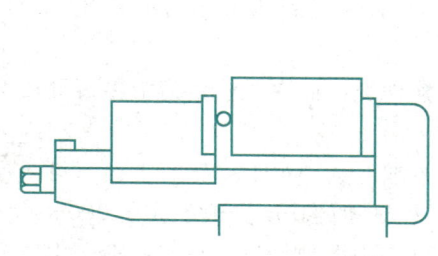

图5-25 工件装夹在机用虎钳上

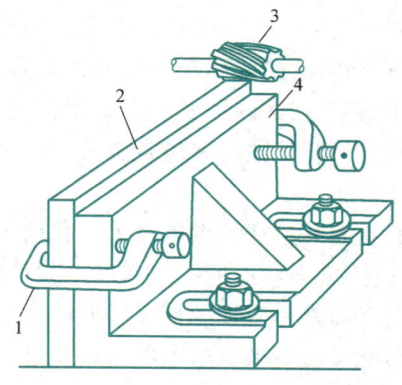

图5-26 工件装夹在弯板上
1—C形夹 2—工件 3—铣刀 4—弯板

4. 工件装夹在分度头上

对于需要分度铣削的工件，如齿轮、花键等，一般装夹在分度头上。此外，对于中、小型的轴类工件，有的虽不需要分度，但为了装夹方便，也可以使用分度头（图5-27）。

5. 工件装夹在V形块中

轴类工件可采用V形块装夹（图5-28）。V形块一方面有很好的对中性，另一方面它比分度头装夹方法能承受更大的铣削力。

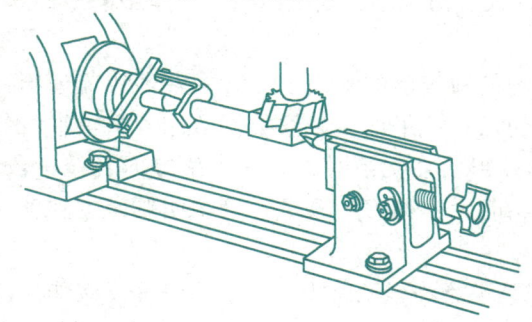

图5-27 工件装夹在分度头上

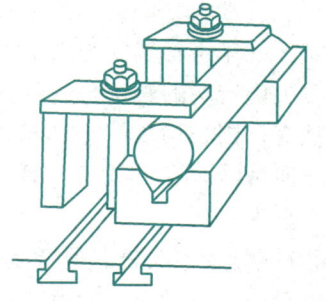

图5-28 工件装夹在V形块中

6. 工件装夹在专用夹具中

采用专用夹具装夹工件，可以使工件迅速定位和夹紧，一般不需要再校正工件的位置。使用专用夹具既能保证加工精度，又能提高生产率，所以在成批、大量生产中广泛使用专用夹具。为了确定夹具在铣床上的正确位置，铣床夹具通常都具有定向键。如果没有定向键，则需预先校正夹具在铣床上的位置。不少铣床夹具还备有对刀元件，可以利用它来对刀。

（二）平面铣削

1. 铣削方法

（1）圆周铣 它是利用分布在铣刀圆柱面上的切削刃来加工平面的铣削方法，主要用于在卧式铣床上加工狭长面。对于圆周铣平面，其平面度的好坏主要取决于铣刀的圆柱素线是否直。因此，在精铣平面时，铣刀的圆柱度误差一定要小。

（2）端面铣 它是利用分布在铣刀端面上的切削刃来加工平面的铣削方法。它既可以在卧式铣床上进行，也可以在立式铣床上进行。

（3）圆周铣和端面铣的比较

1）端面铣时，同时工作的刀齿比较多，切屑厚度变化小，故铣削力波动小，切削过程比较平稳。

2）端面铣刀的刀轴一般比较短，故刚性较好，能承受较大的铣削力。在高速铣削时，端面铣比圆周铣的铣削过程平稳，生产率高，加工质量好。

3）端面铣时，影响平面度的主要因素是铣床主轴轴线与进给方向的垂直度。面铣刀的切削刃和刀尖在径向和轴向的参差不齐，对加工表面的平面度基本无影响；而圆柱铣刀若刃磨质量差，圆柱度误差大，则对加工表面的平面度有直接影响。

4）面铣刀便于镶装硬质合金刀片和可转位刀片，进行高速切削；而在圆柱铣刀上镶装硬质合金刀片则比较困难。

5）面铣刀的直径可做得很大，目前已有直径近1000mm的铣刀盘，对于较宽的平面，可一次铣出而不用接刀。这样，不但生产率高，而且表面质量也好；而圆柱铣刀的长度一般不大于200mm。

6）由于面铣刀刀轴刚性好，同时参加工作的刀齿多，故可采用大进给量、高速铣削，生产率高。

7）面铣刀若不采取减小副偏角和修光刃等措施，在相同的铣削条件下，圆周铣比端面铣获得的表面粗糙度值要小。

总之，端面铣平稳，铣削力大，可高速铣削，铣刀直径大，刀轴刚性好，切削刃质量对加工表面的平面度影响较小，生产率高，但加工表面质量较差。

2. 铣削质量

铣削平面的质量可用平面度和表面粗糙度值来衡量。铣平面时，影响平面度和表面粗糙度值的因素很多，现将常见的铣削质量问题及原因简述如下。

（1）平面度

1）平面出现下凹或凸起原因：

圆周铣时，铣刀的圆柱素线不直。如圆柱铣刀磨成中间大、两端小，则铣出的平面呈中间下凹状；若磨成中间小、两端大，则铣出的平面呈中间凸起状。

端面铣时，铣床主轴轴线与进给方向的垂直度也会影响铣削表面的平面度。若主轴轴线与进给方向垂直，则刀尖旋转时的轨迹与进给方向平行，在工件上切出一个平面，刀纹呈网状；若主轴轴线与进给方向不垂直，则将切出一个弧形凹面，刀纹呈单向的弧形。在铣削时，正反进给方向各铣一段，如发现一个方向进给时有"拖刀"现象，而另一个方向进给时无"拖刀"现象，则说明铣床主轴轴线与进给方向不垂直。

2）表面有明显接刀痕迹，通常是因为机床精度较差或调整不当以及铣刀圆柱度不好等。例如，圆柱铣刀采用接刀法加工平面时，由于卧式铣床的主轴与床鞍横向导轨面不平行，铣出的平面就会出现接刀痕迹，从而影响该平面的平面度。

3）机床导轨的平面度和直线度超差，使工作台带动工件进给时，进给运动不是直线，铣出的平面呈波浪状。

（2）表面粗糙度值

1）进给量过大，使铣削表面产生明显的大间距切痕波纹。

2）铣刀不锋利，使表面切痕粗糙，出现拉毛现象。

3）铣削过程中振动太大，造成表面出现振纹。当铣刀装夹不好、铣削用量过大、切削刃不锋利、机床和夹具刚性差、工作台导轨间隙过大以及工作台锁紧手柄没有锁紧等，都会使铣削过程产生振动。此外，在使用圆柱铣刀铣削时，由于横梁、支架未紧固或支架滑动轴承调整不当，也会造成较大的振动。

（3）"深啃"现象 铣削过程中，工作台进给中途停顿而产生"深啃"现象。这是因为在铣削时，由于切削力的作用，会使机床—夹具—工件—刀具系统发生了一定的弹性变形。当停止进给后，切削力减小，它们又发生了弹性恢复，这时铣刀仍在转动而把恢复部分切去，从而在进给停顿处产生了"深啃"现象。

3. 铣削生产率

提高铣削生产率可从缩短加工时间和辅助时间两方面入手。缩短加工时间与加工方法有着直接的关系。下面介绍三种提高生产率的铣削方法。

（1）高速铣削 高速铣削是使用硬质合金刀具，充分发挥其切削性能，利用比高速工具钢刀具高得多的切削速度来提高生产率的一种铣削方法。目前，不仅端面铣时大量采用高速铣削，而且在铣削直角沟槽、T形槽、外花键及组合铣削等时也广泛采用高速铣削。

高速铣削时，由于切削速度高，动力消耗大，产生的切削热也多。虽然大部分热量被切屑带走，但是切削区域仍有很高的温度（高达600~900℃），这样高的温度可使硬质合金的韧性提高，克服了硬质合金脆性的缺点，改善了刀具的切削性能；而工件的局部高温，可导致被加工处材料的软化，从而有利于切削加工的进行。因此，在高速铣削时，切削力不会因铣削速度的提高而成正比例地增大。

高速铣削时，由于刀齿工作的冲击较大，所以铣刀刀体应当坚固，硬质合金刀齿在刀体上的装夹和铣刀在机床主轴孔内的装夹要比较牢固，刀齿要容易调整，容屑的空间要大。

（2）强力铣削 所谓强力铣削是使用硬质合金刀具，采用中速偏高的铣削速度，加大进给量来缩短加工时间、提高生产率的一种方法，又称大进给切削法。用硬质合金刀具进行大进给量铣削，是靠提高每齿进给量来充分发挥硬质合金在高温下尚能保持良好切削性能的特点，因此它也是由高速铣削发展而来的。强力铣削法比高速铣削法对提高生产率更为有利，因为对刀具寿命影响最大的是铣削速度，其次才是进给量和铣削深度。

提高进给量后，加工表面的表面粗糙度值会增大，所以强力铣削时要保证加工面的表面粗糙度值较小，就必须减少切削时的振动和合理地改进刀具的角度。强力铣削一般用于端面铣铣平面，图5-29所示是强力铣削的面铣刀刀齿形状。其主偏角 $\kappa_r \approx 60°$；为了增加刀尖的强度而增加了过渡刃，过渡刃偏角 $\kappa_{r\varepsilon} \approx 20°$；该刀具还具有副偏角 $\kappa_r' = 0°$ 的修光刃，可保证在较大进给量的情况下，仍能使加工表面的表面粗糙度值较小（$Ra6.3 \sim 1.6\mu m$）。修光刃的长度一般取进给量 f 的1.2~1.8倍，修光刃过长会引起径向铣削力增大而产生振动，过短则会影响加工表面的表面质量。在刃磨时，修光刃要有较高的平直性和较小的表面粗糙度值。装刀时，应使修光刃与工件已加工表面平行，否则不能获得理想的表面质量。

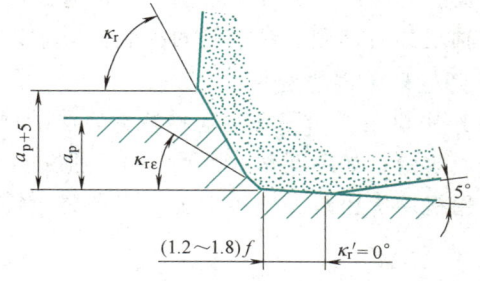

图5-29 强力铣削的面铣刀刀齿形状

（3）阶梯铣削 阶梯铣削是在面铣刀上将各刀齿的刀尖分布在刀体的不同半径上，各相差一个 ΔR_i 的距离，如图5-30所示。同时，各刀尖还由里向外呈阶梯状排列，以使工件加工表面的加工余量沿着铣削深度方向分配到各刀齿上。

这种铣刀可看成是由一组半径不同且刀尖伸出长度不同的单齿面铣刀组合而成的，所以铣削时，每齿进给量 f_z 等于进给量 f，每齿的铣削深度为 Δa_{pi}，而整个刀具的铣削深度 a_p（一次进给所切除的金属层厚度）等于各刀齿的铣削深度 Δa_{pi} 之和。由于各刀齿在刀体圆周方向上均匀分布，所以在铣削

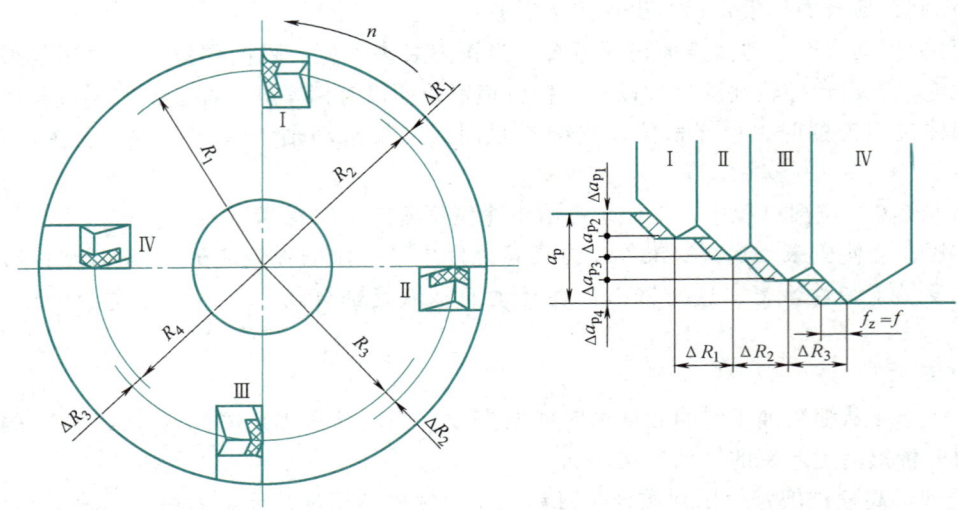

图 5-30 阶梯铣削示意图

过程中的任一瞬时，最多只有 $z/2$（z 为刀齿数）个刀齿在工作（铣削宽度 a_e 小于或等于刀盘最大直径 $2R_1$ 时），即实际铣削深度不大于 $a_p/2$。因此，与其他铣削方法相比，阶梯铣削的铣削深度大，而铣削力并不大，从而减小了振动和功率的消耗；此外，阶梯铣削可以使粗、精铣一次完成，使生产率大大提高。

这种方式的刀具一般都是体外刃磨。如图 5-30 所示，刀 I 进行粗铣，它切去的工件余量比其他几把刀具要大得多；刀 IV 是精铣刀，它切去的余量较小，一般为 0.5mm 左右，以保证加工面的表面粗糙度值较小。装刀时应注意，刀 I～IV 的径向距离应由大到小，而轴向距离则由小到大，否则不起分层铣削的作用。

（三）槽铣削

加工各种形状的沟槽是铣削加工的主要内容之一。沟槽按截面形状可分为两大类：截面形状由直线组成的沟槽，如键槽等；截面形状由曲线或曲线和直线组成的沟槽，如齿轮的齿槽等。沟槽通常采用与其截面形状相同的铣刀来铣削。

下面介绍在圆柱表面上铣削键槽的有关问题。在铣削键槽时，一般需要保证键槽宽度的尺寸精度、键槽与轴线的对称度、键槽侧面的表面质量以及键槽的深度。

1. 圆柱形工件的装夹

（1）用机用虎钳装夹　这种装夹方法的优点是装卸工件方便，但键槽的中心位置会随着工件直径的大小而改变，如图 5-31a 所示。当一批工件的直径偏差较大时，键槽与轴线对称度的偏差也较大。因此，用机用虎钳装夹适用于工件直径公差较严格的批量生产或单件生产。

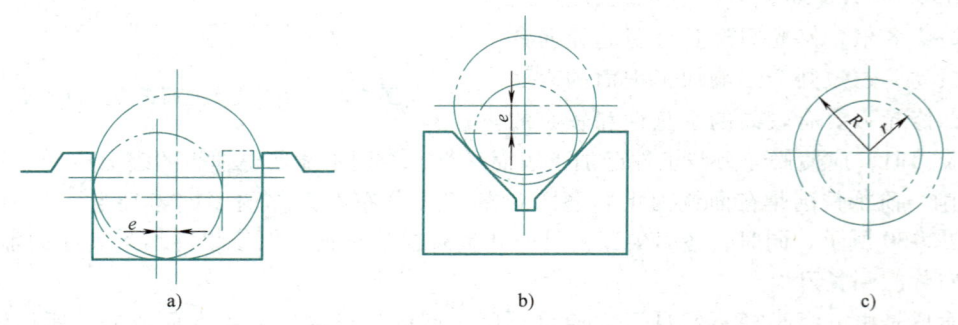

图 5-31 工件装夹方法对中心位置的影响
a）用机用虎钳装夹　b）用 V 形块装夹　c）用分度头装夹

（2）用 V 形块装夹（图 5-31b） 在用 V 形块装夹工件时，工件中心必定在 V 形块的角平分线上。当工件直径改变时，工件中心只在 V 形块的角平分线上变动。因此，当铣刀的轴线或对称中心线与 V 形块的角平分线对准后，就可保证键槽的对称度。虽然这种装夹方式对键槽的深度有影响，但一般键槽深度的要求都不高，所以用 V 形块装夹是经常采用的。

（3）用分度头装夹 利用分度头上的自定心卡盘和后顶尖装夹工件时，工件轴线必定在自定心卡盘和顶尖的轴线上。因此，工件轴线的位置不会因其直径变化而改变。

2. 对刀方法

为了保证键槽两侧面对外圆轴线的对称度要求，在铣键槽之前必须把工件的轴线对准铣刀的中心。

（1）侧面贴纸对刀法 用一张薄纸（厚度约为 0.05mm）浸透机油贴在工件侧面上（图 5-32）。开动机床使铣刀旋转，仔细移动工作台，使盘形铣刀的侧面切削刃或键槽铣刀的圆柱面切削刃刚刚擦破薄纸，然后降低工作台，将工作台横移一个距离 A。A 的数值可按下式计算

$$A = \frac{D+B}{2}$$

或

$$A = \frac{D+d}{2} \qquad (5-4)$$

式中 D——工件直径（mm）；
B——铣刀宽度（mm）；
d——铣刀直径（mm）。

（2）切痕对刀法 对刀时先使铣刀在工件表面上铣出一切痕（用盘形铣刀铣出的是一个椭圆形切痕，而用键槽铣刀或立铣刀铣出的为一个矩形切痕），再调整工作台位置，使铣刀处在切痕中央（图 5-33）。此法的对刀准确度取决于操作者的技术水平及目测的准确度。由于此法调整时不需任何辅助工具，操作也较简便，故在实际生产中，尤其在单件生产并且对称度要求不太高的情况下应用较多。

3. 键槽铣削方法

（1）两端封闭圆头键槽的铣削 可以使用立铣刀或键槽铣刀铣削。

立铣刀外径精度不高，可先用外径比槽宽小的立铣刀粗铣，然后使用经过专门修磨的立铣刀精铣；也可以用外径小于槽宽的立铣刀粗铣后，再用同一把铣刀分别精铣键槽的两个侧面。由于立铣刀起主要切削作用的是圆柱切削刃，端面中心无切削刃，故不能沿轴向进给。因此，用立铣刀铣封闭圆头键槽前，应在键槽的圆头处预先钻好平底孔（孔径略小于槽宽）。

铣削圆头键槽最好使用键槽铣刀。使用时，只要把切削刃的径向圆跳动量控制在 0.01mm 以内，就可保证铣出的键槽符合公差要求。具体铣削方法有以下两种：

1）一次铣到深度法。用一次进给铣到键槽深度的方法，如图 5-34a 所示。这种铣削方法的优点是，在深度上只做一次调整，进给也只需一次，适合于在通用铣床上加工。其缺点是对铣刀寿命不利，

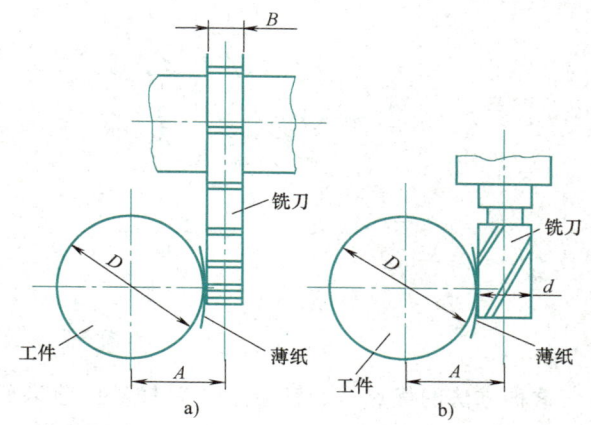

图 5-32 侧面对刀法
a）用盘形铣刀加工 b）用立铣刀或键槽铣刀加工

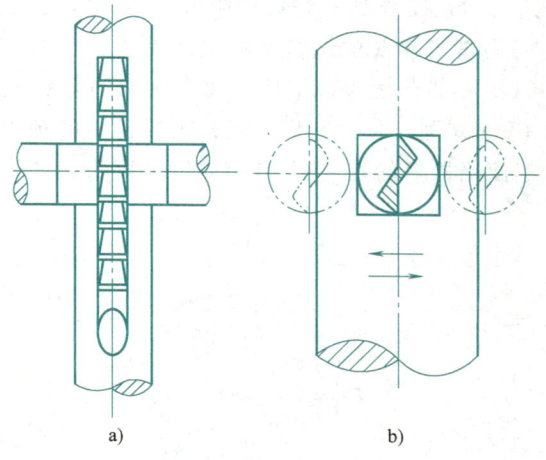

图 5-33 切痕对刀法
a）用盘形铣刀加工 b）用立铣刀或键槽铣刀加工

因为在铣刀用钝时,其刃口的磨损长度等于槽的深度。若刃磨刀具的圆柱面,则因铣刀直径变小而不能再用其做精加工;若把用钝的部分都磨掉,则很不经济。另外,由于铣削时切削量较大,铣刀的偏让量也较大,从而会影响键槽的对称度。

2)分层铣削法。分层法铣键槽时,每次进给的铣削深度只有0.1~1mm(图5-34b),并以较快的进给速度往复进行铣削。这种铣削方法一般是在键槽铣床上使用,因为键槽铣床在对键槽长度(两端起始位置)、键槽总深度和每次铣削深度等调整好以后,就能自动地进行铣削,直至达到预定的尺寸为止。若在普通铣床上用此法加工,则显得操作不方便,生产率低,劳动强度大。

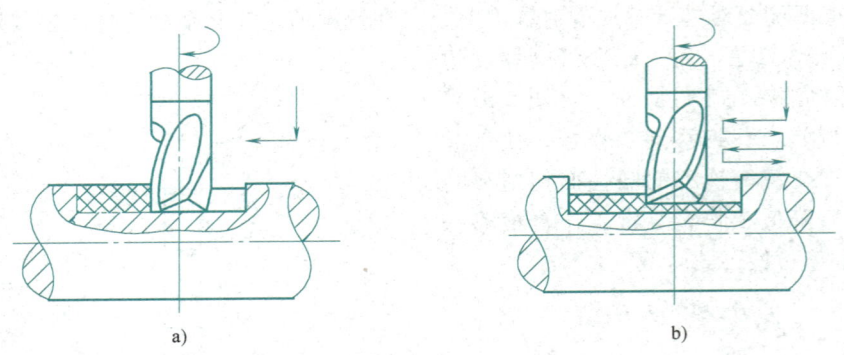

图 5-34 键槽的铣削方法

这种方法的优点是,铣刀用钝后只需把前端磨去0.5~1mm即可,从而大大延长了刀具寿命。另外,由于切削量小,不致产生明显的"让刀"现象。

(2)两端(或一端)不封闭平头键槽的铣削 如图5-35所示,可以使用三面刃铣刀,在对刀后以较大进给量一次铣到深度,比立铣刀或键槽铣刀加工效率高。但三面刃铣刀宽度的制造偏差较大,因此使用时,应当将其宽度修磨到槽宽公差的下限,装夹时要用百分表校正轴向圆跳动。

(四)分度铣削

在铣削四方、六方、多齿刀具的容屑槽、齿轮以及花键等表面时,工件每铣过一个表面后,需转过一定角度再铣,这种工作称为分度。分度头就是进行分度工作的一种铣床附件,生产中常见的是万能分度头。

1. 万能分度头的结构与传动系统

(1)万能分度头的结构 通常所见的万能分度头有FW200型、FW250型和FW320型三种。它们都是以夹持工件的最大直径来表示其规格的。在铣床上使用最多的是FW250型万能分度头,其外形如图5-36所示。

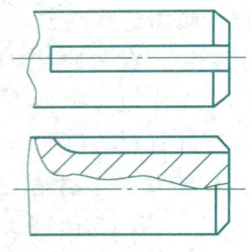

图 5-35 平头键槽

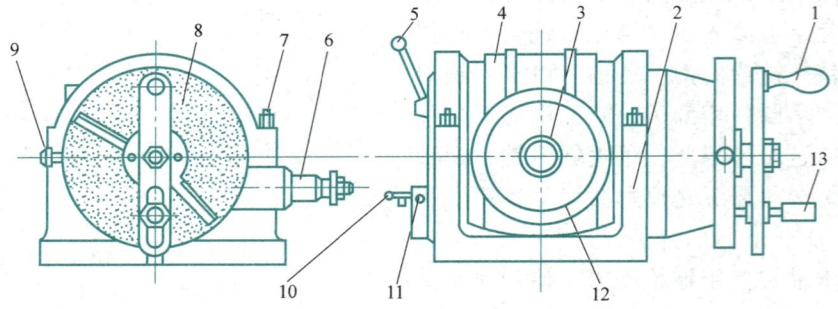

图 5-36 FW250型万能分度头的外形

1—手柄 2—底座 3—主轴 4—回转体 5—锁紧主轴的手柄 6—交换齿轮轴
7—螺母 8—分度盘 9—分度盘锁紧螺钉 10—蜗杆脱落手柄
11—蜗杆间隙限位螺钉 12—标尺环 13—定位销

主轴 3 是空心结构，两端均为锥孔。前锥孔可装入顶尖，后锥孔可装入心轴，以便在差动分度时安装交换齿轮。主轴可随回转体 4 在分度头底座 2 的环形导轨内转动，因此，主轴除安装成水平位置外还能扳成倾斜的位置，向上倾斜到 95°，向下倾斜到 6°。

分度时，拔出定位销 13，转动手柄 1，通过分度头内部的传动机构使主轴带动工件转动，然后将定位销 13 插入分度盘 8 相应的孔中，使工件准确地分度。

（2）万能分度头的传动系统　图 5-37 所示为 FW250 型万能分度头的传动系统。

转动手柄，通过传动比为 1∶1 的一对齿轮以及传动比为 1∶40 的蜗杆副带动主轴旋转。因此，手柄每转 1r，主轴转过（1/40）r。举例来说，如果要求工件转（1/2）r，则分度手柄要转 20r。

此外，在分度头内还有一对传动比为 1∶1 的螺旋齿轮，在差动分度时，用来将交换齿轮轴的转动传给分度盘。

2. 分度方法

（1）直接分度法　在工件要求分度数很少，如等分数为 2、3、4、6，且分度精度要求不高时，可以使蜗轮与蜗杆脱开，利用主轴标尺环上的标尺标记进行直接分度。

（2）简单分度法　简单分度法是分度中使用最多的一种方法。图 5-36 所示分度前应将蜗轮和蜗杆啮合上，并用分度盘锁紧螺钉 9 把分度盘 8 固定，然后旋转手柄 1 进行分度。由传动系统图（图 5-37）可知，主轴若转 1r，手柄应转 40r。如果工件要 z 等分，即每次分度时主轴转（1/z）r，则手柄的转数为

$$n = \frac{40}{z} \tag{5-5}$$

式中　n——手柄的转数；

　　　40——分度头的传动比，目前我国生产的分度头均为此值；

　　　z——工件的分度数。

FW250 型分度头有两块分度盘，每一块的正面有 6 圈孔，而反面有 5 圈孔，每块分度盘孔圈的孔数为：

第一块：正面　24　25　28　30　34　37

　　　　反面　38　39　41　42　43

第二块：正面　46　47　49　51　53　54

　　　　反面　57　58　59　62　66

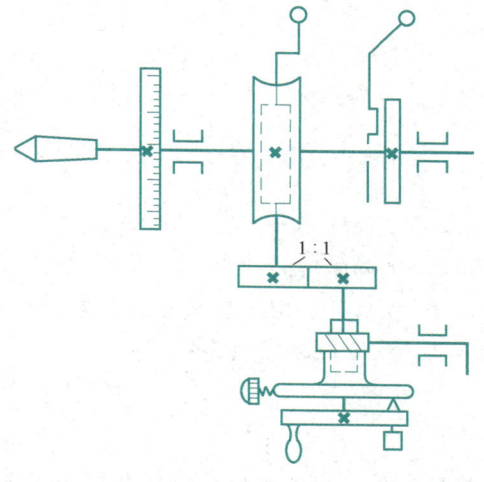

图 5-37　FW250 型万能分度头的传动系统

例 5-1　铣四方时的分度

解　以 z=4 代入式（5-5）得

$$n = \frac{40}{z} = \frac{40}{4} = 10$$

即每铣完一边后，手柄应转过 10r。

例 5-2　铣六方时的分度

解　以 z=6 代入式（5-5）得

$$n = \frac{40}{z} = \frac{40}{6} = 6\frac{2}{3} = 6\frac{44}{66}$$

即每铣定一边后，分度手柄应在 66 孔的孔圈上转过 6r 又 44 个孔间距。

由上述例题可以看出，分度盘的孔圈数要选用恰当，当手柄要摇转 2r/3 时，分子、分母同时扩大相同的倍数，并且使分母为已有孔圈的孔数，可以采用 16/24，就是在 24 的孔圈上摇过 16 个孔间距。另外，也可以采用 20/30、26/39、…、44/66 等，一般采用孔数较多的孔圈较好，因为孔数较多的孔

圈离轴心较远，操作时摇动手柄较方便，并且分度精度也比较高。

为了避免每次分度时要数孔数的麻烦，可利用分度叉计孔数。但需要注意，分度叉两叉夹角之间的实际孔数，应用所需转过的孔间距数加 1。

例 5-3　用 FW250 型分度头装夹工件铣削齿数 z = 48 的直齿圆柱齿轮，试进行分度计算。

解　以 z = 48 代入式（5-5）得

$$n = \frac{40}{z} = \frac{40}{48} = \frac{5}{6} = \frac{45}{54}$$

即每铣一齿后，手柄在孔数为 54 的孔圈上转过 45 个孔间距，分度叉之间应包含 46 个孔。

（3）角度分度法　角度分度法实际上是简单分度法的另一种形式，只是计算的依据不同。简单分度法是以工件等分数 z 作为计算依据，而角度分度法则是以工件所需转过的角度 θ 作为计算依据。因此，在具体计算方法上稍有不同。

从分度头结构可知，分度手柄转 40r，分度头主轴转 1r，也就是转了 360°。因此，分度手柄转 1r，分度头主轴只转 9°。根据这一关系，就可得出下列计算式

$$n = \frac{\theta(°)}{9°} \tag{5-6}$$

或

$$n = \frac{\theta(')}{540'}$$

$$n = \frac{\theta('')}{32400''}$$

式中　n——手柄的转数；
　　　θ——工件所需的转角。

例 5-4　在工件外圆上铣两条夹角为 35°50′的沟槽，试进行分度计算。

解　将 35°50′代入式（5-6）得

$$n = \frac{\theta(')}{540'} = \frac{60' \times 35 + 50'}{540'} = \frac{2150'}{540'} = 3\frac{53}{54}\text{r}$$

即一条槽铣好后，分度手柄在孔数为 54 的孔圈上转过 3r 又 53 个孔间距。

（4）差动分度法　从简单分度的计算式 n = 40/z 可看出，若要求的等分数 z 与 40 不能相约，而分度盘上又没有与 z 成倍数的孔圈数，则此时会因选不到合适的孔圈而不能用简单分度法进行分度，这时可采用差动分度法分度。

差动分度时（图 5-36），要松开分度盘锁紧螺钉 9，并且在主轴 3 和交换齿轮轴 6 之间装上交换齿轮（其传动系统如图 5-38 所示），使得在转动手柄时，分度盘跟着主轴的转动也稍微转过一个角度。这样，手柄的实际转数，将是手柄相对于分度盘的转数与分度盘自身转数的代数和。

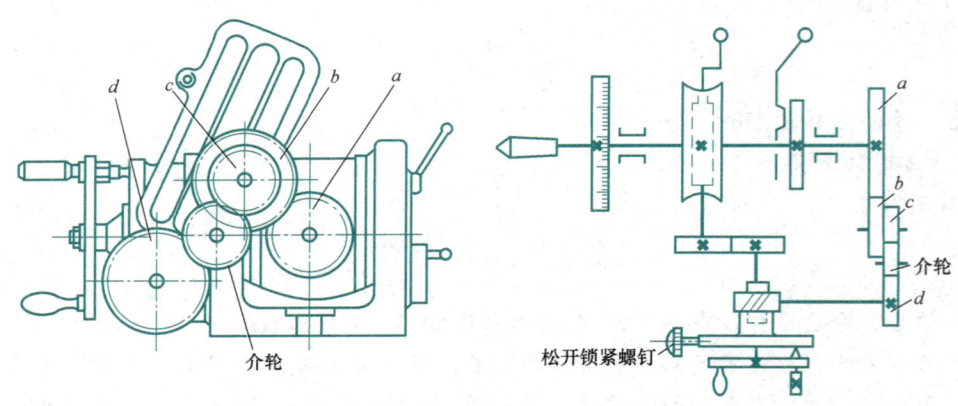

图 5-38　差动分度时的传动系统和交换齿轮的安装

现在以等分数 z=79 为例，按简单分度法分度，每次分度要求手柄转过（40/79）r，但此数没有相应的孔圈与之对应，为此，可选一接近所需的等分数、又能用简单分度法进行分度的假定等分数 z'。本例选为 z'=80，于是手柄相对于分度盘将要转过 40/z'=（40/80）r。也就是说，每分度一次，手柄少转了 40/z−40/z'，这个差数需由分度盘的转动来补偿（图 5-39）。因此，要求分度盘由主轴经交换齿轮传动，在每次分度中转过

$$\frac{1}{z}\frac{a}{b}\frac{c}{d}\frac{1}{1}=\frac{40}{z}-\frac{40}{z'}$$

化简得出交换齿轮的传动比

$$\frac{a}{b}\frac{c}{d}=\frac{40(z'-z)}{z'} \tag{5-7}$$

式中　a、b、c、d——配换交换齿轮的齿数；
　　　　z——要求的等分数；
　　　　z'——假定的等分数。

其中，z' 的选取应接近 z，并能进行简单分度。这样，在差动分度时，每次分度中手柄相对于分度盘的转数为

$$n=\frac{40}{z'} \tag{5-8}$$

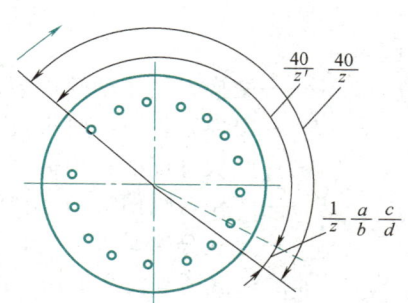

图 5-39　差动分度时手柄与分度盘的转数关系

上例用差动分度法做 79 等分时，计算过程如下：
1) 确定手柄相对分度盘的转数，取 $z'=80$，则

$$n=\frac{40}{z'}=\frac{40}{80}\text{r}=\frac{1}{2}\text{r}=\frac{17}{34}\text{r}$$

即每一次分度，手柄在 34 孔的孔圈上转过 17 个孔间距。
2) 计算差动交换齿轮的传动比和齿数 a、b、c、d

$$\frac{a}{b}\frac{c}{d}=\frac{40(z'-z)}{z'}=\frac{40(80-79)}{80}=\frac{1}{2}=\frac{25}{50}$$

在这里，交换齿轮只需两个就够了，即 $a=25$，$b=50$。

本例中所选 $z'>z$，所以分度时分度盘的转向与手柄的转向相同；如果所选 $z'<z$，则分度盘的转向与手柄的转向相反。分度盘的转向调整取决于交换齿轮中加不加介轮，介轮的增加与否并不影响交换齿轮的传动比，但能改变分度盘的转向。是否要增加介轮，要视分度头传动系统的结构以及交换齿轮的轴数而定。

为了满足搭配交换齿轮的需要，一般分度头都备有一套交换齿轮。FW250 型万能分度头备有一套交换齿轮，其齿数分别为 20、25、30、35、40、50、55、60、70、80、90、100，以备分度时选用。

例 5-5　用 FW250 型分度头分度铣削 $z=111$ 的直齿圆柱齿轮，试进行分度调整计算。

解　$z=111$ 无法进行简单分度，故采用差动分度。取 $z'=110$，则

$$n=\frac{40}{z'}=\frac{40}{110}=\frac{24}{66}$$

$$\frac{a}{b}\frac{c}{d}=\frac{40(z'-z)}{z'}=\frac{40(110-111)}{110}$$

$$=-\frac{40}{110}=-\frac{8}{11}\times\frac{1}{2}=-\frac{40}{55}\times\frac{30}{60}$$

答　分度时，手柄相对于分度盘在孔数为 66 的孔圈上转过 24 个孔间距；配交换齿轮齿数：主动轮 $a=40$、$c=30$；被动轮 $b=55$、$d=60$。介轮的选择使分度盘的转向与手柄转向相反。

（5）直线移距分度法　有些工件需要在直线上进行等分，如铣削齿条的齿槽或进行直线刻线等。在一般情况下，移距时可直接转动工作台进给丝杠，并以手轮标尺盘的标尺标记作为移距的依据。但

这种移距方法操作时容易出错，且精度不高。如果利用分度头做直线移距分度，不仅操作简单，而且可提高移距精度。

所谓直线移距分度法，就是把分度头的主轴或侧轴与工作台纵向进给丝杠用交换齿轮连接起来，移距时只要转动分度手柄，就可通过齿轮传动带动工作台做较精确的移距。

常用的直线移距分度法有主轴交换齿轮法和侧轴交换齿轮法两种。

1) 主轴交换齿轮法。主轴交换齿轮法就是在分度头主轴后锥孔中插入安装交换齿轮的心轴，然后在其与工作台纵向进给丝杠之间安装交换齿轮（图5-40）。移距时，转动分度手柄，通过蜗杆副和齿轮传动，带动纵向丝杠旋转，使工作台纵向移动一个所需的距离。由于利用了蜗杆副的减速作用，使得分度手柄转过较多转时，工作台才移动一个较小的距离。因此，它的移距精度较高，适用于移距间隔较小的工件。关于交换齿轮的计算，由图5-40可知

$$n \times \frac{1}{40} \frac{a}{b} \frac{c}{d} P = s$$

整理得

$$\frac{a}{b} \frac{c}{d} = \frac{40s}{nP} \tag{5-9}$$

式中 a、c——交换齿轮主动轮齿数；
b、d——交换齿轮被动轮齿数；
s——每次分度的移距值（mm）；
P——工作台纵向进给丝杠的螺距（mm）；
n——每次分度时手柄的转数。

其中，n的取值不应使交换齿轮的传动比太大或太小，一般取$n=1\sim10$。

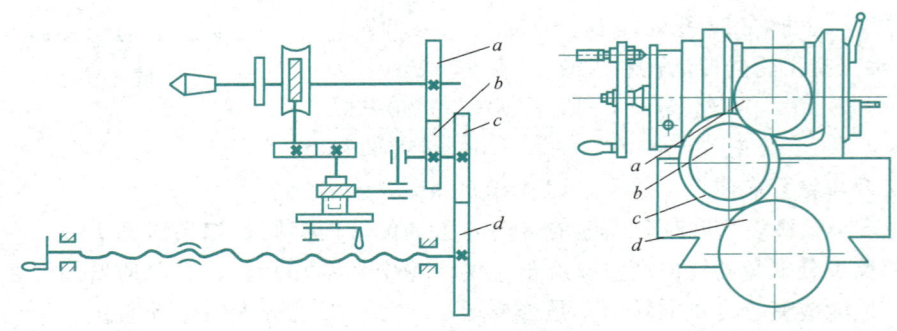

图5-40 主轴交换齿轮法

例5-6 在X6132型铣床上，用FW250型万能分度头，采用主轴交换齿轮法分度进行刻线，每格距离$s=0.98$mm，机床工作台纵向进给丝杠的螺距$P=6$mm。试确定每分度一次分度手柄的转数和交换齿轮的齿数。

解 取$n=4$，代入公式（5-9），则

$$\frac{a}{b} \frac{c}{d} = \frac{40s}{nP} = \frac{40 \times 0.98}{4 \times 6} = \frac{49}{30} = \frac{7 \times 7}{10 \times 3} = \frac{35 \times 70}{50 \times 30}$$

即主动轮$a=35$，$c=70$；被动轮$b=50$，$d=30$；每次分度时手柄转4r。

2) 侧轴交换齿轮法。对于移距较大的工件，如果采用主轴交换齿轮法进行移距分度，则每次分度时分度手柄需转很多转，操作不方便。此时可采用侧轴交换齿轮法，即将分度头侧轴和机床工作台纵向进给丝杠通过交换齿轮连接起来（图5-41），这样就不通过分度头1∶40蜗杆副的减速传动，从而获得较大的移距量。其交换齿轮计算式为

$$\frac{a}{b} \frac{c}{d} = \frac{s}{nP} \tag{5-10}$$

式中，n的取值与主轴交换齿轮法相同。

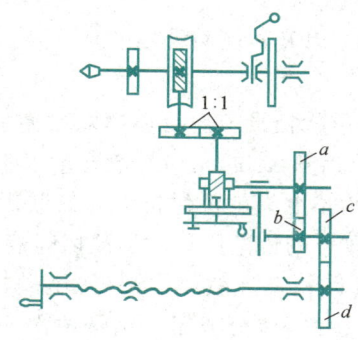
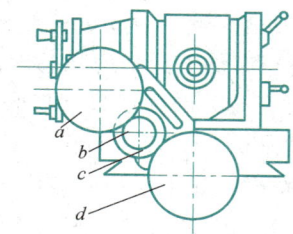

图 5-41 侧轴交换齿轮法

例 5-7 在 X6132 型铣床上,用 FW250 型万能分度头,采用侧轴交换齿轮法分度进行刻线,每格距离 $s=6.25$mm。求分度手柄的转数和交换齿轮的齿数。

解 取 $n=1$,代入公式(5-10),则

$$\frac{a}{b}\frac{c}{d}=\frac{s}{nP}=\frac{6.25}{1\times6}=\frac{6.25\times4}{6\times4}=\frac{25}{24}=\frac{5\times5}{4\times6}=\frac{50\times100}{80\times60}$$

即主动轮 $a=50$,$c=100$;被动轮 $b=80$,$d=60$;每次分度时手柄转 1r。

由分度头的结构可知,采用侧轴交换齿轮法移距时,分度手柄的定位销不能拔出。应该松开分度盘的紧固螺钉,使分度盘连同手柄一起转动。为了准确地控制分度手柄的转数,可将分度盘紧固螺钉改装为定位销,如图 5-42 所示,并在分度盘外圆上钻一定位孔。分度时拔出侧面定位销,将分度手柄连同分度盘一起转动,摇定转数时,靠弹簧的作用,侧面的定位销自动弹入定位孔内。

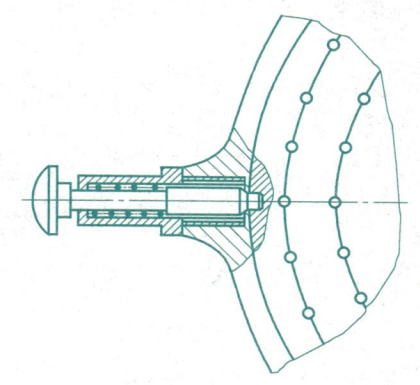

图 5-42 分度盘侧面加装定位销

使用侧轴交换齿轮法进行直线移距分度时,应将分度头的蜗杆副脱开,以减少蜗杆副的磨损。

3. 直齿圆柱齿轮齿形的铣削

在铣床上加工齿轮的基本要求是保证齿形准确和分齿均匀。分齿均匀靠分度头的分度保证,齿形主要由铣刀的轮廓形状来保证。

(1) 齿轮铣刀 从理论上讲,要铣出正确的齿形,则每一个模数、每一种齿数的齿轮,就要相应地有一把铣刀,这样就需要制造许多不同齿形的铣刀,显然很不经济。比较合理的办法是把铣刀铣削的齿数,按照它们齿形曲线接近的程度划分成段。每一段定为一个号数,并以每段中最小齿数的齿轮齿形作为铣刀的齿形,以避免发生干涉。这样,同一模数系列中齿数相近的齿轮可采用同一号数的铣刀进行加工,大大减少了刀具的品种数量。虽然这样会产生齿形误差,但对于精度要求不高的齿轮来说是允许的。

表 5-4 是一套 8 把的铣刀号数表,适用于模数 $m=1\sim8$mm 的齿轮加工。

表 5-4 一套 8 把的铣刀号数表

刀号	1	2	3	4	5	6	7	8
所铣齿轮齿数	12~13	14~16	17~20	21~25	26~34	35~54	55~134	135~∞

(2) 铣削注意事项

1) 装夹分度头和尾座时,必须用百分表校正心轴的上素线和侧素线,以保证心轴轴线与铣床工作

台和铣床纵向进给方向平行,同时还要校正心轴的径向圆跳动。

2)检查齿坯外圆和内孔的尺寸、外圆与内孔的同轴度以及端面与轴线的垂直度。

3)正确分度、对刀、选择铣刀号数。

4)齿轮盘铣刀是一种铲齿成形铣刀,其刀齿的剖面形状相当于齿轮齿槽的剖面形状(图5-43a)。它的后面是由铲齿车床加工出来的阿基米德螺旋线齿背,后角α_o的大小与铲背量K有关(图5-43b)。它的前角一般为0°,铣刀磨损后只须刃磨前面,保持前角不变,就可保持刀齿的截面形状不变。由于齿轮盘铣刀的前角为0°,对切削不利,所以铣削时应用较小的铣削用量并加注切削液。

5)调整铣削宽度。如果齿面的表面质量要求不高或齿轮模数较小,则可以一次进给铣出全部齿深。一般情况下,为了保证齿面的表面质量要求和齿厚尺寸,应分成粗、精铣两次加工。精铣时根据粗铣后的实际余量做第二次切削,其铣削宽度按下列公式计算

$$a_e = 1.37(s'-s) \tag{5-11}$$

或

$$a_e = 1.46(w'-w) \tag{5-12}$$

式中 a_e——精铣时的铣削宽度(mm);
s'——粗铣后的分度圆弦齿厚或固定弦齿厚(mm);
s——图样要求的分度圆弦齿厚或固定弦齿厚(mm);
w'——粗铣后的公法线长度(mm);
w——图样要求的公法线长度(mm)。

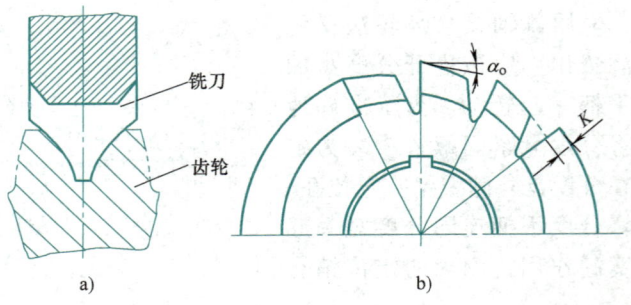

图5-43 齿轮盘铣刀的铲齿
a)齿轮齿槽的剖面形状 b)齿轮盘铣刀端面图

(五)螺旋槽铣削

1. 铣削方法

(1)选择铣刀 选用的铣刀应符合螺旋槽的形状。但要注意,当铣削剖面形状为有角度的螺旋槽时,原则上只能用双角铣刀,而不能用单角铣刀;当铣削矩形螺旋槽时,只能用立铣刀而不能用三面刃铣刀,否则铣削时会发生过切现象,破坏螺旋槽正确的剖面形状。

(2)工作台扳转角度 为了使工件螺旋槽的方向与铣刀的旋转平面一致,在<u>铣削左螺旋槽时</u>,应将工作台按顺时针方向扳动一个螺旋角β(<u>站在铣床前,用左手推动工作台</u>),如图5-44a所示;在<u>铣削右螺旋槽时</u>,应将工作台沿逆时针方向扳动一个螺旋角β(<u>站在铣床前,用右手推动工作台</u>),如图5-44b所示。如果用立铣刀铣削螺旋槽,则不必旋转工作台。

(3)分度头的装夹 分度头的定位键应装夹在铣床工作台中间的T形槽内,这样,刀具对好中心后工作台再旋转一个角度,对刀中心才不会改变。

2. 交换齿轮调整计算

铣削螺旋槽时,为了把工件的旋转运动和工作台的直线运动联系起来,要在分度头交换齿轮轴和机床工作台纵向进给丝杠间配挂交换齿轮,如图5-45所示。要保证工件转1r,工作台纵向移动工件的一个导程距离Ph,即纵向丝杠转Ph/P(r)。由图5-45所示的传动关系可知

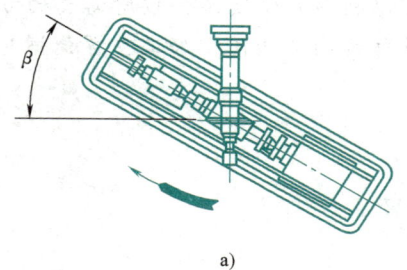
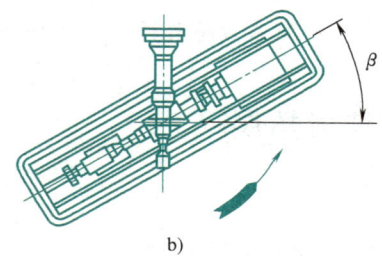

图 5-44 工作台扳转角度
a) 铣削左螺旋槽　b) 铣削右螺旋槽

$$\frac{Ph}{P}\frac{a}{b}\frac{c}{d}\times\frac{1}{1}\times\frac{1}{1}\times\frac{1}{40}=1$$

化简得交换齿轮的传动比

$$\frac{a}{b}\frac{c}{d}=\frac{40P}{Ph} \tag{5-13}$$

式中　a、c——交换齿轮主动轮齿数；
　　　b、d——交换齿轮被动轮齿数；
　　　P——工作台纵向进给丝杠的螺距（mm）；
　　　Ph——工件螺旋槽的导程（mm）。

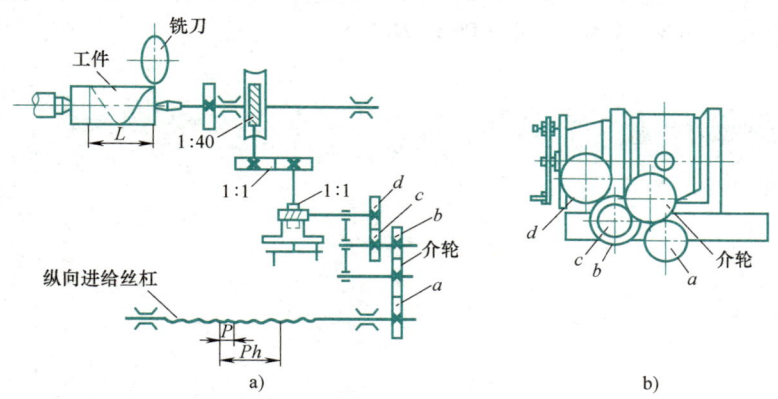

图 5-45 铣削螺旋槽时的传动系统
a) 传动系统　b) 交换齿轮位置

例 5-8　在 X6132 型铣床上，用 FW250 型万能分度头铣削一螺旋槽。已知工件直径 $D=70$mm，螺旋角 $\beta=30°$，工作台纵向进给丝杠的螺距 $P=6$mm。试选择交换齿轮。

解　首先计算螺旋槽的导程 Ph

$$Ph=\pi D\cot\beta=3.1416\times70\times\cot30°\text{mm}$$
$$\approx380.898\text{mm}$$

按式（5-13）计算交换齿轮齿数

$$\frac{a}{b}\frac{b}{d}=\frac{40P}{Ph}=\frac{40\times6}{380.898}\approx0.63=\frac{63}{100}=\frac{35}{100}\times\frac{90}{50}$$

即主动轮齿数 $a=35$、$c=90$；从动轮齿数 $b=100$、$d=50$。

在实际工作中，为了节省时间，可根据工件的导程在工艺手册中直接查得交换齿轮的齿数。

安装交换齿轮时，应注意主动轮和从动轮不能颠倒，齿轮啮合间隙要适当。由于所加工的螺旋槽有左旋和右旋之分，所以工件的旋转方向也不相同，可以利用介轮使工件按所需要的方向旋转。若工作台丝杠为右旋，则加工右螺旋槽时，工件与丝杠的旋转方向应相同；加工左螺旋槽时，两者的旋转方向应相反。

知识与技能拓展

复习思考题

5-1 铣床可以加工哪些类型的表面？

5-2 何谓端面铣和圆周铣？为什么在一般情况下端面铣的生产率和加工质量比圆周铣高？

5-3 在一般情况下，为什么圆周铣大都采用逆铣而不采用顺铣？

5-4 什么是对称铣削？对称铣削有何特点？

5-5 在铣削过程中，为什么不应在停止进给运动时让铣刀空转？

5-6 在装夹铣刀时，铣刀为什么要尽量靠近主轴前端？在不影响工作的条件下，为什么要尽量采用比较短的刀轴？

5-7 分度头有何主要功用？

5-8 用 FW250 型万能分度头铣削直齿圆柱齿轮，齿数 $z_1 = 32$，$z_2 = 55$，应分别如何分度？

5-9 在 FW250 型分度头上，铣两条夹角为 20°的槽，应如何分度？若夹角为 33°36′，应如何分度？

5-10 差动分度法用于什么场合？差动分度法的原理是什么？

5-11 差动分度法需计算哪两项内容？用什么公式计算？

5-12 用 FW250 型万能分度头铣削齿数 $z_1 = 71$ 和 $z_2 = 81$ 的直齿圆柱齿轮，应如何进行分度？

5-13 何谓直线移距分度法？何谓直线移距主轴交换齿轮法和侧轴交换齿轮法？

5-14 直线移距主轴交换齿轮法和侧轴交换齿轮法应计算哪两项内容？用什么公式计算？

5-15 在 X6132 型铣床上，用支架将铣刀横向安装铣齿条，齿条模数为 2mm。用 FW250 型万能分度头分度，做直线移距主轴交换齿轮法和侧轴交换齿轮法的分度计算（取 $\pi = 22/7$）。

5-16 何谓高速铣削和强力铣削？

使用习题册完成配套课后习题。

第六章 刨削加工

学习目标
1. 了解刨床的工艺范围和刨削加工工艺特点。
2. 掌握常用的刨削加工方法。

重点与难点
常用的刨削加工方法和刨削用量的合理选择。

素养目标
培养耐心、细心、坚持不懈的工匠精神。

第一节 刨床概述

刨削加工是在刨床上，利用刨刀（或工件）的直线往复运动进行切削加工的一种方法。刨削加工适用于单件、小批生产中，对零件上各类平面、斜面、沟槽以及素线为直线的特殊形面等进行加工，如图6-1所示。

刨削加工的切削速度低，加工精度和表面加工质量不高。由于切削运动有空回程，所以劳动生产率也比较低，在大批量生产中常被铣削、拉削所代替。但刨削加工的生产准备周期短，刀具制造简单，装夹方便；在加工窄长平面或采用强力刨削方式时，仍能获得较高的劳动生产率；使用宽刀精刨，还可获得较理想的表面质量和较高的平面度。因此，刨削加工在生产中仍占有一定地位。

一、牛头刨床的组成

牛头刨床主要用来加工中、小型工件，刨削长度一般不超过1m。根据所能加工工件尺寸的大小，牛头刨床可分为大型、中型和小型三种。小型牛头刨床的刨削长度在400mm以内，中型的刨削长度为400～600mm，刨削长度超过600mm的即为大型牛头刨床。

牛头刨床由以下各部分组成（以B6050型牛头刨床为例，如图6-2所示）。

1. 床身与底座

床身是刨床的基础件，刨床的主要部件和机构都装在床身上。它是一个箱形铸铁壳体，箱体内部装有运动传动装置、变速机构和曲柄摇杆机构等。床身上部装有两个斜压板，它们与床身上平面组成的燕尾导轨供滑枕移动之用。床身前侧为垂直的矩形导轨，横梁可沿该导轨面上下移动。

底座用螺柱与床身连接，中部呈凹形用以存放润滑油；底座下面垫入调整垫铁，用地脚螺栓固定在地基上。

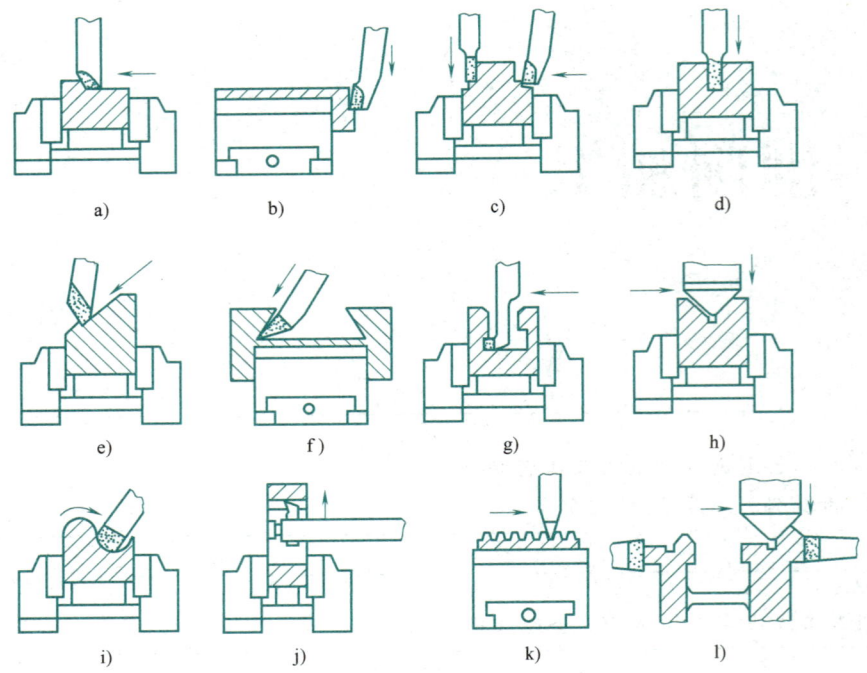

图 6-1 刨床工作的基本内容

a) 刨平面　b) 刨垂直面　c) 刨台阶面　d) 刨直角沟槽　e) 刨斜面　f) 刨燕尾形工件
g) 刨 T 形槽　h) 刨 V 形槽　i) 刨曲面　j) 刨孔内键槽　k) 刨齿条　l) 刨复合表面

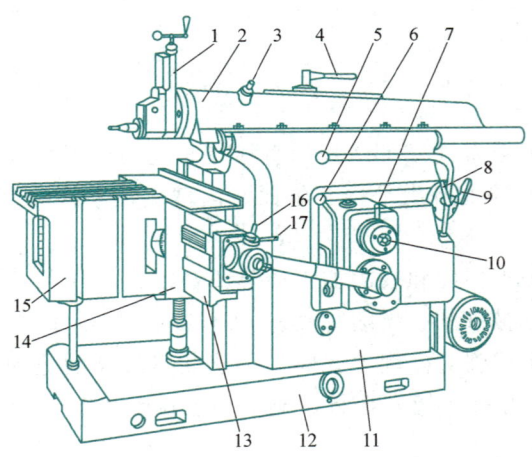

图 6-2　B6050 型牛头刨床外形

1—刀架　2—滑枕　3—调节滑枕位置手柄　4—紧定手柄　5—操纵手柄　6—工作台快速移动手柄
7—进给量调节手柄　8、9—变速手柄　10—调节行程长度手柄　11—床身　12—底座　13—横梁
14—拖板　15—工作台　16—工作台横向或垂向进给转换手柄　17—进给运动换向手柄

2. 横梁

横梁装在床身前侧的垂向导轨上，其凹槽中装有工作台横向进给丝杠和传动横梁升降丝杠用的一对锥齿轮及光杠。转动光杠可使横梁沿着垂向导轨移动，即可使工作台升降。

3. 工作台

工作台上平面和侧面上的 T 形槽用于固定工件或夹具。工作台与拖板连接，拖板装在横梁的侧面导轨上，可做横向移动。工作台和拖板在接合面的中部用圆柱凸台定位，拖板上有环状的 T 形槽，其外缘上有标尺，用 4 个螺钉固定工作台。使用这一结构可以把工作台转动一定角度，以适应刨削不同角度的斜面。

4. 滑枕

滑枕是牛头刨床上的主要运动部件。为了减少滑枕的运动惯性和提高其刚度，滑枕做成空心结构，内部有加强肋。滑枕内部还装有调整其行程位置的机构，它是由一对锥齿轮和丝杠组成的。滑枕的前端有环状 T 形槽，用来装夹刀架和调节刀架的偏转角度。滑枕下部有燕尾导轨，它与床身上的水平导轨配合（其配合间隙由斜压板来调节），由曲柄摇杆机构传动，在水平导轨内做往复直线运动。

5. 刀架

刀架用于装夹刨刀（图 6-3），并使刨刀沿垂向移动或倾斜角度。

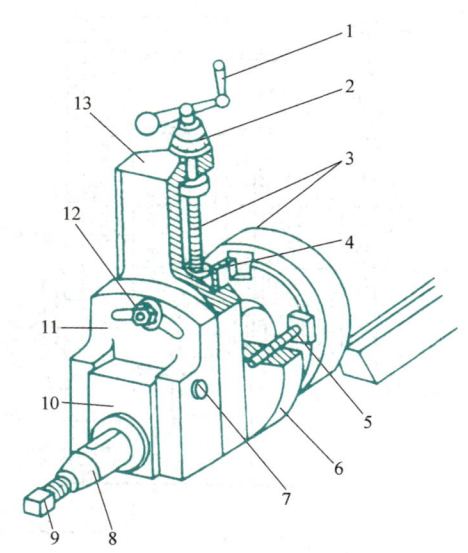

图 6-3　牛头刨床刀架

1—手柄　2—刻度环　3—丝杠　4—螺母　5—T 形螺柱　6—刻度转盘　7—铰链销　8—夹刀座
9—紧固螺钉　10—拍板　11—拍板座　12—拍板座紧固螺母　13—拖板

转动手柄 1，拖板 13 做垂向移动，用来调整吃刀量，其调整值可在刻度环 2 上读出。刨削斜面时，松开 T 形螺柱 5 的紧固螺母，扳动拖板 13，倾斜至要求角度后再将紧固螺母拧紧，角度值在刻度转盘 6 上读出。

刨刀装在夹刀座 8 的方孔内，拍板 10 与拍板座 11 用铰链销 7 连接，两者用凹槽配合，这样在回程时拍板可以绕铰链销向前上方抬起，以减少滑枕回程时刨刀与工件已加工表面之间的摩擦。旋松螺母 12，可使拍板座沿弧形槽在拖板平面上做 ±15° 的偏转，以便于刨削侧面和斜面。

二、刨床的运动

1. 主运动

刨削时的主运动是指工件或刨刀的直线往复运动。对于牛头刨床，主运动是由滑枕带动刨刀的直线往复运动。

刨刀向前切下切屑的行程，称为工作行程或切削行程；反向退回时不切削，称为空回程或返回行程。

B6050 型牛头刨床的主运动如图 6-4 所示，电动机的转动经 $\phi 95mm/\phi 362mm$ 的 V 带传给轴 Ⅰ，当摩擦离合器 M 向右移动而接合时（此时制动装置 F 脱开），轴 Ⅰ 的转动经 Ⅰ-Ⅱ 轴间的三联滑移齿轮变速组、Ⅱ-Ⅲ 轴间的三联滑移齿轮变速组以及斜齿轮副 23/115，使轴 Ⅳ 获得 3×3＝9 种转速，再通过曲柄摇杆机构，使滑枕做往复直线移动。

2. 进给运动

刨削时使金属连续投入切削的运动称为进给运动。牛头刨床的进给运动是指工作台带动工件的间歇直线移动，即滑枕每往复一次，工作台送进一个距离（进给量）。

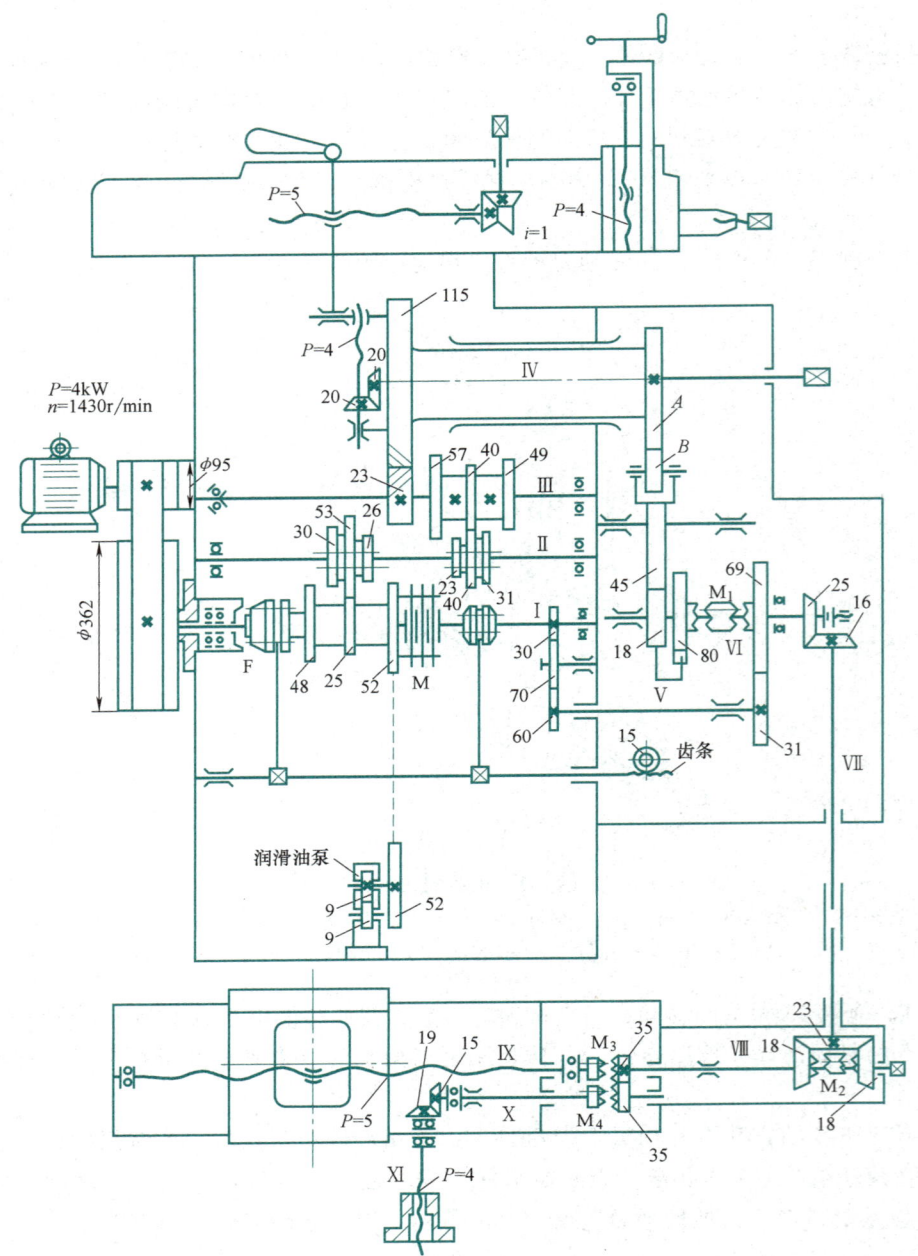

图 6-4　B6050 型牛头刨床传动系统

B6050 型牛头刨床的进给运动如图 6-4 所示,当固定在轴Ⅳ上的凸轮 A 随轴转动时,经滚轮 B,使扇形齿轮副 45/18 做往复摆动,同时传动棘轮机构（传动比为 1/80～16/80）。离合器 M_1 左移,则棘轮带动轴Ⅵ转动,经锥齿轮副 25/16,传动可伸缩传动轴Ⅶ,再经锥齿轮变向机构 23/18,通过 M_2 的左向、右向移动,使轴Ⅷ获得正反两种转向,即控制工作台的左右或上下的进给方向。最后,当 M_3 右移时,运动传至横向进给丝杠Ⅸ,使工作台实现横向进给运动；当 M_4 右移时,轴Ⅷ的运动经齿轮副 35/35 传给轴Ⅹ,再经锥齿轮副 15/19 传至垂向进给丝杠Ⅺ,使工作台实现垂向进给运动。

3. 辅助运动

刨床上除主运动和进给运动以外,滑枕和工作台的其他运动称为辅助运动。如调整机床时工作台的快速移动,如图 6-4 所示,当离合器 M_1 右移时,轴Ⅰ的运动经齿轮副 30/70、70/60 传给轴Ⅴ,再经齿轮副 31/69 和 M_1 传至轴Ⅵ（此时传动路线不经过棘轮机构）,以下的传动路线与进给运动相同。这样,可使工作台获得横向或垂向的快速移动。

B6050 型牛头刨床的传动结构式如下：

$$\text{电动机}\genfrac{}{}{0pt}{}{\phi 95\text{mm}}{\phi 362\text{mm}} - \text{I} - \text{M} - F \begin{bmatrix} \dfrac{25}{53} \\ \dfrac{48}{30} \\ \dfrac{52}{26} \end{bmatrix} - \text{II} - \begin{bmatrix} \dfrac{23}{57} & \dfrac{31}{49} \\ \dfrac{40}{40} & \end{bmatrix} - \text{III} - \dfrac{23}{115} - \text{IV} - \text{曲柄摇杆机构} - \text{滑枕（主运动）}$$

$$\dfrac{52}{52} - \text{齿轮液压泵} - \text{润滑系统}$$

$$\text{凸轮（进给运动）} - \text{棘轮机构} - \text{机构}\left(\dfrac{1}{80} \sim \dfrac{16}{80}\right)\text{（快速移动）} - M_1 - \text{VI} - \dfrac{25}{16} - \text{VII} - \begin{bmatrix} \dfrac{23}{18} \\ \dfrac{23}{18} \end{bmatrix} - M_2 - \text{VIII} - \begin{bmatrix} M_5 - \text{IX 横向进给丝杠} \\ \dfrac{35}{35} - M_4 - \text{X} - \dfrac{15}{19} - \text{XI 垂向进给丝杠} \end{bmatrix}$$

$$\dfrac{30}{70} - \dfrac{70}{60} - \text{V} - \dfrac{31}{69} \quad \text{（变向）}$$

三、B6050 型牛头刨床的调整

刨削加工前，应先将工件安装在工作台的适当位置，或装夹在工作台的机用虎钳内，把刨刀安装在刀架上，然后调整机床。

1. 行程长度的调整

刨刀在往复运动中所处的两个极限位置之间的距离称为行程长度。为了能加工出工件的整个表面，刨刀的行程长度应比工件的刨削长度稍长一些。超过工件刨削长度的距离称为越程。切入工件前的越程称为切入越程，切削以后的越程称为切出越程。行程长度调整时，如图 6-2 所示，先将手柄 10 端部的滚花压紧螺母松开，然后用方孔摇把转动手柄 10，从而改变滑枕的行程长度。手柄沿顺时针方向转动时，滑枕行程加大；反之则缩短。接着应检查滑枕的行程长度调整得是否合适，其方法是：先将变速手柄 8 和 9 扳到空档位置，然后转动手柄 10，使滑枕往复移动来观察滑枕的行程长度调整得是否合适。调整好以后，将方孔摇把取下，并把滚花压紧螺母拧紧。

2. 滑枕工作行程前后位置的调整

根据被加工工件装夹在机床工作台上的位置，调整滑枕工作行程的前后位置。如图 6-2 所示，调整时，先松开位于滑枕上部的紧定手柄 4，再用方孔摇把转动位于滑枕上的方头手柄 3，这样就可以随意调节滑枕工作行程的前后位置。沿顺时针方向转动方头，滑枕位置后移；沿逆时针方向转动方头，滑枕的位置前移。滑枕位置调整好以后，将手柄 4 扳紧。

3. 滑枕行程速度的调整

调整滑枕的运动速度必须在机床停止时进行，否则会损坏变速齿轮。B6050 型牛头刨床的滑枕运动速度共有九级。根据不同的加工要求，改变变速手柄 8 和 9 的位置便可得到所需的滑枕行程速度。速度的大小由机床的铭牌示出。

4. 工作台进给量和进给方向的调整

进给量的大小主要根据加工要求及加工条件来确定。B6050 型牛头刨床的横向和垂直方向的进给量均为 16 级。横向进给量为 0.125～2mm/往复行程，垂直方向进给量为 0.08～1.28mm/往复行程。进给量大小的调整，是通过手柄 7 控制棘爪拨动棘轮的齿数来实现的。工作台进给方向，是通过工作台横向或垂直方向进给转换手柄 16 和进给运动换向手柄 17 的变换来实现的。

5. 滑枕在任意位置上的停止和起动

在机床电源接通的情况下，当调整机床和测量工件时，为了减少机床空行程时间的损失和保证操作时的安全，可通过手柄 5 来控制滑枕在任意位置上起动和停止。当向外扳动手柄 5 时，滑枕运动停止；向内扳动时，滑枕起动。

四、常见刨床种类与型号的含义

(一) 常用刨床的种类

生产中常用的刨床除了牛头刨床外,还有下述几种。

1. 龙门刨床

龙门刨床(图6-5)主要用于大型零件的加工,工件的长度可达十几米甚至几十米。对中、小型工件,可以在工作台上一次装夹多个工件同时进行加工,还可以用多把刨刀同时刨削,从而大大提高生产率。与普通牛头刨床相比,其形体大,结构复杂,刚性好,加工精度也比较高。

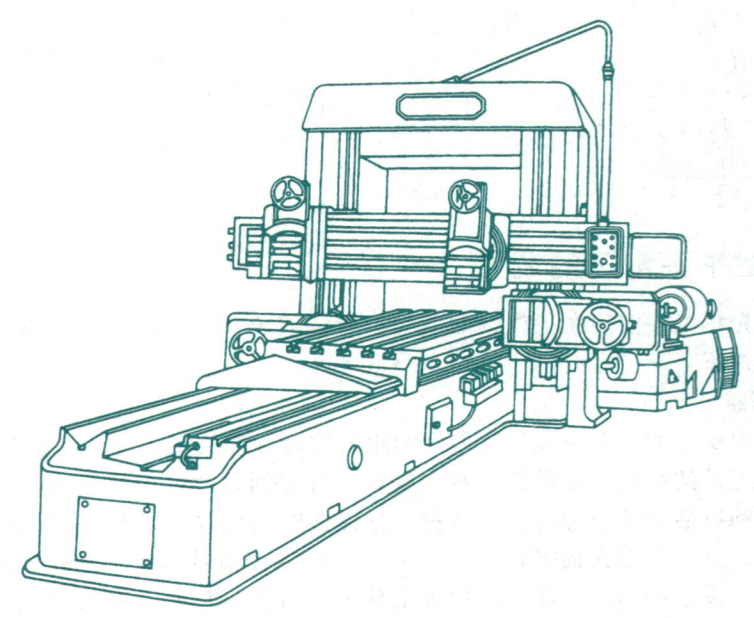

图 6-5 龙门刨床

从机床的运动方式来看,龙门刨床与牛头刨床的区别在于:龙门刨床的主运动是工作台连同工件做直线往复运动,进给运动是刨刀沿横向或垂向做间歇直线移动。

2. 插床

插床又称立式刨床(图6-6)。它与牛头刨床在运动形式上的区别在于主运动方向的不同。牛头刨床的滑枕是在水平方向上做直线往复运动,而插床的滑枕则是在垂直于水平面的方向上做直线往复运动。插床的进给运动较牛头刨床复杂一些。它的工作台由纵向拖板、横向拖板以及圆形工作台组成。在圆形工作台的传动中,还配备了分度装置。因此,插床工作台除了能做纵向或横向进给运动外,还可以做回转进给和分度工作。

插床主要用来加工工件的内部表面,如多边形孔或孔内键槽等。此外,还可以插削内、外曲面(直素线)。

插床加工范围较广,加工费用也比较低廉,但其生产率不高,对操作工人的技术要求较高。因此,插床一般适用于单件、小批生产场合,如工具、模具、修理或试制车间等。

(二) 刨床型号的含义

刨床属于通用机床,其型号含义举例说明如下(按 GB/T

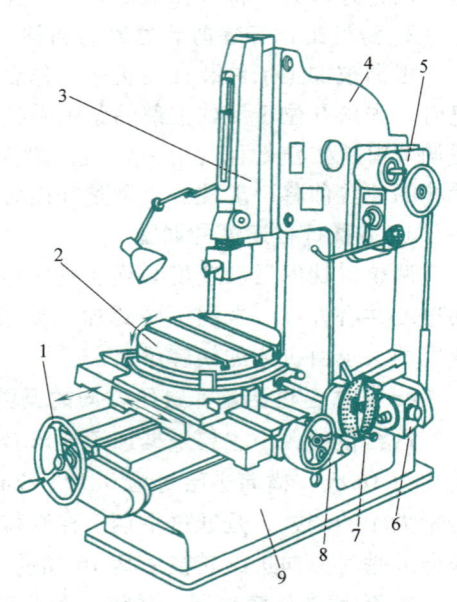

图 6-6 插床

1—工作台纵向移动手轮 2—工作台 3—滑枕
4—床身 5—变速箱 6—进给箱 7—分度盘
8—工作台横向移动手轮 9—底座

15375—2008）：

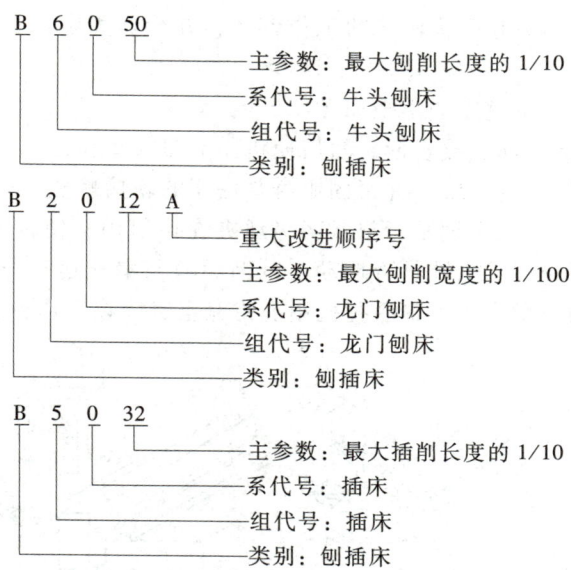

第二节　刨削加工特点

一、工件的装夹

（一）刨削时工件的受力

刨削过程与其他切削过程一样会产生切削力。总切削力 F 为切削过程中切削区域的变形抗力以及摩擦力的综合，为一空间力。为了便于分析、测量，通常把总切削力 F 分解为三个分力：切削力 F_c、背向力 F_p、进给力 F_f。图 6-7 所示为工件的受力情况。

1. 切削力 F_c

它是作用于切削速度方向上的分力，是三个分力中最大的力。F_c 直接影响到机床动力的消耗，它是计算机床动力、刀柄和刀头强度、夹紧力大小以及合理选择切削用量等的主要依据。

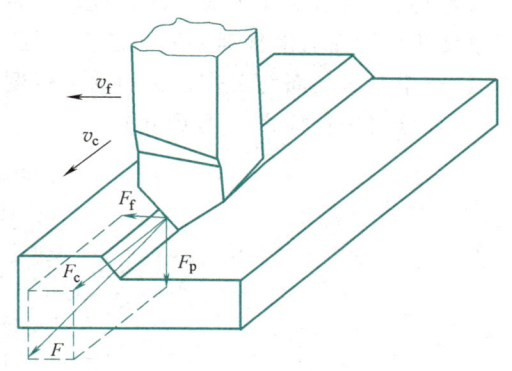

图 6-7　刨削时工件的受力

2. 背向力 F_p

它是总切削力在垂直于工作平面方向上的分力。F_p 将工件压向机床工作台。

3. 进给力 F_f

它是总切削力 F 在进给方向上的分力。一般 F_f 与 F_c 相比是比较小的。它是校验机床进给机构强度的主要依据。

切削力 F 的三个分力中，F_c、F_f 对工件的装夹影响最大。它们将使工件有偏离定位状态的趋势。因此，在工件的装夹中应考虑如何抵御它们对工件的作用。

（二）工件装夹方式

在机床上加工工件时，应根据被加工工件的形状和大小来选用机床和装夹方法，这有利于合理使用机床和保证加工精度。对于较小的工件，可选用预先安装在牛头刨床上的机用虎钳装夹；对于较大的工件，可直接装夹在牛头刨床的工作台上；对于大型工件，则需在龙门刨床上加工。

1. 用机用虎钳装夹工件

加工前,先把机用虎钳装夹在牛头刨床的工作台上,并校验固定钳口与滑枕运动方向的平行度或垂直度。

校验钳口与滑枕运动方向垂直度的步骤如下:

1)张开钳口,擦净各活动面、接合面,然后使机用虎钳大致在工作台上定位。

2)准确地对准机用虎钳上的零线,并紧固钳身与底座的联接螺柱。

3)把百分表装夹在刀架上,再把平行垫铁轻轻地夹在钳口内;使百分表的测头与平行垫铁接触,然后横向移动工作台,以百分表的指针是否摆动来判断钳口与滑枕运动方向是否垂直;经校正,直到百分表的指针不摆动或摆动极微为止;最后把机用虎钳完全紧固在工作台上(图6-8a)。

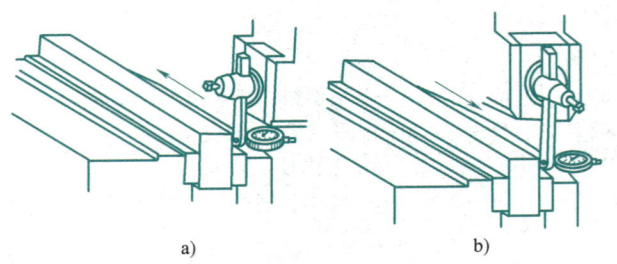

图 6-8 校正钳口与滑枕运动方向的相对位置
a)校正钳口与滑枕运动方向的垂直度 b)校正钳口与滑枕运动方向的平行度

校正钳口与滑枕运动方向平行度的方法与上述方法基本相同,只是把机用虎钳旋转90°,然后移动滑枕进行校正(图6-8b)。

检查固定钳口工作表面与滑枕运动方向的垂直度时,可将90°角尺夹在钳口内,通过百分表检查90°角尺的测量面与滑枕运动方向是否平行来间接判断(图6-9a)。

检查钳身滑动面与工作台台面的平行度时,可将平行垫铁放在钳身滑动面上,然后横向移动工作台,用百分表进行检查(图6-9b)。

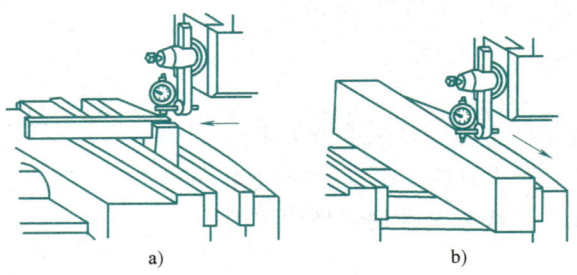

图 6-9 机用虎钳的检查
a)检查固定钳口与滑枕运动方向的垂直度 b)检查钳身滑动面与工作台台面的平行度

用机用虎钳装夹工件时的注意事项如下:

1)工件的加工面必须高于钳口,若工件的高度不够,可用平行垫铁将工件垫高。

2)为了保护钳口,在夹持毛坯工件时,可在钳口上垫铜皮等护口片。但当加工与定位面相垂直的平面时,如果垂直度要求高,则钳口上不宜垫护口片,以免影响定位精度。

3)装夹工件时,要用铜棒轻轻敲击工件,使其贴实垫铁。

4)对刚性不足的工件需要垫实,以免夹紧后工件产生变形(图6-10)。

2. 在工作台上装夹工件

当工件的尺寸较大或在平口钳内不便装夹时,可直接在工作台上装夹。其方法如下:

1)用螺钉撑和挡块装夹工件,如图6-11所示。

2）侧面有凸出部分的工件，其装夹方法如图 6-12 所示。

3）侧面有孔的工件，其装夹方法如图 6-13 所示。

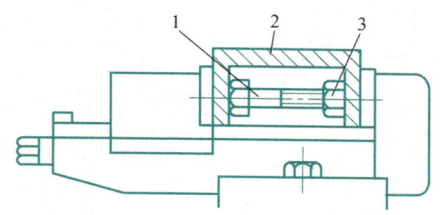

图 6-10　框形工件的夹紧
1—螺栓　2—工件　3—螺母

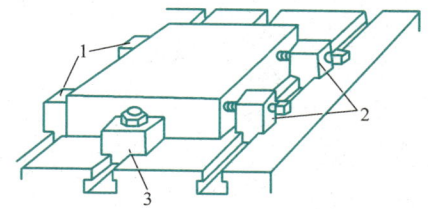

图 6-11　用螺钉撑和挡块装夹工件
1、3—挡块　2—螺钉撑

图 6-12　侧面有凸出部分的工件的装夹方法
1—压板　2—垫铁

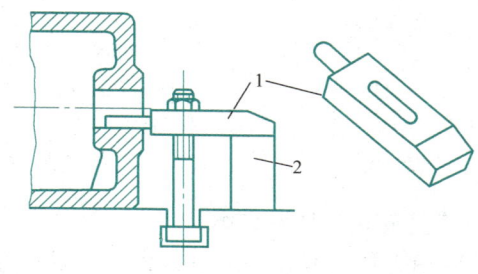

图 6-13　侧面有孔的工件的装夹方法
1—插销压板　2—垫铁

4）采用平压板倾斜放置于工件两侧，利用挤压的作用装夹工件（图 6-14）。

在工作台上装夹工件时的注意事项如下：

1）当工件尚未检查装夹位置是否正确前，不要将其夹得太紧，经检查并校正以后再夹紧。

2）工件装夹时应使底面与工作台面贴实，可用塞尺检查或用铜棒敲击工件，听声音来判断是否贴实。

3）如果工件是毛坯，为了防止工作台台面受损伤或定位不稳定，应用铜皮或楔铁垫实。

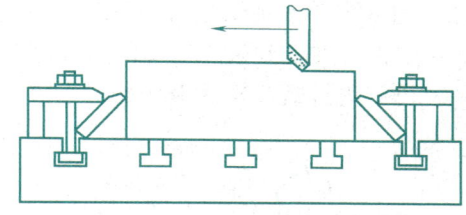

图 6-14　利用压板挤压装夹工件

4）采用压板时，需压在工件与工作台台面的贴实处，以免工件受压变形。

5）工件压紧后，应复查其安装位置是否正确，避免因压紧力而使工件变形或移动。

二、刨刀的装夹

（一）刨刀的种类

1. 按加工表面形状和用途分类

一般分为平面刨刀、偏刀、切刀、弯切刀、角度刀和样板刀等（图 6-15）。

（1）平面刨刀　它用于刨削水平面。

（2）偏刀　它用于刨削垂直面、台阶面和外斜面等。

（3）切刀　它用于刨削直角槽和切断。

（4）弯切刀　它用于刨削 T 形槽。

（5）角度刀　它用于刨削燕尾槽和内斜面等。

（6）样板刀　它用于刨削 V 形槽和特殊形状的表面等。

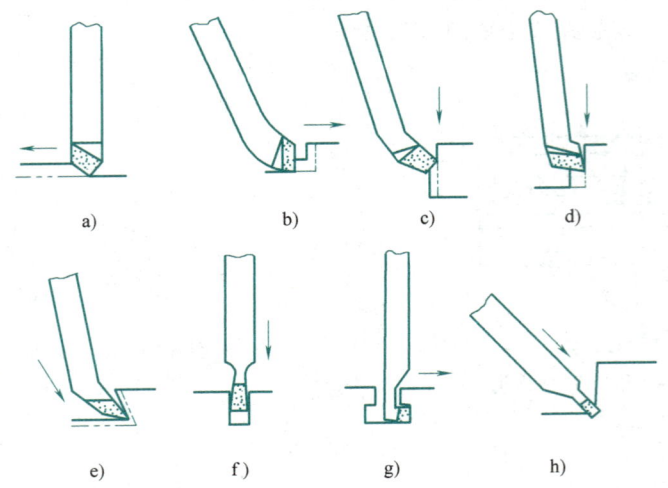

图 6-15 常用刨刀种类和应用

a) 平面刨刀　b)、d) 台阶偏刀　c) 普通偏刀　e) 角度刀
f) 切刀　g) 弯切刀　h) 切槽刀

2. 按刀具形状和结构分类

一般可分为左刨刀和右刨刀、直头刨刀和弯头刨刀、整体刨刀和组合刨刀等。

（1）左刨刀和右刨刀　这是按主切削刃在工作时所处左右位置的不同来区分的。主切削刃在右边的，称为左刨刀，主切削刃在左边的，称为右刨刀。此外，按左、右手大拇指所指主切削刃的不同，也可区分左、右刨刀，如图 6-16 所示。

（2）直头刨刀和弯头刨刀　刨刀杆纵向是直的，称为直头刨刀；刨刀头向后弯的刨刀，称为弯头刨刀。弯头刨刀在受到较大的切削阻力时，刀杆所产生的弯曲变形是向后上方弹起，因此刀尖不会啃入工件，可避免折断刀杆或啃伤加工表面，所以这种刀具应用较广泛，如图 6-17 所示。

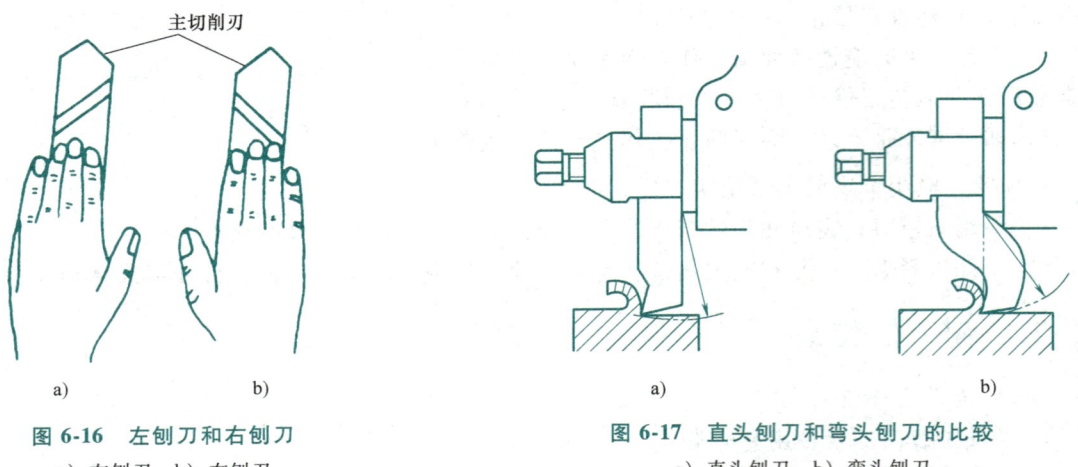

图 6-16　左刨刀和右刨刀
a) 左刨刀　b) 右刨刀

图 6-17　直头刨刀和弯头刨刀的比较
a) 直头刨刀　b) 弯头刨刀

（3）整体刨刀和组合刨刀　整体刨刀是用一块刀具材料（一般为高速工具钢）制成的，组合刨刀是由不同材料的刀柄与刀体两部分经焊接或机械夹固而成的，其刀柄材料一般是中碳钢，而刀体材料为硬质合金或高速工具钢。

（二）刨刀的装夹

1. 平面刨刀的装夹

平面刨刀装夹在刀座内时，应注意以下几点：

1) 刀架和拍板座都应在垂直位置。

2) 刨刀在刀架上不能伸出太长,以免在加工中发生振动或折断。直头刨刀的伸出长度一般不宜超过刀柄厚度的1.5~2倍。弯头刨刀可以伸出稍长一些,一般稍长于弯曲部分。

3) 装卸刀时,扳手放置的位置要合适,用力的方向必须由上而下地扳转螺钉,将刨刀压紧或松开。用力方向不得由下而上,以免拍板翘起而碰伤或夹伤手指。

4) 安装平头精刨刀时,要用透光法找正切削刃的位置,然后夹紧刨刀。夹紧后,还要再次用透光法检查切削刃的位置准确与否。

5) 安装带有修光刃的刨刀时,应将刨刀装正,否则将改变过渡刃偏角的大小,从而影响切削性能及加工表面质量。

2. 偏刀的装夹

装夹偏刀时,首先将刀架对准零线,并将拍板座扳转一定角度,使拍板座上端向离开工件加工表面的方向偏转(图6-18)。其目的是使刨刀在回程抬刀时偏离工件的加工表面,以减少刀具的磨损,保证加工表面不受破坏。如果垂直加工面的高度在10mm以下时,拍板座可不必扳转角度。

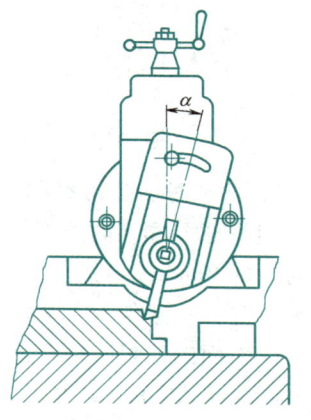

图6-18 拍板座扳转方向

三、刨削加工的特点

(一) 刨削与铣削的比较

刨削和铣削都是平面加工的主要方法。不论是对工件的形状和尺寸的适应性,还是所能达到的加工精度,它们都很类似。在生产中,之所以不能相互取代,是因为它们各有所长。下面简单说明刨削的特点。

1. 加工的适应性

刨削可以适应不同性质的加工,主要用来加工平面,如机体、箱体、床身、导轨等平面。如将机床稍加调整或增加某些附件,特别是牛头刨床,就可以用来加工齿条、齿轮、花键、成形表面(直素线)等。刨削加工的主要特点是机床成本低,适应性好,刨刀结构简单。因此,在单件、小批生产中,刨削加工应用广泛。

2. 加工生产率

刨削生产率较低。这是因为刨削主运动有空回程,而且一般为单刃切削,切削不连续。由于刀具往复运动,一方面限制了切削速度的提高,另一方面在切削时有冲击现象,所以刨削加工一般用于单件、小批生产。但是,在刨床上加工窄长平面或多件同时加工时,其生产率并不低于铣削加工。

3. 加工精度

刨削加工精度,一般尺寸公差等级可达IT9~IT8,表面粗糙度Ra值为6.3~1.6μm。刨削加工可以保证一定的相互位置精度,所以刨削加工箱体、导轨等平面非常适宜。尤其在龙门刨床上,利用精刨代替手工刮研,大大提高了加工精度和生产率。

(二) 精刨的特点

对于表面粗糙度值要求较小和平面度要求较高的平面,以往大多采用手工刮研的方法进行加工。手工刮研是一种繁重的体力劳动,生产率低,对工人技术水平要求较高。随着生产技术的发展,采用精刨代替手工刮研的技术已经很成熟,应用也很广泛。

1. 精刨刀具

(1) 加工铸铁精刨刀(图6-19) 其刀片材料为高速工具钢,采用弹性刀杆可以减少振动,从而降低加工表面粗糙度值。该刀具结构简单,制造方便,采用机械夹固式,节省刀具材料,刃磨方便。其刃倾角$\lambda_s = 5°$,有利于精加工。这种刀具适用于在牛头刨床上对铸铁件进行精加工。

(2) 宽刃精刨刀(图6-20) 其刀杆材料为45钢,刀片材料为高速工具钢或硬质合金(YG8),

前者用于刃宽较大者。其前角 $\gamma_o = -15° \sim -10°$，在切削时产生刮削和挤压作用，以降低表面粗糙度值；后角 $\alpha_o = 3° \sim 5°$；刃倾角 $\lambda_s = 10° \sim 15°$，由刀柄保证。宽刃精刨刀主要用于在龙门刨床上精刨铸件。

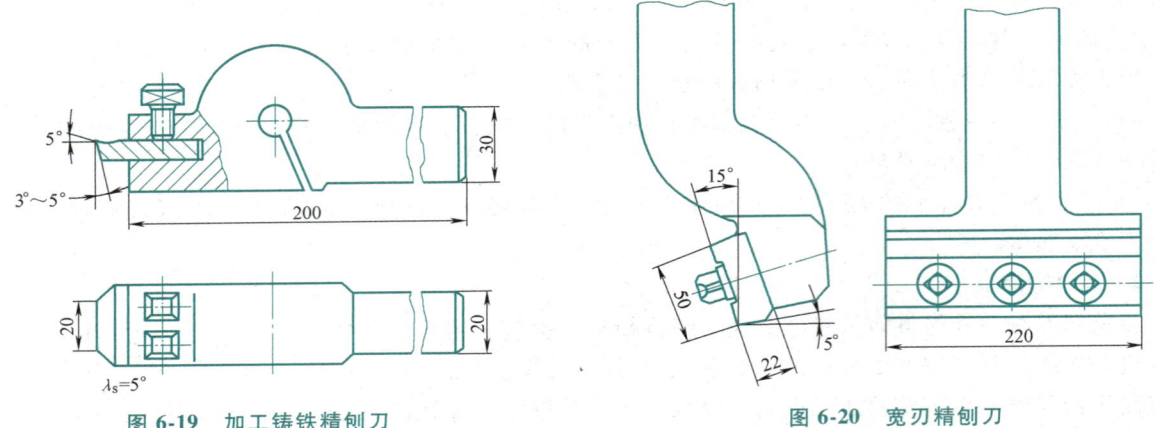

图 6-19　加工铸铁精刨刀　　　　　　　图 6-20　宽刃精刨刀

2. 精刨时切削用量和切削液的选择

（1）进给量 f 的选择　精刨时应取大的进给量。使用平直宽刃精刨刀（硬质合金刨刀的切削刃宽度为 20~40mm，高速工具钢刨刀的切削刃宽可达 200mm 以上）时，进给量根据刨刀结构和切削刃宽度来决定，一般取 5~24mm/往复行程。选择的进给量不能大于修光刃的宽度，否则将会出现刀痕而影响工件表面的质量。对于长形工件，若采用比工件表面宽的刨刀，则无须横向进给。

（2）背吃刀量 a_p 的选择　精刨时应取极小的背吃刀量。一般精刨可分为修整和光整两步。修整的目的是去掉上道工序遗留下来的形状误差和本工序的装夹误差，并留下一层极薄而均匀的余量，以待光整加工。光整加工的平面质量应达到预定的精刨要求。

精刨时的总余量在 0.1~0.5mm 范围内。修整时的背吃刀量每次取 0.08~0.12mm。光整加工时的背吃刀量每次取 0.03~0.08mm。背吃刀量大了容易使加工表面出现麻点，从而影响表面质量。在条件良好的情况下，光整加工切削深度还可以取更小值。

（3）切削速度 v_c 的选择　精刨时尽可能取低的切削速度，这样可使切削过程比较稳定，从而得到小的表面粗糙度值。精刨速度常取 2~12m/min，最高不超过 15m/min。如果精刨过程中发现有振动，则应降低切削速度。

（4）切削液的选择　在加工铸铁时可使用煤油，若在煤油中加 0.03%重铬酸钾，效果将更好。精刨钢件时，使用全损耗系统用油、煤油的混合液（2∶1）或矿物油和松节油的混合液（3∶1）。

精刨时，最好能连续在刀具前面和后面上同时喷注切削液。如果条件不具备而采用间断浇注时，要防止局部未浇到的现象，否则会影响加工表面质量。

3. 精刨时对工艺系统的要求

（1）对机床的要求

1）粗、精加工最好分别在不同的刨床上进行。

2）精刨前要调整机床精度，使其符合精度标准，主要项目包括导轨精度、工作台移动精度、横梁的移动精度与工作台的平行度等，还要对刀架滑动间隙进行调整。

3）工作台台面如有较大和较多的凸凹不平时，需用微量自刨进行修整；如台面只有微量不平时，可用锉刀或油石修平。

4）床身导轨润滑要充足，以减小摩擦力和工作台的热变形，提高加工精度。

（2）对工件的要求

1）工件在搬运、装夹时，要防止变形和磕碰。

2）工件粗刨后要经过时效处理，半精刨后也要过一段时间后再进行精刨，其目的是消除内应力。

3）工件本身组织要均匀，无砂眼、气孔等缺陷。

4）工件的定位基准面要平整，基准面的表面粗糙度 Ra 值不大于 $3.2\mu m$，工件的两端必须倒角，以防伤刀。

（3）对工件装夹的要求

1）工件的定位基准面和工作台台面要擦干净，工件装夹后用塞尺检查工件与工作台台面之间的间隙。夹紧力作用点必须落在工件的定位支承面上。

2）夹紧力要小，以防止工件变形。对于大型、笨重的工件，可轻轻夹紧，并用挡块挡住即可。

（4）对刀具的要求

1）切削刃全长上的直线度误差不得超过 $0.005mm$，切削刃表面粗糙度 Ra 值要低于 $0.1\mu m$，切削刃要装夹成水平状态。

2）刃倾角 λ_s 在精刨时具有特别重要的意义，它可以使刨刀的切削刃在全长上逐渐进入切削，以减少对切削刃的冲击，并且增加了工作中的平稳性，这对硬质合金刀具尤为重要。

由于刃倾角的增大，在切削过程中实际的工作前角比理论前角增大，因而切削力降低，切削热减少，在不削弱刀具强度的前提下，可获得较小的表面粗糙度值。在加工钢料时采用 $\lambda_s = 30°$，或再选大些；加工铸铁时，$\lambda_s = 0° \sim 15°$。

3）修整加工与光整加工所采用的刀具应该严格区分开，不要混淆，以免影响加工表面质量。

（5）其他方面的要求　因机床导轨面上的油膜黏度、弹性在机床刚起动和经过一段时间的工作后是不一致的，故在精刨大平面时，不允许中间停顿，否则将产生接刀痕迹。因精刨过程中，换刀后重新对刀校准很困难，所以严禁中途换刀或停车。

知识与技能拓展

复习思考题

6-1　刨床工作的基本内容有哪些？

6-2　常用刨刀有哪几种？一般各用在什么场合？

6-3　刨平面时，工件的装夹方法有哪些？各有什么特点？

6-4　应该怎样正确装夹和拆卸刨刀？

6-5　加工垂直面时，为什么要将拍板座扳转一定角度？

6-6　用机用虎钳装夹工件时，应注意哪些问题？

6-7　何谓精刨？精刨对机床、刀具、工件和夹具有哪些要求？

6-8　比较铣削、刨削的加工特点。

使用习题册完成配套课后习题。

第七章 磨削加工

> **学习目标**
> 1. 了解磨床的工艺范围和磨削加工工艺特点。
> 2. 掌握常用的磨削加工方法。

> **重点与难点**
> 常用的磨削加工方法和磨削用量的合理选择。

> **素养目标**
> 培养注重细节、精益求精的工匠精神。

磨削是用高硬度人造磨料与黏合剂混合烧结而成的砂轮为刀具，以很高的线速度对工件进行切削加工，可获得高精度（尺寸公差等级为 IT6～IT4）和小的表面粗糙度值（$Ra0.8\sim0.02\mu m$）的一种加工方法。

磨削可加工一些特硬的金属材料和非金属材料，如淬火钢、高硬度合金、陶瓷材料等，这些材料用一般的金属切削刀具很难加工，甚至是无法切削的。

近年来，随着磨床、砂轮、冷却等制造设备与技术的飞速发展，磨削加工正在逐步替代部分车削、铣削加工而进入高效率加工的领域。例如，由于毛坯生产日益广泛地采用精密铸造、高速高能锻造、精密冷轧等新工艺，此类毛坯仅留有较小的余量，可直接经磨削或抛光就能达到它的精度要求，因此，磨削加工成为一种代替车削、铣削粗加工，一直到超精加工等范围十分广泛的加工方法。

磨削加工应用范围很广，可磨削内、外圆柱面，圆锥面，平面，齿轮以及花键，还可磨削导轨面及其复杂的成形表面。常见的磨削加工形式如图 7-1 所示。

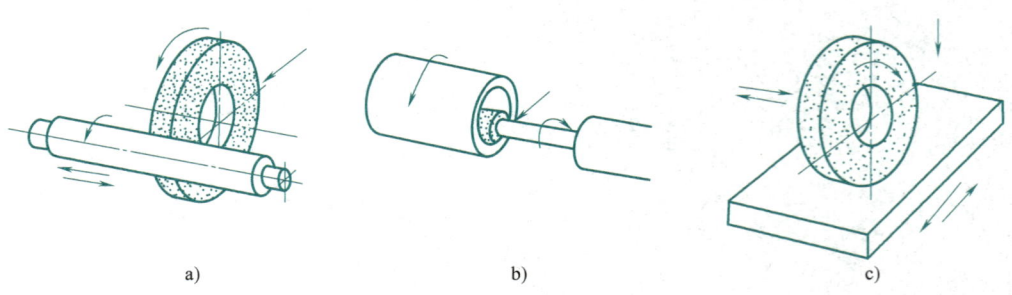

图 7-1 常见的磨削加工形式
a) 外圆磨削　b) 内圆磨削　c) 平面磨削

第七章 磨削加工

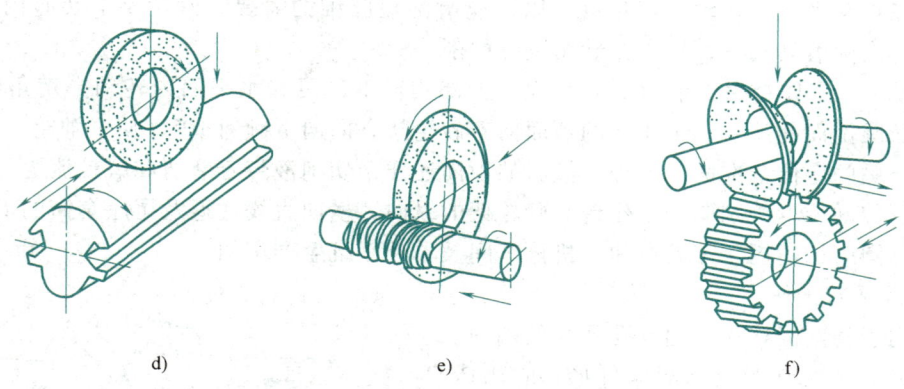

图 7-1 常见的磨削加工形式（续）
d）成形磨削 e）螺纹磨削 f）齿轮磨削

第一节 磨床概述

一、磨床的种类及其工作

为了适应磨削各种表面、工件形状和生产批量的要求，磨床的种类很多，最常见的有外圆磨床、内圆磨床、平面磨床，此外还有无心磨床、螺纹磨床、齿轮磨床、工具磨床、花键磨床及曲线磨床等。

1. 外圆磨床及其工作

在外圆磨床组中，常见的有外圆磨床和万能外圆磨床两种。

外圆磨床可以磨削外圆柱面和外圆锥面，而万能外圆磨床的砂轮架、主轴箱可以在水平面内分别转动一定的角度，并带有内圆磨头等附件。所以，外圆磨床不仅可以磨削外圆柱面和外圆锥面，而且能磨削内圆柱面、内圆锥面和端平面。

图 7-2 所示为 M1432A 型万能外圆磨床的外形图，它由床身 1、主轴箱 2、工作台 3、内圆磨具 4、砂轮架 5、尾座 6 和由工作台手摇机构、横向进给机构、工作台纵向直线运动液压传动装置等组成的控制箱 7 等主要部件组成。

（1）床身 1 它是磨床的基础件，用来安装各个部件。

（2）主轴箱 2 它是一个小型主轴箱，在其主轴上安装卡盘或顶尖用于夹持工件，并带动工件旋转。主轴箱上装有专用电动机，经变速机构可以使工件得到不同的转速。主轴箱可以在水平面内转动一定的角度，以适应磨削短圆锥的需要。

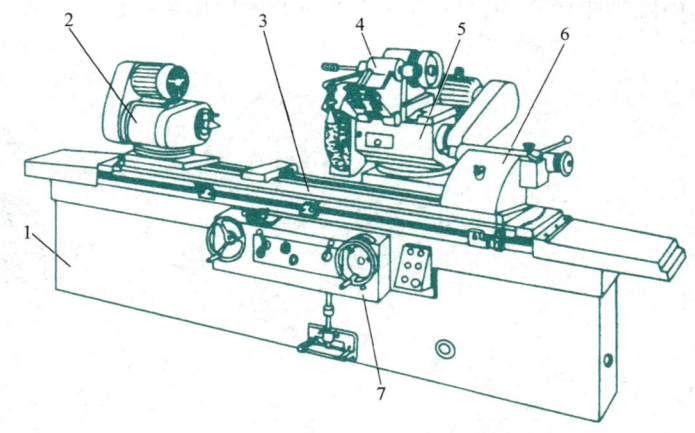

图 7-2 M1432A 型万能外圆磨床外形图
1—床身 2—主轴箱 3—工作台 4—内圆磨具
5—砂轮架 6—尾座 7—控制箱

（3）尾座 6 其上装有顶尖，用于支承工件。尾座可以沿工作台导轨左右移动，调整位置以适应磨削不同长度工件的需要。

（4）砂轮架 5 砂轮架是用来装夹砂轮的，并由单独的电动机带动砂轮高速旋转。砂轮架可以沿着床身后部的横向导轨前后移动，调整砂轮相对于工件的径向位置，并完成横向进给运动。

砂轮架可以在水平面内转动一定角度，以适应磨削短圆锥的需要。砂轮架上装有内圆磨具4，当磨削内孔时，将内圆磨具翻下，用内圆砂轮进行磨削。

（5）工作台3　工作台由上下两部分组成，上部相对下部可在水平面内转动一定角度，以适应磨削锥度不大的长圆锥面的需要。工作台的顶面向着砂轮架方向向下倾斜10°，使主轴箱、尾座能因自重而紧贴工作台外侧的定位基准面。另外，倾斜的顶面还便于切削液带着磨屑和磨粒流走。

机床的液压传动装置分别驱动工作台和砂轮架的纵向、横向直线往返及尾座套筒的退回等运动。

这种万能外圆磨床适用于工具车间、机修车间及单件小批生产车间。

2. 内圆磨床及其工作

内圆磨床用于磨削圆柱孔、圆锥孔及孔的端面。

图7-3所示为M2120型内圆磨床外形，它由床身1、主轴箱2、砂轮架5、工作台6及砂轮修整器3等部件组成。

主轴箱主轴前端装有卡盘或其他夹具，用于夹持工件并带动工件旋转，完成圆周进给运动。主轴箱在水平面内还可以转动一定角度，以便磨圆锥孔。

砂轮架主轴上装有磨内孔的砂轮，电动机带动其高速旋转。砂轮架装夹在工作台上，由液压传动做往复直线运动或通过手动操纵手柄完成纵向进给。砂轮架的横向进给可以是液压传动或是手动，每当工作台纵向往复运动一次，砂轮架就横向进给一次。

普通内圆磨床自动化程度不高，适用于单件和小批生产。

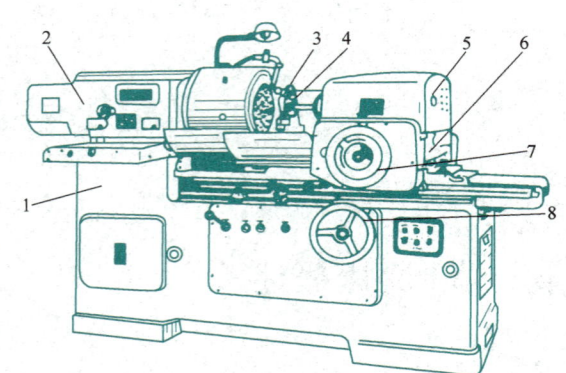

图7-3　M2120型内圆磨床外形图

1—床身　2—主轴箱　3—砂轮修整器　4—内圆磨具
5—砂轮架　6—工作台　7—横向手动进给手轮
8—工作台移动手轮

3. 平面磨床及其工作

平面磨床用于磨削各种工件的平面。根据砂轮工作面的不同，平面磨床可分为圆周磨削和端面磨削两种类型；根据工作台形状不同，平面磨床又可分为矩形工作台和圆形工作台两类，如图7-4所示。其中卧轴矩台式和立轴圆台式平面磨床应用最广泛。

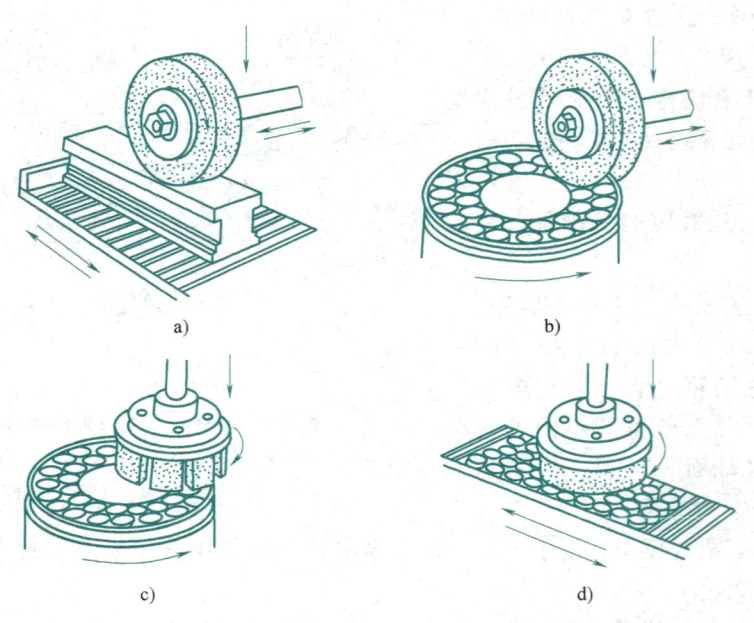

图7-4　平面磨削形式

a）卧轴矩台面圆周磨削　b）卧轴圆台面圆周磨削　c）立轴圆台面端面磨削　d）立轴矩台面端面磨削

M7120A型平面磨床是一种卧轴矩台平面磨床。它利用砂轮圆周面作为工作面磨削工件平面，其外形如图7-5所示。它由床身10、工作台8、立柱6、滑座3和砂轮架2等部件组成。

矩形工作台装在床身的水平纵向导轨上，由液压传动做纵向直线往复运动。工作台上装有电磁盘，以便装夹工件。

砂轮架可沿滑座的导轨做横向进给运动，而砂轮架和滑座一起可沿立柱的垂直导轨上下移动，以调整磨头的高低位置及完成切入运动。

这种平面磨床的加工精度较高，应用最广泛，但生产率不如立轴圆台式平面磨床高。

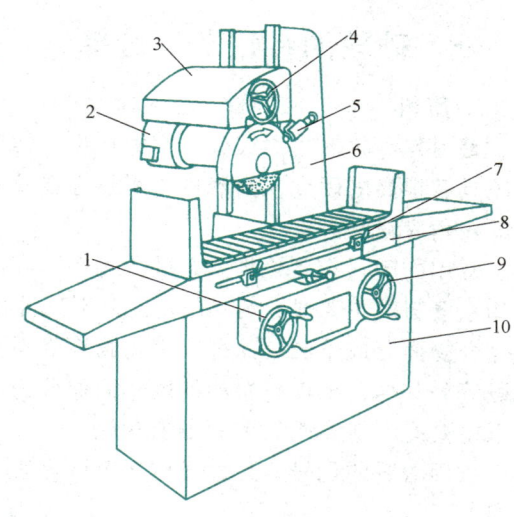

图7-5 M7120A型平面磨床外形图
1—纵向进给手轮 2—砂轮架 3—滑座
4—横向进给手轮 5—砂轮修整器 6—立柱
7—撞块 8—工作台 9—垂直进给手轮 10—床身

二、磨床的运动

1. 主运动

砂轮的旋转运动是磨下切屑所必需的切削运动，是磨床的主运动（单位为r/min）。主运动通常是由电动机通过V带直接带动砂轮主轴旋转实现的。由于采用不同砂轮磨削不同材料的工件时，磨削速度的变化范围不大，故主运动一般不变速。但当砂轮直径因修整而减小得较多时，为获得所需的磨削速度，可更换带轮变速。近来有些外圆磨床的砂轮主轴采用直流电动机驱动，可实现无级调速，以保证砂轮直径变小时始终保持合理的磨削速度，实现恒速磨削。

2. 进给运动

（1）外圆磨削和内圆磨削的进给运动　外圆磨削和内圆磨削有三个进给运动（图7-1a、b）：工件的旋转运动是圆周进给运动（单位为r/min），其转速较低，通常是由单速或多速异步电动机经塔轮变速机构传动实现的，也有采用电气或机械无级变速装置传动实现的。工件相对于砂轮的轴向直线往复运动是纵向进给运动（单位为mm/min）。砂轮架的周期横向直线运动是横向进给运动。它们通常采用液压传动，以保证运动的平稳性，并便于实现无级调速和往复运动循环的自动化。

（2）平面磨床的进给运动　工作台往复运动的平面磨床也有三个进给运动（图7-1c）：工件纵向进给运动、砂轮架横向进给运动和滑座带动砂轮架一起沿立柱导轨的垂直进给运动。这三个运动都是直线运动，它们通常采用液压传动，以确保运动平稳。

3. 辅助运动

辅助运动的作用是实现磨床加工过程中所必需的各种辅助动作，如砂轮架横向快速进退和尾座套筒缩回运动等。

第二节 砂轮

砂轮是磨削加工中使用的切削刀具。它是将磨料和结合剂适当混合，经压缩后烧结而成的。磨料是构成砂轮的基本要素，结合剂把磨料粘合在一起，但它并没有填满磨料之间的所有空隙，所以砂轮是由磨料、结合剂和空隙三个要素组成的（图7-6）。决定砂轮特性的参数有磨料、粒度、结合剂、硬度及组织，称为砂轮的五个参数。表7-1列出了上述三个要素和五个参数的内容。

一、砂轮的特性及其选择

1. 磨料

磨料是砂轮的主要成分,它直接担负切削工作。因此,它必须具有很高的硬度、耐磨性、耐热性以及一定的韧性,且磨粒的棱角应锋利。

常用的磨料有氧化物系、碳化物系、高硬磨料系三类。氧化物系磨料的主要成分是 Al_2O_3,由于其纯度不同和加入不同的化合物而分成不同的品种。碳化物系磨料主要以碳化硅、碳化硼等为基体,根据材料的纯度不同而分为不同品种。高硬磨料系主要有人造金刚石和立方氮化硼。

常用磨料的代号、特性及应用范围见表7-1。

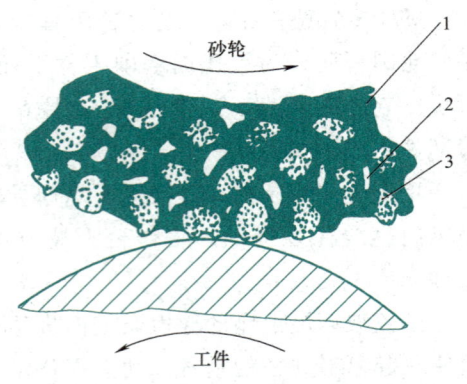

图 7-6 砂轮的构造及磨削运动示意图
1—结合剂 2—空隙 3—磨料

表 7-1 砂轮的三个要素和五个参数

	系列	磨料名称	代号	特性	适用范围
砂轮 磨料 种类	氧化物系	棕刚玉	A	棕褐色,硬度高,韧性大,价格便宜	磨削碳钢、合金钢、可锻铸铁、硬青铜
		白刚玉	WA	白色,硬度比 A 高,韧性比 A 差	磨削淬火钢、高速工具钢及薄壁零件
	碳化物系	黑碳化硅	C	黑色,硬度比 WA 高,性脆而锋利,导热性较好	磨削铸铁、黄铜、铝、耐火材料及非金属材料
		绿碳化硅	GC	绿色,硬度及脆性比 C 高,有良好的导热性	磨削硬质合金、宝石、陶瓷、玻璃等
	高硬磨料系	人造金刚石	D	无色透明或淡黄色、黄绿色、黑色,硬度高	磨削硬脆材料、硬质合金、宝石、光学玻璃、半导体,切割宜割石材等
		立方氮化硼	CBN	黑色或淡白色,硬度仅次于 D,耐磨性好,发热量小	磨削各种高温合金,高钼、高钒、高钴钢,不锈钢等

	粒度号	颗粒尺寸/μm	使用范围
粒度	F12、F14、F16	2000～1000	粗磨、荒磨、打磨毛刺
	F20、F24、F30、F36	1000～400	磨钢锭、打磨铸锻件毛刺、切断钢坯等
	F46、F60	400～250	内圆、外圆、平面、无心磨、工具磨等
	F70、F80	250～160	内圆、外圆、平面、无心磨、工具磨等,半精磨、精磨
	F100、F120、F150、F180	160～50	半精磨、精磨、珩磨、成形磨、工具刃具磨等
	F280、F320、F360、F400	50～14	精磨、超精磨、珩磨、螺纹磨、镜面磨等
	F500～更细	14～2.5	精磨、超精磨、镜面磨、研磨抛光等

	名称	代号	性能	应用范围
结合剂 种类	陶瓷结合剂	V	耐热、耐水、耐油、耐酸碱、气孔率大、强度高,但韧性、弹性差	应用范围最广,除切断砂轮外,大多数砂轮都采用它
	树脂结合剂	B	强度高、弹性好、耐冲击、有抛光作用,但耐热性差、耐蚀性差	制造高速砂轮、薄砂轮
	橡胶结合剂	R	强度和弹性更好,有极好的抛光作用,但耐热性更差,不耐酸,易堵塞	无心磨床导轮、薄砂轮、抛光砂轮等
	金属结合剂	J	强度高,成形性好,有一定韧性,但自锐性差	制造各种金刚石砂轮

硬度	名称	超软	软1	软2	软3	中软1	中软2	中1	中2	中硬1	中硬2
	代号	DEF	G	H	J	K	L	M	N	P	Q
	名称	中硬3	硬1	硬2	超硬						
	代号	R	S	T	Y						

空隙 组织	类别	紧密							中等						疏松		
	组织号	0	1	2	3	4	5	6	7	8	9	10	11	12	13	14
	磨粒占砂轮的体积(%)	62	60	58	56	54	52	50	48	46	44	42	40	38	36	34

2. 粒度

粒度用来表示磨料颗粒的大小。粒度代号有两种表示方法：

1) 磨粒直径大于 40μm 者，称为砂粒，用筛选法区分，即以它所能通过的哪一号筛网的网号来表示磨粒的粒度。例如，F60 是表示磨粒刚好通过每英寸（1in = 25.4mm）长度上为 60 个孔眼的筛网。

2) 磨粒直径小于 40μm 者，称为微粉，常用沉淀法来区分，并用颗粒的尺寸表示其粒度号。例如，尺寸为 28μm 的微粉，其粒度号标为 F360。

粒度对磨削生产率及加工表面粗糙度有很大的影响。一般来说，粗磨时，切削厚度较大，可选用号数小的粗磨粒；磨削软金属及砂轮与工件接触面积较大时，为避免堵塞砂轮，也应采用粗粒度。精加工及磨削脆性材料时，应采用细粒度。中等粒度（F36~F60）应用较广。

常用的砂轮粒度及其应用范围见表 7-1。

3. 结合剂

结合剂的作用是将磨粒粘合在一起，使砂轮具有所需要的形状、强度及其他性能（包括冲击韧度、耐蚀性、耐热性等）。常用结合剂的种类、性能及应用范围见表 7-1。

4. 砂轮的硬度

砂轮的硬度是指砂轮表面磨粒在磨削力作用下脱落的难易程度。磨粒容易脱落的砂轮，其硬度就低（或称软砂轮）；反之，磨粒难脱落的砂轮，其硬度就高（或称硬砂轮）。

砂轮的硬度主要取决于结合剂的粘合能力，并与其在砂轮中所占的比例大小有关，而与磨料本身的硬度无关，两者不能混为一谈。也就是说，同一种磨料可以做出硬度不同的砂轮。砂轮的硬度分级见表 7-1。

砂轮硬度的选择是一项很重要的工作，因砂轮的硬度对磨削生产率和加工质量都有很大影响。如果砂轮选择得过硬，磨粒磨钝后仍不脱落，就会增加摩擦力和摩擦热，不但会大大降低切削效率，而且会降低工件的表面质量，甚至会使工件表面产生烧伤和裂纹；反之，如果选得太软，磨粒尚未磨钝就会从砂轮上脱落，这样不但会增加砂轮的消耗，而且砂轮形状不易保持，且会降低工件精度。如果砂轮硬度选择得合适，磨钝的磨粒适时地自动脱落，使新的锋利的磨粒露出来继续担负磨削工件（称作砂轮的自锐性），这样不但磨削效率高，而且砂轮消耗小，工件表面质量也好。

选择砂轮硬度时，应参照下列原则：

（1）工件材料的硬度　磨削硬金属时，磨粒易被磨钝，应选择软砂轮，以便使变钝的磨粒因切削力增大而自行脱落，使具有锋利棱角的新磨粒露出表面参加磨削；磨软金属时，磨粒不易变钝，应选用硬砂轮，以避免磨粒过早脱落。

（2）工件材料的导热性　导热性差的材料（如不锈钢、硬质合金），因不易散热，工作表面经常被烧蚀，故要选择较软的砂轮。

（3）其他因素

1) 砂轮与工件接触面积越大，磨粒参加切削的时间越长，磨粒越易磨损，则应选择较软的砂轮。例如，内圆磨用的砂轮应比外圆磨用的砂轮软一些。

2) 成形磨削时，为了能较长时间地保持磨轮的廓形，应选较硬的砂轮。

3) 清理铸件、锻件和粗磨时，为使砂轮不致消耗过快，应选较硬的砂轮。

5. 砂轮的组织

砂轮的组织是指磨粒和结合剂结构的疏密程度。它反映了磨粒、结合剂、空隙三者之间的比例关系。磨粒在砂轮总体积中所占的比例越大，则组织越紧密，空隙越小；反之，磨粒的比例越小，则组织越疏松，空隙越大。

砂轮组织的级别可分为紧密、中等、疏松三大类别，细分为 15 级，详见表 7-1。组织号大，砂轮中空隙大，不易堵塞，磨削效率高，工件表面也不易烧伤；组织号小，砂轮单位面积上磨刃多，砂轮形状容易保持。因此，磨削韧性材料、软金属以及大面积磨削时，应选取组织号大、疏松的砂轮；而精磨、成形磨削时，应选取组织号小、紧密的砂轮。

二、砂轮的形状与尺寸

常用砂轮的形状、代号及用途见表 7-2。

砂轮的各种特性以及代号标注在砂轮的端面上，其次序是：磨料—粒度—硬度—结合剂—组织号—形状及尺寸。

例如：砂轮 1-400×50×203-WA 46 K V 48

其中：WA——磨料为白刚玉；46——粒度为 F46；K——硬度为中软 1 号；V——陶瓷结合剂；48——组织号 7 中等；1——形状为平形；400×50×203——砂轮尺寸为外径 400mm、厚度 50mm、孔径 203mm。

表 7-2 常用砂轮的形状、代号及用途

砂轮名称	代号	断面简图	基本用途
平形砂轮	1		根据不同尺寸，分别用于外圆磨、内圆磨、平面磨、无心磨、工具磨、螺纹磨和砂轮机上
双斜边砂轮	4		主要用于磨齿轮齿面和单线螺纹
双面凹砂轮	7		主要用于外圆磨削和刃磨刀具，还用作无心磨的磨轮和导轮
杯形砂轮	6		主要用其端面刃磨刀具，也可用其圆周磨平面和内孔
碗形砂轮	11		常用于刃磨刀具，也可用于在导轨磨床上磨机床导轨
碟形砂轮	12b		适于磨铣刀、铰刀、拉刀等，大尺寸的砂轮一般用于磨齿轮的齿面

三、砂轮的使用和修整

1. 砂轮的安装

安装砂轮前，必须认真检查所选砂轮的性能、形状和尺寸是否符合加工要求，砂轮有无裂纹。

安装砂轮时，要将其不松不紧地套在法兰盘或砂轮轴上。配合过紧，会使砂轮碎裂；配合过松，则砂轮在高速旋转时会因不平衡而发生振动。

紧固砂轮法兰盘要用标准扳手，不允许用接长扳手或以敲打的方法加大拧紧力，否则砂轮可能碎裂。

2. 砂轮的平衡

由于砂轮的制造误差，可能产生两端面不平行、外圆与内孔不同轴、砂轮各部分密度不均匀、砂轮装在法兰盘上存在偏心、砂轮的重心不在法兰盘中心线上等问题。工作时，会产生不平衡的离心力，使砂轮轴乃至整个磨床振动。其后果是磨削表面质量下降，砂轮轴的轴承加速磨损，甚至会造成砂轮碎裂。因此，直径在 125mm 以上的砂轮，安装到磨床上以前必须进行平衡。

所谓平衡砂轮，就是改变法兰盘环槽内若干个平衡块的位置，使砂轮的重心与其回转中心重合。

安装新砂轮时，通常要进行两次平衡。粗平衡的目的是保护磨床，减少砂轮对修整工具的撞击。粗平衡时，把砂轮装上磨床，用金刚石笔把砂轮外圆修整圆，把两端面修整平。由于砂轮几何形状不正确以及安装偏心等原因，在砂轮各部位修去的重量是不均匀的。因此，砂轮修整后又会出现不平衡，需要从磨床上拆下来放在平衡架上再精平衡一次。这就是第二次平衡，其要求很高，必须仔细进行。

砂轮装好后应空车运转 5~15min，检查砂轮运转的平稳性和装夹的可靠性。

3. 砂轮的修整

砂轮在使用过程中，虽然表面磨钝的砂粒能自动脱落而露出新的锐利磨粒，但因磨削过程的因素复杂，变钝的磨粒往往不能均匀脱落；而且磨粒间的空隙有时也会被磨屑和脏物所堵塞，于是砂轮就会变钝和失去正确的形状。因此，砂轮在使用一定时间后，需要对其外形进行修整。

修整砂轮常用金刚石笔（图 7-7），它由大颗粒金刚石镶焊在笔形钢杆尖端制成。金刚石笔顶角磨成 70°~80°，修整时用专用附件将金刚石笔以一定角度（向上倾斜 5°~15°）和高度（低于砂轮中心 1~2mm）固定在磨床工作台上（图 7-7），工作台往复进给，金刚石笔即可将砂轮薄薄地切去一层（约 0.08mm）。

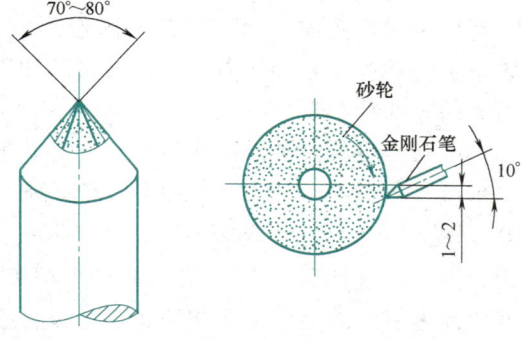

图 7-7　金刚石笔的形状及安装位置

修整后的砂轮磨削工件时，如发出清脆的"嚓、嚓"声，并伴随着均匀的火花，则说明磨粒已经锋利，砂轮已经恢复了切削能力。

四、金刚石砂轮

金刚石砂轮是 20 世纪 60 年代发展起来的一种新型磨具。由于金刚石具有极高的硬度、较高的强度和良好的导热性，因此，除了用于刃磨、研磨、切割和修整工具以外，在磨床上也正在逐渐扩大其使用范围，如用于磨削硬质合金、玻璃、玛瑙、宝石、陶瓷等硬而脆的材料，不仅生产率、加工质量高，而且经济效果好，但它不宜磨削一般钢材或其他软材料。

金刚石砂轮由三层构成（图 7-8）。金刚石磨料 3 和结合剂是起磨削作用的部分，这一层的厚度仅有 1.5~5mm。基体 1 用于支承磨料层进行磨削，它通常用钢、铜、铝、胶木等材料制成，而以铝为最常用。过渡层 2 也不含磨料，由黏合剂组成，其作用是使磨料层与基体牢固地粘合在一起。

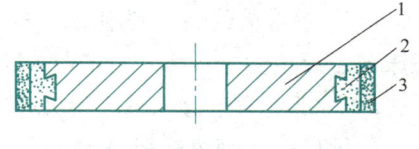

图 7-8　金刚石砂轮的结构

1—基体　2—过渡层　3—金刚石磨料

金刚石砂轮中金刚石的含量用浓度来表示。浓度的含义是：金刚石砂轮上金刚石磨料层内 1cm³ 体积中含有金刚石的重量。按规定，100% 浓度就是金刚石层内 1cm³ 体积中含有 4.39 克拉（1 克拉 = 0.2g）的金刚石。常用的浓度有 150%、100%、75%、50%、25% 五种。高浓度的金刚石砂轮能较好地保持形状，适用于小面积磨削和成形磨削；低浓度的金刚石砂轮能承受较大的压力，多用于间断性、大面积的磨削及表面粗糙度 Ra 值小的磨削。

第三节　磨削方法

一、外圆表面磨削

外圆磨削的形式，可分为中心外圆磨削和无心外圆磨削。

(一)中心外圆磨削

1. 工件的装夹

在磨床上工作时,要十分重视工件的装夹。工件装夹得是否正确、稳固,直接影响其加工精度和表面质量。工件装夹是否迅速和方便,直接影响生产率和劳动强度。在有些情况下,装夹不正确还会造成事故。

装夹工件的常用方法有以下几种:

(1) 用前、后顶尖装夹 这种装夹方法如图 7-9 所示。其特点是装夹迅速方便,定位精度高,但工件两端必须有中心孔。

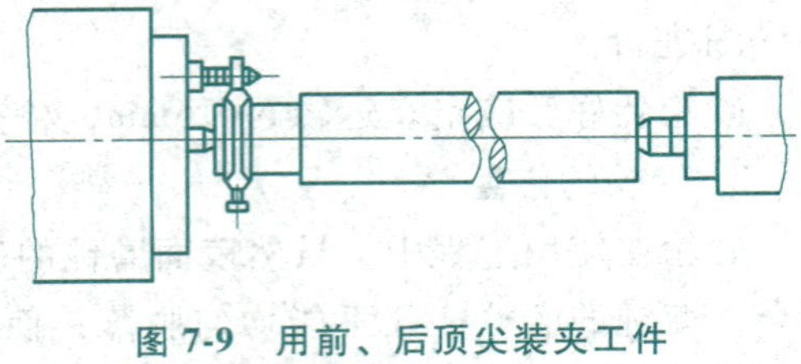

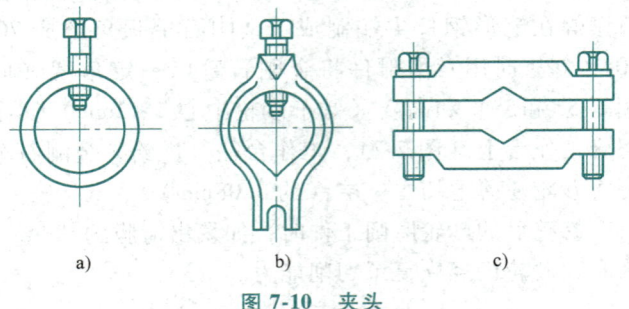

图 7-9 用前、后顶尖装夹工件

磨床上采用的前、后顶尖都是固定顶尖,这样就避免了因顶尖转动而带来的误差。目前最常用的固定顶尖是将 YG8 硬质合金嵌入碳素工具钢顶尖体内用铜焊而成的硬质合金顶尖。

中心孔是定位基准,它直接影响工件的加工精度,所以磨削工件前,一般先要研磨中心孔。

带动工件旋转的夹头,常用的有三种(图 7-10)。图 7-10a 所示为圆环夹头,图 7-10b 所示为鸡心夹头,这两种夹头适用于装夹小型工件,后者比前者好。因为磨床头架拨盘上的拨杆插入鸡心夹头的凹槽中,并用螺钉旋紧,这样,拨盘转动时,拨杆与夹头之间就没有冲击。如果夹头螺钉夹紧面是工件上未淬硬的光滑表面,则应在螺钉与工件接触处垫铜皮。图 7-10c 所示为对合夹头,其夹紧力大,适用于装夹大型工件。为了避免夹紧时损伤表面,可在对合夹头的 V 形面上堆焊上铜层。

图 7-10 夹头
a) 圆环夹头 b) 鸡心夹头 c) 对合夹头

用前、后顶尖装夹工件时,必须把工件的中心孔以及顶尖擦干净,在中心孔内加入润滑脂。顶尖对工件的顶紧要适当,顶得太紧,润滑油会被挤掉,中心孔容易磨损,磨削时间较长时工件将被"咬死",细长轴还会被顶弯;顶得太松,则顶尖定位不正确,工件横截面将出现圆度误差。

(2) 用心轴装夹 磨削套类零件外圆时,常以内孔为定位基准,把零件套在心轴上,心轴再装到磨床前、后顶尖上。常用的心轴有以下几种:

1) 锥形心轴。磨床用锥形心轴的锥度一般为 1:5000~1:7000,如图 7-11 所示。将工件从小端套上心轴后,用铜棒轻轻敲紧。靠锥形心轴与工件内孔表面的弹性变形,将工件均匀胀紧在心轴锥面上。工件内孔和外圆的同轴度误差可控制在 0.005mm 以内。但由于工件内孔有公差,工件在锥形心轴上的轴向位置有变动,所以磨削时不方便控制轴向尺寸。

2) 带台肩的圆柱心轴。这种心轴如图 7-12 所示。工件装在这种心轴上的轴向位置一定,成批生产时便于通过挡块控制其轴向尺寸。圆柱心轴的最大直径设计成零件孔的下极限尺寸。由于心轴与工件孔均有公差,所以工件套在心轴上时总有间隙存在,于是必然存在同轴度误差。因此,带台肩的圆柱心轴只能用于内孔和外圆同轴度要求不太高的工件的磨削。

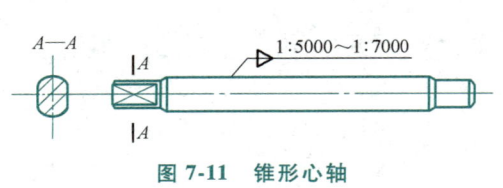

图 7-11 锥形心轴

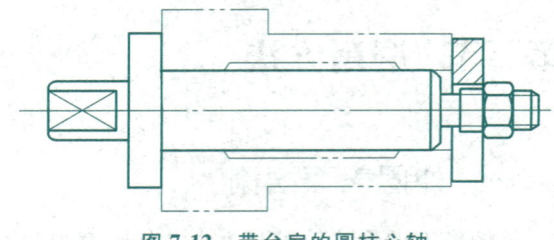

图 7-12 带台肩的圆柱心轴

3）带台肩的可胀心轴。为了既要控制套类零件安装在磨床上的轴向位置，又要保证内孔与外圆精确的同轴度要求，可采用带台肩的可胀心轴。图 7-13 所示为筒夹式可胀心轴，旋紧螺钉 5 就能把外锥体 4 压向开槽的带有弹性的内锥体内，使筒夹 2 胀开，从而把工件夹紧。

（3）用自定心卡盘或单动卡盘装夹　磨削端面上不能钻中心孔的短工件（如套筒等）时，可用自定心卡盘或单动卡盘装夹。单动卡盘特别适于夹持截面形状不规则的工件，但要用百分表找正工件的位置，因而比较费时。由于卡盘固定在头架主轴的锥孔中，主轴回转时的径向圆跳动、轴向圆跳动，主轴与卡盘的同轴度误差，都将反映到被磨的工件上。因此，用卡盘（自定心卡盘）装夹工件比用两顶尖装夹工件的磨削精度低。

（4）用卡盘和顶尖装夹工件　当工件较长，一端能钻中心孔而另一端不能钻中心孔时，可一端用卡盘、另一端用顶尖装夹工件。装夹时，除需用百分表找正卡盘端工件的径向圆跳动外，还必须校正头架的零位，使头架主轴中心与尾座中心同轴。

2. 外圆磨削方式

（1）纵磨法　磨削时，砂轮高速旋转做主运动，工件旋转（圆周进给运动）并与工作台一起做纵向往复运动。当每一次往复行程终了时，砂轮按规定的磨削吃刀量做一次横向进给，每次磨削深度很小，因此磨削余量要在多次往复行程中磨去，如图 7-14 所示。

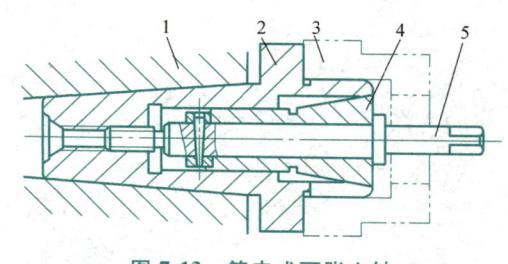

图 7-13　筒夹式可胀心轴

1—头架主轴　2—筒夹　3—工件　4—外锥体　5—螺钉

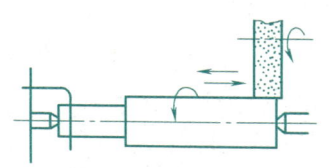

图 7-14　纵磨法磨外圆

采用纵磨法时，砂轮全宽上各处磨粒的工作情况是不同的。处于纵向进给方向一侧的磨粒担负主要的切削工作，而其后的磨粒主要起磨光作用。由于没有充分发挥全部磨粒的切削能力，所以磨削效率较低，但经磨光后的表面粗糙度值较小。为了保证工件两端的加工精度，砂轮应超出工件磨削面 1/3～1/2 的砂轮宽度。另外，由于这种磨削温度低，磨削的精度较高，所以目前在生产中应用最广，特别是单件、小批生产及精磨时常采用这种方法。

（2）横磨法　采用横磨法（切入磨削法）时，工件无纵向进给运动。该方法采用比需要磨削的表面宽一些的砂轮，以很慢的横向进给速度磨掉全部加工余量，如图 7-15 所示。

这种磨削方法的特点是，砂轮全宽上的磨粒都能起切削作用，磨削效率高，但因工件相对砂轮无纵向运动，相当于成形磨削，当砂轮因修整不好而磨损不均、外形不正确时，砂轮的形状误差将直接影响工件的形状精度。另外，因砂轮与工件的接触宽度大，则磨削力大，磨削温度高。因此，工件刚性一定要好，而且要勤修砂轮和供给充分的切削液。

横向磨削主要用于批量大、精度不太高的工件或不能用纵向进给的场合，如台阶轴颈等。

（3）综合磨法　这种磨削法是横磨法和纵磨法的综合应用。先在工件磨削表面的全长上分成几段进行横磨，相邻两段间有 5～15mm 重叠，如图 7-16 所示。每段都在直径上留下 0.01～0.03mm 的精磨余量，然后再用纵磨法将它磨去。

这种磨削方法既可以提高生产率，又可以提高加工精度和表面质量，适于磨削余量大（0.7～1mm）、加工表面长度较短而刚性较大的工件。

（4）深磨法　深磨法也称阶梯磨法。磨削时，先将砂轮修整成锥形或阶梯形，最大直径的砂轮表面要修整得很精细，让它起精磨作用，而其他锥形部分修整得粗糙些，起粗磨作用，如图 7-17 所示。该方法可采用较小的纵向进给量，在一次纵向行程中磨去全部余量，其磨削的吃刀量一般可达 0.3mm 左右。

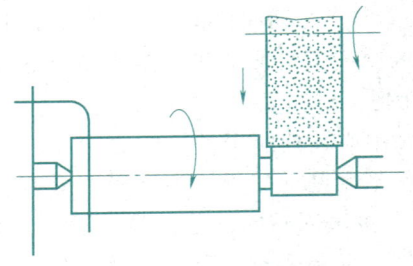

图 7-15 横磨法磨外圆

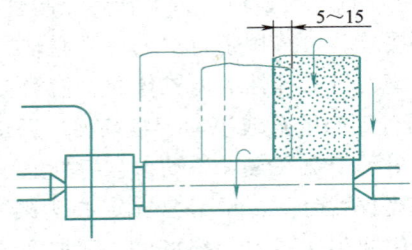

图 7-16 综合法磨外圆

这种方法是在一次纵向行程中,同时完成粗磨和精磨,减少了加工行程次数,提高了生产率,但是磨削力较大,加工精度比纵磨法低。另外,修整砂轮比较复杂,故只适合在大批、大量生产中磨削刚度较大的短轴,而且是允许砂轮超越加工面两端较大距离的工件。

（二）无心外圆磨削

1. 无心外圆磨床的工作原理

M1080 型无心外圆磨床如图 7-18 所示,它主要由砂轮架 3、导轮架 6、工件托板 4、砂轮修整器 2 和导轮修整器 5 等组成。砂轮和导轮分别由各自的电动机带动。

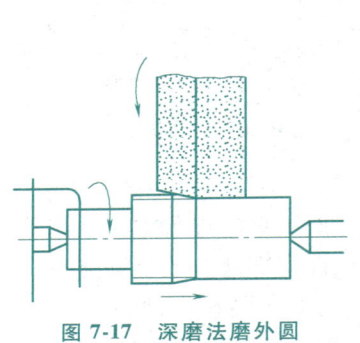

图 7-17 深磨法磨外圆

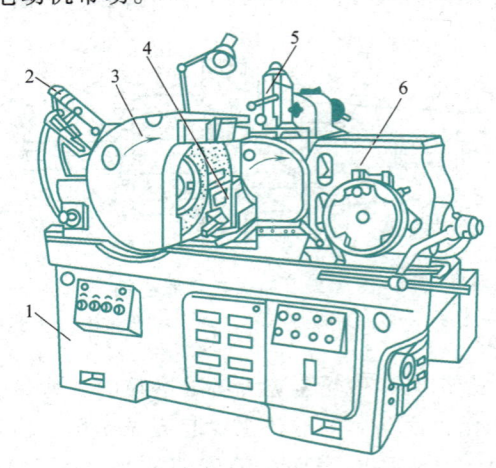

图 7-18 M1080 型无心外圆磨床
1—床身 2—砂轮修整器 3—砂轮架 4—工件托板
5—导轮修整器 6—导轮架

在无心外圆磨床上,工件不需要用顶尖或卡盘支持,而是放在砂轮和导轮之间,由托板支持着。工件的待加工表面就是定位基准,砂轮磨削产生的磨削力将工件推向导轮,导轮是使用橡胶结合剂的砂轮,它的轴线略向后倾斜一些,靠导轮和工件之间的摩擦力带动工件旋转并向前推进,完成圆周进给运动和纵向进给运动。

为了避免磨削时产生棱圆,工件中心线应稍高于砂轮与导轮的中心连线 20~25mm。如果工件与导轮、砂轮的中心等高,则工件与砂轮、导轮的接触点就在同一直径上,若工件表面上有一个微小的凸起部分与导轮接触,则工件被推向砂轮,就会在凸起部分的对面磨成凹坑。工件转过 180°后,工件凹部正好与导轮接触,所以凸起部分无法磨去,如图 7-19a 所示。这样,工件就在砂轮和导轮间左右摆动,磨出的直径虽各处相等,但不是圆形而是等直径的三角形棱圆,如图 7-19b 所示。

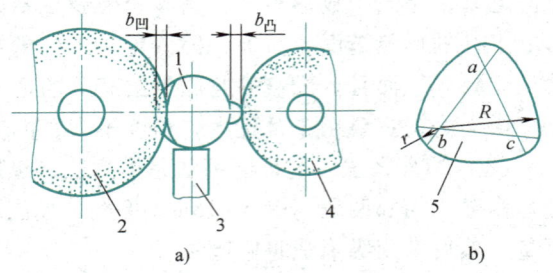

图 7-19 工件中心与砂轮、导轮中心等高将产生棱圆
1—工件 2—磨削轮 3—托板 4—导轮 5—工件产生棱圆

把托板加高，使工件中心高于砂轮和导轮中心，如图7-20a所示，这样工件凸起部分与导轮接触的位置与砂轮在工件上所磨出的凹部就不在同一直径上。当工件转到凸部与砂轮接触时，工件与导轮接触处已不是原先的凹部，如图7-20b所示。因此，工件的凸部将被砂轮磨去一些，使其凸出量减小。如此不断磨削的结果是，凸、凹部的高度逐渐减小，最终把工件磨成圆形。

2. 无心外圆磨削的两种方法

（1）贯穿法　这种方法如图7-21所示，导轮轴在垂直面内扳转θ角，导轮旋转的线速度v_0可以分解成垂直分速度v_1和水平分速度v_2。v_1带动工件旋转，做圆周进给；v_2带动工件做纵向进给。因此，操作时只需将工件放在托板上，使工件接触砂轮和导轮，工件就能一边旋转一边纵向进给，穿过磨削区域。

工件一次贯穿后，如直径比图样要求的还大，则可使导轮做横向进给。粗磨时，每次导轮横向进给量为0.02～0.1mm；精磨时，横向进给量为0.0025～0.01mm。

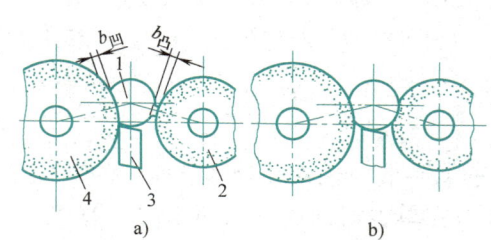

图7-20　无心磨削时工件变圆的原理
1—工件　2—导轮　3—托板　4—磨削轮

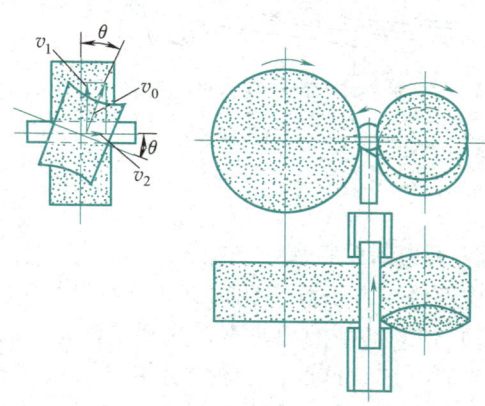

图7-21　贯穿法无心磨

导轮轴在垂直面内倾斜θ角后，如导轮还是圆柱体，则导轮与工件圆柱面是点接触，导轮不能正常地带动工件旋转和前进。为了使导轮倾斜θ角后，工件与导轮成线接触，则导轮的形状应是单叶旋转双曲面。该双曲面是靠无心磨床上导轮修整器的金刚石笔相对导轮中心倾斜一个θ角移动而修整成的。

（2）切入法　切入法如图7-22所示。磨削时，工件不穿过磨削区域，而是从上面往下搁在托板上，导轮做横向进给，带动工件一边旋转一边向砂轮做连续进给，直到磨去全部加工余量为止。

此时，导轮轴扳转一个很小的角度（30′左右），使工件在磨削时受到一个微小的轴向推力，以便靠紧挡销并控制轴向尺寸。

切入法适宜磨削带台肩的轴类零件和外锥体等。

二、内孔磨削

1. 工件的装夹

短工件可用自定心卡盘或单动卡盘装夹，长工件可以在万能外圆磨床上采用以下两种装夹方法：

1）一端用卡盘夹紧，另一端用中心架支承，如图7-23所示。

2）用V形夹具装夹，如图7-24所示。V形夹具的底座11与磨床工作台紧固，两个V形块10可根据工件支承位置的不同要求，在底座顶面的导轨上移动，然后用螺钉固定。V形块上有垫块9，可根据工件直径的不同更换其厚度。为了提高垫块的耐磨性，还镶有硬质合金8。压块6在螺钉3的作用下轻

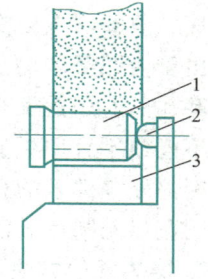

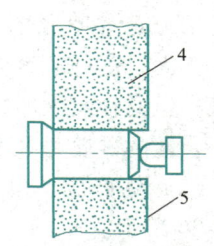

图7-22　切入法无心磨
1—工件　2—挡销　3—托板
4—砂轮　5—导轮

压向工件，在压块和工件表面之间垫入油毡垫。为了防止工件被拉毛，在油毡垫上浇些全损耗系统用油。支臂4可以绕销轴5在支架7上转动，以便装卸工件。工件靠近磨床头架的一端装上一个传动套2，通过万向接头1与头架连接带动其转动。

以上两种方法均应仔细校正，方可达到较高的精度。

图7-23 用卡盘和中心架装夹工作

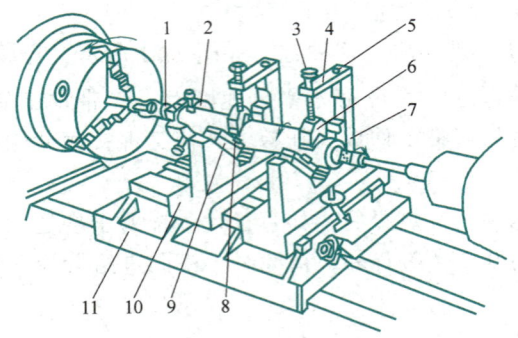

图7-24 用V形夹具装夹工件

1—万向接头 2—传动套 3—螺钉 4—支臂
5—销轴 6—压块 7—支架 8—硬质合金
9—垫块 10—V形块 11—底座

2. 磨内圆的特点

内圆磨削与磨外圆相比有如下特点：

1) 内圆磨削的砂轮直径受到工件孔径的限制，尺寸较小（一般为工件孔径的50%~90%），为了使砂轮有一定线速度，砂轮转速要比较高，则砂轮上每一磨粒在单位时间内参加切削的次数增多，所以砂轮很容易变钝。另外，由于磨屑排除比较困难，磨屑常聚积在孔中容易堵塞砂轮，所以内圆磨削砂轮需要经常修整和更换。这样，就增加了辅助时间，降低了生产率。

2) 因为砂轮直径小，内圆磨削的线速度低，故欲获得较小的表面粗糙度值比较困难。

3) 砂轮轴比较细，而悬伸长度较长，刚性很差，容易发生弯曲变形和振动，加工精度和表面质量相对降低；同时，磨削用量不能过高，故磨削的生产率也比较低。

4) 内圆磨削砂轮与工件接触面积大，如图7-25所示，磨削力和磨削热增大，而切削液又很难直接浇注到磨削区域，故磨削温度高。

由于内圆磨削的生产率和加工精度都比外圆磨削差，所以磨孔的应用远没有磨外圆那样普遍。目前，磨孔主要用于不能或不宜用镗孔、铰孔、滚压等方法加工的场合，如磨削淬硬零件上的孔，精度要求高、表面粗糙度值要求很小的孔以及断续表面的孔（如带键槽的孔）等。

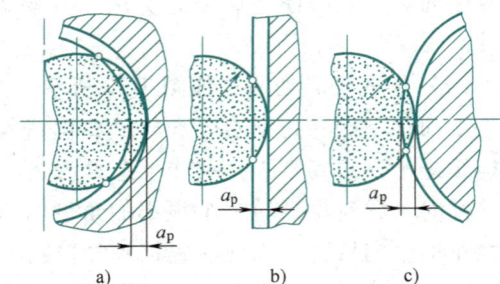

图7-25 砂轮与工件接触面积的比较

a) 内圆磨削 b) 平面磨削 c) 外圆磨削

3. 磨内圆的方法

(1) 砂轮直径的选择 砂轮的直径根据孔径确定。砂轮直径大，磨削速度高，可采用直径较大的砂轮接长轴，因而有利于提高磨削生产率和降低表面粗糙度值。但直径太大时，砂轮与工件接触面积增大，磨削热增加，冷却条件变差，砂轮容易被堵塞、变钝。合适的砂轮直径为孔径的50%~90%，磨大孔时取小值，磨小孔时取大值。

(2) 纵磨法 由于砂轮轴刚性差，内圆磨削一般都采用纵磨法。砂轮接长轴应选得尽量短，如图7-26所示。

砂轮越出内孔两端的长度L为砂轮宽度的1/3~1/2，如图7-27所示。越程L太小，内孔两端磨削时间太短，使孔径两端小，中间大；L太大，则由于砂轮接长轴弹性恢复（砂轮在孔中间时接长轴弹性退让大，在两端时弹性退让小），结果把内孔两端磨成喇叭口。

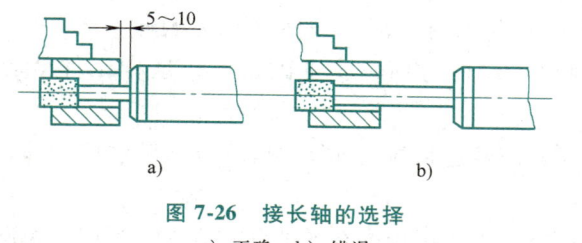

图 7-26 接长轴的选择
a）正确 b）错误

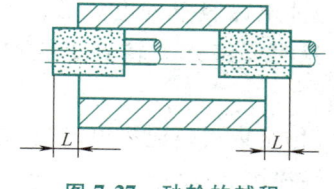

图 7-27 砂轮的越程

工件与砂轮的旋转方向相反。砂轮在工件孔中的磨削位置有两种，如图 7-28 所示。在内圆磨床上磨孔采用后接触，这种位置容易看清火花，且切削液和切屑末向下飞溅，不影响操作者视线；另一种采用前接触，这时操作者不易看清火花，切削液和切屑末容易飞溅到操作者身上。

（3）切入磨法 只有在孔径较大、磨削长度较短的特殊情况下，内圆磨削才采用切入磨法，如图 7-29 所示。图中表示磨削滚柱轴承外环内滚道面的情况，砂轮不做纵向往复运动，只有横向进给运动，这种方法生产率高。由于这种方法是连续磨削，砂轮容易磨损和堵塞，所以要及时修整砂轮。

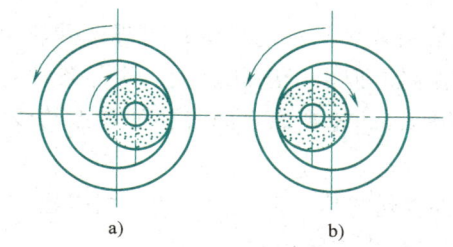

图 7-28 砂轮在工件孔内的位置
a）后接触 b）前接触

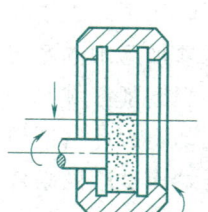

图 7-29 切入磨法

三、平面磨削

1. 工件的装夹

对钢、铸铁等磁性材料磨平面时，工件一般都用电磁吸盘（又称电磁工作台）装夹。电磁吸盘是利用直流电产生的磁力把工件吸牢的，其工作原理如图 7-30 所示。1 为钢制吸盘体，在它中部凸起的心体 A 周围绕有线圈 5；钢制盖板 4 被绝磁层 3（浇入的铅层、铜层或巴氏合金层）隔成一条条或一块块。线圈 5 中通过直流电时，心体 A 被磁化。磁力线（图中虚线所示）由心体经过盖板——工件——盖板——吸盘体——心体而闭合，把工件吸住。如没有绝磁层，绝大部分磁力线就会通过盖板直接回去（磁力线短路）而不通过工件，这样吸力将大大减弱而吸不住工件。

使用电磁吸盘时应注意以下问题：

1）当磨削小尺寸工件或壁厚小、高度较大的环形工件（如薄套等）时，因工件与电磁吸盘的接触面积小、吸力弱，磨削过程中工件容易被砂轮弹出去，甚至使砂轮碎裂。因此，装夹这类工件时，一方面要使工件跨在电磁吸盘的绝磁层上，另一方面必须在工件周围或前后两端用吸着面积较大的铁条围住，如图 7-31 所示，以防工件"走动"。

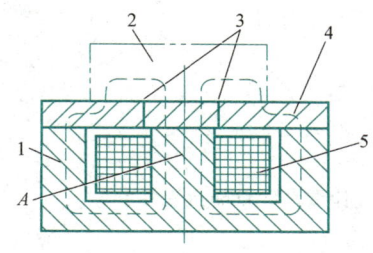

图 7-30 电磁吸盘的工作原理
1—吸盘体 2—工件 3—绝磁层 4—盖板 5—线圈

图 7-31 磨削小面积工件时用铁条围住

2) 关掉电磁吸盘的电源后，工件和电磁吸盘上仍将保留一部分磁性（称为剩磁），因此工件不易取下。这时要将开关转到退磁位置，改变线圈中电流的方向，将剩磁退去，这样工件就容易取下了。

3) 工作结束后，应将电磁吸盘擦干净，避免切削液经过盖板上细微的缝隙渗入吸盘体内部，从而使线圈受潮损坏。

4) 电磁吸盘的工作表面要平整、光洁。如表面被拉毛，可用磨石或细砂布修光，再用金相砂轮抛光。如果吸盘使用时间已经很长，中间部分有磨损，或表面刻纹、麻点较多，则应对电磁吸盘工作面进行修磨。修磨时，电磁吸盘应接通电源，处于工作状态。修磨量应尽量小，只要表面磨光就可以了。

电磁吸盘装卸工件迅速、方便、牢固，可同时装夹许多工件，辅助时间短，生产率高，容易保证平行平面的平行度，但必须是导磁材料。对非导磁材料，可将零件装夹在精密平口虎钳上，再将平口虎钳吸在电磁吸盘上进行磨削。

2. 圆周磨削、端面磨削分析

端面磨削时，磨床主轴受压力，磨床刚性好，可以采用较大的磨削用量；另外，砂轮与工件接触面积大，同时参加磨削的磨粒多，所以端面磨削生产率很高。但由于磨削热大，冷却条件差（切削液不易直接浇注到磨削区域），排除磨屑与脱落磨粒比较困难，砂轮端面不同直径处各点的线速度不等，磨粒磨损不均匀，因此磨削质量较低，适合于粗磨。

为了改善端面磨削的条件，降低磨削温度，避免工件烧伤与热变形，常采用下列措施：

1) 选用粒度号小、硬度软、组织疏松的砂轮，甚至采用大空隙砂轮。

2) 采用多块扇形砂瓦组成的镶块砂轮，使排屑与冷却情况都得到改善，而且价格便宜，可以更换个别损坏的砂瓦，而整体的筒形砂轮就得报废。

3) 将砂轮轴偏斜一个很小的角度，如图 7-32 所示，一般偏斜 0.5°～1°，以减小砂轮与工件的接触面积。这样磨出的平面略呈凹形。若砂轮直径为 350mm，工件宽度为 150mm，砂轮轴倾斜 0.5°，则中间下凹量为 0.15mm，所以只能用于粗磨。

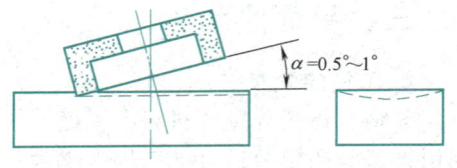

图 7-32　砂轮偏斜以减少接触面积

圆周磨削时，砂轮与工件的接触面积要比端磨小得多，而且磨削区域的冷却、排屑条件也比端面磨削好，因此，圆周磨削的工件，其变形小，磨屑、磨粒不易嵌入砂轮与工件之间，磨削质量高，适合于精磨。但圆周磨削时不宜切得太深，纵、横向进给也不宜太快，因为磨削力将使砂轮主轴受弯变形，磨床的刚性不够好；同时参加磨削的磨粒少，所以圆周磨削生产率较低。

知识与技能拓展

复习思考题

7-1　磨削与其他切削加工比较，有什么特点？

7-2　磨床有哪些类型？各有什么特点？

7-3　外圆磨削和内圆磨削有哪些运动？它们的磨削用量如何表示？

7-4　平面磨削有哪些运动？它们的磨削用量如何表示？

7-5　砂轮的特性取决于哪些因素？如何选择砂轮？

7-6　砂轮硬度与磨料硬度有何不同？砂轮硬度对磨削加工有哪些影响？什么是砂轮的自锐性？

7-7　砂轮 6-400×100×203 WA 80 L B 36 代表什么意思？

7-8　砂轮如何安装？安装砂轮时要注意哪些问题？

7-9　为什么砂轮需要平衡？为什么要修整砂轮？修整砂轮要注意哪些问题？

7-10　中心外圆磨削主要有哪几种方法？各有什么特点？

7-11　中心外圆磨削中，工件的装夹有哪几种方法？

7-12　为什么磨床上多用固定顶尖？工件的中心孔为什么需要修磨？

7-13　在无心外圆磨削时，导轮起什么作用？

7-14　内圆磨削有哪些特点？主要应用在什么场合？

7-15　平面磨削中，工件的装夹方法有什么特点？

7-16　简述周磨法和端磨法磨削平面的优、缺点及适用范围。

使用习题册完成配套课后习题。

第八章 其他加工方法

> **学习目标**
> 1. 了解钻床的工艺范围和加工工艺特点。
> 2. 了解镗削加工方法和加工工艺特点。
> 3. 理解齿轮加工原理,了解齿轮加工方法和加工工艺特点。
> 4. 掌握钻、扩、铰等孔加工方法和攻螺纹加工方法。

> **重点与难点**
> 常用的钻、扩、铰等孔加工方法和切削用量的合理选择。

> **素养目标**
> 培养勇于创新的工匠精神和持之以恒的意志品质。

第一节 钻削加工

钻床是孔加工的主要机床,在钻床上可以钻孔、扩孔、铰孔、攻螺纹、锪孔,以及刮平面等,如图 8-1 所示。

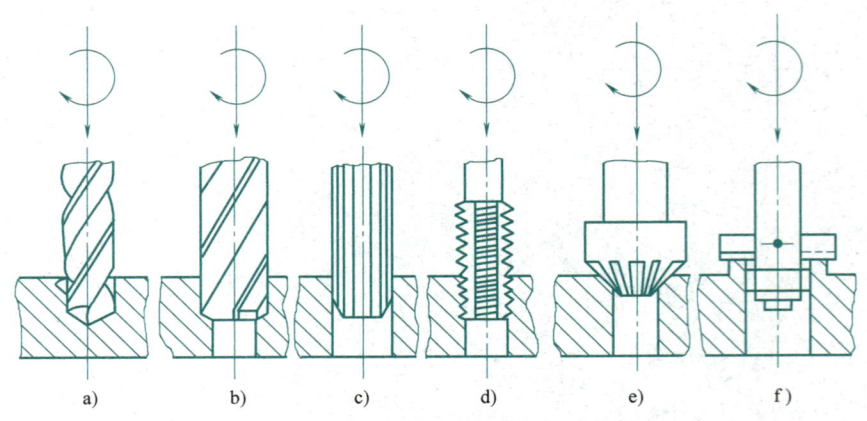

图 8-1 钻床加工的基本内容
a)钻孔 b)扩孔 c)铰孔 d)攻螺纹 e)锪孔 f)刮平面

钻孔的尺寸精度低,公差等级一般为 IT12~IT11,表面粗糙度 Ra 值在 50~6.3μm 之间;扩孔的尺寸公差等级可达 IT10~IT9,表面粗糙度 Ra 值在 6.3~3.2μm 之间;铰孔的尺寸精度最高,公差等级可达 IT8~IT7,表面粗糙度 Ra 值在 3.2~0.2μm 之间。

一般情况下，孔加工刀具都应同时完成两个运动：一是主运动，即刀具绕轴线的旋转运动，它是切下切屑的运动；二是进给运动，即刀具沿着轴线方向的直线运动，它是切削得以连续进行的运动。

一、钻床

钻床按其结构可分为台式钻床、立式钻床、摇臂钻床和专门化钻床等。

1. 台式钻床

台式钻床简称台钻，是一种放在工作台上使用的小型钻床。台钻重量轻，移动方便，转速高（最低转速在400r/min以上），适于加工小型零件上的小孔（直径在16mm以下）。

图8-2所示为台式钻床。钻孔时，钻头装在钻夹头9内，钻夹头装在主轴10的锥体上。电动机通过一对五级塔轮1和V带2，使主轴获得五种转速。扳动进给手柄11可使主轴上下运动。工件安放在工作台7上，松开锁紧手柄6，摇动升降手柄8便可使主轴架12沿立柱5上升或下降，以适应不同高度工件的加工，调整好后将锁紧手柄6锁紧。

2. 立式钻床

立式钻床简称立钻。立钻的规格以最大钻孔直径表示，有18mm、25mm、35mm、40mm、50mm等几种。图8-3所示是最大钻孔直径为35mm的Z5135型立式钻床。与台式钻床相比，立式钻床刚性好、功率大，因此允许采用较大的切削用量，生产率较高，加工精度也较高；主轴的转速和进给量变化范围大，且可自动进给，可适应以不同的刀具进行钻孔、扩孔、锪孔、铰孔、攻螺纹等多种加工。但立式钻床的主轴中心位置不能调整，加工完一个孔后，若需要加工另一孔，则要调整工件位置，使刀具的旋转轴线与被加工孔的轴线重合。对于尺寸大而笨重的工件而言，操作十分不便。因此，立式钻床适用于单件、小批量加工中、小型零件。

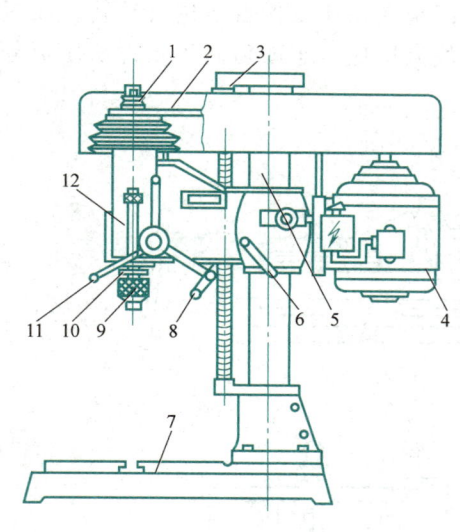

图8-2 台式钻床
1—塔轮 2—V带 3—丝杠架 4—电动机 5—立柱
6—锁紧手柄 7—工作台 8—升降手柄 9—钻夹头
10—主轴 11—进给手柄 12—主轴架

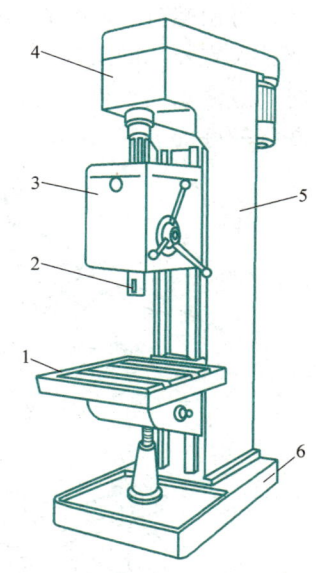

图8-3 立式钻床
1—工作台 2—主轴 3—进给箱 4—变速箱
5—立柱 6—底座

图8-3所示立式钻床，它主要由变速箱4、进给箱3、立柱5、工作台1和底座6等部分组成。加工时，工件直接或通过夹具装夹在工作台上。主轴2的旋转运动是由电动机经变速箱4传动的，主轴的进给运动则由进给箱3传动，进给箱3和工作台1可沿立柱5的导轨上下移动，调整位置以适应不同高度的工件。

3. 摇臂钻床

摇臂钻床如图8-4所示。它由底座1、立柱2、摇臂3、主轴箱4、主轴5、工作台6等部分组成。由于主轴箱能在摇臂上做大范围移动，摇臂又能绕立柱做360°回转和沿立柱上下移动，故摇臂钻床能在很大范围内钻孔。工件可以直接或通过夹具安装在工作台或底座上。当主轴箱调整到所需要的位置后，摇臂和主轴箱可分别由夹紧机构锁紧，以防止刀具在切削时工作位置变动和产生振动。

摇臂钻床机构完善，操纵灵便，主轴转速和进给量范围很广，因而广泛用于单件或中、小批生产中加工大、中型工件，可用于钻孔、扩孔、锪孔、镗孔、攻螺纹等各种加工。

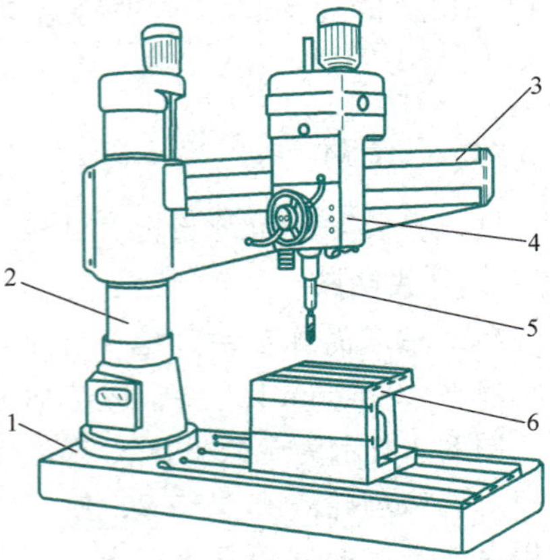

二、钻床加工方法

（一）钻孔

1. 工件的装夹

工件装夹方法与工件生产批量和孔的加工要求有关。一般情况下，当工件生产批量较大，或者工件加工要求较高时，工件是装夹在专用夹具（或钻模）中钻孔的；当为单件、小批生产或者加工要求较低时，工件经划线确定孔中心位置后，多数装夹在通用工具中钻孔。通用的辅助工具有台虎钳、机用虎钳、V形块和压板、螺钉等。这些工具的使用往往和工件的形状、尺寸有关。

通常，对于不能手持的薄形工件和小工件，或者孔径超过8mm时，常用台虎钳夹持工件进行钻孔，如图8-5a所示；外形平整的工件，可将其装夹在机用虎钳中进行钻孔，如图8-5b所示。对于轴或套筒类工件，可用螺钉、压板将其装夹在V形块上进行钻孔，如图8-5c所示。对于不适合用台虎钳夹紧，或者要钻大直径孔的工件，可直接用压板、螺栓把工件固定在钻床工作台上进行钻孔，如图8-5d所示。此时，应注意使螺栓尽量靠近工件，且支承压板的垫块高度应等于或略高于工件所压部分的高度，以便获得较好的夹紧效果。

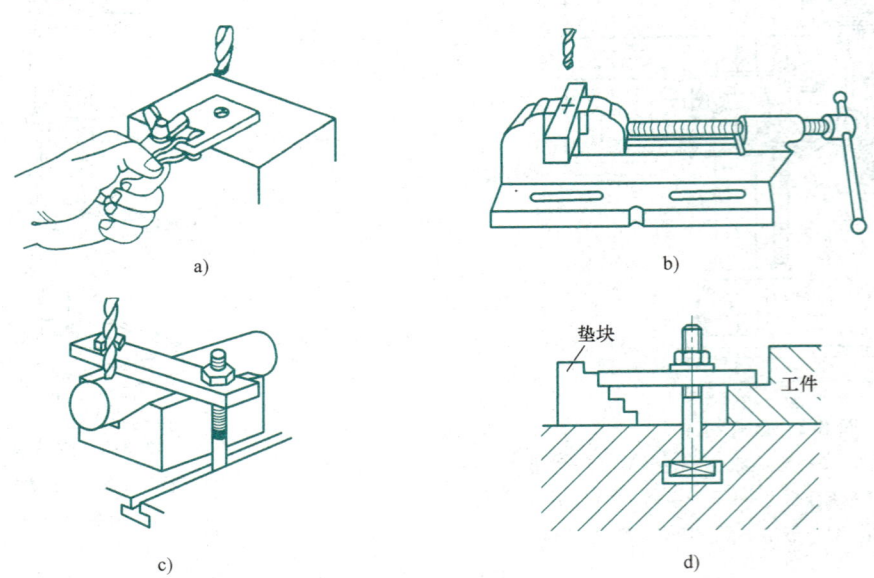

图8-4 摇臂钻床
1—底座 2—立柱 3—摇臂 4—主轴箱
5—主轴 6—工作台

图8-5 工件夹持方法
a) 台虎钳夹持工件 b) 机用虎钳夹持工件 c) V形块夹持工件 d) 用压板、螺钉夹持工件

2. 钻头装夹

麻花钻是钻孔的主要工具。麻花钻由柄部、颈部和工作部分组成，如图8-6所示。钻柄供装夹和

传递动力用,钻柄形状有两种:圆柱柄传递转矩较小,用于直径 16mm 以下的钻头,一般用钻夹头夹紧,如图 8-7a 所示;圆锥柄对中性好,传递转矩较大,用于直径大于 13mm 的钻头,一般直接装在钻床主轴锥孔内,或用过渡钻套连接(图 8-7b)。锥柄拆卸和钻套的使用如图 8-7c 所示。

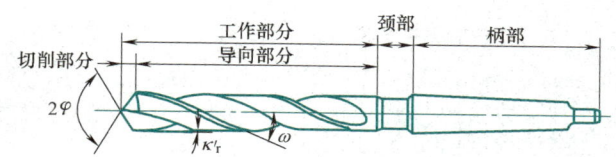

图 8-6 标准麻花钻头的组成

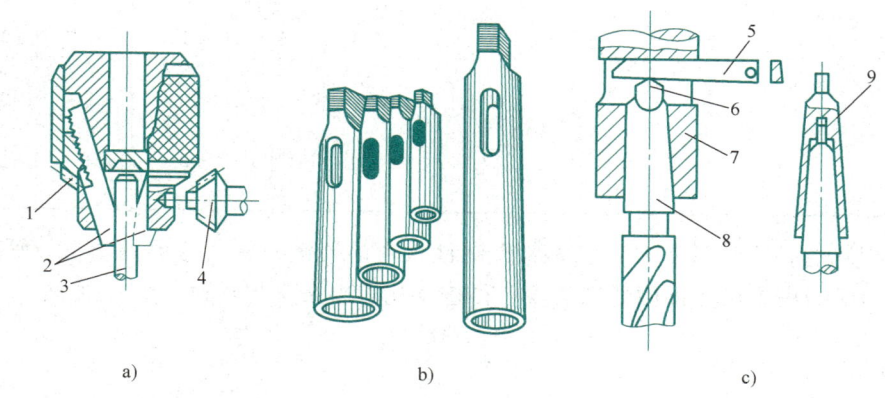

图 8-7 钻夹头、过渡钻套及钻头的拆卸
a) 钻夹头 b) 过渡钻套 c) 钻头的拆卸
1—锥齿轮 2—爪 3—钻头 4—锥齿轮钥匙 5—楔铁 6—扁尾 7—钻轴 8—莫氏锥柄 9—过渡钻套

3. 钻削用量选择

钻削用量应按钻孔的直径、工件的材料及钻头材料等因素选择。

(1)背吃刀量 a_p　钻孔时,背吃刀量是钻头直径 d 的一半,即 $a_p = d/2$,如图 8-8 所示。根据切削用量选择原则可知,选择钻削用量时,应尽量选较大直径的钻头一次钻出所需孔径。

(2)进给量　进给量指钻头旋转一周时沿自身轴线的移动距离,单位为 mm/r。

因为钻头有两条切削刃,每条切削刃的轴向切削厚度只有进给量的一半,所以钻削时的进给量可相应增大。

(3)切削速度 v_c　钻削时切削刃上各点的切削速度是不一致的,这里指的是切削刃外缘处的线速度,单位为 m/min。

钻孔的切削用量,包括钻头的切削速度(或转速)和进给量。切削用量越大,单位时间内切除金属越多,生产率越高。但是,切削用量受到钻床功率、钻头强度、刀具寿命、工件精度等许多因素的限制,不能任意提高。因此,如何合理选择切削用量,直接关系到钻孔生产率、钻孔质量和钻头寿命。

表 8-1 为用高速工具钢(W18Cr4V)钻头钻碳钢($R_m = 650$MPa),在加切削液的条件下所允许的切削速度和进给量。

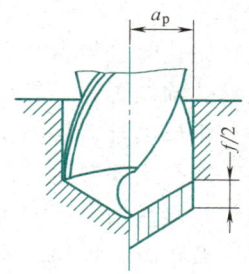

图 8-8 钻削用量

表 8-1　高速工具钢钻头钻碳钢($R_m = 650$MPa)的切削速度和进给量

进给量 /(mm/r)	钻头直径/mm										
	2	4	6	10	14	20	24	30	40	50	60
	切削速度/(m/min)										
0.05	44.9										
0.08	35.6										
0.10	30.4	40.1	14.7								
0.12	26.8	35.3	36.7								
0.16		30.2	29.9	36.8							
0.18		26.6	27.6	33.8	38.7						

(续)

进给量 /(mm/r)	钻头直径/mm									
	2	4	6	10	14	20	24	30	40	50	60
	切削速度/(m/min)									
0.20			25.6	31.4	36.0						
0.25			28.0	32.1	37.0	36.0					
0.30			25.6	29.4	33.8	32.8	36.0				
0.35					31.3	30.4	33.3				
0.40					29.3	28.5	31.1	32.7	33.9		
0.45					27.6	26.8	29.4	30.8	32.0	33.0	
0.50						25.5	27.9	29.9	30.3	31.3	
0.60							25.4	26.6	27.7	28.7	
0.70								24.7	25.6	26.5	
0.70											24.8

选择切削用量的方法大致如下：一般先考虑工件材料的硬度、钻头修磨的情况，凭经验选定一个进给量，然后从表 8-1 中查出允许的切削速度，再按下式求出钻头的转速

$$n = \frac{1000 v_c}{\pi d} \tag{8-1}$$

式中　n——钻头转速（r/min）；

　　　v_c——允许的切削速度（m/min）；

　　　d——钻头直径（mm）。

根据选定的进给量和求出的转速选用机床上相接近的进给量和转速，并据此调整机床。

4. 钻孔的方法

在平面上按划线钻孔的方法是：先目测将钻头的尖顶处对准工件划线孔中心的样冲眼，开动机床将钻头钻入工件，当尖顶约钻入 1/4 时，退出钻头，目测锥坑是否与划线中心重合，如稍有偏位，可在钻头再次切入工件时用力将工件向偏位的反方向推移，从而达到纠正位置的目的。若偏得较多，可在应钻掉的位置上錾出几条槽，将钻偏的位置纠正，如图 8-9 所示。

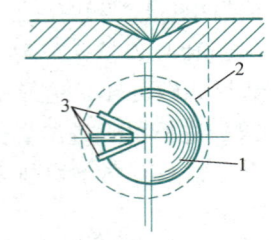

图 8-9　钻偏时的纠正方法
1—钻偏的坑　2—检查圆
3—錾出的三条槽

钻孔时进给力不宜过大，特别是小钻头，用力过大会使钻头弯曲，导致钻孔轴线歪斜，严重的还会使钻头折断。钻孔深度达到钻头直径的 3 倍时，排屑困难，需中途退出 1~2 次清除切屑。

在孔快要钻通时，必须减小进给量，变自动进给为手动进给，这样可避免钻头在钻通孔的瞬间因进给量骤然增大而"啃刀"，影响加工质量，甚至损坏钻头。

钻孔时，加切削液可降低钻头的切削温度，有润滑作用并延长钻头寿命，而且能降低钻孔表面粗糙度值。

（二）扩孔

扩孔是对已有的孔进行扩大，为铰孔或磨孔做准备。一般用合理几何角度的麻花钻作为扩孔钻，在扩孔精度要求较高或生产批量较大时，则采用专用的扩孔钻，如图 8-10 所示。

扩孔时的背吃刀量为

$$a_p = \frac{D-d}{2} \tag{8-2}$$

式中　D——扩孔钻直径（mm）；

　　　d——预加工孔直径（mm）。

可见，其背吃刀量一般较小，如图 8-11 所示。

第八章 其他加工方法

图 8-10 扩孔钻

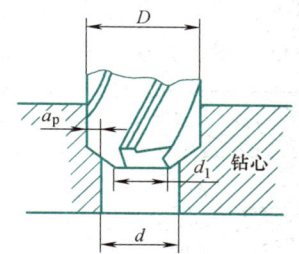

图 8-11 扩孔时的背吃刀量

1. 扩孔钻

扩孔钻有以下特点：

1）钻心较粗，没有横刃。由于扩孔钻的中心部分不参与切削，切削刃不必自外缘延伸到中心，所以不设横刃，这就避免了横刃的不利影响，并使钻心部分有可能加粗，从而提高扩孔钻的刚性，使切削稳定。

2）刀齿数较多（一般为 3~4 条），加强了导向作用。由于背吃刀量 a_p 较小，切屑少，容屑槽相应可以做得较小。因此，用扩孔钻扩孔既能提高生产率，也有助于提高加工质量。

扩孔的尺寸公差等级一般可达 IT11~IT10，表面粗糙度 Ra 值为 6.3~3.2μm。

2. 扩孔切削用量和切削液

由于扩孔钻的工作条件比钻头钻孔时好得多，故在相同直径的情况下，扩孔的进给量比钻孔大 1~2 倍。

除了铸铁和青铜材料外，其他材料的工件扩孔时，都要使用切削液，其中以乳化液用得最多。

（三）铰孔

经过钻和扩的孔还不能达到较高的精度要求，要获得较高精度的孔，还要进行铰孔。铰孔不能修正孔的直线度和改变孔的位置误差，而只能降低孔的表面粗糙度值和取得较高的尺寸精度。铰孔方法有机铰和手铰两种，在钻床上铰孔是机铰。

1. 铰刀

机用铰刀如图 8-12 所示。它的工作部分最前端是 45°倒角，以便于导入工件孔。倒角的后面是切削部分，切削刃的主偏角加工铸铁时一般为 3°~5°，加工钢时一般为 15°。切削部分的后面是校准部分，其中一段是圆柱形的，一段有倒锥（为了减少与孔壁的摩擦）。圆柱校准部分的直径就是铰刀的尺寸。

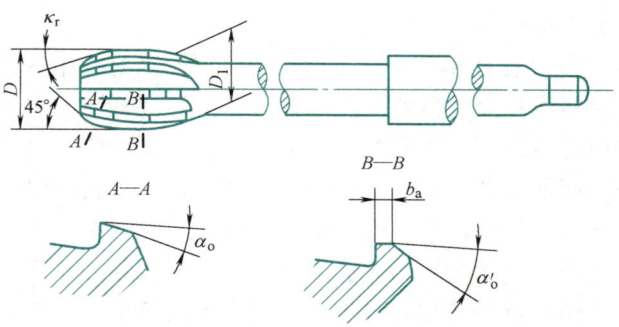

图 8-12 机用铰刀

图 8-13 所示为螺旋槽铰刀，它比图 8-12 所示的直槽铰刀铰削平稳，排屑方便，铰出孔的表面粗糙度值较小，而且螺旋槽铰刀可铰削带有轴向直槽的孔。左旋铰刀切屑朝前排出，适合于铰通孔；右旋铰刀切屑朝后排出，适合于铰不通孔。

图 8-14 所示为硬质合金铰刀。使用硬质合金材料可以提高铰刀寿命。其切削刃没有高速工具钢铰刀那么锋利，在起切削作用的同时，还起挤压作用。若铰削余量和切削用量选得合适，则孔径公差等级可达 IT7，表面粗糙度 Ra 值可达 0.8~0.4μm。

2. 铰削用量的选择

（1）铰削余量　一般尺寸公差等级 IT9 的孔，钻孔后用铰刀一次铰出即可。IT8~IT7 的孔以及位置精度要求较高的孔，钻孔后先要扩孔，然后才能铰孔；或者钻孔后先扩孔，然后粗铰、精铰。

铰削余量对铰出孔的质量、铰刀寿命影响很大。铰削余量太大，切屑挤塞在刀槽中，切削液不易进入切削区，则铰孔质量差，铰刀容易磨损；铰削余量太小，则不能铰掉上道工序留下的刀痕，达不到孔的质量要求。根据经验，铰削余量（直径上的）参考数值见表8-2。

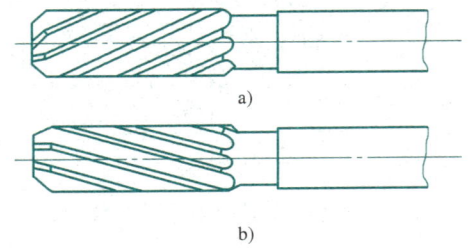

图 8-13　螺旋槽铰刀

a) 左旋铰刀　b) 右旋铰刀

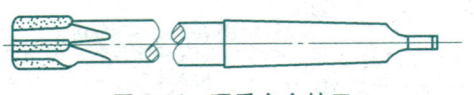

图 8-14　硬质合金铰刀

表 8-2　铰削余量　　　　　　　　　　　　　　　　　　　　　　　　（单位：mm）

孔的尺寸公差等级		孔 的 直 径			
		≤8	8~20	21~32	33~70
IT7	粗铰	0.05~0.10	0.05~0.10	0.05~0.10	0.05~0.10
	精铰	0.05~0.10	0.05~0.10	0.05~0.10	0.05~0.10
IT9		0.05~0.10	0.05~0.10	0.05~0.10	0.05~0.10

（2）铰削速度　高速工具钢铰刀铰钢件，一般切削速度取 1~6m/min，直槽铰刀取小值，螺旋槽铰刀取大值；铰铸铁件的切削速度取 4~6m/min。

硬质合金铰刀一般采用高速切削，但铰铸铁件上的孔时，也可采用低速（v_c = 5~10m/min）。

（3）进给量　在钻床上铰孔，一般是手动进给，要求进给均匀。采用机动进给铰削钢件时，进给量为 0.12~0.25mm/r；铰削铸铁件时取 0.4~1.6mm/r。

3. 铰孔质量分析

铰孔中常见的质量问题有三个：孔径超出公差范围、孔口扩大形成喇叭口以及孔的表面粗糙。下面分别进行分析。

（1）孔径超差　孔径超差的主要原因有：钻床主轴偏摆，若铰刀与钻轴间采用刚性连接，则铰出的孔径将扩大。另外，铰刀各齿径向摆动较大，切削时产生积屑瘤黏附在切削刃上，铰削余量太大，铰前孔不圆等。铰孔时铰刀振动也会造成孔径扩大。

用硬质合金铰刀铰孔时，铰过以后，孔表面弹性恢复；高速铰孔后，工件冷缩，都会使铰出的孔径缩小。另外，钝的铰刀切不下金属，铰出的孔尺寸也小。

（2）形成喇叭口　孔口出现喇叭口的原因是开始铰削时铰刀产生摇摆而造成的。

（3）孔的表面比较粗糙　表面粗糙度值未达到要求的原因有：铰孔时余量不足，孔未铰出；铰刀刃口不够锋利，使孔铰不光；铰刀刃口处有崩裂、碰伤、缺口等，铰出的孔就有丝痕；余量太大，预制孔不圆，则铰出的孔有振痕。另外，切削液使用不当或没有浇注在铰削区域，都会使孔壁的表面粗糙度值增大。

（四）攻螺纹

攻螺纹是用丝锥在内孔中切制内螺纹。攻螺纹一般手工操作，成批生产时也可在钻床上进行机攻。

1. 丝锥

丝锥的结构和形状如图8-15所示。丝锥分为手用丝锥和机用丝锥两大类。

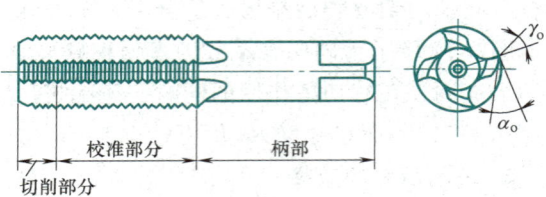

图 8-15　丝锥的构造

手用丝锥用于手工操作攻螺纹，一般由两只或三只组成一套，即头攻、二攻及三攻，攻螺纹时应依次使用。机用丝锥为单只，一次成形，故生产率较高。

2. 机用丝锥夹头

在钻床上攻螺纹要用丝锥夹头，它除了夹持丝锥之外，还起保险作用。当丝锥负荷过重，或在不通孔中攻螺纹已攻到孔底时，虽然钻床主轴仍在转动，但它能使丝锥停止转动，以避免折断。丝锥夹头的结构形式很多，下面介绍一种常用的端面摩擦片式夹头，如图8-16所示。

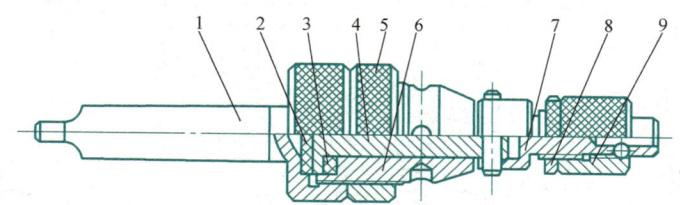

图8-16 端面摩擦片式机动丝锥夹头
1—夹头体 2、3—摩擦片 4—传动轴 5、8—螺母
6—螺套 7—夹持套 9—锥套

夹头体1左端是莫氏3号锥体，装在钻床主轴的锥孔内，它的右端内螺纹孔与螺套6相联接，螺母5是锁紧用的。螺套6内装有传动轴4，两者是间隙配合。夹头体1、传动轴4、螺套6之间有摩擦片2、3。夹头体、螺套拧紧后，摩擦片即可传递攻螺纹所需的转矩。调节夹头体、螺套之间的松紧，就可得到大小不等的摩擦力矩。调节好之后可用螺母5锁紧。夹持套7装在传动轴4上，通过圆柱销传递攻螺纹的转矩。夹持套的右端有装丝锥的孔，孔侧有四个均布的锥孔，孔内各装一粒钢珠。旋转锥套9，锥套9就在夹持套7上做轴向位移，并使钢珠做径向位移，从而把丝锥的柄部夹紧或放松。旋动锥套9夹紧丝锥后，用螺母8锁紧。当攻螺纹的转矩突然增加时，摩擦片2、3在传动轴与螺套、夹头体间打滑，尽管夹头体、螺套仍在转动，但传动轴和丝锥不转，从而起到了保险作用。

这种夹头适用于攻M6~M12的螺纹。由于没有快换装置，因此它适于攻规格相同、批量较大的螺纹。使用这种夹头时，退出丝锥要开反车，因此要用在可反向旋转的机床上。

3. 螺纹底孔直径的确定

攻螺纹前要确定内螺纹小径，按照普通螺纹标准，内螺纹小径 $D_1 = D - 1.0825P$。一般选用钻头的直径为 $D-P$，式中 P 为螺距。

攻不通孔螺纹时，钻孔深度应等于螺纹有效长度加上 $0.7D$（D 为螺纹大径）。

例7-1 加工有效深度10mm的M8内螺纹，钻头直径及钻孔深度计算如下：

1) 钻头直径即螺纹小径尺寸 D_1，M8螺纹的螺距 $P=1.25$mm，则
$$D_1 = D - 1.0825P = 8\text{mm} - 1.0825 \times 1.25\text{mm} \approx 6.65\text{mm}$$

2) 钻孔深度 $=10\text{mm}+0.7D=(10+0.7\times8)\text{mm}=15.6\text{mm}$

螺纹孔钻好后，用钻头在孔口倒角120°，倒角处直径略大于螺纹大径。

第二节 镗削加工

用于大型工件镗孔加工的机床称为镗床。在镗床上镗孔，不仅可以得到较高的尺寸精度，而且容易保证孔的位置精度，如孔系的同轴度、垂直度、平行度及中心距等。因此，镗床适于对箱体、机体等结构复杂、尺寸较大的工件进行孔系加工。

这类工件往往需要加工一系列分布在不同平面、不同轴线上的孔，而且孔的精度要求一般都比较高。目前，镗床结构日趋完善，适应性强，工艺范围广，除能镗孔外，可以用铣刀加工平面及各种沟槽，还可进行钻孔、扩孔、铰孔，车大端面及短外圆柱面，车内、外环形槽及内、外螺纹等，如图8-17所示。

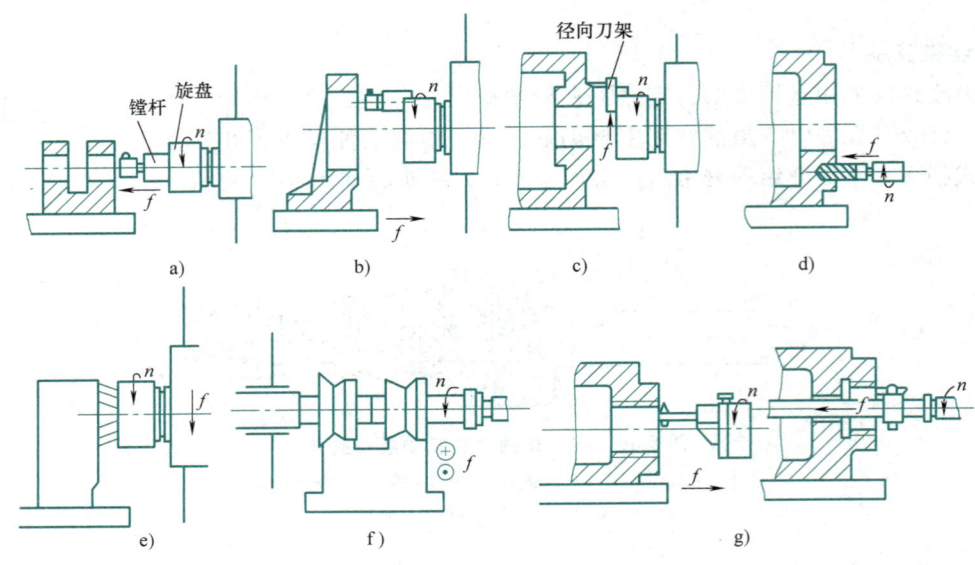

图 8-17 镗床的主要加工方法

a）镗孔 b）镗大孔 c）车端面 d）钻孔 e）铣端面 f）铣组合面 g）车内螺纹

一、镗床的种类及组成

根据结构、布局和用途的不同，镗床主要分为卧式铣镗床、坐标镗床、金刚镗床、深孔钻镗床、立式镗床和汽车、拖拉机修理用镗床。其中，卧式铣镗床是应用最广泛的一种。

1. 卧式铣镗床

卧式铣镗床的主要参数是镗轴直径。T619 型卧式铣镗床的镗轴直径为 90mm。

图 8-18 所示是 T619 型卧式铣镗床外形，它由前立柱 8、主轴箱 9、床身 1、平旋盘 7、主轴 6、上工作台 5、后立柱 2 等组成。

加工时，刀具安装在主轴 6 或平旋盘 7 上，由主轴箱获得各种转速和进给量。主轴箱可以沿前立柱导轨上下移动，以适应不同高度工件的加工要求。

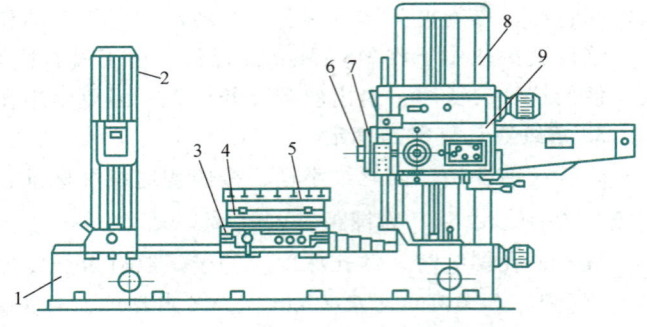

图 8-18 T619 型卧式铣镗床外形

1—床身 2—后立柱 3—下滑座 4—上滑座 5—上工作台
6—主轴 7—平旋盘 8—前立柱 9—主轴箱

工作台由下滑座 3、上滑座 4 和上工作台 5 三层组成，工件安装在工作台上，并可绕垂直轴线在静压导轨上回转（转位）以及随下滑座 3 沿床身导轨做纵向移动（或纵向进给运动），随上滑座 4 沿下滑座 3 上的导轨做横向移动（或横向进给运动）。后立柱 2 的垂直导轨上装有一个沿导轨上下移动的支架，以便采用长镗杆进行孔加工时作为镗杆的支承，增加镗杆的刚度。另外，后立柱还可以沿床身导轨做纵向移动，以支承不同长度的长镗杆。

2. 坐标镗床

坐标镗床是一种高精度机床，主要用于单件、小批生产的工具车间对夹具体的精密孔、孔系和模具的加工，也可用于生产车间成批地对各类箱体、缸体和机体的精密孔系加工。这种机床之所以具有高精度的特点，是由于机床零部件制造和装配精度很高，并且有良好的刚性和抗振性，还具有工作台、主轴箱等运动部件的精密坐标测量装置，能实现工件和刀具的精密定位。因此，坐标镗床可以保证加工孔本身很高的尺寸和形状精度，并可以在不使用任何夹具引导刀具的条件下，保证孔距及到某一基面之间的距离精度。

3. 金刚镗床

金刚镗床是一种高速镗床，因曾采用金刚石镗刀而得名。这种镗床有很小的进给量和高的切削速度。它有以下特点：

1) 加工孔径的尺寸公差等级可达 IT8~IT6，表面粗糙度 Ra 值为 1.25~0.16μm，孔的圆度误差为 0.005~0.002mm，是一种加工精密孔的精加工机床。

2) 主轴短而粗，加工不通孔时，可镗到不通孔底 0.1mm 的位置；在一次装夹中不能加工距离较远的同轴孔。

3) 加工效率高，特别适于加工铝、铜、巴氏合金等非铁金属材料及其合金。

4) 由于在这种机床上加工需要用夹具安装工件，因此较适用于成批及大量生产，如加工连杆、轴瓦、活塞、液压泵壳体等零件上的孔。

二、镗床的运动

T619 型卧式铣镗床的运动有：

（1）主运动　包括镗床主轴的旋转和平旋盘的旋转两个主体运动。

（2）进给运动　包括镗床主轴的轴向进给、平旋盘径向刀具溜板的进给、主轴箱的垂直进给、工作台的纵向和横向进给、工作台圆周进给六个进给运动。

（3）辅助运动　包括主轴箱的快速垂直调整移动、工作台的纵向和横向快速调整移动等，由 2.2kW、1430r/min 的快速电动机驱动。此外，后立柱沿床身水平移动及其上的后支架沿立柱导轨的垂直移动均采用手动。

三、镗削加工的基本方法

（一）工件的装夹方法

1. 单件、小批生产的工件

单件、小批生产箱体类工件时，若孔的轴线与已加工底平面平行，则应以该底平面为基准直接装夹在工作台上，用找正法找正工件与刀具间的正确位置，用压板、螺栓固定。若孔的轴线与已加工底平面垂直，则可在工作台上加用角铁形支架来装夹。

2. 成批生产的工件

对成批生产要设计专用夹具，对孔系加工可用镗模装夹工件，以保证孔系的位置精度及提高生产率。

（二）镗刀

镗刀主要用于镗床对孔系的加工，根据其结构不同，可分为单刃镗刀、双刃镗刀、浮动镗刀。

1. 单刃镗刀

单刃镗刀，通常是把焊有硬质合金刀片或高速工具钢整体式镗刀头用螺钉紧固在镗杆上，加固方式有多种形式，如图 8-19 所示。

刀头伸出长度决定了所镗孔径的尺寸精度，因此对操作人员的技术水平要求较高。这种镗刀粗、精加工都能适用，但生产率较低，所能达到的精度也不高，尺寸公差等级一般只能达到 IT10~IT8。

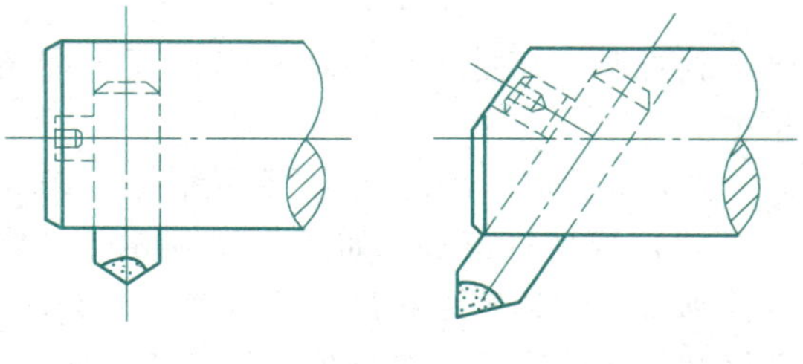

2. 双刃镗刀

双刃镗刀多做成片状镗刀块的形式，而镗刀块在镗杆上的夹固可采用楔块、销、螺钉、螺母等夹紧方法，如图 8-20 所示。

这种镗刀的尺寸不需要调整，镗孔的尺寸精度主要取决于镗刀块的制造精度。双刃镗刀适于孔的

图 8-19　单刃镗刀的夹持方式

a) 镗通孔　b) 镗不通孔

半精加工。

3. 浮动镗刀

镗孔时，浮动镗刀不需要固定在镗杆上，而是以间隙配合状态浮动地处于镗杆的矩形孔中。它通过作用在两个切削刃上的切削力来自动调整其切削位置，因此可以抵消由于镗刀块安装误差或镗刀杆偏摆所引起的不良影响。

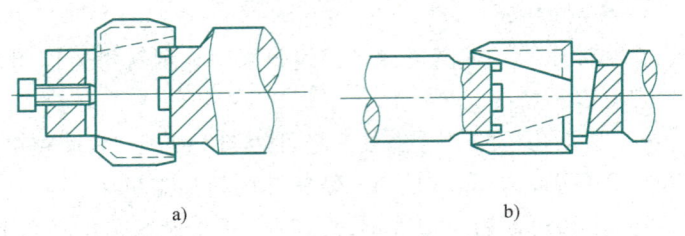

图 8-20　双刃镗刀的夹固方式
a) 螺钉夹紧　b) 楔块夹紧

浮动镗刀适用于孔的精加工，尺寸公差等级可达 IT7～IT5，表面粗糙度 Ra 值为 1.6～$0.4\mu m$。

浮动镗刀通常都做成可调节式的，切削部分用硬质合金刀片焊接而成。因此，浮动镗刀的使用寿命比铰刀要高得多，生产率也较高。浮动镗刀如图 8-21 所示。

（三）镗床主轴定位方法

镗床主轴的定位方法，就是使镗床主轴的旋转中心线与工件上所加工孔的中心线相重合的方法。主轴定位得正确与否，对工件上孔的位置精度相当重要。为了保证孔与孔中心线之间及孔的中心线与平面之间的距离精度，常采用找正法、坐标法以及镗模法。

1. 找正法

根据找正手段不同，找正法分为划线找正法、心轴量块找正法及样板找正法。

（1）划线找正法　加工前在毛坯上按图样要求划出各孔的位置及加工线，加工时按划线——找正后进行加工。这种方法所能达到的孔距精度不高，一般为 ±0.5mm 左右。

（2）心轴量块找正法　如图 8-22 所示，将精密心轴分别插入机床主轴孔和已加工的孔内，然后用一定尺寸的量块组合来找正主轴的正确位置。

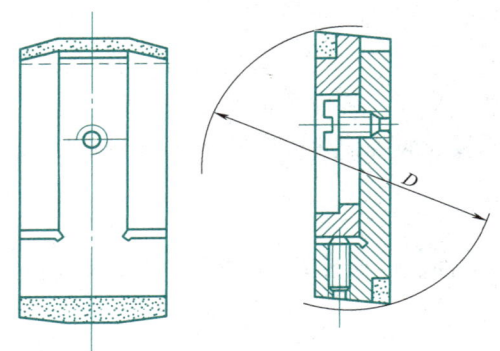

图 8-21　浮动镗刀

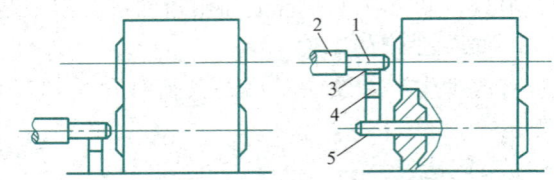

图 8-22　心轴量块找正法
1、5—心轴　2—主轴　3—塞尺　4—量块

找正时，在量块与心轴之间用塞尺测定间隙，以免量块与心轴直接接触而产生变形，从而影响精度。

这种方法可以达到较高的孔距精度（±0.3mm），但是生产率较低，只适于单件、小批生产。

（3）样板找正法　如图 8-23 所示，预先将工件的孔系复制在钢板制成的样板上。样板上的孔距精度要高于工件的孔距精度，一般为 ±(0.01～0.03)mm。孔径的尺寸精度要求不高，但要有较高的形状精度和较小的表面粗糙度值，以便于找正。

找正时，将样板 2 装于箱体端面上（或固定于机床工作台上），再用装于机床主轴上的百分表找正器 1，按样板上的孔逐个找正机床主轴的位置进行加工。

这种方法找正迅速，工艺装备简单，孔距精度可达 ±0.05mm，常用于大型箱体的孔系加工。

2. 坐标法

坐标法镗孔是将孔系间的孔距尺寸换算成两个互相垂直的坐标尺寸，然后按此坐标尺寸精确地调整机床主轴和工件在水平与垂直方向的相对位置，通过控制机床的坐标位移尺寸和公差来间接保证孔距尺寸精度。

普通镗床的坐标位移精度不高，一般为±0.1mm。为了能在普通镗床上获得精度较高的坐标位移尺寸，可以采用量块、量棒、百分表等精密测量装置找正坐标尺寸的方法，如图8-24所示。这种方法不需要专用的工艺装备就可获得较高的孔距精度，一般可达±0.04mm。但这种方法操作难度较大，生产率低，因而适于单件、小批生产。

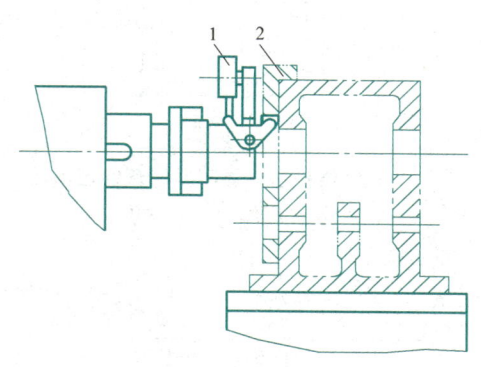

图 8-23 样板找正法
1—百分表找正器 2—样板

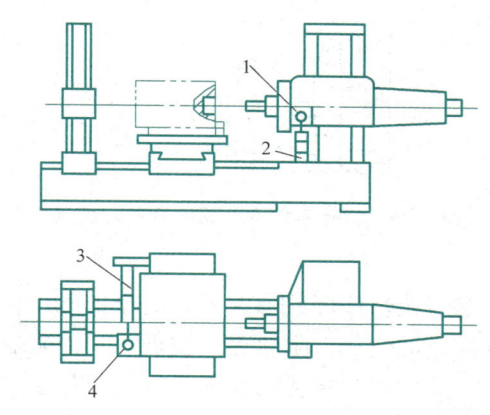

图 8-24 坐标法
1、4—百分表 2、3—量棒

3. 镗模法

用镗模加工孔系如图8-25所示。工件装夹在镗模里，镗杆支承在镗模的导套里，镗杆与机床主轴采用浮动连接，机床误差对孔系加工精度影响很小，孔距精度主要取决于镗模。因此，可以在精度较低的机床上加工出精度较高的孔系。此外，镗杆刚性较大，工件定位夹紧迅速，不需要找正，生产率高。

镗模法不仅在中批以上生产中应用，而且在小批生产中，对于一些结构复杂、加工量大的箱体孔系，也多有采用。

用镗模加工孔系时，除了能达到较高的孔距精度，还可以获得较高的位置精度。孔径尺寸公差等级达IT7，表面粗糙度 Ra 值为 $1.6\sim0.8\mu m$，孔距精度为±0.05mm。

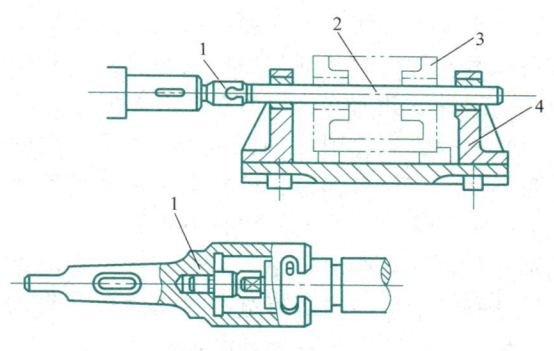

图 8-25 用镗模加工孔系
1—浮动接头 2—镗杆 3—工件 4—镗模

（四）镗削方法

在卧式铣镗床上进行各种箱体件的孔加工时，所采用的方法有两种：悬臂镗削法和双支承镗削法。

1. 悬臂镗削法

悬臂镗削法，就是镗杆不用后立柱支承的镗削方法。

常见悬臂镗削法如图8-26所示。加工一组同轴孔（图中是两个孔）时，主轴和镗杆的悬伸量不变，工作台进给。这种加工方式的镗杆悬伸量较长，刚性不足。这种方法适合镗同一轴线上间距较近的孔。孔的长度与直径之比较小时，可得到同轴度高的同轴孔系。

悬臂镗削法的另一种方式如图8-27所示。其镗杆悬伸量不同，镗前孔用短镗杆，镗后孔用长镗杆，并且在先加工过的孔内安装镗杆的导向套筒来增强刚性，减少振动。这种加工方式可用来加工同轴度要求较高、孔距较大的孔系。

悬臂镗削法的特点：用悬臂镗削法镗孔时，可使用各类端镗刀具及各种精度的量具；在加工过程中观察、操作、装卸镗杆、调整刀具以及使用量具皆较方便，因此节约了辅助时间；若主轴和镗杆的悬伸量较小，可以使用较高的切削速度和大的进给量，从而显著地缩短机动时间。

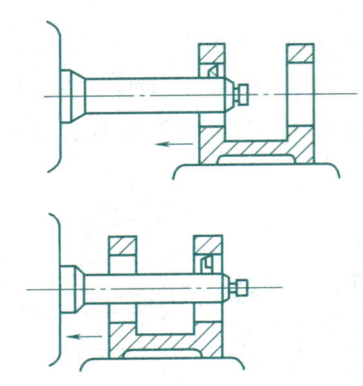

图 8-26 镗杆悬伸量不变的悬臂镗削法

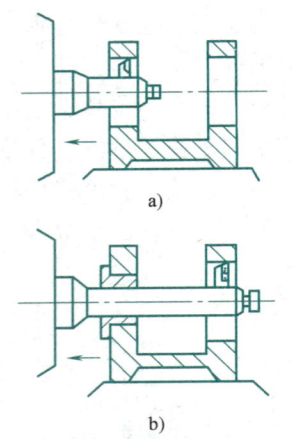

图 8-27 镗杆悬伸量不同的悬臂镗削法
a) 镗前孔　b) 镗后孔

悬臂镗削法可以加工各种类型的孔，但随着主轴及镗杆悬伸量的增加，刚性逐渐减弱，从而限制了切削用量的增大，并使切削速度明显下降，也增加了产生振动的可能性，因而降低了加工精度，故此法适用于镗短孔和孔距较小的孔系加工。

2. 双支承镗削法

当同一中心线上的孔相距较远，用悬臂镗削法不能保证各孔的同轴度时，则把镗杆支承在后立柱的导套上进行镗孔，这种镗孔的方法称为双支承镗削法。

常见双支承镗削法如图 8-28a 所示，主轴和镗杆的悬伸量不变，工作台进给，镗杆支承之间的距离比工件同一中心线上两孔（或多孔）之间的距离大得多。但是与悬臂镗削法相比，其挠度较小，刚性较大，切削过程中可以提高转速和进给量，因而可减少进给次数，提高生产率。此法可用来加工孔间距较大且同轴度要求高的孔系。

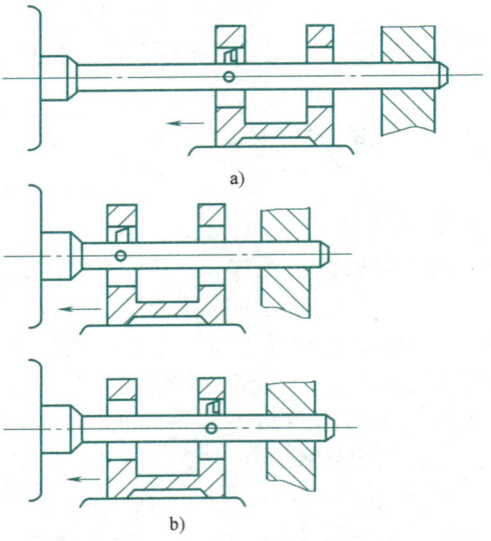

图 8-28 用双支承镗杆镗孔的两种方式
a) 方式 I　b) 方式 II

双支承镗削法的另一种方式如图 8-28b 所示，主轴和镗杆的悬伸量不变，工作台进给，镗杆上安装刀头的位置与孔相对应（图中有两位置），这就大大地缩短了镗杆长度，增加了镗杆的刚性。但工作时，镗杆各处挠度有所不同，因此加工出的同轴孔的公共中心线可能是弯曲的。

双支承镗削法的特点：双支承镗孔可以使工艺系统的刚性增大，可以提高切削用量，生产率高；如果调整得好，镗杆制造精度高，镗杆与导套配合得好，则可以保证同轴孔的公共中心线有较高的直线度；双支承镗削法可以镗削大直径的孔和孔距较大、同轴度要求较高的孔系。

双支承镗削法的缺点：装卸、调整、主轴定位等辅助时间较长，不宜采用端镗工具，如钻头、铰刀、多刀端镗头等，调整刀具困难；测量时不能用通用量具，如内径千分尺、内径百分表、塞规等，一般只能用内卡钳，测量精度不高也不稳定；在加工过程中操作、观察皆不方便。

第三节　齿轮加工

齿轮是机器中重要的传动零件，它的齿形轮廓大多为渐开线。渐开线齿轮的齿形切削方法很多，但就其加工原理不同可分为仿形法和展成法两种。

第八章 其他加工方法

仿形法是采用切削刃形状与被切齿轮齿槽形状完全相符的成形刀具，直接切削出齿轮齿形的方法。常见的仿形法加工齿轮的实例，是在卧式铣床上用模数盘铣刀或在立式铣床上用模数指状铣刀加工齿轮。

展成法是利用齿轮啮合原理进行齿形加工的方法。它是以保持刀具和齿坯之间按渐开线齿轮啮合的运动关系来实现齿形加工的。应用展成法加工齿轮的方法很多，最常见的是滚齿和插齿两种方法。下面就介绍这两种方法。

一、滚齿加工

（一）滚齿加工的原理

滚齿加工是模拟一对螺旋齿轮的啮合过程，其中滚刀可以看成是一个齿数很少（1～3齿）但齿很长，能绕滚刀分度圆柱很多圈的螺旋齿轮，这样就很像一个螺纹升角很小的蜗杆。为了形成切削刃，在蜗杆上沿轴线开出容屑槽，以形成前面及前角；经铲齿和铲磨，以形成后面与后角；再经热处理，便成为滚刀。滚刀相当于小齿轮，工件相当于大齿轮。滚齿时，被切齿轮与滚刀按一定传动比运动，如图8-29a所示。被切齿轮的齿形就是由滚刀刀齿在展成运动中的多个相对位置包络而成的，如图8-29b所示。

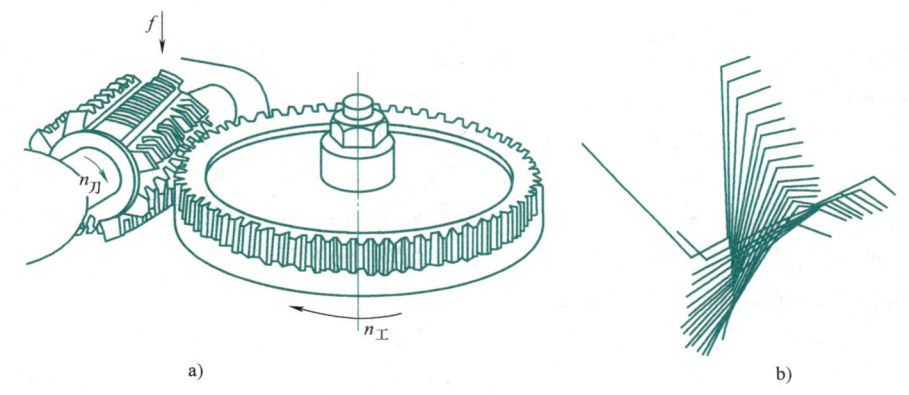

图8-29 滚齿加工原理
a）滚齿加工运动 b）展成法形成齿形

（二）滚齿机的组成与运动

1. 滚齿机的组成

Y3150E型滚齿机用于加工直齿和螺旋齿圆柱齿轮，并可用于手动径向进给加工蜗轮。机床的主要技术参数为：加工齿轮最大直径500mm，最大宽度250mm，最大模数8mm，最小齿数5K（K为滚刀头数），允许安装的最大滚刀直径160mm，最大长度160mm。

如图8-30所示，机床由床身1、立柱2、刀具滑板3、滚刀架5、后立柱8和工作台9等主要部件组成。立柱2固定在床身上，刀具滑板3带动滚刀架可沿立柱导轨做垂直进给运动和快速移动；装夹滚刀的滚刀杆4装在滚刀架5的主轴上，滚刀架连同滚刀一起可沿刀具滑板的圆形导轨在240°范围内调整装夹角度。工件装夹在工作台9的心轴上或直接装夹在工作台上，随同工作台一起做旋转运动。工作台和后立柱装在同一滑板上，并沿床身的水平导轨做水平调整移动，以调整工件的径向位置或做手

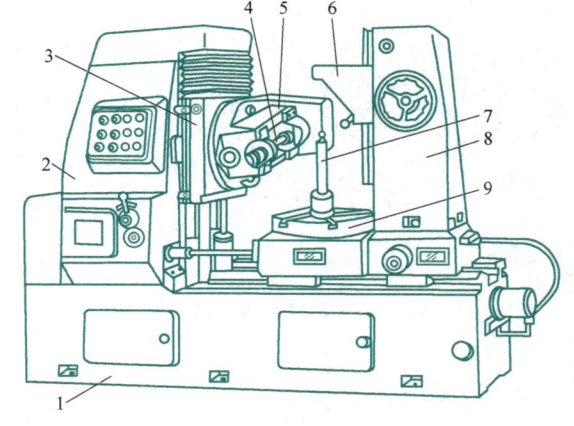

图8-30 Y3150E型滚齿机外形图
1—床身 2—立柱 3—刀具滑板 4—滚刀杆 5—滚刀架
6—后支架 7—工件心轴 8—后立柱 9—工作台

动径向进给运动。后立柱上的后支架 6 可通过轴套或顶尖支承工件心轴的上端，以增加滚切工作的平稳性。

2. 机床的运动

滚切直齿圆柱齿轮时，滚齿机要完成以下几种运动。

（1）主运动　滚刀的旋转运动为主运动，根据合理的切削速度和滚刀直径，即可以决定其转速大小，单位为 r/min。

（2）展成运动（分齿运动）　展成运动即工件相对于滚刀所做的啮合对滚运动。滚刀与工件之间必须准确地保持一对啮合齿轮的传动比关系。设滚刀头数为 K，工件齿数为 z，则每当滚刀转一转时，工件应转 K/z 转。

（3）垂直进给运动　垂直进给运动即滚刀沿工件轴线方向做连续的进给运动，以形成直线的运动轨迹，从而在工件上切出整个齿宽的齿形。

滚螺旋齿圆柱齿轮时，除加工直齿圆柱齿轮所需的三个运动外，为了形成螺旋线的运动轨迹，必须给工件一个附加运动。这个附加运动就像卧式车床切削螺纹一样，当刀具沿工件轴线进给等于螺旋线的一个导程时，工件应转一转。

（三）滚刀及其装夹调整

1. 滚刀

齿轮滚刀如图 8-31 所示。如前所述，齿轮滚刀的外形就是基本蜗杆，基本蜗杆采用阿基米德蜗杆。滚刀切削刃必须在该蜗杆的螺纹表面上。

滚刀的法向模数、压力角应与被切齿轮的法向模数、压力角相等。

按国家标准规定，齿轮滚刀的精度分为四级：AA、A、B、C。一般情况下，AA 级齿轮滚刀可加工 6~7 级齿轮，A 级可加工 7~8 级齿轮，B 级可加工 8~9 级齿轮，C 级可加工 9~10 级齿轮。在用齿轮滚刀加工齿轮时，应按齿轮要求的精度等级，选用相应精度等级的齿轮滚刀。

2. 滚刀旋转方向和展成运动方向的确定

无论是左旋滚刀还是右旋滚刀，滚刀旋转方向一般都是：当操作者面对滚刀时，滚刀应"从上到下"（即"从里向外"）旋转，而展成运动的旋转方向取决于滚刀的螺旋方向。当用右旋滚刀加工时，展成运动为逆时针方向旋转；用左旋滚刀加工时，为顺时针方向转动，如图 8-32 所示。

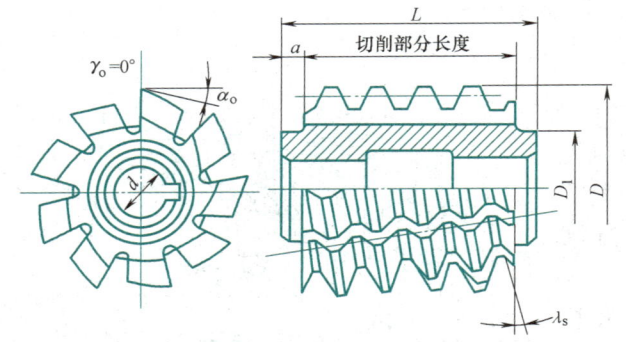

图 8-31　齿轮滚刀简图

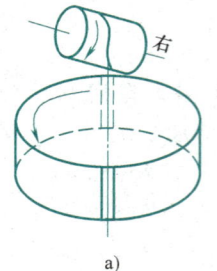

图 8-32　滚齿机加工直齿圆柱齿轮
a) 右旋滚刀　b) 左旋滚刀

在加工螺旋齿圆柱齿轮时，展成运动的旋转方向与以上相同；而附加运动的旋转方向则取决于工件的螺旋方向，与滚刀螺旋方向无关。加工右旋齿轮时，附加运动为逆时针方向转动；加工左旋齿轮时为顺时针方向转动，如图 8-33 中虚线箭头所示。

3. 确定滚刀架扳动角度的方向和大小

在滚切齿轮时，为保证滚刀和工件处于正确的啮合位置，切出合格的齿轮，应使滚刀切削齿的运动方向与被加工齿轮的齿向一致。因此：

1）当加工直齿圆柱齿轮时，应使滚刀轴线与工件的定位平面成 δ 角。δ 角的大小等于滚刀的螺纹

升角 φ，扳动角度的方向取决于滚刀的螺旋线方向。当用右旋滚刀时，沿顺时针方向扳动滚刀架，如图 8-34a 所示；用左旋滚刀时，则沿逆时针方向扳动滚刀架，如图 8-34b 所示。

2）当加工螺旋齿圆柱齿轮时，由于螺旋齿轮有一螺旋角 β，因此 δ 角与滚刀的螺纹升角 φ 和工件的螺旋角有关，且与两者的螺旋线方向有关。当滚刀与工件的螺旋线方向相同时，滚刀架应扳动 δ=β-φ，如图 8-34c、e 所示；当两者的螺旋线方向相反时，δ=β+φ，如图 8-34d、f 所示。

滚刀架扳动角度的方向取决于工件的螺旋线方向。当加工右旋齿轮时，沿逆时针方向扳动滚刀架，如图 8-34c、f 所示；加工左旋齿轮时，沿顺时针方向扳动滚刀架，如图 8-34d、e 所示。

3）当加工蜗轮时，由于蜗轮专用滚刀的螺纹升角等于被加工蜗轮的螺旋角，且螺旋线方向相同，所以不需要扳动滚刀架的角度。

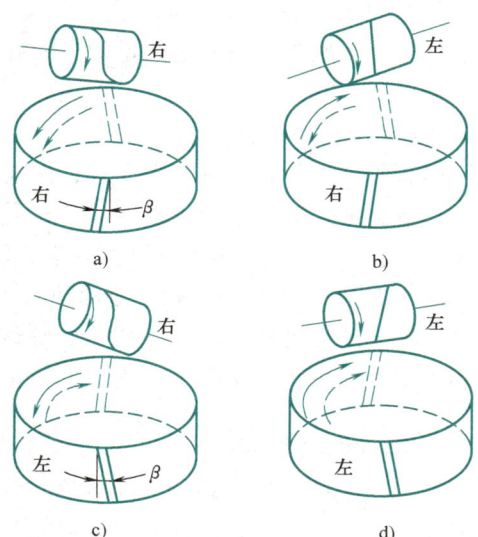

图 8-33　滚齿机加工螺旋齿圆柱齿轮

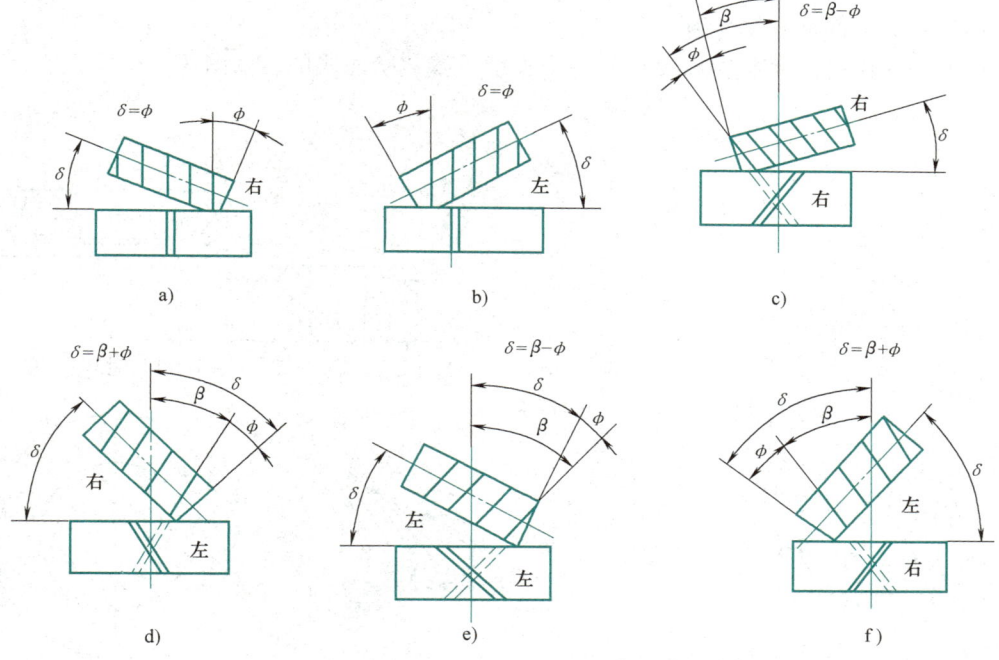

图 8-34　滚刀架扳动角度的大小及方向

4. 滚刀的装夹和滚刀轴向位置的调整

滚刀装夹在滚齿机床心轴上后，要用百分表检查滚刀两端轴台的径向圆跳动量，使其不超过允许值。

调整滚刀的轴向位置，一般有两个目的：

（1）滚刀对中　为了使加工出来的轮齿获得对称的渐开线齿形，需使滚刀的某一齿或某一刀槽的对称中心线正确地对准被切齿轮的中心，称为对中。对精度要求不高的 8 级以下齿轮或滚齿后需要进行齿面精加工的齿轮，可采用试切法进行对中。此时，在齿坯外圆上试切出一圈很浅的刀痕，然后观察这些刀痕的深浅是否一样。如果刀痕深浅不同，则需调整滚刀主轴的轴向位置。对精度要求较高的齿轮，可用对刀架对中。

(2) 窜刀　滚刀在切齿过程中，由于各刀齿的负荷不均匀，使各齿的磨损也不均匀。为了充分利用滚刀，应在滚刀切削一定数量的齿轮后，调整滚刀的轴向位置，称为窜刀。适时地窜刀可以延长滚刀寿命。

（四）工件的装夹

切齿时，工件有两种装夹方式：内孔定心端面支承和外圆定心端面支承。对于前一种方式，工件装夹迅速方便，适用于成批以上生产；后一种方式装夹工件时，按外圆找正不需要专用心轴（与心轴大间隙配合），但要求齿坯外圆的径向圆跳动量要小，适用于单件、小批生产。

图 8-35 所示为一按内孔定心的滚齿夹具。铸铁底座 5 上装有钢衬套 4，心轴 2 可随工件孔径不同而进行更换。夹具使用前应先调整，使其心轴的轴线与机床工作台回转中心重合。这种夹具的加工精度和刚度均比较高，生产中应用比较普遍。

二、插齿加工

（一）插齿加工原理

插齿机是按展成法原理加工齿轮的，如图 8-36a 所示。以一对相互啮合的直齿圆柱齿轮传动为基础，将其中一个齿轮的端面上磨出前角，齿顶和齿侧磨出后角，使之成为一个有切削刃的插齿刀。插齿时，插齿刀沿工件轴向做直线往复运动，则切削刃在空间形成一扇形齿轮，这个扇形齿轮与工件做无间隙啮合运动（展成运动）。插齿刀每往复一次，在轮坯上切出齿槽的一小部分，配合展成运动，便可依次切出齿轮的全部渐开线齿廓。

齿轮的齿形是由插齿刀齿形（即刃口）多个连续位置包络而成的，如图 8-36b 所示。

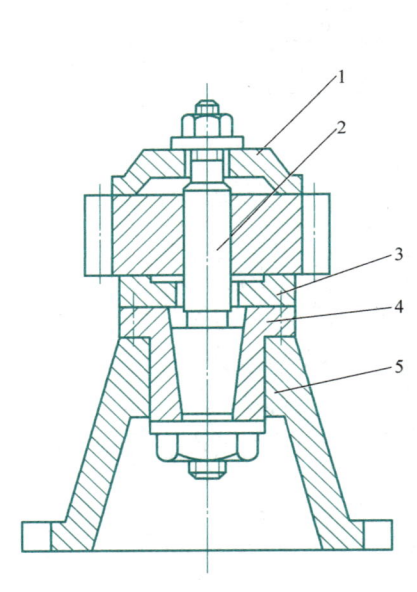

图 8-35　滚齿夹具
1—压盖　2—心轴　3—垫圈　4—衬套　5—底座

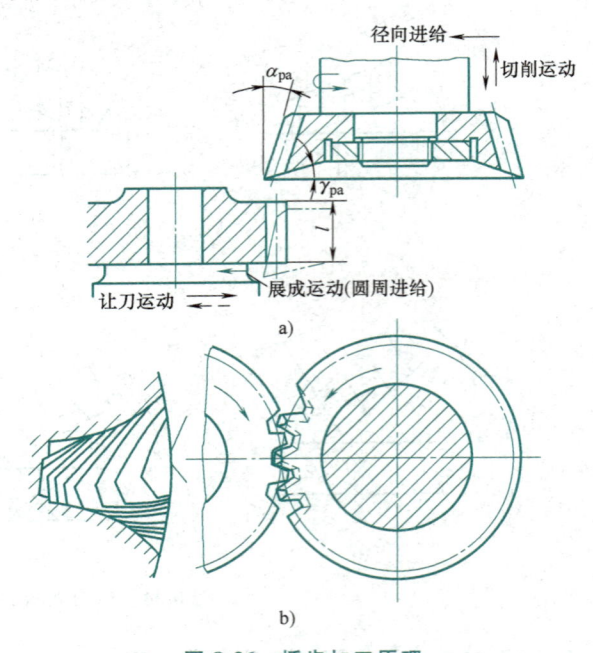

图 8-36　插齿加工原理

（二）插齿机的组成与运动

1. Y5132 型插齿机主要组成部件

Y5132 型插齿机多用于加工直齿圆柱齿轮，尤其适用于加工内齿轮和多联齿轮。机床的主要技术参数为加工齿轮的最大直径 320mm。

如图 8-37 所示，Y5132 型插齿机由床身 1、立柱 2、刀架座 3、插齿刀主轴 4、工作台 5、工作台溜板 7 等组成。插齿刀安装于刀架座的主轴上，做直线往复运动和圆周进给运动，调整挡块支架 6 的径向进给挡块并配合液压传动装置，可进行一次、二次、三次径向送进运动的自动控制。

2. 插齿机运动

加工直齿圆柱齿轮时，插齿机运动如下：

（1）主运动　插齿刀上下往复运动为主运动，以每分钟往复次数 n 表示。

（2）圆周进给运动　圆周进给运动是插齿刀绕自身轴线的旋转运动，其旋转速度的快慢直接关系到插齿刀的切削负荷、被加工齿轮的表面质量、机床生产率和插齿刀的使用寿命。圆周进给量以插齿刀每往复行程一次，插齿刀转过的分度圆弧长来表示的，单位为 mm/往复一次。

（3）展成运动　展成运动即工件与插齿刀所做的啮合旋转运动。当插齿刀转一个齿（即 $r/z_{刀}$）时，工件应严格地也转一个齿（即 $r/z_{工}$），以保证一对齿轮啮合的运动关系。

（4）径向进给运动　径向进给运动就是工件逐渐地向插齿刀做径向送进，直至插齿刀切至齿全深后，工件再回转一整转，便加工出全部完整的齿形。径向进给量是以插齿刀每次往复行程中工件径向进给的距离来表示的，其单位为 mm/往复一次。

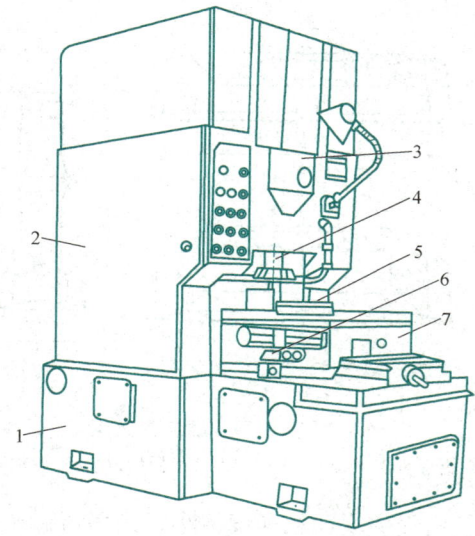

图 8-37　Y5132 型插齿机外形图

1—床身　2—立柱　3—刀架座　4—主轴
5—工作台　6—挡块支架　7—工作台溜板

（5）让刀运动　插齿时，插齿刀向下直线运动进行切削，为加工行程；向上直线运动不进行切削，为空行程。为了避免插齿刀在回程时擦伤工件已加工表面，减少刀具磨损，刀具和工件之间应让开一小段距离（一般为 0.5mm 的间隙）；而在插齿刀加工行程之前，又迅速恢复到原位，以使刀具继续切削工件。这种让开和恢复原位的运动称为让刀运动。Y5132 型插齿机的让刀运动由刀具主轴座的摆动来实现。

（三）插齿刀及其选用

1. 插齿刀

插齿刀的每一个刀齿由一个顶刃和两个侧刃组成。顶刃的前、后角是在切深剖面（p_r）度量的，分别用 γ_{pa}、α_{pa} 表示，如图 8-38 所示。

为了形成插齿刀的顶刃后角 α_{pa}，应使插齿刀的外圆柱沿轴线逐渐向中心缩小而呈圆锥形。插齿刀就是一个变位系数连续变化的变位齿轮，它可以与不同变位系数的齿轮正确啮合，因而无论新、旧插齿刀，均可加工出与其模数相同的标准和变位齿轮。

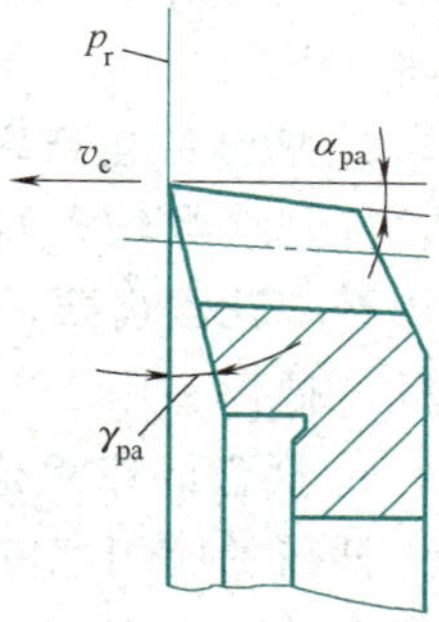

2. 标准插齿刀的选用

图 8-38　插齿刀的角度

直齿插齿刀有三种类型，如图 8-39 所示，盘形直齿插齿刀应用最为普遍。碗形直齿插齿刀的刀体凹孔较深，能容纳夹紧用螺母，适合加工多联或带凸肩的齿轮，以防螺母碰工件端面。锥柄直齿插齿刀适合加工内齿轮。

插齿刀精度等级可分为 AA、A、B 级，分别适合加工 6、7、8 级齿轮。

插齿刀用钝后应当重磨前面，如图 8-40 所示。刃磨时，插齿刀和砂轮都要旋转，并且砂轮还要沿轴线做往复运动。砂轮半径 r_s 应小于插齿刀前面在 A—A 剖面的曲率半径 ρ_t，这样才能保证磨出正确的前面。

（四）插齿的工艺特点

插齿同滚齿相比，在加工质量、生产率和应用范围方面均有其特点。

1. 插齿的加工质量

经过插齿的齿轮，其齿形误差较小，齿面的表面粗糙度值小，但公法线长度变动较大。

齿形误差较小，是因为插齿所用插齿刀的齿形在设计上没有近似造形误差，在制造上可通过高精度磨齿机获得精确的渐开线齿形。

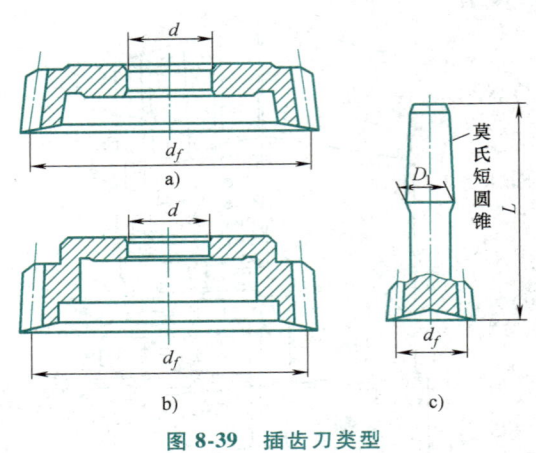

图 8-39　插齿刀类型
a）盘形直齿插齿刀　b）碗形直齿插齿刀　c）锥柄直齿插齿刀

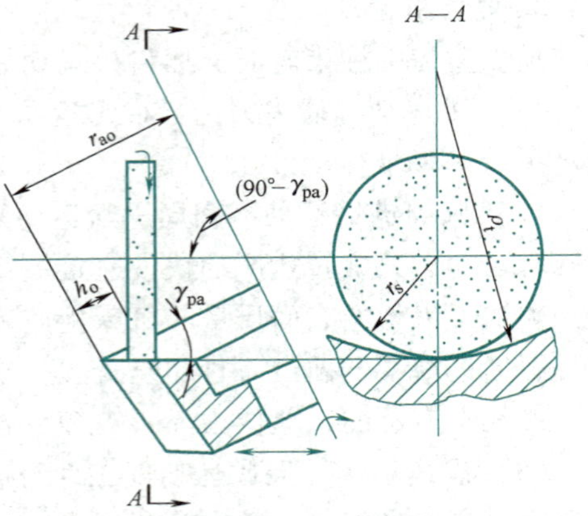

图 8-40　插齿刀的刃磨

齿面的表面粗糙度值小，是因为插齿过程中包络齿面的切削刃数较滚齿多得多。由插齿原理可知，包络齿面的切削刃数取决于展成运动的快慢，而展成运动的快慢由插齿时的圆周进给量决定。插齿的圆周进给量通常较小，而且可以调节，故齿面的表面粗糙度值较小。

公法线长度变动较大，是因为插齿时引起齿轮切向误差的因素较滚齿多。除了机床工作台分度蜗轮的制造和安装误差，插齿刀本身制造时的齿距累积误差、插齿刀的安装误差及插齿机上带动刀具旋转的蜗轮的齿距累积误差，使插齿刀旋转时又出现较大的转角误差。当插齿刀与齿坯对滚时，上述所有误差使齿轮沿切向产生更大的齿距累积误差，因而使公法线长度变动较大。为减小此项误差，除了要正确选择插齿刀的精度等级外，装夹插齿刀后还应认真检查其径向圆跳动和轴向圆跳动，并注意带动刀具旋转的蜗杆副的精度状况。插齿实践表明，蜗杆副的精度往往是公法线长度变动的主要影响因素。

2. 插齿的生产率

插削模数较大的齿轮时，由于插齿刀的刚性较差，切削用量比较小，切削过程又有空程时间损失，故生产率比滚齿要低。但对于插削模数较小的齿轮，特别是宽度较小的齿轮，其生产率并不低于滚齿。因此，插齿多用于中、小模数齿轮的加工。

3. 插齿的应用范围

插齿的应用范围很广，它除了能加工一般的外啮合直齿轮外，特别适宜加工齿圈轴向距离较小的多联齿轮、内齿轮、齿条和扇形齿轮等。对于外啮合的斜齿轮，虽然通过靠模可以加工，但远不及滚齿方便，且插齿不能加工蜗轮。

知识与技能拓展

复习思考题

8-1　钻床有哪些类型？各有何特点？
8-2　在钻床上可以进行哪些加工？它可能达到的精度和表面质量怎样？
8-3　麻花钻头各部分的名称和作用分别是什么？
8-4　为什么钻头在快要钻通工件时要减小进给量或变机动进给为手动进给？
8-5　为什么用扩孔钻扩孔比用麻花钻扩孔精度高？
8-6　钻孔、扩孔、铰孔的特点及应用范围是什么？
8-7　铰孔前为什么常安排扩孔或镗孔？铰孔后孔的精度为什么比较高？
8-8　铰孔时常见的质量问题有哪些？原因何在？
8-9　镗削加工有何特点？镗床可以完成哪些工作？
8-10　镗床有哪些类型？各有什么特点？

8-11 镗床的进给运动可由哪些部件完成？
8-12 常用的镗刀有哪几种？各有什么特点？
8-13 镗床主轴定位方法有哪几种？各有何特点？
8-14 镗床主轴应用找正法定位有哪几种方法？
8-15 何谓悬臂镗削法？悬臂镗削法有何特点？
8-16 何谓双支承镗削法？双支承镗削法有何特点？
8-17 圆柱齿轮的齿形加工有哪几种方法？各有什么特点？
8-18 试述滚齿加工原理。写出用齿轮滚刀滚切直齿圆柱齿轮时应具有的运动。
8-19 齿轮滚刀结构有什么特点？如何选择齿轮滚刀？
8-20 装夹滚刀时为什么要倾斜一个角度？其装夹角大小取决于什么？
8-21 滚刀轴向位置的调整有哪几种方法？
8-22 试述插齿加工原理。写出插削直齿圆柱齿轮时插齿机应具有的运动。
8-23 插齿刀结构有何特点？如何选用插齿刀？
8-24 试述插齿同滚齿相比有何工艺特点。

使用习题册完成配套课后习题。

第九章 零件机械加工工艺

> **学习目标**
> 1. 了解制订零件机械加工工艺的基本知识。
> 2. 掌握制订零件机械加工工艺的基本方法。

> **重点与难点**
> 零件机械加工工艺要求分析和加工工艺方案编制方法。

> **素养目标**
> 增强系统观念，培养具有系统思维的大国工匠。

前面各章对车、铣、刨、磨、镗和齿轮加工等加工方法做了较全面的介绍，本章将进一步学习如何制订零件的机械加工工艺，主要介绍制订零件机械加工工艺的基本知识，以及轴、套、支架三类零件的机械加工工艺实例。

第一节 制订机械加工工艺的基本知识

一、机械加工工艺过程

用机械加工方法按一定顺序逐步改变毛坯或原材料的形状、尺寸，使之成为合格零件的全部过程，称为机械加工工艺过程。在机械加工工艺过程中，有时尚需穿插热处理过程以改变材料性能。

二、机械加工工艺过程的组成

1. 工序和工步

在工艺过程中，一个或一组工人在一台机床上或一个工作场地内，对一个（或同时几个）工件进行连续加工所完成的那一部分工作，称为工序。图9-1所示的齿轮，在单件生产中可按表9-1的顺序加工，这时分为5道工序。在大批、大量生产中，为了提高生产率，可按表9-2的顺序加工，这时分为8道工序。由此可见，在工作地点连续完成那一部分工艺过程之后，再依次加工下一个工件，则该部分工艺过程称为一道工序。

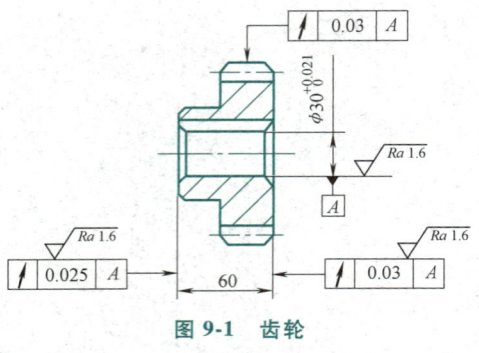

图9-1 齿轮

单件、小批生产通常采用工序集中的原则，采用通用机床、通用夹具和量具，使每道工序中包括尽可能多的内容，从而减少了工序总数，但它要求工人技术熟练程度较高。大批、大量生产中，为了

表 9-1　单件、小批生产齿轮的工序

工序号	工序内容	工作地点
1	粗车大端面、大外圆，钻孔；调头粗车小端面、小外圆、台阶端面，精车小端面、小外圆、台阶端面、倒角；调头，精车大端面、大外圆，精车孔，倒角	车床
2	磨小端面	平面磨床
3	滚齿	滚齿机
4	插键槽	插床
5	检验	检验台

表 9-2　大批、大量生产齿轮的工序

工序号	工序内容	工作地点
1	粗车大端面、大外圆，钻孔，内倒角	车床 1
2	粗车小端面、小外圆、台阶端面，内倒角	车床 2
3	拉孔	拉床
4	精车小端面、小外圆、台阶端面，外倒角	车床 3
5	精车大端面、大外圆，外倒角	车床 4
6	拉键槽	拉床
7	滚齿	滚齿
8	检验	检验台

提高生产率，则采用工序分散原则，尽量减少每道工序的内容，以便采用流水线生产，使用各种高效率的专用机床和专用工具、夹具、量具。

由表 9-1 和表 9-2 可知，每道工序中加工若干个表面，所用刀具、切削用量均不同。因此，工序又分为若干工步，工步是指在加工表面、刀具和切削用量均不变的情况下，所完成的那一部分工序。例如：单件生产时，工序 1 共有 14 个工步；大量生产时，工序 1 共有 4 个工步。在工序内容中，按顺序写出各加工工步，就规定了一个工序的具体操作方法及顺序。工步是工艺过程最基本的单元。

2. 加工行程

加工过程中由于余量过大，需要用同一刀具在同一转速及进给量下，对同一表面进行多次切削，这每一次切削称为加工行程。例如，表 9-1 中第 1 工序粗车大外圆时，需用同一把刀具，在相同的转速和进给量下进行两次切削，这时称该工步有两次加工行程。

3. 装夹

装夹指在一道工序中，工件在一次定位装夹下所完成的工作。装夹指定位并夹紧的整个过程。

工艺过程由若干工序组成。每一工序有一次或多次安装，每次安装有一个或多个工步，每一个工步有一次或多次加工行程，所以机械加工工艺过程由上述内容构成。

第二节　零件机械加工工艺的制订

零件机械加工工艺就是零件加工的方法和步骤，是零件加工的依据。制订工艺的内容包括：排列加工工序，确定各工序所用的机床、装夹方法、加工方法、度量方法、工夹量具、加工余量、切削用量和时间定额等。将这些内容用一定形式的工艺文件表示出来就是机械加工工艺规程，即机械加工工艺卡片。

一、制订零件机械加工工艺的意义

合理制订零件的加工工艺规程，具有重要的技术经济意义。首先，工艺规程是指导生产的重要技术文件，只有严格按照工艺规程进行生产，才能稳定地保证产品质量，提高劳动生产率，降低成本。其次，车间的生产组织和管理工作、车间的改建和扩建，都是以零件的加工工艺规程为依据的。

任何人在生产中都不可随意改变工艺规程中所规定的工艺流程及加工方法。随着生产技术的发展，零件的机械加工工艺也需要不断改进及完善。如需要改变原有的生产方法，则必须经过工艺试验及验证，并通过一定的审批手续，修改工艺规程后，才可在生产中实施。

二、制订零件加工工艺的要求

对于不同的零件，由于其结构、尺寸大小、尺寸公差、几何公差和表面粗糙度值等的要求不同，加工工艺是不同的。对于同一种零件，由于批量及车间的机床设备和工艺装备等条件不同，加工工艺也是不同的，在一定的生产条件下，某一零件的加工工艺方案可能有几种，但往往只有一两种相对更为合理些。因此，制订零件加工工艺时，一定要从实际出发，择优制订。

合理的工艺方案必须满足下列要求：保证零件的全部技术要求，并使生产率最高、加工成本最低、加工过程安全可靠。

三、制订零件加工工艺的步骤

制订零件加工工艺的一般步骤如下。

（一）研究零件图样及其技术要求

制订零件机械加工工艺之前，必须认真看清零件图样，做到"了解全局，抓住关键"。对零件的结构、尺寸、尺寸公差、几何公差和表面粗糙度值、材料、热处理要求、数量等做全面的了解和分析，以便掌握加工中工艺技术的关键问题，作为确定加工方法和加工步骤的依据。

（二）选择毛坯的类型

常用的毛坯种类有铸件、锻件、焊接件、型材等，同类毛坯可用不同的制造方法生产。例如，铸件的制造方法有木模砂型浇注、金属模砂型浇注、金属型浇注、压力浇注、熔模浇注等；锻件的制造方法有自由锻、模锻、精密锻造等。

毛坯选择要根据零件材料、形状、尺寸大小、批量和工厂现有条件等因素综合考虑决定。现以图9-2所示几种零件常用毛坯的确定为例，简单做一介绍。

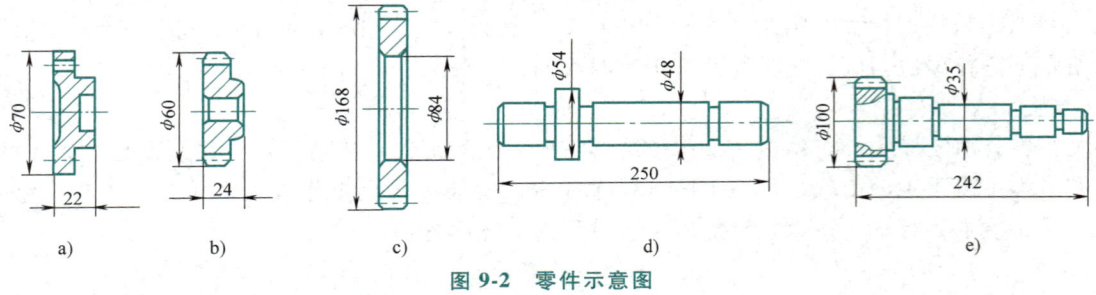

图9-2 零件示意图

图9-2a所示轴承盖的材料为铸铁，毛坯应选用铸件；图9-2b所示齿轮的材料为45钢，由于外圆直径不大，台阶外圆不长，故可选用热轧圆钢；图9-2c所示齿轮，由于其外圆和孔的直径都较大，可选用锻件，锻成圆环状坯件，这样既可节约材料，又可减少加工工时，锻造毛坯的力学性能也较好；图9-2d所示传动轴的直径较小，各段外圆直径相差不大，可选圆钢；图9-2e所示齿轮轴各段直径相差较大，为了减少加工工时和节约材料，应选用锻件，如果数量仅为一两件，而又缺乏锻造条件，也可选用圆钢。

（三）进行零件工艺分析

在拟定工艺过程之前，要认真进行工艺分析，重点处理好以下三个问题。

1. 确定主要表面的加工方法和步骤

主要表面的加工质量直接影响零件和产品的质量，因此，应根据零件的全部技术要求，认真选择加工方法和拟定加工步骤。

（1）外圆面加工方案的选择 外圆面主要包括外圆柱面和外圆锥面，其加工方法主要是车削和磨削。外圆表面常用加工方案见表9-3。

表9-3 外圆表面常用加工方案

加工方案	尺寸公差等级	表面粗糙度 Ra 值/μm	适用范围
粗车	IT14～IT12	50～12.5	除淬火钢外的各种金属零件和部分非金属零件
粗车—半精车	IT11～IT9	12.5～6.3	

(续)

加工方案	尺寸公差等级	表面粗糙度 Ra 值/μm	适用范围
粗车—半精车—精车	IT8～IT6	3.2～0.8	除淬火钢外的各种金属零件和部分非金属零件
粗车—半精车—精车—研磨	IT6～IT4	0.4～0.1	
粗车—半精车—磨削	IT7～IT6	0.8～0.4	可用于淬火和不淬火钢件、铸铁件，不宜加工韧性大的非铁金属件
粗车—半精车—粗磨—精磨	IT6～IT5	0.4～0.2	
粗车—半精车—粗磨—精磨—研磨（或高精度磨削）	IT5～IT3	0.1～0.008	

外圆加工方案的选用简述如下：

1) 粗车。它主要作为外圆的预加工，粗车表面很少直接应用。

2) 粗车—半精车。它用于各类零件上不重要的配合表面或非配合表面。

3) 粗车—半精车—精车。主要用于以下情况：

① 加工非铁金属零件。

② 加工盘类零件的外圆。在单件、小批生产中加工齿轮等盘类零件时，往往在车床上一次装夹中精车外圆、端面和孔，以保证它们之间的位置精度。

③ 加工短销轴的外圆。此类零件多用圆钢作为毛坯，在单件、小批生产中用卡盘夹持，精车后切断即基本完成。

④ 加工外圆磨床上难以装夹和磨削的零件的外圆。

4) 粗车—半精车—磨削。它主要用于加工精度较高以及需要淬火的轴类零件的外圆。磨削是否分粗磨和精磨，取决于对精度和表面质量的要求。对于尺寸公差等级为 IT8～IT7、表面粗糙度 Ra 值为 1.6～0.8μm 的轴件外圆，采用精车本可达到要求，但若加工长度较大、数量较多，则一般在半精车后采用磨削，这样生产率比精车高，易保证尺寸公差和表面质量要求以及相应几何公差。

5) 研磨、超精加工和高精度、表面粗糙度值小时磨削方法的选用，主要取决于对零件精度、表面质量的要求和零件数量以及设备等条件。

（2）孔加工方案的选择　孔加工方案见表 9-4。选择孔加工方案时，除一般因素外，还应考虑孔径大小和长径比。钢件如需进行调质处理，则铰削方案应安排在钻削之后；镗（车）孔或磨孔方案应安排在钻削或粗镗（车）孔之后。淬火只能安排在磨削之前。

表 9-4　孔加工方案

	加工方案	尺寸公差等级	表面粗糙度 Ra 值/μm	适应范围
钻削类	钻	IT14～IT11	12.5	用于任何批量生产中工件实体部位的孔加工
铰削类	钻—铰	IT9～IT8	3.2～1.6	用于成批生产以及单件、小批生产中的小孔和细长孔。可加工不淬火的钢件、铸件和非铁金属件
	钻—扩—铰	IT8～IT7	1.6～0.8	
	钻—扩—粗铰—精铰	IT7～IT6	1.6～0.4	
	粗镗—半精镗—铰	IT8～IT7	1.6～0.8	用于成批生产 φ30～φ80mm 铸锻孔的加工
拉削类	钻—拉或粗镗—拉	IT8～IT7	1.6～0.4	用于大批大量生产，工件材料同铰削类
镗削类	（钻）—粗镗—半精镗	IT10～IT9	6.3～3.2	多用于单件、小批生产中加工除淬火钢外的各种钢件、铸铁件和非铁金属件。以珩磨为终加工的，多用于大批大量生产
	（钻）—粗镗—半精镗—精镗	IT8～IT7	1.6～0.8	
	（钻）—粗镗—半精镗—精镗—研磨	IT6～IT4	0.4～0.025	
	（钻）—粗镗—半精镗—精镗—珩磨	IT6～IT4	0.4～0.025	

(续)

加工方案		尺寸公差等级	表面粗糙度 Ra 值/μm	适应范围
镗磨类	（钻）—粗镗—半精镗—磨	IT8～IT7	0.8～0.4	用于淬火钢件、不淬火钢件及铸铁件的孔加工，但不宜加工韧性大、硬度低的非铁金属件
	（钻）—粗镗—半精镗—粗磨—精磨	IT7～IT6	0.4～0.2	
	（钻）—粗镗—半精镗—粗磨—精磨—研磨	IT6～IT4	0.2～0.008	

注：镗削类中，在车床上进行时，称作车孔；在镗床上进行时，称作镗孔。

孔的加工方案，有时可以在几种车床上实现。机床的选用主要取决于零件的结构类型、在零件上所处的部位，以及孔与其他表面的位置精度等条件。分布在盘类零件端面上的螺钉孔、螺纹底孔及径向油孔等，均应在立式钻床或台式钻床上钻削。大型支架（箱体）轴承孔应在卧式铣镗床上加工，小型支架（箱体）上的孔可在卧式铣床、车床（采用花盘、弯板）上加工，支架（箱体）上的螺钉孔、螺纹底孔和油孔可在立式钻床、台式钻床或摇臂钻床上加工；轴类零件的中心孔在车床或磨床上加工，轴端部的小孔在立式钻床上加工，径向孔在台式钻床上钻削。

(3) 平面加工方案的选择　平面加工方案见表 9-5。

表 9-5　平面加工方案

加工方案	直线度/(mm/m)	尺寸公差等级	表面粗糙度 Ra 值/μm	适用范围
粗车—精车	0.08～0.05	IT7～IT6	3.2～1.6	不淬火钢件、铸铁件和非铁金属件的平面。刨削多用于单件、小批生产
粗铣或粗刨	—	IT14～IT12	50～12.5	
粗铣—精铣	0.08～0.12	IT9～IT7	3.2～1.6	
粗刨—精刨	0.04～0.12	IT9～IT7	3.2～1.6	
粗铣（刨）—精铣（刨）—磨	0.01～0.03	IT6～IT5	0.8～0.2	淬火及不淬火钢、铸铁的中、小型零件的平面
粗铣（刨）—精铣（刨）—磨—研磨	0.005	IT5～IT3	0.1～0.025	小型高精度平面，材料同上
粗刨—精刨—宽刀细刨	0.02	IT5 以上	1.6～0.8	导轨面等
粗铣（刨）—精铣（刨）—刮研	0.01	IT5 以上	0.8～0.4	高精度平面及导轨平面

平面加工方案简述如下：

1）非配合平面，一般粗铣、粗刨或粗车即可。有的外露平面，例如，车床方刀架的平面，为了美观，仍需精铣或精刨，甚至磨削。

2）固定联接平面，如一般支架、箱体与机座的联接平面，经粗铣—精铣或粗刨—精刨即可；精度要求较高的，如车床主轴箱与床身的联接平面，需磨削或刮削。对于各种法兰盘的端面，一般采用粗车—精车方案。

3）导向平面，如各种导轨面，要求直线度较高，表面粗糙度值较小，常在粗刨—精刨或粗铣—精铣之后，进行刮削或宽刀精刨，也常在导轨磨床上磨削。

4）精度较高的板块状零件，如定位用的平行垫铁等，常用粗铣（刨）—精铣（刨）—磨削的方案。量规等高精度的零件还需研磨。

5）韧性较大的非铁金属件一般采用粗铣—精铣或粗刨—精刨方案，高精度的再刮削或研磨。

2. 确定主要精基准

合理确定主要精基准，对保证零件的技术要求和确定工序安排有着决定性的影响。一般在选择主要表面加工方法的同时，就要确定主要定位精基准。

(1) 轴类零件的主要精基准　对于一般阶梯轴，大都选用两端的中心孔作为主要精基准，如图 9-3a 所示。因为阶梯轴的主要位置精度是各外圆、螺纹的同轴度（或径向圆跳动）及各轴肩对于轴线的垂直度（或轴向圆跳动），若以两端中心孔作为精基准，采用双顶尖装夹，车削或磨削有关表面，均使用同一基准，则能较好地保证这些表面的位置精度。需要说明的是，在加工两端中心孔时，要保证较高的同轴度，在磨削轴类零件前，一般要修研中心孔，以提高定位精度，进而提高各磨削表面之间的位置精度。

对于轴线部位带孔的阶梯轴，一般在孔端各加工出 60°锥面作为主要精基准，如图 9-3b 所示。通孔孔口 60°锥面的作用与中心孔相同。

（2）盘套类零件的主要精基准　对于盘套类零件，一般以轴线部位的孔作为主要精基准，具体应用时有下列三种情况：

1）在一次装夹中精加工孔及有关表面（俗称"一刀活"）。如图 9-4 所示，精车齿轮坯时，在一次装夹中加工出孔、大外圆和大端面，以保证大外圆和大端面对孔轴线的圆跳动要求，获得较高的位置精度，加工也很方便。

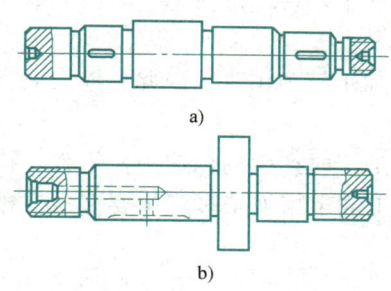

图 9-3　阶梯轴的主要精基准
a）实心轴　b）一端带孔的轴

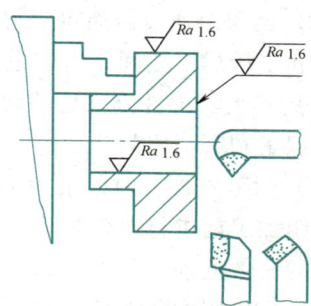

图 9-4　一次装夹精车齿轮坯

2）以内孔为精基准，精加工其他各表面。例如，图 9-4 中的齿轮坯也可在各表面粗加工之后，把孔精加工到图样规定的尺寸，再以孔定位，用心轴装夹精车其他各表面，其位置精度同样可以得到保证。

3）互为基准交替加工各表面。当外圆与孔的位置精度要求很高时，可采用外圆和孔互为基准的方法。例如，在图 9-5 中，轴承套 $\phi82^{+0.018}_{+0.003}$mm 外圆和（$\phi72\pm0.0095$）mm 内孔有很高的同轴度要求，车削之后均需磨削。磨削时，先以小外圆为精基准，用百分表找正磨内孔（图 9-5a）；再以内孔为精基准，用心轴装夹磨小外圆（图 9-5b）。由于内、外圆互为基准，上工序为下工序准备了精度更高的定位基准面，因此可得到较高的同轴度。

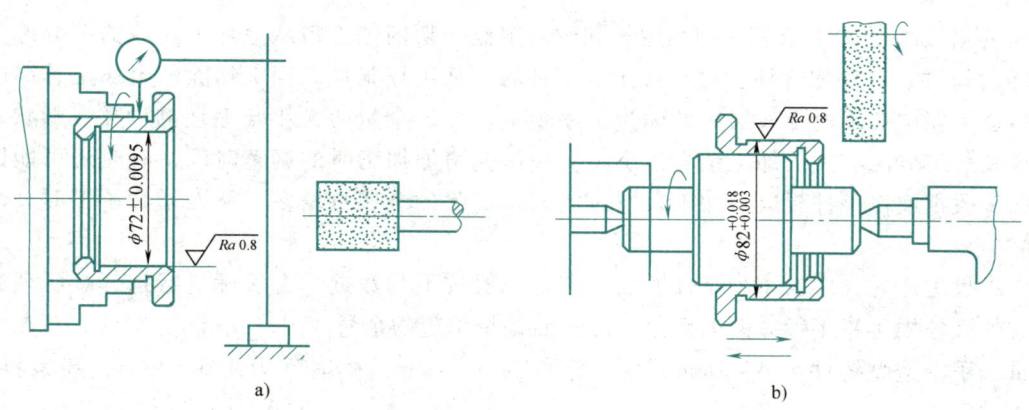

图 9-5　磨削轴承套时内、外圆互为基准
a）找正外圆磨内孔　b）心轴装夹磨外圆

（3）支架箱体类零件的主要精基准　它们一般选用主要平面（即装配基准面）作为主要精基准。例如，支架支承孔与底平面之间有平行度要求，孔轴线到底面有位置尺寸精度要求，则应以底平面为

精基准加工支承孔,以保证这些位置精度。

3. 安排热处理工序

热处理工序在工艺过程中的安排,要根据热处理的目的决定,如图9-6所示。

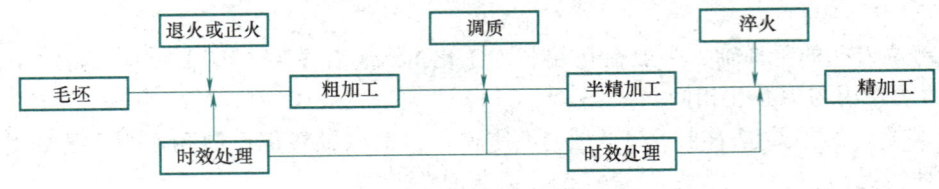

图 9-6 热处理工序安排示意图

(1) 退火或正火 大多数锻件和铸件要进行退火或正火,一般将其安排在毛坯制造和粗加工之间,以改善切削性能。

(2) 调质 通过调质可获得良好的综合力学性能。调质后仍可用刀具进行加工,因而一般安排在粗加工和半精加工之间,这样也有利于消除粗加工产生的内应力。

(3) 淬火 工件淬火后的硬度一般高于40HRC,用普通刀具加工较为困难。因此,淬火通常安排在半精加工和磨削之间。

(4) 时效处理 时效是为了消除毛坯制造时产生的内应力和加工时产生的内应力。锻件、铸件毛坯应在粗加工前进行时效处理。精度要求特别高的零件,在精加工或半精加工过程中要多次安排消除内应力的时效处理。

(四)拟定工艺过程

拟定工艺过程就是把零件各表面的加工过程按顺序做合理的安排,这是制订零件加工工艺中主要的一步。工序安排一般要考虑以下问题:

(1) 基准先行原则 作为精基准的表面,一般应首先加工,以便用它定位加工其他表面。例如,轴类零件的中心孔是加工其他表面的定位基准,一般应首先加工;然后以两中心孔定位,车、磨外圆表面。对于盘套类零件,若确定以外圆表面定位,则加工内孔及端面之前,一般应首先加工外圆表面。支架箱体类零件的主要平面一般应首先加工,以便作为其他表面加工精确的定位基准。

(2) 粗精加工分开原则 对于具有较高精度表面的零件,一般应在全部粗加工之后再进行较高精度表面的精加工,这样有利于减小或消除粗加工时因切削力和切削热等因素所引起的变形,以保证零件的质量。此外,粗加工切除的余量较大,容易发现毛坯的内部缺陷,便于及时处理,以免浪费精加工工时。

(3) 确定各工序的加工余量、切削用量和时间定额 切削加工需从毛坯上切除的部分称为加工余量。将毛坯(铸件、锻件或各种型材)加工成零件时,从毛坯某加工面上切除的金属层总厚度称为总余量。在每道工序中切去的金属层厚度称为工序余量。加工余量的大小与毛坯的种类、形状、零件加工质量要求及加工方法有关。加工余量过小时,往往会增加加工时的调整时间,有时还可能因余量不足而影响加工质量或使工件报废;加工余量过大时,切除的金属量增多,从而增加了工时,浪费了金属材料。

单件、小批生产时,中、小型零件的加工余量一般按下列数据结合实际进行选择。所列余量的数据,对内、外圆柱面是指半径方向的余量,对平面是指单边的余量。

总余量: 手工造型铸件为 4~7mm,自由锻件为 3~7mm,模锻件为 1.5~3mm,圆钢料为 1.5~2.5mm。

工序余量: 粗车余量为 1~1.5mm,半精车 0.5~1mm,高速精车为 0.4~0.5mm,低速精车为 0.1~0.3mm,磨削为 0.15~0.25mm,研磨余量为 0.005~0.025mm。

在进行切削加工时,应根据总余量对每道工序余量做合理分配。一般粗加工余量较大,精加工余量较小,且要求余量均匀,以防止产生废品。加工余量的确定可查阅切削手册,也可由经验确定。若毛坯是铸件，因其表面有粘砂、飞边和白口层等硬皮，加工时易使刀具加快磨损，故第一次切削深度必须大于硬皮层的厚度。

只有在大批量生产中，为了保证流水线的统一节拍以及稳定加工质量，才对切削用量予以规定。

在单件、小批生产中，时间定额可根据经验估定。在大批、大量生产中，时间定额则根据计算和实践结果确定。

（五）编制工艺卡片

在上述各项内容确定之后，将工序号、工序内容、所用机床工具、夹具、量具等内容填入规定的卡片中，就成为正式的工艺文件。一般而言，单件、小批生产的工艺卡片较为简单，大批、大量生产的工艺卡片较为详细。

生产中工艺卡应用较广。机械加工工艺卡是按工序顺序填写的表格，简要说明产品或零件加工所经过的路线、各工序内容、加工设备及工艺装备等。图9-7所示零件的机械加工工艺卡见表9-6。

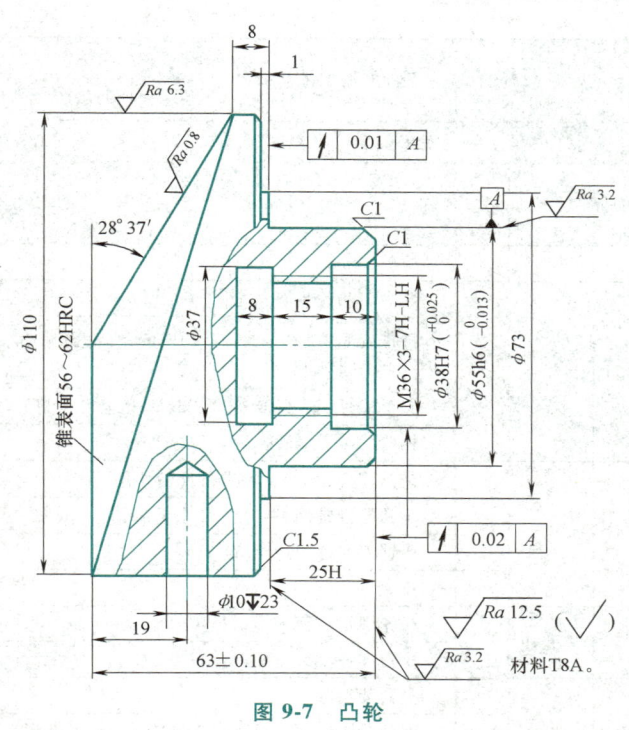

图9-7 凸轮

表9-6 凸轮机械加工工艺卡

工 厂			机械加工工艺卡		产品名称		图 号		
					零件名称	凸 轮	共 页	第 页	
毛坯种类			锻 件	材料牌号	T8A		毛坯尺寸		
序号	工种	工步	工序内容			设备	工具		
							夹具	刀具	量具
1	热处理		退火						
			检验						
2	车		三爪夹住φ55mm毛坯外圆			C6140			
		1	车端面						
		2	车φ10mm外圆至尺寸						
		3	C0.5倒角去毛刺						
3	车		调头软爪夹住φ110mm外圆，靠平端面			C6140	软卡爪		
		1	粗车端面，取总长63mm至65mm						
		2	粗车φ55h6外圆至尺寸φ58mm，长25mm						
		3	钻、车M36×3左螺纹小径至尺寸φ31mm，深34mm					φ30mm钻头	
		4	车槽φ37mm，宽8mm至尺寸						
4	车		软爪夹住φ10mm外圆，靠平端面			C6140	软卡爪		
		1	精车φ55h6端面，取63mm至64.5mm						
		2	精车φ55h6、25H9至尺寸						
		3	车φ73mm、高1mm至尺寸						
		4	车M36×3-7H-LH螺纹小径至尺寸φ32.75$_0^{+0.63}$mm						
		5	车φ38H7、深10mm孔至尺寸、螺纹孔口倒角						φ38H7塞规
		6	车M36×3-7H-LH螺纹小径至尺寸						M36×3-7H-LH螺纹塞规
		7	各内、外圆按图样要求倒角						

(续)

工　厂			机械加工工艺卡		产品名称		图号		
					零件名称	凸　轮	共　页	第　页	
毛坯种类		锻　件	材料牌号		T8A		毛坯尺寸		
序号	工种	工步	工序内容			设备	工具		
							夹具	刀具	量具
			检验						
5	钳		装夹于凸轮轴夹具上				J1-01		
		1	工件旋紧在夹具上，在 φ10mm 凸轮面最低位置圆上划出 φ10mm 的中心线						
		2	卸下工件，钻 φ10mm、深 23mm 孔至尺寸，孔口倒角			Z4012			
			检验						
6	车		夹具装夹，车床主轴进行反转切削			C6140	J1-01		
		1	车凸轮圆锥面，取总长尺寸至 $63^{+0.70}_{+0.50}$ mm						
		2	用锉刀修锉锐边至 R1						
			检验						
7	热处理		凸轮圆锥表面 56~62HRC			高频	R2-01		
			检验						
8	磨		夹具装夹				J1-02		
			磨凸轮圆锥面至尺寸（63±0.10）mm，去毛刺			M6020A			
			检验						
9			上油入库						
更改号						拟定		审核	

第三节 零件机械加工工艺实例

一、传动轴机械加工工艺实例

轴类零件是常见的典型零件之一。轴类零件按结构形式不同，一般可分为光轴、台阶轴和异形轴三类；或分为实心轴、空心轴等。它们在机器中用来支承齿轮、带轮等传动零件，以传递转矩或运动。

台阶轴的加工工艺较为典型，反映了轴类零件加工的大部分内容与基本规律。本节以减速器中的传动轴为例，介绍一般台阶轴的加工工艺。

1. 零件图样分析

图 9-8 所示零件是减速器中的传动轴。它属于台阶轴类零件，由圆柱面、轴肩、螺纹、螺尾退刀槽、砂轮越程槽和键槽等组成。轴肩一般用来确定安装在轴上零件的轴向位置，各环槽的作用是使零件装配时有一个正确的位置，并使加工中磨削外圆或车螺纹时退刀方便；键槽用于安装键，以传递转矩；螺纹用于安装各种锁紧螺母和调整螺母。

根据工作性能与条件，该传动轴图样（图 9-8）规定了主要轴颈 M、N，外圆 P、Q 以及轴肩 G、H、J 有较高的尺寸、位置精度和较小的表面粗糙度值，并有热处理要求。这些技术要求必须在加工中给予保证。因此，该传动轴的关键工序是轴颈 M、N 和外圆 P、Q 的加工。

2. 确定毛坯

该传动轴材料为 45 钢，因其属于一般传动轴，故选 45 钢可满足使用要求。

本例传动轴属于中、小传动轴，并且各外圆直径尺寸相差不大，故选择 φ60mm 的热轧圆钢作为毛坯。

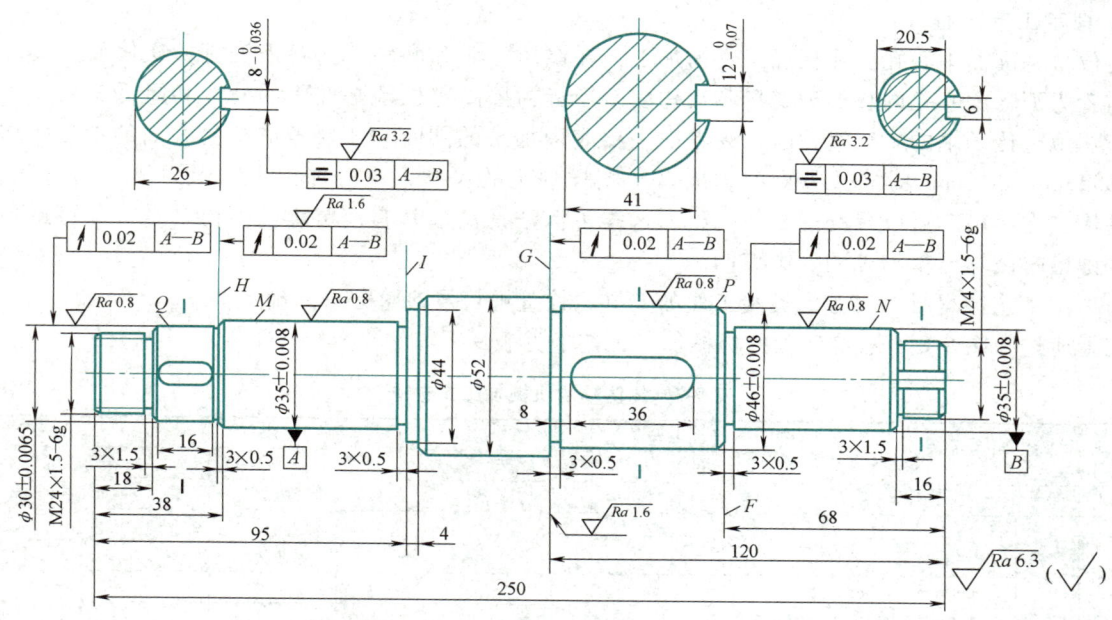

图 9-8 传动轴

3. 确定主要表面的加工方法

传动轴大都是回转表面，主要采用车削与外圆磨削成形。由于该传动轴的主要表面 M、N、P、Q 的尺寸公差等级（IT6）较高，表面粗糙度值（Ra0.8μm）较小，故车削后还需要磨削。外圆表面的加工方案（表 9-3）选择粗车—半精车—磨削。

4. 确定定位基准

合理地选择定位基准，对于保证零件的尺寸和位置精度有着决定性的作用。由于该传动轴的几个主要配合表面（Q、P、N、M）及轴肩面（H、G）对基准轴线 A—B 均有径向圆跳动和轴向圆跳动的要求，它又是实心轴，所以应选择两端中心孔作为基准，采用双顶尖装夹方法，以保证零件的技术要求。

粗基准采用热轧圆钢的毛坯外圆。中心孔加工采用自定心卡盘装夹热轧圆钢的毛坯外圆，车端面、钻中心孔。但必须注意，一般不能用毛坯外圆装夹两次钻两端中心孔，而应该以毛坯外圆作为粗基准，先加工一个端面，钻中心孔，车出一端外圆；然后以已车的外圆作为基准，用自定心卡盘装夹（有时在上工步已车外圆处搭中心架），车另一端面，钻中心孔。如此加工中心孔，才能保证两中心孔同轴。

5. 划分阶段

对精度要求较高的零件，其粗、精加工应分开，以保证零件的质量。

该传动轴加工划分为三个阶段：粗车（粗车外圆、钻中心孔等），半精车（半精车各处外圆、台阶和修研中心孔及次要表面等），粗、精磨（粗、精磨各处外圆）。各阶段划分大致以热处理为界。

6. 热处理工序安排

轴的热处理要根据其材料和使用要求确定。对于传动轴，正火、调质和表面淬火用得较多。该轴要求进行调质处理，并安排在粗车各外圆之后、半精车各外圆之前。

综合上述分析，图 9-8 所示传动轴的工艺路线如下：

下料—车两端面、钻中心孔—粗车各外圆—调质—修研中心孔—半精车各外圆、车槽、倒角—车螺纹—划键槽加工线—铣键槽—修研中心孔—磨削—检验。

7. 加工尺寸和切削用量

传动轴磨削余量可取 0.5mm，半精车余量可取 1.5mm。加工尺寸可由此而定，见该轴加工工艺卡的工序内容。

车削用量的选择，单件、小批量生产时，可根据加工情况由工人确定，一般可由《机械加工工艺手册》中选取。

8. 拟定工艺过程

定位精基准面中心孔应在粗加工之前加工，在调质之后和磨削之前各需安排一次修研中心孔的工序。前者为消除中心孔的热处理变形和氧化皮，后者为提高定位精基准面的精度和降低锥面的表面粗糙度值。拟定传动轴的工艺过程时，在考虑主要表面加工的同时，还要考虑次要表面的加工。在半精加工 φ52mm、φ44mm 及 M24 外圆时，应车到图样规定的尺寸，同时加工出各退刀槽、倒角和螺纹；三个键槽应在半精车后以及磨削之前铣出，这样可保证铣键槽时有较精确的定位基准，又可避免在精磨后铣键槽时破坏已精加工的外圆表面。

在拟定工艺过程时，应考虑检验工序的安排、检查项目及检验方法的确定。

综上所述，图 9-8 所示传动轴的机械加工工艺卡见表 9-7。

表 9-7 传动轴的机械加工工艺卡

工厂		机械加工工艺卡		产品名称		图号		
				零件名称	传动轴	共 页		第 页
毛坯种类		圆钢		材料牌号	45钢	毛坯尺寸		φ60mm×265mm
序号	工种	工步	工序内容		设备	工具		
						夹具	刃具	量具
1	下料		φ60mm×265mm					
2	车		自定心卡盘夹持工件毛坯外圆		车床 C6140			
		1	车端面见平					
		2	钻中心孔				中心钻 φ2mm	
			用尾座顶尖顶住中心孔					
		3	粗车 φ46mm 外圆至 φ48mm，长 118mm					
		4	粗车 φ35mm 外圆至 φ37mm，长 66mm					
		5	粗车 M24 外圆至 φ26mm，长 14mm					
			调头，自定心卡盘夹持 φ48 处					
			粗车 φ44mm 外圆至尺寸					
		6	车另一端面，保证总长 250mm					
		7	钻中心孔					
			用尾座顶尖顶住中心孔					
		8	粗车 φ52mm 外圆至 φ54mm					
		9	粗车 φ35mm 外圆至 φ37mm，长 93mm					
		10	粗车 φ30mm 外圆至 φ32mm，长 36mm					
		11	粗车 M24 外圆至 φ26mm，长 16mm					
		12	检验					
更改号				拟定		审核		
3	热		调质处理 220~240HBW					
4	钳		修研两端中心孔		车床			
5	车		双顶尖装夹		车床			
		1	半精车 φ46mm 外圆至 φ46.5mm，长 120mm					
		2	半精车 φ35mm 外圆至 φ35.5mm，长 68mm					
		3	半精车 M24 外圆至 $\phi24_{-0.2}^{-0.1}$mm，长 16mm					
		4	半精车 2×3mm×0.5mm 环槽					
		5	半精车 3mm×1.5mm 环槽					
		6	倒外角 C1 3 处					
			调头，双顶尖装夹					
		7	半精车 φ35mm 外圆至 φ35.5mm，长 95mm					
		8	半精车 φ30mm 外圆至 φ30.5mm，长 38mm					
		9	半精车 M24 外圆至 $\phi24_{-0.2}^{-0.1}$mm，长 18mm					
		10	半精车 φ44mm 至尺寸，长 4mm					
		11	车 2×3mm×0.5mm 环槽					
		12	车 3mm×1.5mm 环槽					
		13	倒外角 C1 4 处					
		14	检验					

（续）

工厂			机械加工工艺卡	产品名称		图号		
				零件名称	传动轴	共 页		第 页
毛坯种类			圆钢	材料牌号	45钢	毛坯尺寸		φ60mm×265mm
序号	工种	工步	工序内容		设备	工具		
						夹具	刀具	量具
6	车		双顶尖装夹		车床			
		1	车 M24×1.5-6g 至尺寸					
			调头，双顶尖装夹					
		2	车 M24×1.5-6g 至尺寸					
		3	检验					
7	钳		划两个键槽及一个止动垫圈槽加工线					
8	铣		用V形台虎钳装夹，按线找正		立铣			
		1	铣键槽 12mm×36mm，保证尺寸 41～41.25mm					
		2	铣键槽 8mm×16mm，保证尺寸 26～26.25mm					
		3	铣止动垫圈槽 6mm×16mm，保证 20.5～20.75mm					
		4	检验					
9	钳		修研两端中心孔		车床			
10	磨		双顶尖装夹		外圆磨床			
		1	磨外圆(φ35±0.008)mm 至尺寸					
		2	磨轴肩面 I					
		3	磨外圆(φ30±0.0065)mm 至尺寸					
		4	磨轴肩面 H					
			调头，双顶尖装夹					
		5	磨外圆 P 至尺寸					
		6	磨轴肩面 G					
		7	磨外圆 N 至尺寸					
		8	磨轴肩面 F					
		9	检验					
更改号					拟定	审核		

9. 传动轴机械加工工艺过程工序简图

为了表达清楚工序内容及要求，传动轴加工工序简图见表9-8。

表 9-8 传动轴加工工序简图

工 序	工 序 简 图
工序2	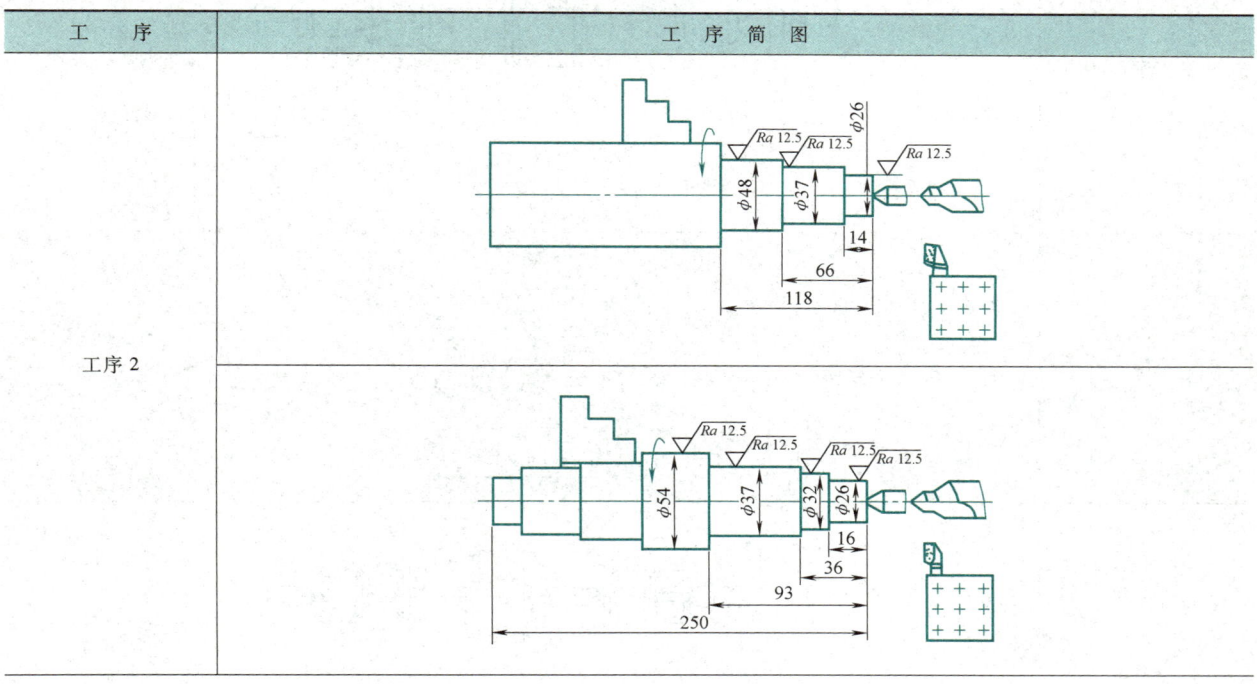

(续)

工序	工序简图
工序 4	
工序 5	
工序 6	
工序 8	
工序 9	

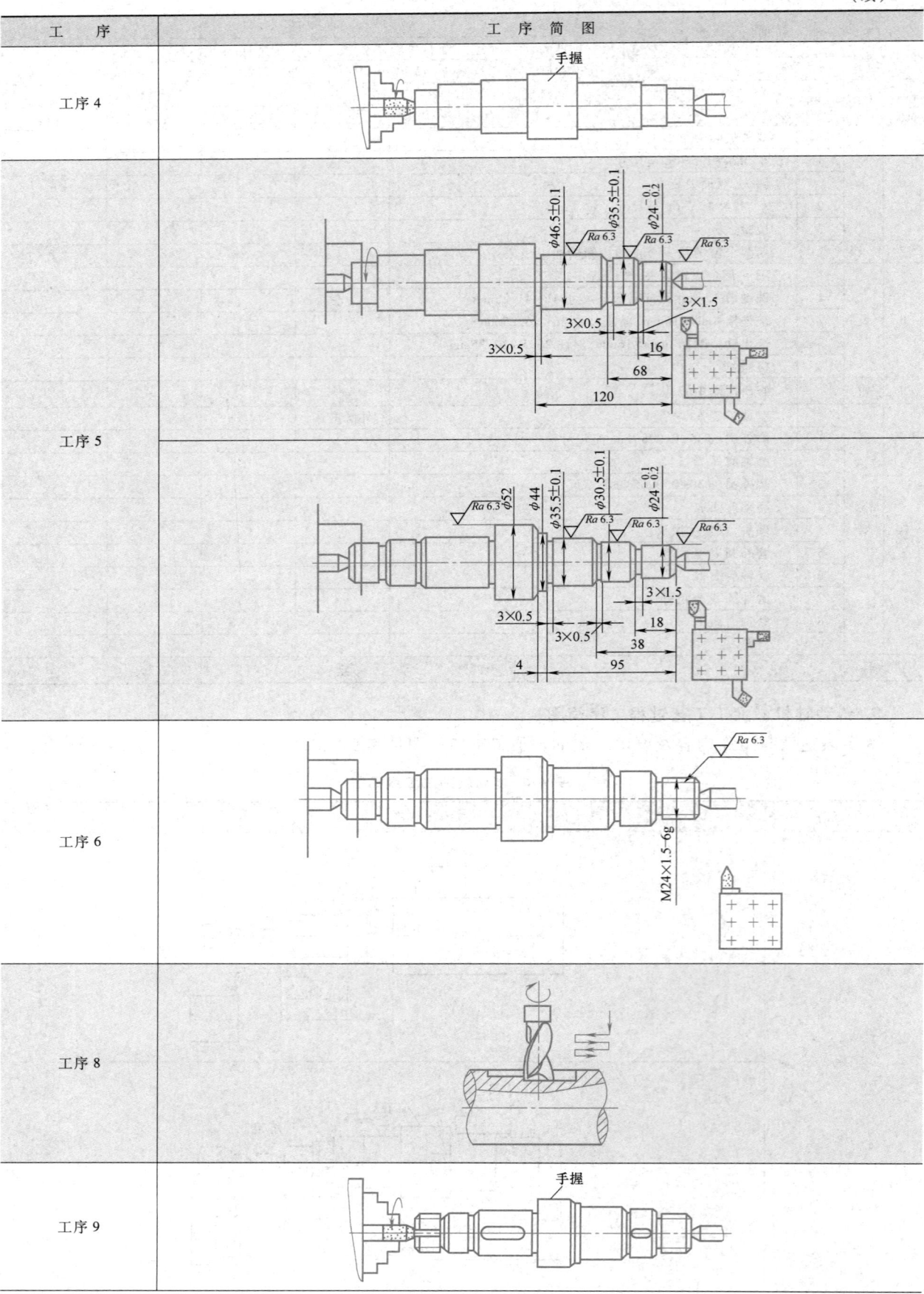

(续)

工序	工序简图
工序10	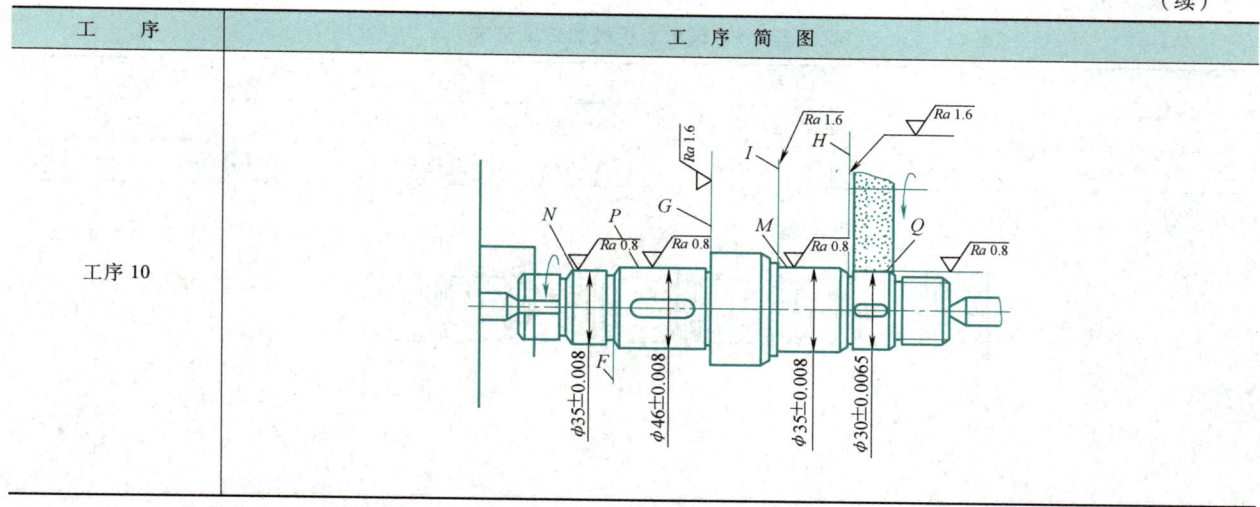

二、轴承套机械加工工艺实例

1. 分析零件图样

图9-9所示零件为滑动轴承的轴承套，其主要组成表面是内、外圆柱面，径向有φ4mm油孔，内表面有内槽。内、外圆表面尺寸公差等级均为IT7，表面粗糙度Ra值为1.6μm。外圆对内孔轴线的径向圆跳动量为0.02mm，φ42mm端面对内孔轴线的垂直度为0.03mm。其工艺特点是结构较简单，壁厚较薄，尺寸和位置精度较高。

零件的材料为锡青铜，每批加工数量180件。对零件进行研究和分析之后，对加工形成大致轮廓。

2. 确定毛坯

轴承套材料为铸造锡青铜，因此毛坯采用铸造方法。轴承套车削工艺方案较多，可以是单件加工，也可以是多件加工。单件加工生产率较低，原材料浪费较多（每件都要有用于装夹的长度）。本例轴承套尺寸较小，采用多件加工，并采用4~8件同时加工，故毛坯铸造成φ46mm×326mm的棒料。

3. 确定精基准

用自定心卡盘（软卡爪）无法保证径向圆跳动量0.02mm。因此，先加工孔，精车外圆时以内孔为定位基准套在小锥度的心轴上，用两顶尖装夹，以保证位置精度。

图9-9 轴承套

在车、铰φ22H7内孔时，应与φ42mm的端面在一次装夹中加工出，以保证端面与内孔轴线的垂直度误差在0.03mm以内。

4. 确定加工方法

外圆加工采用车或磨，内孔可采用钻、车孔和磨孔的方法。由于轴承套的材料为铸造锡青铜，其韧性较大，不宜用磨削的方法，故采用精车外圆和铰削内孔的方式。因铰孔的孔径尺寸易控制，所以适合批量较大的中、小孔的加工。

综上分析，轴承套的加工工艺路线为：铸造—粗车端面、钻中心孔、车外圆、车槽—钻孔—车端面、车孔、铰孔、倒角—车外圆、轴肩面、倒角—钻径向孔—检验。

轴承套机械加工工艺卡见表 9-9。

表 9-9 轴承套机械加工工艺卡

工厂		机械加工工艺卡	产品名称		图号	
			零件名称	轴承套	共 页	第 页
毛坯种类		棒料	材料牌号	ZQSn6-6-3	毛坯尺寸	φ46mm×326mm

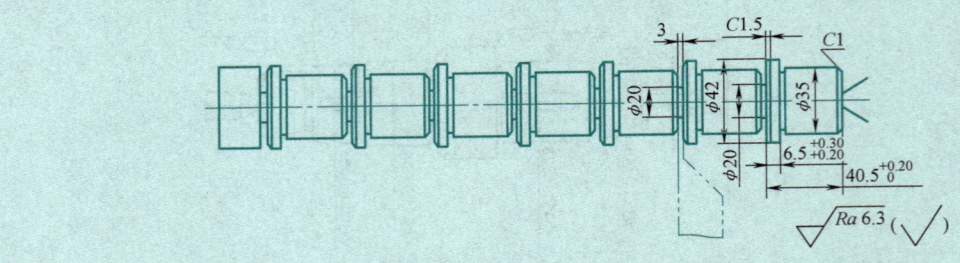

序号	工种	工步	工序内容	设备	工具		
					夹具	刃具	量具
1	车	1	按工艺草图车至尺寸	C6132			
			7 件同时加工,尺寸均相同				
			检验				
2	车	1	用软卡爪夹住 φ42mm 外圆,找正钻孔 φ20.5mm,分成单件	C6132			
3	车		用软卡爪夹住 φ35mm 外圆				
		1	车端面,取总长 40mm 至尺寸	C6132			
		2	车孔 $\phi 22_{-0.12}^{-0.08}$ mm				
		3	车内槽 φ24mm×16mm 至尺寸				
		4	铰孔 $\phi 22H7(^{+0.021}_{0})$ 至尺寸			φ22H7 铰刀	φ22H7 塞规
		5	倒角(两端)				
4	车		工件套心轴,装夹于两顶尖之间	C6132	心轴		
		1	车 φ34js7(±0.012)至尺寸				
		2	车轴肩平面 6mm 至尺寸				
		3	倒角				
		4	检验				
更改号				拟定	审核		
5	钳		用钻模装夹工件				
6		1	钻 φ4mm 孔	Z4012			
		2	检验				
更改号				拟定	审核		

三、支架机械加工工艺实例

单孔支架由轴承孔、底平面及紧固孔等组成。孔的尺寸公差等级为 IT8~IT7,表面粗糙度 Ra 值为 1.6~0.8μm,圆度误差控制在尺寸公差以内。底平面的平面度公差一般为 0.03~0.1mm,表面粗糙度 Ra 值为 3.2~0.8μm。单孔支架的形状结构简单,一般成对使用。

图 9-10 所示为单孔支架,其结构简单,刚性好,技术要求也不高。材料为 HT200,采用单件铸造

毛坯。在加工过程中不必粗、精分开，除对毛坯进行退火外，不必再安排时效处理。

支架的工艺路线如下：铸造毛坯—退火—划支承孔、底面、端面及凸台的加工线—加工底面—加工支承孔—划螺钉孔加工线—钻螺钉孔和锪凸台平面—检验。

对于支架零件，应先加工底平面，后加工支承孔，这是因为孔的加工比平面加工要困难得多，以平面为精基准加工孔，可为孔加工提供稳定可靠的精基准，从而易于保证孔的加工精度及孔轴线对底面的平行度要求。

支架轴承孔的加工，通常在车床或铣床上进行。螺钉孔在钻床上进行加工。其中，关键是如何保证支承孔与底面的距离和平行度要求。

在车床上加工支承孔的方法如图 9-11 所示。以支架底面定位，用压板螺栓将其轻轻压紧在弯板上，转动主轴，用划针盘按支承孔的加工线找正工件。若孔的位置不正，可逐步调整弯板在花盘上的上下位置或工件在弯板上的前后位置，直到转动主轴时划针尖能与支承孔加工线基本一致为止。这时，支承孔轴线与底面的距离（即中心高）是依靠划线和找正来保证的。找正之后将压板压紧即可加工。在车床上加工支承孔和扩大孔径方便，只需沿横向进切深即可。这种方法不易准确保证支承孔轴线与底面的距离，多用于中心高为未注公差要求的成对使用的单孔小支架。

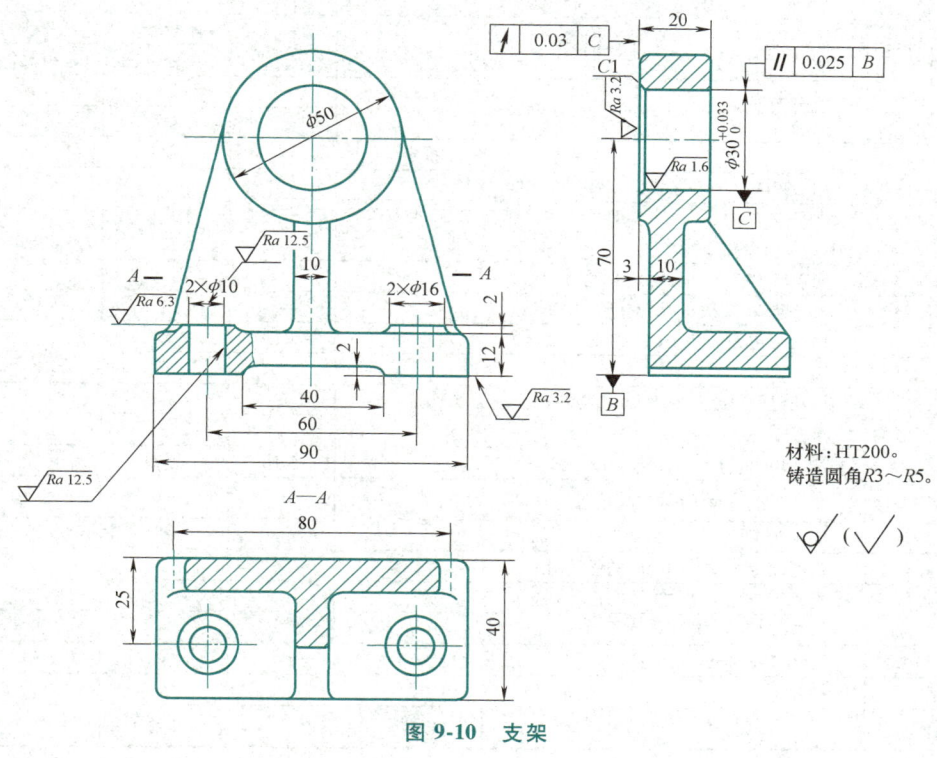

图 9-10 支架

在卧式铣床上加工支承孔的方法如图 9-12 所示。以支架底面定位，用压板螺栓将其安装在工作台台面上。将一根划针固定在主轴上，转动主轴，按支承孔的加工线大致找正孔的位置；然后根据检验棒直径 D 计算 $L+D/2$ 的值，用量块组成 $L+D/2$ 的高度，放于工作台面上；将百分表表架固定在工作台台面上，测头与组合量块上平面接触，记下百分表读数；再使测头与检验棒上侧最高点接触，上下微调工作台，直到百分表读数与刚才的读数相同为止。工件找正之后，取下检验棒，安装好刀具即可加工支承孔。在卧式铣床上加工支承孔，找正比较方便，只要上下左右调整工作台即可，且能达到较高的尺寸精度。但当使用镗刀镗孔、扩大孔径时，需要仔细调节刀头伸出的长度，不如车床方便。这种方法多用于加工中心高有尺寸公差要求的中、小型支架。若将图 9-10 所示支架的中心高改为（70±0.05）mm，则采用这种方法较为合适。

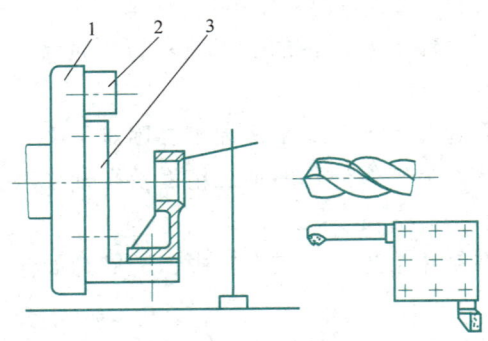

图 9-11　在车床上加工支架的支承孔

1—花盘　2—平衡块　3—弯板

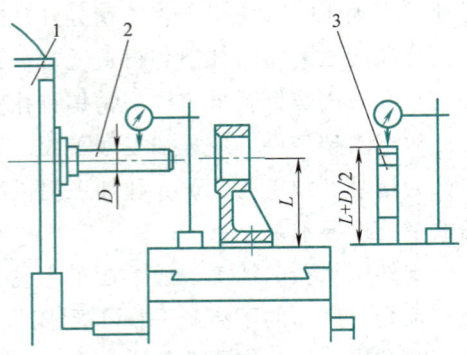

图 9-12　在卧式铣床上加工支架的支承孔

1—卧式铣床　2—检验棒　3—量块

图 9-10 所示支架机械加工工艺卡见表 9-10。

表 9-10　支架机械加工工艺卡

工厂		机械加工工艺卡		产品名称		图号		
				零件名称	支架	共 页		第 页
毛坯种类		铸件		材料牌号	HT200	毛坯尺寸		
序号	工种	工步	工序内容		设备	工具		
						夹具	刃具	量具
1	铸		锻造毛坯					
2	热处理		退火					
	更改号				拟定		审核	
3	钳	1	划 $\phi30$mm 支承孔中心,划孔加工线					
		2	水平放置,找正,划水平中心线、底面加工线及 $2\times\phi16$mm 凸台加工线					
		3	向左转 90°,找正,划另一垂直中心线					
		4	向前转 90°,找正,划左端面加工线					
4	刨		用机用虎钳装夹,按线找正		牛头刨床			
		1	刨底面					
5	车		用花盘、弯板装夹,底面定位并按孔加工线找正					
		1	车左端面					
		2	钻 $\phi30$mm 孔至 $\phi27$mm		车床		心轴	
		3	车 $\phi30^{+0.033}_{0}$mm 至尺寸					
		4	倒内角 $C1$					
6	钳		在底面上划 $2\times\phi10$mm 的螺钉孔线					
7			用机用虎钳装夹,按线找正					
		1	钻 $2\times\phi10$mm 螺钉孔		钻床			
		2	倒锪 $2\times\phi16$mm 凸台面					
8	检		检验					
	更改号				拟定		审核	

支架零件加工工序简图见表 9-11。

表 9-11　支架零件加工工序简图

工序	工序简图
工序 4	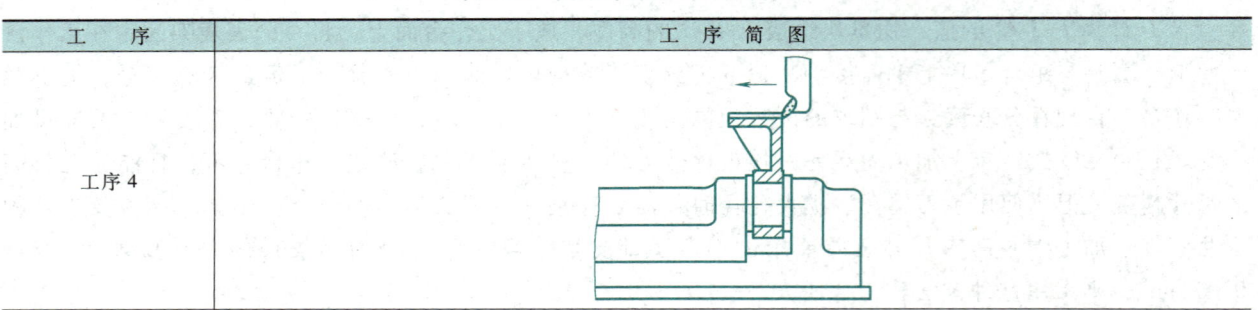

工 序	工 序 简 图 （续）
工序 5	
工序 7	

知识与技能拓展

复习思考题

9-1 什么是工艺过程？什么是工序？

9-2 零件加工工艺包括哪些内容？叙述制订零件加工工艺的一般步骤。

9-3 毛坯有哪些类型？举例说明毛坯类型的选择方法。

9-4 加工余量是什么含义？工序余量一般如何确定？

9-5 退火、调质、时效处理和淬火等热处理工序在工艺过程中应如何安排？

9-6 拟定工艺过程时，为什么一般需粗、精分开进行？

9-7 轴类零件的精度要求较高时，在磨削前为什么要安排研中心孔工序？

9-8 在制订盘套类零件加工工艺时，可采用哪些方法保证零件的径向圆跳动（或同轴度）、轴向圆跳动（垂直度）要求？请举例说明。

9-9 制订图9-13所示连接套的加工工艺过程。

9-10 零件机械加工工序简图如何绘制？请举例说明。

使用习题册完成配套课后习题。

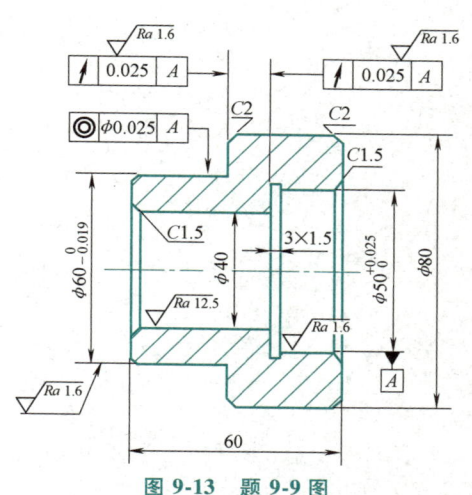

图 9-13 题 9-9 图

参 考 文 献

[1] 邢清桂. 机械常识与钳工基本技能 [M]. 4版. 北京：高等教育出版社，2023.

[2] 赵菲菲. 金工实训 [M]. 北京：机械工业出版社，2024.

[3] 薛翰，等. 车工工艺与技能训练理实一体化 [M]. 2版. 北京：机械工业出版社，2023.

[4] 金问楷. 机械加工工艺基础 [M]. 北京：清华大学出版社，1990.

[5] 徐嘉元. 机械加工基础 [M]. 北京：机械工业出版社，1990.

[6] 司乃钧. 机械加工基础 [M]. 北京：高等教育出版社，1992.